甘肃省馆藏祁连山与黄河历史生态环境档案叙录

GANSUSHENG GUANCANG QILIANSHAN YU HUANGHE LISHI SHENGTAI HUANJING DANGAN XULU

丛书主编 / 张秀丽 张景平

● 黄河干流卷

HUANGHEGANLIUJUAN

主编 / 王兴振
白 静
强德雄
梁 鹰

图书在版编目（CIP）数据

甘肃省馆藏祁连山与黄河历史生态环境档案叙录. 黄河干流卷 / 张秀丽，张景平丛书主编；王兴振等主编. -- 兰州：兰州大学出版社，2024.12. -- ISBN 978-7-311-06778-6

Ⅰ.X321.242

中国国家版本馆CIP数据核字第2024ZG5101号

责任编辑	武素珍　张国梁　冯宜梅　熊　芳
封面设计	汪如祥

书　　名	甘肃省馆藏祁连山与黄河历史生态环境档案叙录
	黄河干流卷
作　　者	王兴振　白　静　强德雄　梁　鹰　主编
出版发行	兰州大学出版社　（地址:兰州市天水南路222号　730000）
电　　话	0931-8912613(总编办公室)　0931-8617156(营销中心)
网　　址	http://press.lzu.edu.cn
电子信箱	press@lzu.edu.cn
印　　刷	陕西龙山海天艺术印务有限公司
开　　本	880 mm×1230 mm　1/16
成品尺寸	210 mm×285 mm
印　　张	21.25(插页8)
字　　数	519千
版　　次	2024年12月第1版
印　　次	2024年12月第1次印刷
书　　号	ISBN 978-7-311-06778-6
定　　价	280.00元

(图书若有破损、缺页、掉页,可随时与本社联系)

《甘肃省馆藏祁连山与黄河历史生态环境档案叙录》

编纂委员会

名誉主任	卢琼华				
主　　任	张秀丽	张景平			
委　　员	白　静	马保福	李海洋	李永新	陈乐道
	寇　雷	刘永明	王杰元	孟晓婕	赵玉梅
	强德雄	李艳萍	何忠兰	杜　刚	仇　红
	杨红星	王敏丽	冯丽莉	张　琼	梁　鹰
	郭潇月	陈志刚	储竞争	王兴振	

参与编纂单位

牵头单位	甘肃省档案馆	兰州大学
合作单位	酒泉市档案馆	张掖市档案馆
	武威市档案馆	白银市档案馆
	定西市档案馆	天水市档案馆
	平凉市档案馆	临夏回族自治州档案馆
	庆阳市档案馆	甘南藏族自治州档案馆

依托课题

本丛书系国家重点档案保护与开发项目成果

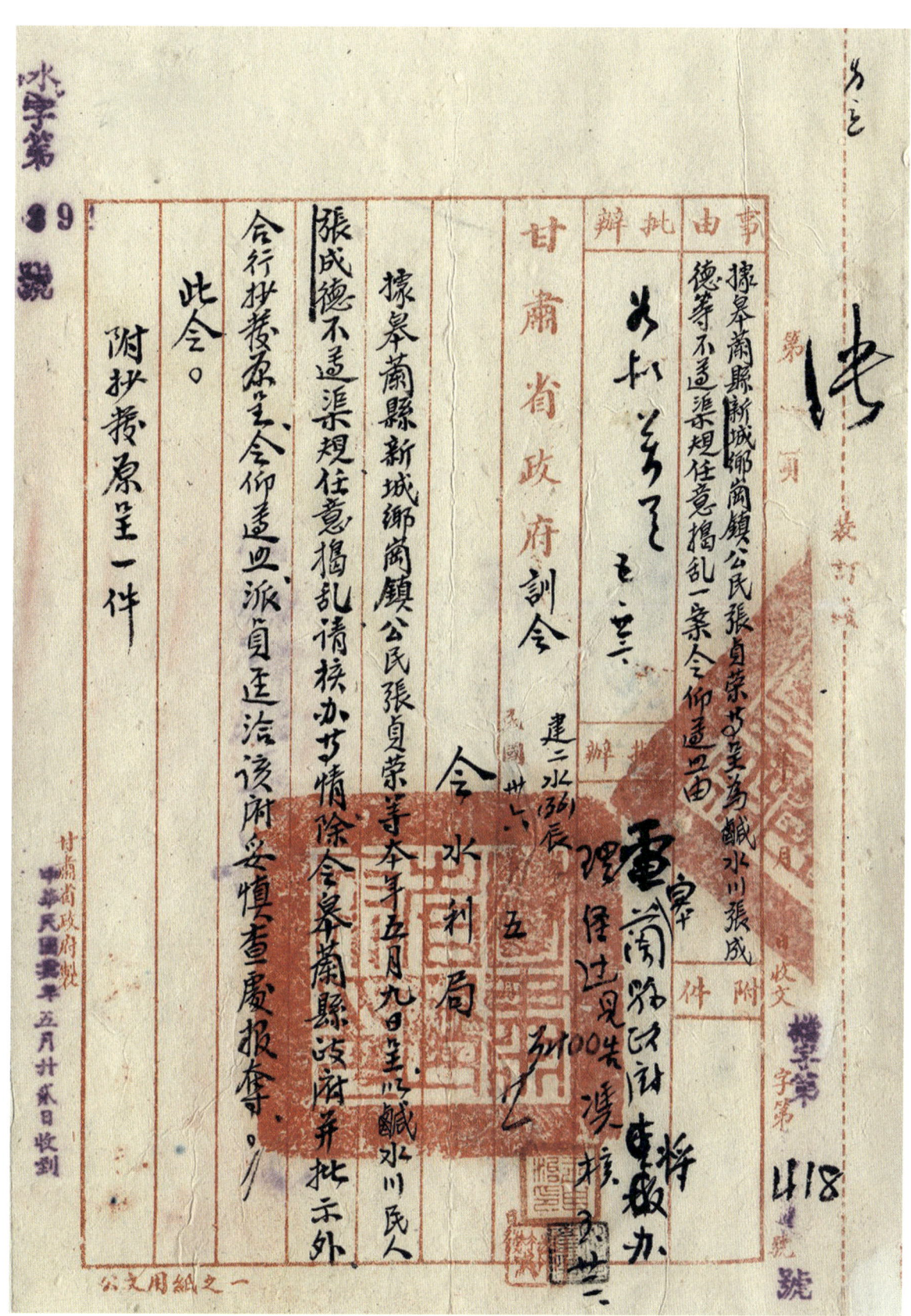

▲《民国三十六年(1947)甘肃省政府、甘肃省水利局及皋兰县政府就新城乡与碱水川水利纠纷一事的往来公文》(038-001-0069-0033,甘肃省档案馆藏)

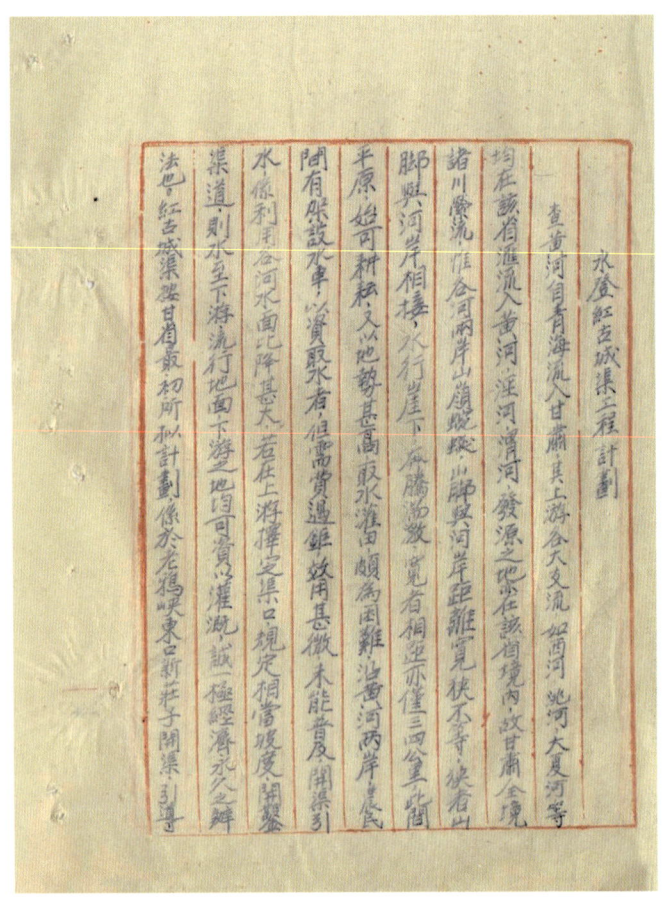

◀《永登红古城渠工程计划1份、皋兰达家川渠工程计划1份、临洮民生渠工程计划1份、永靖永丰渠工程计划1份、永靖县属永丰渠工略图1张、达家川渠渠泉略图1张等》（015-006-0307-0025，甘肃省档案馆藏）

◀《甘肃省政府等关于砍伐中山林树木、中山林水道工程、补修黄河堤岸等事的各类文件》（027-004-0220-0001，甘肃省档案馆藏）

农林部西北防沙林景泰林场本年度下半年度工作概况报告书

绪言

贤明的中央农林部当局为防止蒙古大沙漠南侵充实国家民族资材建造西北防沙林带以保全国土安定民生安定大众鸿以贫戚验西北人士开凯文气成表兴奋激中央德意之余致力此项工作筹建国家大林本大计为对国对民生最有贡献最为有历史意义太伟大事业（一）致微忱欢迎颂助以致本场筹建文告颁顺利使成之以来以（二）事业责太大物质太高无米难炊工作不能推动（三）劳动人员多不愿前往接作（四）交通困难人力物力缺乏影响大线进行慈大他速林地带风狂雨火气候乾燥满目荒凉土地非沙即边造林不易万务开垦种粮因难营难尽来以故创辨以来筹路蓝楼以欢山林整目在困难环境中努力奋斗具心自问惭愧良多谨将本年六月底起半年时间短促亦无成绩大表现寿侨挪

一筹备经过职奉命即本求兰州与各方接洽及述明沙漠南移交重资与对国对民大概情形样要娓美如左

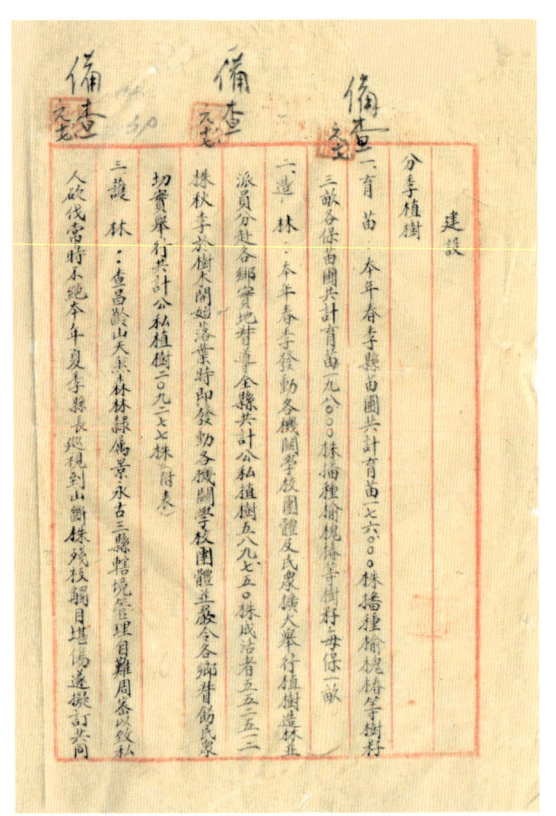

▲《甘肃省民政厅关于送景泰县政府民国三十七年（1948）4—12月份重要工作报告给甘肃省建设厅的函及甘肃省政府审核意见》（027-001-0204-0007，甘肃省档案馆藏）

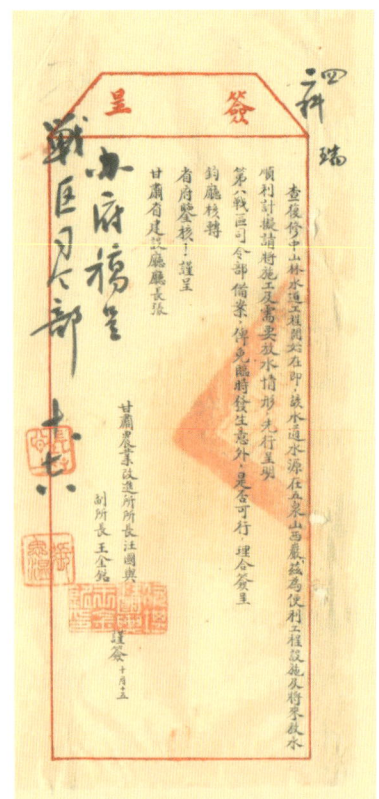

▲《甘肃省政府等关于砍伐中山林树木、中山林水道工程、补修黄河堤岸等事的各类文件》（027-004-0220-0007，甘肃省档案馆藏）

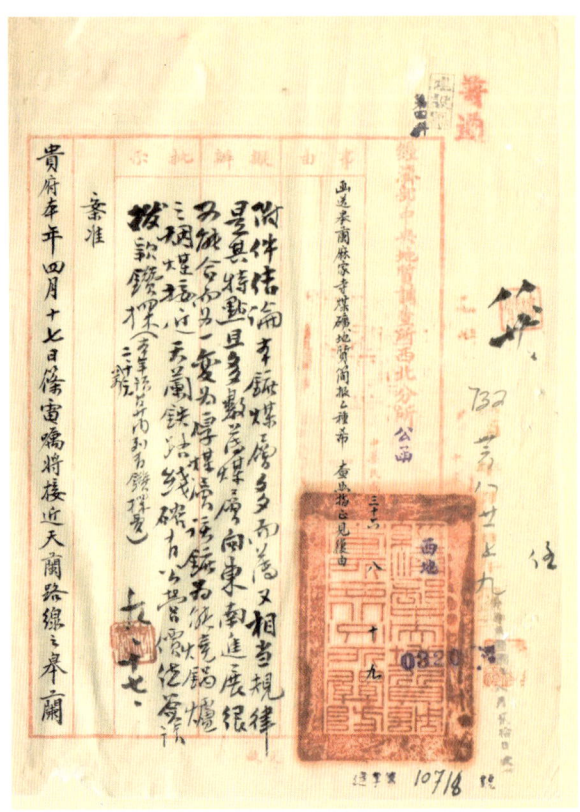

◀《中央地质调查所西北分所关于送皋兰县定远乡麻家寺煤矿地质调查表给甘肃省政府的函》（027-005-0608-0007，甘肃省档案馆藏）

前　言

党的十八大以来，生态文明建设被纳入中国特色社会主义事业"五位一体"总体布局，融入经济、政治、文化、社会建设的各方面和全过程。在习近平生态文明思想指引下，我国生态环境事业取得历史性成就，美丽中国日益从蓝图成为现实，中华民族永续发展得到了更好的保障。甘肃地处中国西北，是全国生态文明建设的重要区域，森林草原保护、水源涵养、荒漠化防治、水土流失治理方面的任务十分繁重。习近平总书记对甘肃生态环境保护工作始终高度关注，多次对祁连山治理作出重要批示，强调要筑牢生态安全屏障，推动祁连山生态环境保护由乱到治；两次亲临黄河兰州段视察，擘画并推动了黄河流域生态保护和高质量发展战略的全面展开。从"黄河之滨也很美"的寄语到"黄河很美，将来会更美"的期待，习近平总书记的关怀与嘱托，为甘肃省生态环境事业指明了方向。

党的二十届三中全会明确指出，必须完善生态文明制度体系，协同推进降碳、减污、扩绿、增长，积极应对气候变化，加快完善落实绿水青山就是金山银山理念的体制机制。注重从历史中挖掘精神价值、总结经验教训，并为现实与未来提供借鉴，是中华文化的突出特点。历史档案作为珍贵的第一手文献，对研究区域生态环境的长时段演化规律以及特定时空范围内人与自然互动机制有着独特而不可替代的价值和作用。面对时代的召唤，档案界与史学界应主动作为，积极回应国家关切、面向现实需求，努力为生态文明建设做出自己应有的贡献。

甘肃省档案馆与兰州大学在历史档案开发编研方面有着长时间的合作历史，双方致力于历史档案中生态环境资料的联合挖掘与共同研究。在实践中我们意识到，有必要提出"历史生态环境档案"这一概念，将记录历史时期"山水林田湖草沙"等生态要素客观状况以及人类的认识开发活动的档案文献视为一个整体，围绕当前生态文明建设的实际需求，以多学科协作、系统化推进的方式加以整理研究。

甘肃省各级档案部门收藏的历史生态环境档案以民国档案为主，数量丰富、来源明晰、谱系完整。但这些珍贵文献散布于篇帙浩瀚的档案海洋中，分属不同全宗、没有专门标签，不利于全面有效检索，更遑论系统开发利用。为此，我们借鉴了古籍整理与历史文献学经典工作方式，将撰写"叙录"作为甘肃馆藏历史生态环境档案整理研究的第一突破口，开启了"甘肃省馆藏祁连山与黄河历史生态环境档案叙录"丛书的编写工作。"叙录"是古代目录学体系中的重要载体，是历史文献学研究的必备工具，具有勾勒源流、略观大意的指示功能，与档案系统熟悉的各类档案馆指南存在明显的亲缘关系。我们首次将"叙录"编写引入历史档案编研工作中，旨在通过对甘肃省各级馆藏档案的深入调查，探索大批量专题历史档案的信息提取汇集，提升历史档案检索与体系化运用的效率。

"甘肃省馆藏祁连山与黄河历史生态环境档案叙录"丛书共分为7卷，分别为《总叙卷》《黄河干流卷》《洮河大夏河卷》《渭河卷》《泾河卷》《祁连山河西走廊西部卷》和《祁连山河西走廊东部卷》。本套丛书按祁连山-河西走廊与黄河流域甘肃境内主要水系为原则进行分卷，原因有三：其一，甘肃省地域面积广大，涉及档案数量众多，以地域与流域为标准的划分，有助于读者更为精准地检索相关信息；其二，甘肃省内部各区域生态环境禀赋差异极大，涉及的经济、社会、文化问题差异极大，以地域与流域为标准分卷，有助于展现各区域生态环境演化史的内在规律、增强文献获取的针对性；其三，此种以地域与流域为单位的整理思路渊源有自，承袭自中国治水文献整理方法与地理学著作修纂原则，展现出对文化传统的继承。在丛书各卷之下，我们兼顾当前生态环境工作所涉及的主要方面与历史档案的内容特点进行分类，有助于有关单位及学术工作者全面、准确、方便检索档案文献，为相关档案的全面整理、系统刊布与深入研究打下坚实基础，也将为全国历史生态环境类档案的编研工作提供某些有益的借鉴。

"甘肃省馆藏祁连山与黄河历史生态环境档案叙录"丛书的正式谋划开启于2019年9月，获得了国家档案局与甘肃省档案局的大力支持，被列入国家重点档案保护与开发项目，于2021年初正式开展有关工作。甘肃省档案馆与兰州大学派出精兵强将组成联合课题组，将档案部门的馆藏资源优势与高等院校的智力资源优势充分结合起来，克服各种困难、跋涉上万公里，于2024年全面完成甘肃省各级档案馆藏祁连山与黄河历史生态环境档案的调查与叙录编写任务，相关成果获得了验收专家的高度肯定。在调查与编写工作中，甘肃省各市州档案馆领导及一线工作人员对我们的工作给予全力支持，来自省内外各领域、各行业的专家学者为我们的工作厘清思路、把脉问诊，提出了诸多提纲挈领的建设性意见。在此，我们谨向参与、关心、支持"甘肃省馆藏祁连山与黄河历史生态环境档案叙录"丛书编写工作的社会各界人士，表示由衷的感谢。

"甘肃省馆藏祁连山与黄河历史生态环境档案叙录"丛书的编写工作无先例可循，于档案部门还是历史学界，都是一次全新的尝试。限于学力与水平，本套丛书在体例设计等方面还存在诸多不足；各档案收藏单位的著录与开放情况不尽相同，加之任务繁重、工期紧迫，内容搜罗难免有所遗漏，我们诚恳接受方家与读者的批评。我们期待丛书出版能够抛砖引玉，为推动中国历史生态环境档案的整理研究工作做出甘肃贡献。

张秀丽　张景平

2024年11月20日

《黄河干流卷》叙记

一、甘肃黄河干流区域自然环境简介

黄河发源于青海省玉树藏族自治州境内巴颜喀拉山北麓的约古宗列盆地，在果洛藏族自治州久治县向东流入甘肃省甘南藏族自治州玛曲县，此为黄河首次流入甘肃省境内。玛曲县位于甘南州西南，是甘、青、川三省的交界处。黄河在玛曲县内受高大山脉阻挡，自南、东、北三个方向环流县境433公里，形成九曲黄河第一大弯后，再度流入青海省，在玛曲县境内的支流数量众多。玛曲县地处青藏高原东端，最低海拔超过3400米，最高峰南桑海拔4554米。阿尼玛卿山、西倾山两大山系主脉横亘于县境西北部，中南部主要为相对海拔较低的低山丘陵与山间滩地，黄河沿岸分布有河岸阶地。境内植被以草原为主，森林资源较少，零散分布于各地，拥有丰富的湿地资源，是黄河上游的重要水源地。玛曲县属于典型的高原大陆性季风气候，年均气温3℃，年均降水量约为600毫米。常年寒冷湿润，冬长夏短。

黄河在青海省海东市循化撒拉族自治县横穿积石山，再度进入甘肃境内，自西北向东北依次流经临夏回族自治州、兰州市与白银市后，进入宁夏回族自治区中卫市。此段干流长度约480公里，湟水、庄浪河、苑川河、祖厉河等多条重要支流先后汇入。湟水发源于青海省大通山南麓，省内干流长度73公里，在临夏永靖县盐锅峡镇与兰州西固区达川镇的交汇处注入黄河，主要支流为大通河。庄浪河发源于武威市天祝县境内的祁连山脉冷龙岭，主要流经兰州市永登县，在兰州市西固区河口镇汇入黄河，全长约190公里。苑川河源自定西市临洮县境内，向北流入兰州市榆中县，在响水子村注入黄河，全长约75公里。祖厉河分为祖河、厉河两源。两河分别源自白银市会宁县太平店乡大山顶和华家岭北麓，向北汇流于会宁县城郊后始称祖厉河，在靖远县城西注入黄河，全长约150公里，主要支流为发源于定西市安定区华家岭西北麓的关川河。

临夏、兰州与白银三地位于甘肃省中部，西与青海、北与内蒙古、东与宁夏相邻。临夏、兰州地处青藏高原向黄土高原的过渡地带，白银则位于黄土高原的西北边缘，北部邻近腾格里沙漠。这一地区地形复杂，山地、黄土低山丘陵与河谷盆地、沟壑等交错分布。临夏境内西南、东北分布有积石山脉、太子山脉、莲花山、雾松山、吧咪山等众多高山，最高海拔在4600米以上。兰州境内与白银西部的山地多为祁连山脉的东段余脉，海拔多在2000米以上。兰州最高处为榆中县马啣山，主峰海拔3670.3米。白银最高处为景泰县寿鹿山南支主峰老虎山，海拔3321米。白银境内黄河以南的靖远县、平川区与会宁县亦山地广布，如哈思山、屈吴山、铁木山等。除了山地外，黄土低山丘陵是这一地区的主要地形。在黄河、湟水等河流所流经之地，或因切穿山脉而形成陡峭险峻的峡谷，或演化出较为肥沃的河谷盆地，成为适宜人类群居、发展农业的所在。

临夏、兰州与白银三地位于温带大陆性季风气候区，又因地形多样而呈现气候复杂的特点。冬季干冷，夏季凉爽，季节变化显著。气温日较差大，年平均气温约为10℃，年降水量在400毫米左右。境内自然植被以森林、草原为主。各地山区的天然植被垂直分布特征显著，随着海拔的升高，分别为针阔混交林、针叶林、灌木林与高山草甸植被。该地区草原分布广泛，是重要的干旱草原植被分布区，适宜发展畜牧业。白银北部逐渐由草原向戈壁、荒漠过渡。

二、甘肃黄河干流区域历史沿革简介

玛曲县在古代长期为羌人部落的游牧地，唐中期开始吐蕃势力逐渐进入。北宋时曾归吐蕃唃厮啰政权统治，元代为吐蕃等处宣慰司之脱思麻路辖地，明代县境分属于陕西都司洮州卫与朵甘都司灵藏赞善王的封地。清代，玛曲县一度为厄鲁特蒙古和硕特部的驻地。雍正年间，清军平定罗卜藏丹津叛乱后，玛曲由清朝派遣的专管事务大臣管辖，和硕特部势力逐渐衰落。乾隆年间，拉卜楞寺兴起并以其政教影响力进入玛曲，逐渐控制当地部落。民国初年，玛曲县隶属于甘肃省西宁道循化县。民国十六年（1927），甘肃省政府设立拉卜楞设治局，玛曲归其管辖。次年3月，玛曲在行政上转隶于新设立的夏河县，但事实上仍受拉卜楞寺节制。中华人民共和国成立后，玛曲一度隶属于夏河县第七区，1955年6月正式建立县级建置。①

今临夏州境在先秦时期为古羌人活动的场所。秦朝在此置枹罕县，两汉时期属陇西郡管辖，州境内设大夏、枹罕等县。前凉太元二十一年（396）始置河州，此为州境内设州级建置之始。唐代属陇右道，安史之乱后为吐蕃所占，北宋初年仍为吐蕃唃厮啰政权辖地。熙宁六年（1073），北宋攻取河州，属熙河路。金代属熙秦路总管府（后改临洮路）。元代，曾在河州置吐蕃等处宣慰使司都元帅府。明代置河州与河州卫，分隶临洮府与陕西都司。清雍正四年（1726）裁撤河州卫，河州仍隶属临洮府（后改兰州府）。民国肇始，州境属甘肃省兰山道（后改兰山区）。民国十八年（1929），设临夏、临洮、宁定、和政、永靖与夏河6县行政视察员，督察各县政务。民国二十三年（1934），设临夏行政督察专员公署，下辖6县（临洮、夏河两县此后陆续划归甘肃省第一区管辖），治临夏县（今临夏市）。民国二十五年（1936），改为甘肃省第五区行政督察专员公署，次年将临夏警备司令部并入。中华人民共和国成立后，成立临夏分区专员公署，1956年改设为临夏回族自治州。②

兰州在先秦时期为羌戎居地。秦朝置榆中县，属陇西郡。汉初，兰州一度为匈奴所占，汉武帝时收复，昭帝时置金城郡，包括今兰州地区的绝大部分。魏晋北朝时期，兰州先后被多个政权统治。隋初废金城郡，改兰州，兰州之名始于此时。唐代因袭之，属陇右道。安史之乱后，兰州陷于吐蕃。北宋初，兰州为吐蕃唃厮啰政权所据，后被西夏夺占。元丰四年（1081），北宋

---

① 《玛曲县志》编纂委员会编：《玛曲县志》，甘肃人民出版社，2001，第111—113页。
② 《临夏州志》编纂委员会编：《临夏回族自治州志》，甘肃人民出版社，1993，第69—81页。

夺取兰州，并恢复兰州建置，隶熙河路，金代沿袭之（改熙河路为临洮府）。元代改属巩昌府，今永登县属永昌路辖。明初兰州一度降为兰县，成化年间升为兰州，属临洮府，并置兰州卫。建文年间，肃王宗室由甘州迁至兰州。明廷在今永登县设庄浪卫，并在连城镇安置鲁土司家族。清初兰州仍属临洮府。随着康熙初年的陕甘分治，甘肃巡抚移驻兰州，兰州遂成为甘肃省会。乾隆初年，改临洮府为兰州府，辖2州4县，此为兰州设府之始。乾隆二十九年（1764），清廷裁撤甘肃巡抚，将陕甘总督由西安移驻兰州，兰州地位进一步提高。雍正三年（1725），裁庄浪卫（所），设平番县，隶属凉州府。民国肇始，皋兰县、金县（后改榆中县）归属兰山道，平番县（后改永登县）属甘凉道。民国二十五年（1936），甘肃省政府将全省划为7个行政督察区，榆中、永登2县为第一行政督察专员公署辖县。皋兰县为省会，直属于甘肃省。民国三十年（1941），兰州设市，皋兰、榆中与永登3县由省政府直辖。次年，永登被划归第六行政督察专员公署。民国三十三年（1944），榆中被划归新增设的第九行政督察区。此外，民国三十二年（1943），湟惠渠管理处（今兰州红古区）成立，次年改称县级湟惠渠特种乡公所，直辖于省政府，民国三十八年（1949）裁撤，并入皋兰县。中华人民共和国成立后，兰州为甘肃省省会，并逐渐形成如今的行政格局。①

白银在先秦为羌戎、月支与匈奴的居所。西汉时期市境分隶安定郡、武威郡，东汉时为武威郡辖地。魏晋北朝时期，境内建置更迭频繁。唐代在境内置会州，安史之乱后陷于吐蕃。宋初仍为吐蕃部族的游牧地，后被西夏所占。元符年间，宋朝攻占会州，隶泾原路，后为金朝所据，市境黄河以西为西夏境。元代会州隶陕西行省，黄河以西为甘肃行省所辖。明代境内陆续设置迭烈逊巡检司（固原州辖）、会宁县（巩昌府辖）与靖房卫（陕西都司辖），部分地区为临洮府辖地。清代分隶巩昌府与兰州府。清初改靖房卫为靖远卫，雍正年间改县。乾隆初设宽沟县丞（后改红水分县，道光时复驻宽沟），同治年间设海城分县（民初裁撤）。民国二年（1913），升红水分县为红水县，后改为景泰县，与靖远、会宁2县在民国十六年（1927）直隶于甘肃省政府。中华人民共和国成立后，国务院在1958年成立地级白银市，历经多次行政调整，最终形成三县两区的行政建置。②

晚清以来，深居内陆的兰州等地也开启了缓慢的近代化进程。陕甘总督左宗棠在同光年间设立兰州机器制造局、兰州机器织呢局，并引入先进的水利设备。邮政电报事业、电力、近代金融业、新式军队与新闻出版事业、新式学校等先后诞生。进入民国以后，兰州等地政局长期不稳，局势时常动荡，地震、旱灾等各种灾害频繁。在此背景下，当地的近代化事业仍在进一步发展。西方医疗事业、电话通信、陆空交通事业与各类专门学校等先后建立并开展。抗日战争爆发后，兰州等地成为大后方，大量工厂、高校与各方人士纷纷内迁，近代化进程进一步加快。自民国以来，旨在保护生态的植树等活动亦开始兴起。如民国七年（1918）3月，兰州各界在五泉山举行首次官方植树节大会。民国三十一年（1942），省政府成立造林委员会，并开启在兰州南北两山等地植树造林的工作。③

---

① 兰州市地方志编纂委员会编：《兰州市志》第1卷《建置区划志》，兰州大学出版社，1999年，第34-201页。
② 白银市地方志编纂委员会编：《白银市志》，中华书局，1999年，第51-54页。
③ 兰州市地方志编纂委员会编：《兰州市志》，方志出版社，2019年，第32-46页。

三、甘肃黄河干流段历史生态环境档案特性简介

中华人民共和国建立之前的黄河干流甘肃段生态环境档案的时间段集中在20世纪30至40年代，档案藏地主要为甘肃省档案馆。按照内容，这些档案可分为调查类、自然灾害与赈济类、自然资源开发与生态保护类、资源环境纠纷与诉讼类四大类。

民国时期，甘肃各省级部门曾多次令各地开展各类调查工作。其中既有综合性的普查工作，也有涉及某内容的专项调查，如气象、地质矿产、土地、水与林草动物等资源。综合性的普查工作中，许多内容涉及当地的生态环境。如民国二十二年（1933）7月至次年4月，省民政厅与定西县（今定西市安定区）、皋兰县就围绕调查当地风俗情况，形成了一系列往来公文。定西县的呈文中介绍了本县的气候、降水分布与林木花草的种类。皋兰县也呈报了相似的内容。民国二十九年（1940），甘肃各县陆续向省政府呈报本地的畜牧概况与交通略图，其中包括皋兰县、永靖县、榆中县与景泰县。气象调查类档案主要涉及两方面内容，其一为与民国甘肃省重要的气象机构——兰州气象测候所相关的档案，涉及该机构的具体工作内容，如仪器设备、组织规划与经费等，以及设立省内各主要河流水文站、县级水文站等。其二为各地上报的雨量记载表。如榆中县曾上报民国三十二年（1943）、三十七年（1948）全年各月的雨雪阴晴情况，永靖县曾上报民国三十四年（1945）9—12月份、次年2月份的雨量情况。这些资料对于分析民国时期当地的气候变迁具有重要价值。地质矿产资源调查中，所涉及的矿产主要有煤矿、金矿、铁矿与石膏矿等。抗战期间，甘肃矿产勘测总队曾在甘肃境内各地进行各类矿产资源的调查。如民国三十（1941）至三十一年（1942），该总队下属各分队曾先后在临夏县、和政县、康乐县、榆中县周家湾与黄石坪、皋兰县水岔沟簸箕湾、会宁县松树岔等地勘察煤矿、金矿与石膏矿。抗战胜利后，甘肃省政府与中央地质调查所西北分所仍持续在省内勘察矿产，如民国三十五年（1946）曾勘察皋兰县定远乡麻家寺煤矿，撰有调查表，就煤矿位置、地层、土质、煤质等内容进行了简述。次年又对皋兰县白银厂黄铁矿进行了调查，撰有矿产简报，内容涉及产矿地的地形、地层、矿层等内容。这些资料有助于研究民国时期当地地矿事业的发展。关于土地、水与林草动物资源的调查档案较少，土地调查档案内容主要为关于某地（如定西县、皋兰县）境内的荒地、地亩情况，另有兰州市、榆中县金崖镇什堡的地图。水资源调查档案涉及河流水力勘察、水利工程养护等。较为典型的有由黄委会上游工程处第一查勘队负责查勘、撰写的黄河兰州至宁夏段的查勘报告书（时间不详）。内容主要包括河道基本情况、沿岸城镇、水文、物产、航运与灌溉情况等。民国三十年（1941），经济部第十测量队曾赴榆中县勘察在兴隆峡营建水库的可行性，并撰写报告书，内容包括地势、面积、水文，以及建设水库所需工料、工程计划等。另有关于黄河上游兰州附近坝址地质与黄河盐锅峡地质情况的调查。林草动物档案内容一方面为各地的农业概况，如榆中、定西与皋兰3县在民国三十三年（1944）10月间陆续向省政府报送农业调查表。此外，兰州的奶牛业颇受重视。民国三十二年（1943）4—5月曾对当地奶牛业进行过调查。民国三十六年（1947）9月，中央畜牧实验所、甘肃水利林牧公司与兰州牧场之间就填报乳牛事业状况产生了往来公文。

旱灾、水灾与地震等是甘肃各地的常见自然灾害，甘肃各档案馆便保存有一些反映黄河干流甘肃段各地灾害的档案。今存档案中，反映水灾的较多。民国二十三年（1934）7月，榆中、

皋兰2县政府联合调查皋兰各区乡镇受水灾的情况，以便照例豁免赋税。次年9月，景泰县芦阳镇遭受严重水灾，当地详细统计了各户被水所冲垮的地亩情况。民国三十五年（1946）7月，新修的甘草店铁路车站被暴雨冲毁，天兰铁路就此事代电交通部天水铁路工程局，请拨款重修。除上述灾害之外，雹灾、火灾、蝗灾等也曾陆续发生。民国三十二年（1943）9月，永靖县遭遇暴雨、冰雹，导致苗圃苗木多受摧残。民国三十六年（1947）4月，祁连山连城附近发生森林大火，省政府训令永登县政府，要求迅速查明起火原因，并尽快扑灭。该县政府据实呈复。自然灾害的发生，往往伴随着相应赈务活动的开展。民国三十五年（1946），会宁县多个乡镇叠遭旱灾、雹灾，灾情严重，当地灾民与县参议会、县政府、县农会、县商会等多个部门及民间团体先后呈文省政府，就赈济、减免赋税等事宜进行了长达数月的沟通。相似的档案又可见于同年湟惠渠特种乡公所的灾情，以及民国三十七年（1948）景泰县灾情等多个地区。可见，这批档案是研究民国甘肃灾荒史的重要史料。

民国以来，甘肃的近代化进程逐渐加快，与此相伴随的是对各类自然资源的开发与保护。自然资源主要包括各类矿产、土地、水与林草动物。民国时期各县政府均应按月、季度或年度向省政府提交工作报告。报告内容涉及多个方面，其中自然也涉及诸如植树、苗圃育苗、修渠、农业与畜牧业改良、水土保持、道路修补、矿产勘察等内容。如靖远县政府曾向省政府报送民国二十五年（1936）2月份的工作报告，其中农务类包括农具改良，以便耕种；水利类包括各渠自行挑挖水渠，凿石护岸；林业类为征工造林；苗圃类则由学校负责办理苗圃。会宁县政府向省政府呈报民国三十六年（1947）4—6月、10—12月的工作报告，包含粮食增产，诸如防治小麦黑穗病、选留优良种子等；育苗造林，如纠正保苗圃、调查育苗数量、保护林木、提倡私人植树；另有修筑道路等内容。各地工作报告中的相关内容普遍简略，以下将对各类专门谈及自然资源的档案进行简述。

黄河干流甘肃段矿产资源较为丰富，尤以煤矿为著。各档案馆所保存的当地矿产资源开发档案中，大多数与煤矿有关，主要反映了民国时期各地煤矿的开采事宜、流程，另有诸如组织地方煤矿业公会的档案。如民国二十七年（1938）至三十六年（1947）间，靖远县商民、煤矿公司就筹设煤矿公司、勘测煤矿与合法开采煤矿等事宜，与省政府、经济部进行了长期的沟通。民国二十九年（1940）至三十二年（1943），矿商方忠礼等人共同向省建设厅申请开采皋兰县煤矿，建设厅要求绘制矿区图上交，后又陆续报送矿产说明书等文件。该申请经省政府批准后，致函经济部审阅。值得注意的是，兰州历史悠久的煤矿——阿干镇煤矿在民国时期也有大量档案留存，相关内容包括关于申请开采阿干镇各地煤矿的资料、管理处的移交事宜、该煤矿的组织简章、民国二十九年（1940）出售煤炭数量清册、民国三十一年（1942）矿业工程报告书、建设所需经费、矿床说明书与矿区图、各矿区报表，以及诸如免除煤矿地基田赋、矿工免役等事宜。除了煤矿之外，也有少数档案涉及金矿、银矿、铁矿与铜矿的开采。如四联总处兰州分处曾在民国三十年（1941）一次性向省政府报送靖远县与皋兰县金矿、永登县煤矿的情况，请求获得开采权，后又将开采权移交给甘肃矿业股份有限公司。另有一些较为特殊的矿产，如民国二十九年（1940）会宁县小坪沟硝酸钠矿区、榆中县石灰石的开采，以及民国三十一年（1942）皋兰县徐家湾磁土矿的开采。

土地资源的开发档案，主要分为两类。其一主要为以发展农业、林业为宗旨的档案。如民国二十三年（1934），成立了兰州市清丈土地纠纷公断委员会，当年又制订了《兰州市地籍测图实施之计划》。民国三十二年（1943），靖远县政府请求拨用官荒土地用于造林。民国三十四年（1945），永登县苗圃使用土地种植苗木，省政府规定应依法减免赋税。民国三十五年（1946）至三十六年（1947），皋兰县政府就土地法的实施、更改问题与省民政厅进行了交涉。民国三十八年（1949），省政府派驻永登哈溪滩护林专员呈文省政府，请求永登县为其配发荒地，以便造林。其二为关于各类建筑用地的档案。一些机构出于各种目的，会收购、租用或征用一些土地。民国二十八年（1939），兰州西北中学请求将小西湖北边苗圃划为校址，省建设厅为此派人与空军第一司令部协商。民国三十一年（1942），甘肃省农业改进所收购皋兰县民田二百亩，作为实验田。民国三十四年（1945），省建设厅与地政局将中山林土地拨归省畜牧兽医研究所。民国三十七年（1948）左右，榆中、皋兰、靖远与临夏等县报送本地飞机场修建的租地事宜。还有一些土地被用作道路。如皋兰县政府在民国三十八年（1949）2月向省建设厅报送兰永公路的路线图。当年7月，兰州市政府制订整修西郊道路的计划。水资源的开发与保护类档案数量较多，其中大多数内容为营建各类水利工程，诸如引水渠、水库、水磨、河堤等。诸如湟惠渠工程、永登县红古城渠工程、皋兰县达家川渠工程、永靖县永丰渠工程、皋兰县水库修复工程、皋兰县水磨修建工程、兰州黄河南北两岸石堤、皋兰县盐场堡河堤等都有相关的档案记载，涉及营建计划、审批流程、工程图纸、所需器材、人事考核调动等各种信息。相关档案内容甚多，兹不一一列举。此外，民国时期，甘肃各县陆续开展小型农业水利工程，并规划进行水利建设，如民国三十一年（1942），张维猷等人向省建设厅报送榆中县水利建议书。在兰州市区内修建自来水工程也始于民国时期，相关情况在档案中多有保存。另有诸如为营建天兰铁路而配套的沿线水渠、蓄水工程。值得注意的是，也有一些档案反映了民国时期黄河水资源保护的情况。如民国三十六年（1947），西北毛纺织厂被举报直接将污水排入黄河。该厂为此向省建设厅呈报处理污水的流程，省政府训令该厂迅速开挖蓄水池，储蓄污水。

林草动物资源的开发与保护类档案数量较多。其中最典型者为造林档案。定西县、永靖县、和政县、会宁县、景泰县、榆中县、皋兰县与永登县等地在民国时期都设有苗圃，景泰县另建有防沙林场。各县原则上应定时向省政府上报苗圃育苗造林工作，故相关档案众多，内容主要涉及苗圃经费、植树规划与实践、苗木来源、林木保护、苗圃建设、人事调整等多个方面。省政府对各地呈文均予以回复，并指出苗圃工作中的不当、失职之处，要求改正。另有一些关于自然森林资源保护的档案。民国二十三年（1934），榆中县成立兴隆山保管委员会。县政府与省政府就此事有众多文件往来，省政府对委员会的建立、章程的设置提出了众多建议。该委员会的主要职责为保护、管理与合理采伐兴隆山森林资源。民国三十年（1941），甘肃省农改所呈文省政府，请转饬兰州市政府保护南北荒山林木，要求扩大造林运动，普遍发动义务劳动，挖掘水平沟保持水土、切实植树保护林木、征集树苗等。民国三十六年（1947），省农改所再次呈文要求保护徐家湾林地树木，省政府回文令市政府照办。民国三十七年（1948），皋兰县呈文省政府，请求禁止西飞机场军人砍伐树木，省政府予以牌示。一些档案涉及森林木料的运输与用途。民国二十四年（1935），各地曾运送木料修建皋兰县碉堡。民国三十六年（1947），各地运送木料给兰州大学，内容与押送工费、木料清册等有关。同年，为协助军事设施建设，兰州市核心工事委员会欲从莲花山内借木料，此事交由甘肃水利林牧公司办理。此外，诸如兰州市滑冰委员会、妇婴保健院、兰州日报社、兰州电厂、兰州制革厂等单位也曾要求输送木料。值得注意的是，甘肃水利林牧公司曾在兰州开设牧场，这是民国时期甘肃畜牧业发展的重要事件。与兰州牧场相关的档案较多，涉及牧场章程、财产、收支、年度经营计划与工作报告、设备改进、开垦荒地、减免税收、种牛、各单位订购牛奶、设置永登分牧场、商品销售、价格调整等众多内容。另外，民国时期甘肃各地政区调整频繁，黄河干流段也不例外。这些关于政区调整的档案往往与生态环境有着千丝万缕的联系，故一并列入。如景泰、靖远2县划拨地界、调整县治，以及将青海省飞地划入永靖县，榆中、定西与临洮3县插花地调整与定西、会宁2县划界等事件都有相关档案涉及。此外民国三十六年（1947）的榆中县马啣山军牧场勘界一事也颇值得关注，由于此事涉及马啣山、兴隆山一带的森林保护问题，且损害了榆中县的利益，故该县参议会有议员提出撤销军牧场或者缩小军牧场范围，并要求严禁砍伐森林的建议。

在进行矿产、土地、水利与林草动物等资源开发的同时，由于涉及各方利益等原因，不可避免地会产生纠纷、诉讼。黄河干流甘肃段的这类档案数量虽较少，却真实地反映出民国时期持续不断的资源争端。如皋兰县丁希礼、南中华二人呈文省建设厅，称何黑旦母子阻挠开采煤窑，省政府为此进行了长期调查。皋兰县火燦、马子杰双方就所购买土地的产权问题而争论不休，省建设厅、民政厅与省政府、省警察局、兰州市区土地登记处、皋兰县等各级部门先后介入。水利方面的纠纷档案也有一定数量，如永靖县村民因凿洞开渠引发的纠纷；皋兰县新城乡民众举报陈大才舞弊私领水利公款；皋兰县水川乡水车贷款被多人挪用；兰州市雁滩后河滩禄英魁等人贪污水库贷款、妨害生产；皋兰县定远镇陈鸿穆压制平民、限制饮水；永登县何登龙违法建筑磨坊、妨害水利；靖远县复兴新渠合作者呈诉白善著等人劫占取道、阻塞排洪道等纠纷。关于砍伐林木所造成的纠纷有：榆中县周恒德控诉张发文等人，在榆中县银湾沟天然林区内砍伐渔利；皋兰县陈国藩控诉黄生福砍伐水渠旁树木；榆中县新营镇黄石坪国民学校校长张登荣控诉经济部所属采金局探采队破坏植被、砍伐该校所有的林地；永丰渠工程处主任郭铿若上呈省政府，该渠的护渠树木常被盗伐，省政府令永靖县政府切实予以保护；等等。

总体而言，黄河干流甘肃段的民国时期生态环境档案总量较为丰富，涵盖了诸多内容，具有较高的史学价值，是赖以深入研究当地环境史、社会史等众多议题的重要资料。本卷叙录作为对该地区各类生态环境档案的简介，意在为研究者提供快捷的检索工具，借此提高研究工作的便利性与效率。

四、本卷编写情况概述

在国家档案局、甘肃省档案局的亲切关怀与大力支持下，"甘肃省馆藏祁连山与黄河历史生态环境档案叙录"丛书编写工作于2021年2月正式启动。《黄河干流卷》所涉及的档案文献主要收藏于甘肃省档案馆、白银市档案馆，定西市档案馆等亦有涉及。兰州大学与甘肃省档案馆组成联合课题组，在各市州档案馆同仁的大力支持下开展了一系列紧张有序的工作。课题组成员在各档案收藏地之间反复奔波，克服了许多预料之外的难题，但始终坚持不懈，付出了大量的辛勤努力。至2023年10月，档案分条目提要初稿撰写工作基本完成；2024年3月，本卷初稿校订工作完成。

编纂过程中，四位分卷主编分工明确，齐心协力，确保了工作的顺畅进行。兰州大学历史文化学院讲师王兴振主导技术层面的工作，为本卷奠定了坚实的基础架构和档案检索的明确范围。甘肃省档案馆副馆长白静全面负责编纂工作，并与王兴振深入研讨，共同制定了档案分类和提要撰写的规范。白银市档案馆馆长强德雄则始终驻守工作一线，亲自指导摘要的撰写，处理档案解读中遇到的各种复杂问题。甘肃省档案馆开发利用（编研）处四级调研员梁鹰亦亲赴现场，精选档案、扫描辨识、撰写文字，确保了项目的顺利进行。

正在或曾经在兰州大学求学的众多学子是本卷工作的主力军，在丛书主编与分卷主编的带领下投入到艰苦工作当中。民国时期的函电稿和政府公文，多为繁体行草或草书写就，不仅笔迹难以辨认，其间涉及的制度、事件、人物对多数青年学子而言都觉陌生。同学们在面对复杂的档案工作过程中，始终保持积极的学习态度，不断充实专业知识，遇到问题时能够虚心向有经验的前辈请教，通过不懈努力，最终高质量地完成了所分配的任务。他们是：中央民族大学历史文化学院博士研究生陈智威，云南大学历史与档案学院博士研究生王瑞雪，南开大学历史学院博士研究生王申元、硕士研究生王嘉宇，复旦大学中国历史地理研究中心博士研究生王稔知，中共香河县委组织部汪梦媛，北京大学医学人文学院硕士研究生何昕玥，北京师范大学历史学院硕士研究生李世财，中共景谷傣族彝族自治县委机构编制委员会办公室王侃年，东南大学人文学院硕士研究生李一鸣，中国社会科学院大学历史学院边疆历史系硕士研究生贺承松，兰州大学历史文化学院博士研究生吴华锋以及硕士研究生范雯晓、杨璐、王瑜、张好、郭泰乐、陈言冰。在此，谨向他们表示诚挚的感谢。

凡 例

一、甘肃省馆藏祁连山与黄河历史生态环境档案，指记录今甘肃省辖境内祁连山-河西走廊以及黄河流域生态环境客观状况、人与自然互动关系的历史档案。这些档案涉及山、水、林、田、湖、草等多类型生态单元，涵盖历史上国家与社会认识、开发、保护生态环境的各种活动。这些档案成文于1949年9月30日前，现收藏于甘肃省各级档案馆，其中绝大多数档案为民国档案、少数为清代档案。近年来，甘肃省历史档案绝大多数已集中至市（州）以上档案馆收藏保管，故本叙录所涉及的祁连山与黄河历史生态环境档案主要收藏于省、市（州）两级档案馆。相关档案类型以官文书为主，包括各类调查报告、表册、会议记录、提案、函电、司法诉讼文书、红契等，兼涉少数收藏于档案系统的民间文书。

二、本叙录以案卷为单位介绍甘肃省馆藏祁连山与黄河历史生态环境档案收藏信息及主要内容，一案卷一叙录。每一则叙录包括叙录编号、题名、发文单位、收文单位、收藏单位、档案编号、成文时间、涉及地域、关键词、内容提要等信息。叙录编号记录该条目在相关分卷中的位置，系编写者添加。题名照录各收藏单位目录中的原题名；个别文件没有题名或题名不完整、不能揭示内容的，编写者则根据通行著录原则拟写题名。发文单位、收文单位皆尊重案卷原文。档案编号一般为四组数字（极个别档案依据其原始编目情况为三组），分别为全宗号、目录号、案卷号、卷内顺序号，各组数字间以连接号；一条叙录涉及多个卷内顺序号的，第三组数字后同时保留多个卷内顺序号（以顿号隔开、连续者间以连接号）并整体加括号，如001-003-221-（0001、0007-0009）。成文时间主要为文件的正式，清代档案以汉字书写之年号纪年、农历月日表示，民国档案按阿拉伯数字书写的公历"年-月-日"表示；部分档案无日或无月、日的，分别精确到月、年，年月日俱无的直接标明"不详"。涉及地域精确到县，对涉及地名及其政区性质一概遵循文本原貌，如导河县（今临夏县）、会川县（今已撤销并入渭源）、卓尼设治局（今卓尼县）等。内容提要力求以简练文字介绍案卷大意，对于部分题名详尽足以概括内容的案卷、或目录开放但内容尚待审核开放的案卷，内容提要简化为"如题"。《总叙卷》因其文献全部收藏于甘肃省档案馆，内容涉及全省或省内较大范围地区，为使结构紧凑，省略"收藏单位""涉及地域"两项信息。

三、为便于检索，同时体现甘肃省各区域生态环境事务的内在差异，本叙录以地域-流域原则划分各卷。各卷中将涉及的历史生态环境档案分为生态环境调查与监测、资源开发与建设、自然灾害与赈济、资源环境纠纷与诉讼等四大类，冠以一级标题壹、贰、叁……；每个大别又分为若干小类，冠以二级中文标题一、二、三……。每一小类下，各条叙录依据档案号顺序排列，并根据收藏单位相对集中。

四、本叙录中少数档案同时涉及多个分卷、多个分类内容的，为了不拆解原始文件，相关叙录在多个分卷与分类中一概并存。

五、本叙录为最大程度保留档案原始风貌，对文中所涉及的各类数字书写方法以及计量单位如公里、公尺、方、担等，皆未做统一。

六、本叙录各类信息中，原文件漫漶不清者，用□代替，一字一□。

目 录

壹　生态环境调查类档案 ·· 1

　　一、综合调查类档案 ·· 3
　　二、气象类档案 ·· 8
　　三、地质矿产类档案 ·· 21
　　四、土地资源类档案 ·· 26
　　五、水资源类档案 ·· 30
　　六、林草动物类档案 ·· 35

贰　自然灾害与赈济类档案 ·· 39

　　一、旱灾类档案 ··· 41
　　二、水灾类档案 ··· 43
　　三、地震及地质灾害类档案 ··· 47
　　四、其他灾害与复合灾害类档案 ·· 47
　　五、综合赈务类档案 ·· 52

叁　自然资源开发与生态保护类档案 ··· 61

　　一、综合开发与保护类档案 ··· 63
　　二、矿产资源开发类档案 ·· 85
　　三、土地资源开发类档案 ·· 102

四、水资源开发管理类档案 …………………………………………………………115

　　五、林草动物资源开发与保护类档案 …………………………………………………199

　　六、生态环境相关的政区调整类档案 …………………………………………………292

　　七、水土保持类档案（渭河流域）………………………………………………………296

肆　资源环境纠纷与诉讼类档案 ……………………………………………………………299

　　一、矿产纠纷与诉讼类档案 ……………………………………………………………301

　　二、土地纠纷与诉讼类档案 ……………………………………………………………303

　　三、水利纠纷与诉讼类档案 ……………………………………………………………311

　　四、林草纠纷与诉讼类档案 ……………………………………………………………318

壹　生态环境调查类档案

一、综合调查类档案

【叙录编号】 0001
【档案题名】
　　景泰县第三区全区详图
【发文单位】 景泰县政府；景泰县参议会等
【收文单位】 甘肃省政府
【档案编号】 004-001-0414-0017
【成文时间】 1938
【收藏单位】 甘肃省档案馆
【涉及地域】 甘肃省政府
【关 键 词】 地图
【内容提要】
　　如题。

【叙录编号】 0002
【档案题名】
　　定西县风俗纲要
【发文单位】 甘肃省民政厅；定西县政府
【收文单位】 甘肃省民政厅；定西县政府
【档案编号】 015-005-0067-（0001-0005）
【成文时间】 1933-07-25—1934-04-27
【收藏单位】 甘肃省档案馆
【涉及地域】 定西县
【关 键 词】 风土；民俗
【内容提要】
　　定西县呈文甘肃省民政厅已依照调查纲目令内事理详细调查分析，呈赍风俗纲要3份，请甘肃省民政厅核转。介绍本县气候最热70余度，最冷50余度，春夏多风少雨，秋后雨水多少不定。农产品则有禾谷类、蔬菜类、树木类、花卉类、药类等。甘肃省民政厅回文虽缺失妇女地位一节，但因往来困难，暂准存转。

【叙录编号】 0003
【档案题名】
　　皋兰县风俗纲要
【发文单位】 甘肃省民政厅；皋兰县政府
【收文单位】 甘肃省民政厅；皋兰县政府
【档案编号】 015-005-0069-（0006-0011）
【成文时间】 1933-06-01—1934-12-30
【收藏单位】 甘肃省档案馆
【涉及地域】 皋兰县
【关 键 词】 风土；民俗
【内容提要】
　　皋兰县政府呈甘肃省政府风俗调查纲要1份，介绍本县气候为干燥少雨，农产品有麦豆糜谷等粮食，瓜果蔬菜等具备，棉花芝麻等产量足。甘肃省民政厅回文其过于简单，令其重造，将当地特殊情形详细调查。皋兰县政府补造呈赍，甘肃省民政厅予以备查。

【叙录编号】 0004
【档案题名】
　　兰州市盐场堡庙滩子地图1张
【发文单位】 军事委员会军令部
【收文单位】 甘肃省民政厅

【档案编号】 015-006-0316-0004
【成文时间】 1943-04
【收藏单位】 甘肃省档案馆
【涉及地域】 兰州市
【关 键 词】 盐场；地图
【内容提要】
　　如题。

【叙录编号】 0005
【档案题名】
　　华亭、化平、榆中、秦安、皋兰、崇信、陇西、西和、民乐县政府报送甘肃省政府本县畜牧概况表及交通略图
【发文单位】 榆中县政府；皋兰县政府等
【收文单位】 甘肃省政府
【档案编号】 027-002-0127-（0001-0011）
【成文时间】 1940-02-13—1940-07-18
【收藏单位】 甘肃省档案馆
【涉及地域】 榆中县；皋兰县等
【关 键 词】 畜牧；交通
【内容提要】
　　华亭、化平、榆中、秦安、皋兰、崇信、陇西、西和、民乐县政府报送甘肃省政府本县畜牧概况表及交通略图。依次附有《化平县境交通略图》《洮沙县畜牧概况调查表》《洮沙县境交通略图》《镇原县畜牧概况调查表》《镇原县略图》《秦安县境交通略图》《皋兰县交通图》《崇信县畜牧概况调查表》《崇信县陆路交通略图》《永靖县全图》《永靖县畜牧概况调查表》《陇西县全图》《陇西县畜牧概况调查表》《西和县畜牧概况调查表》《西和县交通略图》《民乐县畜牧概况调查表》《民乐县境交通略图》。

【叙录编号】 0006
【档案题名】
　　民勤、榆中、镇原、文县、夏河、通渭、武都、泾川、景泰、成县、临泽县政府报送甘肃省政府本县畜牧概况表及交通略图
【发文单位】 榆中县；景泰县等
【收文单位】 甘肃省政府
【档案编号】 027-002-0128
【成文时间】 1940-02-17—1940-07-18
【收藏单位】 甘肃省档案馆
【涉及地域】 榆中县；景泰县等
【关 键 词】 畜牧；交通
【内容提要】
　　民勤、榆中、镇原、文县、夏河、通渭、武都、泾川、景泰、成县、临泽县政府报送甘肃省政府本县畜牧概况表，均附有各县《畜牧概况调查表》，除此外附有《民勤县境交通略图》《文县县境交通略图》《榆中县交通略图》《夏河县略图》《通渭县交通略图》《泾川县交通略图》《景泰县交通略图》《成县交通略图》《临泽县交通公路略图》。

【叙录编号】 0007
【档案题名】
　　榆中县查勘报告及榆中平原草图
【发文单位】 不详
【收文单位】 不详
【档案编号】 038-001-0229-（0001-0002）
【成文时间】 不详
【收藏单位】 甘肃省档案馆
【涉及地域】 榆中县
【关 键 词】 查勘报告
【内容提要】
　　该部分共2份文件，内容如题。

【叙录编号】 0008
【档案题名】
　　甘肃省政府、靖远县政府、合作事业管理处关于取缔日用主要物品囤积居奇办法，提倡广种蓝靛及查核畜产概况、公路养护办法，开展硝磺生产等的训令、成文、布告
【发文单位】 甘肃省政府；靖远县政府等
【收文单位】 靖远县政府；甘肃省政府等
【档案编号】 08-A1-174
【成文时间】 1941—1944
【收藏单位】 白银市档案馆
【涉及地域】 靖远县
【关 键 词】 动植物资源；矿产
【内容提要】
　　如题，另有涉及靖远县畜牧业概况的调查。

【叙录编号】 0009
【档案题名】
　　靖远县政府关于审查吴维敏属共产党、人文概况调查、李生洲率学生殴打警察
【发文单位】 甘肃省民政厅
【收文单位】 靖远县政府
【档案编号】 08-A4-010
【成文时间】 1934—1948
【收藏单位】 白银市档案馆
【涉及地域】 靖远县
【关 键 词】 自然及人文概况
【内容提要】
　　关于各县市局自然及人文概况调查主要项目。

【叙录编号】 0010
【档案题名】
　　靖远县有关户口统计表，职工人数调查表，农业、工业、矿业、杂货、工资统计表
【发文单位】 靖远县县长
【收文单位】 甘肃省政府
【档案编号】 08-A4-（438-443）
【成文时间】 1942—1943
【收藏单位】 白银市政府
【涉及地域】 靖远县
【关 键 词】 土地调查
【内容提要】
　　该县关于农业、工业、矿业、杂货、工资等6项报表，农业、工业、矿业、杂货、工资5月、6月中下旬统计表，城关镇杂货价格报表，农业调查登记表，修理道路、造林、毁林、合作农场办法，征集展览物品办法，物品及清册等事务。

【叙录编号】 0011
【档案题名】
　　靖远县各月地方情形及政务工作报告表、甘肃省政府有关问题之训令
【发文单位】 甘肃省政府
【收文单位】 靖远县政府
【档案编号】 08-A4-985
【成文时间】 1934
【收藏单位】 白银市档案馆
【涉及地域】 靖远县
【关 键 词】 农业农村；修筑浮桥
【内容提要】
　　该县关于农产情形、农村概况、有无灾患、修筑苦水河浮桥等事务。

【叙录编号】 0012
【档案题名】
　　靖远县政府关于甘肃省政府密令，田赋粮食管理处调整限价拟定表，人口、户册编调查条例及行政会议记录等案卷
【发文单位】 甘肃省政府

【收文单位】 靖远县政府
【档案编号】 08-A4-（996-999）
【成文时间】 1942
【收藏单位】 白银市档案馆
【涉及地域】 靖远县
【关 键 词】 粮食征购；田赋调查
【内容提要】
　　该县关于科员受训、甘肃省政府代电的通知、政府训令、社会工作报告、受训人员清查照由、职务呈报、社会科长会议决定要点等案卷，靖远县政府关于委任职状、县保状、行政会议规程、全省行政会议规程例案、无线电快报、民意会议纪要等案卷，各乡镇学校、公教人员、干部职工、社会团体、土地信用、粮食征购等工作报告。

【叙录编号】 0013
【档案题名】
　　甘肃省民政厅关于催报政务工作的训令及本县政务工作、地方情形报告表
【发文单位】 甘肃省政府
【收文单位】 靖远县政府
【档案编号】 08-A4-（1041、1042）
【成文时间】 1933-10
【收藏单位】 白银市档案馆
【涉及地域】 靖远县
【关 键 词】 灾患；修路；农产
【内容提要】
　　该县关于有无灾患、修理汽大两路、农产情形、农村事务、上报民国二十二年（1933）各县政务状况、地方情形起见的指令及靖远县各月政务工作报告表。

【叙录编号】 0014
【档案题名】
　　甘肃省政府、甘肃省建设厅、靖远县政府关于填报人文地理调查表、农场工作报告表、农林产种子征集表、军用木材调查表、兵要地理调查表的训令、代电、呈
【发文单位】 甘肃省建设厅；甘肃省政府等
【收文单位】 靖远县政府
【档案编号】 08-A6-469
【成文时间】 1934-03—1936-11
【收藏单位】 白银市档案馆
【涉及地域】 靖远县
【关 键 词】 人文地理调查
【内容提要】
　　如题，仅有表格样张，并无统计数据。

【叙录编号】 0015
【档案题名】
　　甘肃省政府、甘肃省建设厅、靖远县政府及各区署关于填报木炭生产运销情形、战时农矿商损失报告、重要乡镇（村落）调查表的训令、代电、呈等
【发文单位】 甘肃省建设厅；甘肃省政府等
【收文单位】 靖远县政府
【档案编号】 08-A6-471
【成文时间】 1936-05-29—1940-01-29
【收藏单位】 白银市档案馆
【涉及地域】 靖远县
【关 键 词】 木炭；农工商调查
【内容提要】
　　如题。另靖远县呈文中说明该县并无木炭生产。

【叙录编号】 0016
【档案题名】
　　甘肃省政府、靖远县政府、靖远县田赋粮食管理处关于遵照推广冬耕实施办法、填报冬春耕工作的调查表格、训令、代电、公函等

【发文单位】 甘肃省政府；靖远县政府等
【收文单位】 靖远县政府；甘肃省政府等
【档案编号】 08-A6-486-（0001-0033）
【成文时间】 1945-06—1945-08
【收藏单位】 白银市档案馆
【涉及地域】 靖远县
【关 键 词】 耕情调查
【内容提要】

  甘肃省政府发函为加强粮食生产、促进经济恢复等目的，令各县推广春耕、冬耕，并调查相应情况，靖远县政府对其进行了调查。内附靖远县冬耕情况调查表和春耕情况调查表，内容包含靖远县各乡辖境面积、承粮亩数、作物品类以及农民种子数量、播种面积和贷款数目。

【叙录编号】 0017
【档案题名】

  甘肃省政府、甘肃省建设厅、靖远县政府、靖丰渠工程处等关于气象预报、河水含碱性水样化验、黄河暴涨碾子湾被淹、田地水各地加紧不得延误的训令、指令、公函等
【发文单位】 甘肃省政府；靖远县政府等
【收文单位】 靖远县政府；甘肃水利林牧公司等
【档案编号】 08-A6-499-（0001-0018）
【成文时间】 1942
【收藏单位】 白银市档案馆
【涉及地域】 靖远县
【关 键 词】 气象预报；水质监测
【内容提要】

  甘肃省发文称为加强各乡对于气象预测的了解以及气象常识的普及，拟于各地乡内一中学或小学组织气象预测站职能。此外甘肃省令靖远县政府寄送水样以做化验研究，靖远县政府所寄水样奇臭难闻，不符化验结果，并最终被要求再送水样以供检测。

【叙录编号】 0018
【档案题名】

  甘肃省政府、靖远县政府为查填社会政治经济状况调查表等事项的训令、指令、呈
【发文单位】 甘肃省政府；靖远县政府
【收文单位】 靖远县政府；甘肃省政府
【档案编号】 08-A7-028
【成文时间】 1933—1936
【收藏单位】 白银市档案馆
【涉及地域】 靖远县
【关 键 词】 政治经济调查
【内容提要】

  如题。另本卷附多份靖远县社会政治经济状况调查表。

二、气象类档案

【叙录编号】 0019
【档案题名】
　　甘肃省建设厅、兰州气象测候所关于定西建立气象测候所一事的文件
【发文单位】 兰州气象测候所
【收文单位】 甘肃省政府；甘肃省建设厅
【档案编号】
　　027-001-0756-（0005-0006）；
　　027-001-0757-0004
【成文时间】 1934-07-19—1934-08-20
【收藏单位】 甘肃省档案馆
【涉及地域】 甘肃省
【关 键 词】 农业水利
【内容提要】
　　兰州气象测候所报送在定西四墩坪地区建设气象测候所的优势、困难以及工程图。甘肃省建设厅还要求修改工程预算书、估价以及工料费用并发还原三件详细清单。气象测候所报送修改之后的过程费用预算书单呈甘肃省建设厅。

【叙录编号】 0020
【档案题名】
　　甘肃省政府、兰州气象测候所关于1937年测候所工作规划纲要的各类文件
【发文单位】 兰州气象测候所
【收文单位】 甘肃省政府；甘肃省建设厅
【档案编号】 027-001-0757-（0005-0006）
【成文时间】 1937-01-12—1937-05-11
【收藏单位】 甘肃省档案馆
【涉及地域】 甘肃省
【关 键 词】 纲要；经费
【内容提要】
　　0006为《甘肃省兰州气象测候所二十六年中心工作计划纲要》，上呈甘肃省政府，甘肃省政府回令附带此工作纲要：修理气象台，修理风向风速装置，编印五周年纪念刊，增加观测统计员，增加地震室经费预算，培训观测人员统计气候月刊，视导平凉气候所等，甘肃省政府批示要按照本省财力办给。

【叙录编号】 0021
【档案题名】
　　甘肃省政府、兰州气象测候所1935—1938年度工作报告文件
【发文单位】 兰州气象测候所
【收文单位】 甘肃省政府；甘肃省建设厅
【档案编号】 027-001-0758-（0001-0004）
【成文时间】 1935-07-22—1938-01-22
【收藏单位】 甘肃省档案馆
【涉及地域】 甘肃省
【关 键 词】 工作计划；经费
【内容提要】
　　兰州气象测候所报送1935年、1938年中心工作计划，甘肃省政府回令对中心计划纲要及经费预算、注意事项的意见。0002为《甘肃省兰州气象测候所二十四年中心工作计划纲要》、0004为《甘肃省兰州气象测候所二十七

年中心工作计划纲要》。

【叙录编号】 0022
【档案题名】
兰州气象测候所建立专线电话、费用相关问题的文件
【发文单位】 兰州气象测候所
【收文单位】 甘肃省政府；甘肃省建设厅
【档案编号】 027-001-（0759-0761）
【成文时间】 1937-12-06—1938-10-07
【收藏单位】 甘肃省档案馆
【涉及地域】 甘肃省
【关 键 词】 电话；租费
【内容提要】
甘肃省建设厅、兰州气象测候所关于架设专线电话、气候所电话租费相关公函、指令、批文。

【叙录编号】 0023
【档案题名】
兰州气象测候所设立高家岭高山测候所房屋建筑工程费用预算书及蓝图
【发文单位】 兰州气象测候所
【收文单位】 甘肃省政府；甘肃省建设厅
【档案编号】 027-001-0761-0010
【成文时间】 1938-03-17
【收藏单位】 甘肃省档案馆
【涉及地域】 甘肃省
【关 键 词】 测候
【内容提要】
如题，附有《甘肃省立兰州测候所筹设华家岭高山测候所房屋建筑工程费支付预算书》，附有房屋蓝图3张。

【叙录编号】 0024
【档案题名】
甘肃省建设厅、中央研究院气象测候所关于气象仪器、高空测候仪器运输、拨付、归还相关文件
【发文单位】 兰州气象测候所
【收文单位】 甘肃省政府；甘肃省建设厅
【档案编号】
027-001-0762；
027-001-0763-（0001-0008）
【成文时间】 1938-04-27—1939-01-29
【收藏单位】 甘肃省档案馆
【涉及地域】 甘肃省
【关 键 词】 仪器
【内容提要】
如题。

【叙录编号】 0025
【档案题名】
甘肃省建设厅、秦安县、兰州气象测候所关于秦安县初级中学、西北技艺专校与测候所合作事宜文件
【发文单位】 兰州气象测候所
【收文单位】 甘肃省政府；甘肃省建设厅
【档案编号】 027-001-0763-（0009-0018）
【成文时间】 1939-06-19—1939-12-23
【收藏单位】 甘肃省档案馆
【涉及地域】 秦安县
【关 键 词】 测候
【内容提要】
如题。

【叙录编号】 0026
【档案题名】
甘肃省政府、兰州气象测候所关于气象观测仪器等事的文件
【发文单位】 兰州气象测候所
【收文单位】 甘肃省政府；甘肃省建设厅
【档案编号】 027-001-0764-（0001-0017）
【成文时间】 1935—1939

【收藏单位】 甘肃省档案馆
【涉及地域】 甘肃省
【关 键 词】 气象
【内容提要】
　　兰州气象测候所请设立榆中测候所，甘肃省政府同意。兰州气象测候所同意西北技艺专校借用仪器，并组织规程，甘肃省建设厅抄发章程于兰州、天水等地，甘肃省建设厅请修订章程，兰州气象测候所呈报修订章程，榆中测候所请供给仪器，更正高空气象观测细则，甘肃省政府同意修订的规程并准予备案。0007为《甘肃省立气象测候所组织规程》，0012为《甘肃省立气象测候所高空气象观测细则》。

【叙录编号】　0027
【档案题名】
　　甘肃省政府关于兰州气象测候所的组织章程、规划、预算、高空观测细则等事情文件
【发文单位】 兰州气象测候所
【收文单位】 甘肃省政府；甘肃省建设厅
【档案编号】 027-001-0765；027-001-0766
【成文时间】 1936-01-12—1938-07-01
【收藏单位】 甘肃省档案馆
【涉及地域】 甘肃省
【关 键 词】 仪器
【内容提要】
　　甘肃省政府关于兰州气象测候所的组织章程、规划、预算、高空观测细则、测候所呈文工作规划、豁免运送仪器司机损坏仪器赔偿等事情处理。0765-0008为《甘肃省立兰州气象测候所气象观测细则》，0766-0001为《甘肃省立气象测候所三十八年度中心工作计划》，0766-0004为《甘肃省气象测候所及雨量整理办法》，0766-0005为《甘肃省各县气象测候所及雨量调查一览表》。

【叙录编号】　0028
【档案题名】
　　甘肃省政府、兰州气象测候所关于雨量调查的文件
【发文单位】 兰州气象测候所
【收文单位】 甘肃省政府；甘肃省建设厅
【档案编号】 027-001-0766-（0006-0007）
【成文时间】 1940-02-06—1940-04-08
【收藏单位】 甘肃省档案馆
【涉及地域】 甘肃省
【关 键 词】 雨量
【内容提要】
　　兰州气象测候所请发测候所及雨量所整理办法并呈甘肃省政府，附雨量站调查表1份，甘肃省政府回令遵照办理。

【叙录编号】　0029
【档案题名】
　　兰州气象测候所1941年工作报告文件
【发文单位】 兰州气象测候所
【收文单位】 甘肃省政府；甘肃省建设厅
【档案编号】 027-001-0771-（0001-0004）
【成文时间】 1941-07-12—1941-09-09
【收藏单位】 甘肃省档案馆
【涉及地域】 甘肃省
【关 键 词】 工作报告
【内容提要】
　　兰州气象测候所报送1941年6月、7月工作报告呈文，甘肃省建设厅回令准予备查。0001为《甘肃省气象测候所6月份工作报告》，包含行政事务、气候观测、水文观测、气象观测、工作考核、县测候所、县雨量站等方面。其余报表格式与之类似。

【叙录编号】　0030
【档案题名】
　　经济部、甘肃省建设厅关于保护黄河水文

站的各类文件
【发文单位】 经济部等
【收文单位】 甘肃省政府；甘肃省建设厅
【档案编号】 027-001-0771-（0012-0016）
【成文时间】 1939-06-12—1939-08-26
【收藏单位】 甘肃省档案馆
【涉及地域】 甘肃省
【关 键 词】 黄河；水文
【内容提要】

经济部致函甘肃省政府要求保护黄河水文站，甘肃省政府训令沿线六县加以保护，甘肃省建设厅第三科请从速安装黄河水文站水尺，位置为中山桥第二桥墩，甘肃省建设厅同意将测工改为观测员并安装水尺。

【叙录编号】 0031
【档案题名】
　　兰州气象测候所1941年下半年工作报告文件
【发文单位】 兰州气象测候所
【收文单位】 甘肃省政府；甘肃省建设厅
【档案编号】 027-001-0772-（0001-0010）
【成文时间】 1941-09-15—1943-01-23
【收藏单位】 甘肃省档案馆
【涉及地域】 甘肃省
【关 键 词】 工作报告
【内容提要】

兰州气象测候所分别报送1941年8月、9月、10月、11月、12月的工作报告呈甘肃省建设厅，包含行政事务、气候观测、水文观测、气象观测、工作考核、县测候所、县雨量站等方面。甘肃省建设厅分别回令准予备查。

【叙录编号】 0032
【档案题名】
　　兰州气象测候所关于兰州九年气象资料呈文及刊物
【发文单位】 兰州气象测候所
【收文单位】 甘肃省政府；甘肃省建设厅
【档案编号】 027-001-0773-（0001-0002）
【成文时间】 1941-03-25—1941-04-04
【收藏单位】 甘肃省档案馆
【涉及地域】 兰州市
【关 键 词】 气象；刊物
【内容提要】

兰州气象测候所汇报新印制《兰州九年来之气象》，朱绍良著。兰州九年来（1933—1941）气候专刊上呈甘肃省建设厅，并附有专刊，包括兰州九年间逐月气象、水文统计，该刊为39页。甘肃省建设厅回令准予收悉备查。

【叙录编号】 0033
【档案题名】
　　榆中、武山二县报送汇报雨雪情形文件
【发文单位】 榆中县政府；武山县政府
【收文单位】 甘肃省政府；甘肃省建设厅
【档案编号】 027-001-0783-（0001-0022）
【成文时间】 1944-01-22—1944-10-07
【收藏单位】 甘肃省档案馆
【涉及地域】 榆中县；武山县
【关 键 词】 雨量记载表
【内容提要】

榆中县政府汇报1943、1944年1—12月，武山县3—4月雨雪阴晴记载上呈甘肃省政府，甘肃省政府均回复准予备查。0002为榆中县报送《黄河水利委员会雨量记载表》，表头为黄河流域、黄河河系、榆中测站。0008为《武山县雨量记载表》，表头为黄河流域、渭河河系、武山测站。其余表格类似。

【叙录编号】 0034
【档案题名】
　　华亭、榆中汇报1944—1947年雨量记载表
【发文单位】 榆中县等

【收文单位】 甘肃省政府；甘肃省建设厅
【档案编号】 027-001-（0784-0788）
【成文时间】 1945-07-13—1948-08-13
【收藏单位】 甘肃省档案馆
【涉及地域】 华亭县
【关 键 词】 雨量记载表
【内容提要】

华亭县政府汇报1943年、1944年、1945年、1946—1947年雨量记载表，榆中县政府汇报1945年、1946年、1947年、1948年1—12月雨量记载表。0786-0787为华亭县政府、0785-0789为榆中县政府报送甘肃省政府的呈文。

【叙录编号】 0035
【档案题名】
甘肃省各县汇报雨量记载表情形文件
【发文单位】 武山县等
【收文单位】 甘肃省政府
【档案编号】
　　027-001-0794-（0001-0023）；
　　027-001-0795-（0001-0025）；
　　027-001-0796-（0001-0032）；
　　027-001-0797-（0001-0040）；
　　027-001-0798-（0001-0020）；
　　027-001-0799-（0001-0033）；
　　027-001-0800-（0001-0032）
【成文时间】 1944-04-21—1948-10-12
【收藏单位】 甘肃省档案馆
【涉及地域】 武山县等
【关 键 词】 雨量记载表
【内容提要】

甘肃省各县汇报雨量记载表情形，可归并较多，包含武山县1944—1947年雨量记载表（0794与0795），镇原县1944、1945年雨量记载表（0796）。崇信县1944—1948年（0797）、西和县1944—1948年（0798）、金塔县1944—1948年（0799，0800的0001-0020）、第八战区、兰州各类文件。格式均相同。

【叙录编号】 0036
【档案题名】
甘肃省政府、第八战区司令部、兰州气象测候所关于报送雨量表的呈文训令
【发文单位】 靖远县等
【收文单位】 兰州气象测候所；第八战区司令部
【档案编号】 027-001-0800-（0021-0032）
【成文时间】 1944-01—1945-17
【收藏单位】 甘肃省档案馆
【涉及地域】 靖远县等
【关 键 词】 雨量统计表
【内容提要】

第八战区司令部长官训令各县区限期填报雨量表，兰州气象测候所将此事呈文甘肃省政府，甘肃省政府训令兰州气象测候所并报送第八战区司令部。0027为兰州气象测候所报送《民国三十三年3、4月各地雨量统计表》，填报平凉、庆阳、敦煌、临夏、靖远等地的雨量记载表。

【叙录编号】 0037
【档案题名】
兰州气象测候所各县局关于气象月报表、气象测候表填报相关文件
【发文单位】 甘肃省建设厅
【收文单位】 各县市政府
【档案编号】 027-001-0821-（0009-0010）
【成文时间】 1938-02-13—1938-02-17
【收藏单位】 甘肃省档案馆
【涉及地域】 甘肃省
【关 键 词】 未收到的调查表
【内容提要】

兰州气象测候所关于本身已寄、未寄气象

月报表，县份一览表上呈甘肃省建设厅。甘肃省建设厅要求甘谷、张掖、敦煌、民勤、庆阳、景泰等补交气象测候表，并附省厅收到各县各月汇报的明细清单。

【叙录编号】 0038
【档案题名】
兰州气象测候所、第八战区司令部关于铁桥水文观测被阻一事的文件
【发文单位】 兰州气象测候所；第八战区司令长官司令部
【收文单位】 兰州气象测候所
【档案编号】 027-001-0822-（0001-0002）
【成文时间】 1938-04-07—1938-04-09
【收藏单位】 甘肃省档案馆
【涉及地域】 兰州市
【关 键 词】 水文观测
【内容提要】
兰州气象测候所因在铁桥测水文被军队阻止无法工作，第八战区司令长官司令部下令驻兰部队并饬桥门驻军遵照，不得妨碍气象测候所工作，甘肃省建设厅转发此指令。

【叙录编号】 0039
【档案题名】
兰州气象测候所已将本所各项气候、雨量蒸发量、水文记录寄送经济部水利司致甘肃省政府呈
【发文单位】 甘肃省建设厅
【收文单位】 甘肃省政府
【档案编号】 027-001-0822-0003
【成文时间】 1938-05-14
【收藏单位】 甘肃省档案馆
【涉及地域】 甘肃省
【关 键 词】 气象表
【内容提要】
兰州气象测候所已将各项气候、雨量蒸发量、水文等数据等按月寄送经济部，现多将1份寄送经委会水利处及黄河水利委员并致函甘肃省政府。

【叙录编号】 0040
【档案题名】
甘肃省建设厅、兰州气象测候所关于颁发水文执照一事的文件
【发文单位】 甘肃省建设厅；兰州气象测候所
【收文单位】 甘肃省建设厅；兰州气象测候所
【档案编号】 027-001-0822-（0004-0007）
【成文时间】 1938-04-03—1938-06-02
【收藏单位】 甘肃省档案馆
【涉及地域】 兰州市
【关 键 词】 水文观测执照
【内容提要】
兰州气象测候所请甘肃省建设厅发放水文观测执照，附有水文执照样式1份，样式为"第八战区司令长官司令部为发给非常时期水文观测执照事……右给兰州水文站收执"。甘肃省建设厅请该所纸质小本凭证附粘相片为凭证。兰州气象测候所重新按甘肃省建设厅要求提交材料上呈甘肃省政府，材料有工作执照样本、相片、簿册各一。甘肃省建设厅回令水文观测执照时期材料不合规打回并附水文观测员工作证1份连同原件发还。

【叙录编号】 0041
【档案题名】
甘肃省建设厅下发黄河水文观测站工作指导意见训令兰州气象测候所
【发文单位】 甘肃省建设厅；黄河水文观测站
【收文单位】 甘肃省建设厅；黄河水文观测站
【档案编号】 027-001-0822-0008
【成文时间】 1938-08-04
【收藏单位】 甘肃省档案馆
【涉及地域】 兰州市

【关　键　词】　测候报告
【内容提要】

甘肃省建设厅下发黄河水文观测站工作指导意见训令兰州气象测候所，气象测候所报告：1.水尺位置不当，2.流量施测仪器缺乏，3.含沙量，4.土壤，5.测候chesy公式求流量。甘肃省建设厅回令除第五条另行其他如法办理，附行检法图例3份、表例1张。

【叙录编号】　0042
【档案题名】

兰州气象测候所关于绘制本所周围地图的文件

【发文单位】　兰州气象测候所；甘肃省建设厅
【收文单位】　兰州气象测候所；甘肃省建设厅
【档案编号】　027-001-0822-（0009-0010）
【成文时间】　1938-08-03—1938-08-05
【收藏单位】　甘肃省档案馆
【涉及地域】　兰州市
【关　键　词】　地形图；测绘
【内容提要】

兰州气象测候所请甘肃省建设厅派人持本所地形图，中央研究院气象研究所要求本省逐一填报，但第七项要求各属地陆地测量所绘制两种地形图，一张是四周一公里地形图，另一张为测候所三十公里地形图，该所无人才，故而传请甘肃省建设厅派员测绘。甘肃省建设厅批示派员前往测绘。

【叙录编号】　0043
【档案题名】

甘肃省政府、甘肃省建设厅关于兰州气象测候所关于呈报各县水文站及水标站计划及经费预算的文件

【发文单位】　甘肃省建设厅；兰州气象测候所
【收文单位】　甘肃省政府；甘肃省建设厅
【档案编号】　027-001-0823-（0001-0004）；
027-001-0824-（0001-0003）
【成文时间】　1938-08-06—1938-12-03
【收藏单位】　甘肃省档案馆
【涉及地域】　甘肃省
【关　键　词】　水标站；水尺
【内容提要】

甘肃省政府曾训令兰州气象测候所改进水文观测站，分别遵办，故而现就改进水文站与筹建各县水标站计划及水文观测细则连同经费预算上交甘肃省建设厅，附有甘肃省立兰州气象测候所拟具改进兰州水文站并应建设本省重要河流区域水文站计划1份，首引言西北水利事业首重治理黄河，随后回顾黄河水利委员会略史及工作，并上呈水文站设备7件。第四叙述水文站观测范围：水位、含沙量、流量、流速、水温、气象；第五汇报成绩；第六汇报经费，整站每月补助57元；第七为应设各县水标站；第八为水标站人员培训；第九为各县水标站所需11种器具各一，需要200元。附有兰州气象测候所水文观测细则11条，兰州气象测候所筹设靖远等7处水标站经费概况书。并附有兰州气象测候所民国二十七年（1938）10月份经费支付预算书。

测候所王仰增报送甘肃省各县水标站旬报表、安置水尺说明书、观测水位说明书呈甘肃省建设厅，附有甘肃省建设厅气象测候所×××河×××水标站水位旬报表，表头有日期、时间、水位三栏。甘肃省建设厅上呈甘肃省政府询问可否由二十八年度（1939）建设事业项目下用支经费来建设水标站。甘肃省政府指令具体实施办法经费、人员安排，主席批示问呈财政厅。

王仰增将筹备各县水标站应注意事项上呈甘肃省建设厅，甘肃省建设厅将关于兰州、关于各县新设水文站上呈甘肃省政府，甘肃省政府回令将注意事项油印分发。

【叙录编号】 0044
【档案题名】
　　兰州气象测候所关于水文站测量员要求、考核、工资、水尺费用等文件
【发文单位】 甘肃省建设厅；兰州气象测候所
【收文单位】 甘肃省建设厅；兰州气象测候所
【档案编号】 027-001-0824-（0004-0015）
【成文时间】 1939-01-09—1939-07-08
【收藏单位】 甘肃省档案馆
【涉及地域】 兰州市
【关 键 词】 观测员
【内容提要】
　　兰州气象测候所录用樊守义为测量员，致函甘肃省政府，甘肃省政府同意。兰州气象测候所请发1939年工资，甘肃省政府不同意发放工资，测候所报送工资单据，请拨发制造水尺费用，甘肃省建设厅同意拨发费用及观测员工资。

【叙录编号】 0045
【档案题名】
　　兰州气象测候所关于统筹洮渭等河七水文站事宜的文件
【发文单位】 甘肃省建设厅；兰州气象测候所；水文站
【收文单位】 甘肃省建设厅；兰州气象测候所；水文站
【档案编号】 027-001-0824-0008
【成文时间】 1939-02-24
【收藏单位】 甘肃省档案馆
【涉及地域】 甘肃省
【关 键 词】 水尺；概算书
【内容提要】
　　兰州气象测候所统筹洮渭等河七水文站事宜，该所奉命办理并附水标站经费概算书，黄河、洮河、渭河、讨赖河、临水河、洪水河、张掖黑河七站建设八项事宜。兰州水文站改为一个水尺油绘于铁桥墩上，酒泉三站及张掖应由鸳鸯池水库工程处指导办理，水尺应在各工务所受训期绘制，施测水平基点标准、创断面坡度与流速由工务所办理。

【叙录编号】 0046
【档案题名】
　　兰州气象测候所拟请在本省各河流所经各县设立水文站或水标站以便水利工程设计而办水利裨民生提案
【发文单位】 兰州气象测候所；甘肃省建设厅
【收文单位】 兰州气象测候所；甘肃省建设厅
【档案编号】 027-001-0824-0009
【成文时间】 1939-05-27
【收藏单位】 甘肃省档案馆
【涉及地域】 甘肃省
【关 键 词】 水标站；水利
【内容提要】
　　兰州气象测候所拟请在本省各河流所经各县设立水文站或水标站以便水利工程设计而办水利裨民生案，最后决议交甘肃省建设厅参考。

【叙录编号】 0047
【档案题名】
　　甘肃省建设厅、兰州气象测候所关于在黄河桥墩安装水尺事宜的文件
【发文单位】 兰州气象测候所；甘肃省建设厅制造厂
【收文单位】 兰州气象测候所；甘肃省建设厅制造厂
【档案编号】 027-001-0825-（0003-0008）
【成文时间】 1939-09-23—1940-01-23
【收藏单位】 甘肃省档案馆
【涉及地域】 兰州市
【关 键 词】 水尺；经费

【内容提要】

兰州气象测候所呈甘肃省建设厅，桥墩水尺将近一年尚未安装，甘肃省建设厅指令甘肃省建设厅制造厂速予办理，以利测绘，勿要迁延。甘肃省建设厅制造厂回令本厂只负责制作水尺不负责安装工程，安装工作困难，迁延时日也非本厂失误等语。甘肃省建设厅指令甘肃省建设厅制造厂有测候所派员来与该厂商洽办理，训令兰州气象测候所派员前往。甘肃省建设厅致函财政厅请拨发水文站观测员工资及水尺制作费。甘肃省政府训令甘肃省建设厅垫发铁钉人力各项费用，从实业费用项目下直接向财政厅领取。

【叙录编号】 0048
【档案题名】
　　兰州气象测候所关于重新绘制黄河水尺一事的文件
【发文单位】 兰州气象测候所；甘肃省建设厅
【收文单位】 兰州气象测候所；甘肃省建设厅
【档案编号】 027-001-0825-（0015-0018）
【成文时间】 1940-01-29—1940-02-18
【收藏单位】 甘肃省档案馆
【涉及地域】 兰州市
【关　键　词】 水尺；砖瓦
【内容提要】

敌机袭兰，炸毁河堤十余里，水尺被炸毁，砖土掩盖，需要修筑重设水尺，兰州气象测候所请移除北门河岸上碎砖瓦砾致函甘肃省建设厅，甘肃省建设厅回函测候所并令与工务所移他处。工务所呈文已移除砖块。甘肃省建设厅回令准予备查。

【叙录编号】 0049
【档案题名】
　　兰州气象测候所校订水尺一事的文件
【发文单位】 兰州气象测候所；兰州水文站
【收文单位】 兰州气象测候所；兰州水文站
【档案编号】
　　027-001-0826-（0008-0009、0014-0015）
【成文时间】 1940-06-19—1940-10-12
【收藏单位】 甘肃省档案馆
【涉及地域】 兰州市
【关　键　词】 水尺；测候所
【内容提要】

兰州气象测候所签呈甘肃省建设厅派人校订水尺，兰州水文站报告该所北门湾第二水尺被敌机炸毁，最近修理完成请甘肃省建设厅派测量人员校准，甘肃省建设厅指令工务所派员校测，兰州气象测候所汇报水尺制作费用，甘肃省建设厅指令已收到水尺制作费用收据。

【叙录编号】 0050
【档案题名】
　　行政院、甘肃省政府关于全国气象观测办法及其修正案的相关文件
【发文单位】 兰州气象测候所；兰州水文站等
【收文单位】 兰州气象测候所；兰州水文站等
【档案编号】 027-001-0827-（0001-0004）
【成文时间】 1944-09-08—1947-07-14
【收藏单位】 甘肃省档案馆
【涉及地域】 甘肃省
【关　键　词】 气象观测办法
【内容提要】

行政院训令甘肃省政府抄发全国气象观测办法，附观测办法1份12条，甘肃省建设厅批示转气象测候所知道并抄发，甘肃省政府抄发文件于兰州气象测候所与各县局、各行政督察专员级保安司令公署。行政院修订第七条并致函甘肃省政府，甘肃省政府抄送下发。

【叙录编号】 0051
【档案题名】
　　农林部、甘肃省政府、各县局关于按月填

报雨量记载表的文件
【发文单位】 兰州气象测候所；兰州水文站
【收文单位】 兰州气象测候所；兰州水文站
【档案编号】 027-001-0828-（0001-0023）
【成文时间】 1941-01-20—1945-08-23
【收藏单位】 甘肃省档案馆
【涉及地域】 甘肃省
【关 键 词】 气象测候表
【内容提要】
　　农林部训令兰州气象测候所按月填报记录，甘肃省政府要求各县填，按月汇报甘肃省政府各县测候所雨量记载表，各县所上报。附敦煌、静宁、古浪、海原、榆中关于1944—1945年填报的雨量记载表、降水情形表等。

【叙录编号】 0052
【档案题名】
　　兰州气象测候所工作报告文件
【发文单位】 兰州气象测候所；甘肃省政府
【收文单位】 兰州气象测候所；甘肃省政府
【档案编号】 027-001-0830
【成文时间】 1941-02-24—1941-06-13
【收藏单位】 甘肃省档案馆
【涉及地域】 兰州市
【关 键 词】 工作报告
【内容提要】
　　兰州气象测候所汇报1941年1—5月工作报告，甘肃省建设厅均回函准予备查。

【叙录编号】 0053
【档案题名】
　　兰州气象测候所报送甘肃县所雨量记载表文件
【发文单位】 兰州气象测候所；甘肃省建设厅
【收文单位】 兰州气象测候所；甘肃省建设厅
【档案编号】
　　027-001-0831-（0001-0014）；

027-001-0832-（0001-0010）；
027-001-0833-（0001-0016）；
027-001-0834-（0001-0014）；
027-001-0835-（0013-0025）；
027-001-0836-（0001-0007）
【成文时间】 1946-04-16—1947-12-10
【收藏单位】 甘肃省档案馆
【涉及地域】 甘肃省
【关 键 词】 雨量记载表
【内容提要】
　　兰州气象测候所报送1946、1947年度兰州、岷县、靖远、天水、临夏、平凉、庆阳、定西、敦煌雨量记载表，致函甘肃省政府及第八战区司令部，难以拆分，各卷内均包含几县，甘肃省政府回函准予备查，准予照转。

【叙录编号】 0054
【档案题名】
　　兰州气象测候所1946年各种经费会议及出纳薪资审计相关文件
【发文单位】 兰州气象测候所
【收文单位】 甘肃省政府；甘肃省建设厅等
【档案编号】 027-001-（0837-0841）
【成文时间】 1947-03-15—1948-12-08
【收藏单位】 甘肃省档案馆
【涉及地域】 庆阳市
【关 键 词】 经费；薪资
【内容提要】
　　如题。

【叙录编号】 0055
【档案题名】
　　兰州气象测候所汇报1945—1949年各县局气象月报表文件
【发文单位】 兰州气象测候所；甘肃省建设厅等
【收文单位】 兰州气象测候所；甘肃省建设

厅等

【档案编号】

027-001-0843-（0001-0008）；

027-001-0844-（0001-0004）；

027-001-0851-（0001-0019）；

027-001-0852-（0001-0026）

【成文时间】　1947-05-05—1949-11-10

【收藏单位】　甘肃省档案馆

【涉及地域】　甘肃省

【关 键 词】　气象月报表

【内容提要】

　　兰州气象测候所报送1947年4—7、11—12月气象月报表，汇报1948—1949年气象月报表，甘肃省政府回令准予备查。

【叙录编号】　0056

【档案题名】

　　兰州气象测候所汇报1948—1949年各县局雨量记载表问价

【发文单位】　兰州气象测候所；甘肃省建设厅等

【收文单位】　兰州气象测候所；甘肃省建设厅等

【档案编号】

027-001-0845-（0001-0036）；

027-001-0847-（0001-0036）；

027-001-0848-（0001-0032）；

027-001-0849-（0001-0025）

【成文时间】　1948-11-03—1949-07-12

【收藏单位】　甘肃省档案馆

【涉及地域】　甘肃省

【关 键 词】　雨量记载表

【内容提要】

　　甘肃省各县汇报雨量文件。甘肃省汇报1948—1949年各一份武山（0847）、高台、金塔（0845）、庄浪、榆中、平凉、定西、西吉、崇信、化平、天水、岷县雨量记载表致函甘肃省政府，甘肃省政府回令准予备查。

【叙录编号】　0057

【档案题名】

　　兰州气象测候所汇报气象及气象月报表、阴晴雨雪表的文件

【发文单位】　兰州气象测候所；甘肃省建设厅等

【收文单位】　兰州气象测候所；甘肃省建设厅等

【档案编号】　027-001-0855-（0001-0002）

【成文时间】　1942-02-06—1944-01-21

【收藏单位】　甘肃省档案馆

【涉及地域】　甘肃省

【关 键 词】　气象月报表

【内容提要】

　　气象测候所报1941年1—4月气象记录呈甘肃省建设厅，汇报1942—1943年气象月报表、阴晴雨雪统计表，甘肃省建设厅回令准予备查。

【叙录编号】　0058

【档案题名】

　　兰州气象测候所关于沙地温度计被盗一事的文件

【发文单位】　兰州气象测候所；西北农业专科学校等

【收文单位】　兰州气象测候所；西北农业专科学校等

【档案编号】　027-001-0858-（0001-0010）

【成文时间】　1943-12-23—1945-09-30

【收藏单位】　甘肃省档案馆

【涉及地域】　甘肃省

【关 键 词】　沙地温度计

【内容提要】

　　兰州气象测候所报沙地温度计被盗，甘肃省政府回令从速稽查，并同意西北农业专科学

校果园西侧暂停测候工作。

【叙录编号】 0059
【档案题名】
　　兰州气象测候所关于祁连山测候所最高温度情况表文件
【发文单位】 兰州气象测候所
【收文单位】 甘肃省建设厅
【档案编号】 027-001-0858-（0013-0014）
【成文时间】 1946-04-24—1946-04-29
【收藏单位】 甘肃省档案馆
【涉及地域】 甘肃省
【关 键 词】 最高温度情况表
【内容提要】
　　兰州气象测候所报送拨发祁连山测候所最高温度情况表致函甘肃省政府，甘肃省政府回令准予备查。

【叙录编号】 0060
【档案题名】
　　黄河水利委员会、兰州气象测候所关于气象观测调查表的文件
【发文单位】 黄河水利委员会；甘肃省建设厅
【收文单位】 黄河水利委员会；甘肃省建设厅
【档案编号】 027-001-0860-（0001-0004）
【成文时间】 1947-05-08—1947-05-23
【收藏单位】 甘肃省档案馆
【涉及地域】 甘肃省
【关 键 词】 气象观测调查表；黄河水利委员会
【内容提要】
　　黄河水利委员会关于报送黄河流域气象观测调查表并致函甘肃省建设厅，附调查表3份。甘肃省建设厅训令气象测候所合行检发。测候所填报完成上呈甘肃省建设厅，甘肃省建设厅检附原表函送黄河水利委员会。

【叙录编号】 0061
【档案题名】
　　甘肃省政府，泾川县、榆中县政府关于报送阴晴雨雪表的文件
【发文单位】 榆中县政府；甘肃省政府等
【收文单位】 榆中县政府；甘肃省政府等
【档案编号】
　　027-001-0862-（0016-0021）；
　　027-001-0863-（0001-0019）
【成文时间】 1943-02-25
【收藏单位】 甘肃省档案馆
【涉及地域】 泾川县；榆中县
【关 键 词】 阴晴雨雪表
【内容提要】
　　榆中县政府、泾川县政府汇报本县民国二十二年（1933）、二十三年（1934）、二十四年（1935）阴晴雨雪统计表的文件，甘肃省政府回令准予备查。

【叙录编号】 0062
【档案题名】
　　永靖县政府报送本县1945年9—12月份、1946年2月份雨量记载表的代电
【发文单位】 永靖县政府
【收文单位】 甘肃省政府
【档案编号】
　　027-007-0128-（0015-0018、0029）
【成文时间】 1945-10-19—1946-03-12
【收藏单位】 甘肃省档案馆
【涉及地域】 永靖县
【关 键 词】 雨量记载表
【内容提要】
　　如题，仅为报送代电，无表。

【叙录编号】 0063
【档案题名】
　　为请协办黄河及洮河各水文站水文气象等

资料的函
【发文单位】 黄河水利委员会上游工程处
【收文单位】 甘肃水利林牧公司
【档案编号】 039-001-0025-0010
【成文时间】 1946-01-21
【收藏单位】 甘肃省档案馆
【涉及地域】 甘肃省
【关 键 词】 黄河水文；洮河水文
【内容提要】
　　主要涉及请甘肃水利林牧公司寄发黄河及洮河各水文站水文气象等资料。

【叙录编号】 0064
【档案题名】
　　民国三十一年（1942）甘肃水利林牧公司向兰州气象测候所征求派工程师多人抄录兰州气象记录意见的函
【发文单位】 甘肃水利林牧公司
【收文单位】 兰州气象测候所
【档案编号】 039-001-0028-0014
【成文时间】 1942-09-24
【收藏单位】 甘肃省档案馆
【涉及地域】 甘肃省
【关 键 词】 气象记录
【内容提要】
　　共1份文件，内容如题。

【叙录编号】 0065
【档案题名】
　　关于借兰州雨量纪事及归还雨量统计表的公文往来
【发文单位】 甘肃水利林牧公司；兰州气象测候所
【收文单位】 兰州气象测候所；甘肃水利林牧公司
【档案编号】 039-001-0028-（0023-0025）
【成文时间】 1943-04-21—1943-05-01
【收藏单位】 甘肃省档案馆
【涉及地域】 甘肃省
【关 键 词】 气象
【内容提要】
　　甘肃水利林牧公司、兰州气象测候所之间关于借兰州雨量纪事及归还雨量统计表的公文往来。

【叙录编号】 0066
【档案题名】
　　气象测候及其调查表
【发文单位】 靖远县政府
【收文单位】 不详
【档案编号】 08-A4-178
【成文时间】 1940—1942
【收藏单位】 白银市档案馆
【涉及地域】 靖远县
【关 键 词】 气象测候
【内容提要】
　　如题。

【叙录编号】 0067
【档案题名】
　　气象观测、地址等，商会、营矿、纺织业调查表
【发文单位】 靖远县政府
【收文单位】 不详
【档案编号】 08-A4-179
【成文时间】 1940
【收藏单位】 白银市档案馆
【涉及地域】 靖远县
【关 键 词】 气象观测
【内容提要】
　　如题。

【叙录编号】 0068
【档案题名】
靖远县防空哨所关于天气预报和注意事项、防空情报、修理电话机、对迫降飞机处理办法及防空报告等
【发文单位】 靖远县政府；甘肃省政府等
【收文单位】 靖远县防空队长；靖远县准航空委员会等
【档案编号】 08-A4-397
【成文时间】 1940—1950
【收藏单位】 白银市档案馆
【涉及地域】 靖远县
【关 键 词】 天气预报；防空情报；迫降飞机
【内容提要】
该县关于防空监视哨所情报简略及天气地点表，机场敌机迫降，修理电话机等事务。

【叙录编号】 0069
【档案题名】
甘肃省政府、甘肃省财政厅、靖远县政府动员委员会二十八年（1939）财务清册、思想动员实施纲要、财政收支整理暂行办法、抗战建国纪念大会筹备会记录等
【发文单位】 靖远县气象测候所
【收文单位】 靖远县动员委员会
【档案编号】 08-A4-458
【成文时间】 1938-08—1940-03
【收藏单位】 白银市档案馆
【涉及地域】 靖远县
【关 键 词】 气象观测地点
【内容提要】
该县关于气象测候所因地址狭小，不适测候工作，申请将县城文庙地址设为办公场所等事务。

三、地质矿产类档案

【叙录编号】 0070
【档案题名】
中央地质调查所西北分所矿产简报第42号（调查皋兰县白银厂黄铁矿）
【发文单位】 中央地质调查所西北分所
【收文单位】 甘肃省建设厅
【档案编号】 027-002-0908-0001
【成文时间】 1947-07
【收藏单位】 甘肃省档案馆
【涉及地域】 甘肃省
【关 键 词】 地质；矿产

【内容提要】
内容包含：导言、位置交通、地形、地层、矿层、矿床等。

【叙录编号】 0071
【档案题名】
中央地质调查所西北分所关于送皋兰县定远乡麻家寺煤矿地质调查表给甘肃省政府的函
【发文单位】 皋兰县
【收文单位】 甘肃省建设厅
【档案编号】 027-005-0608-0007

【成文时间】 1946-08-21
【收藏单位】 甘肃省档案馆
【涉及地域】 皋兰县
【关 键 词】 麻家寺
【内容提要】

宋叔和、卢振兴《甘肃皋兰县麻家寺煤矿地质》[民国三十六年（1947）7月] 矿产简报第43号，主要包括引言：皋兰县麻家寺附近兴隆山一带开采煤矿，麻家寺位于皋兰定远乡东南，矿产带状西北东南分布，地层并不复杂，分为冲积层、黄土、甘肃系红层、阿干镇煤系，以及构造、矿业煤质等内容。

【叙录编号】 0072
【档案题名】

甘肃省建设厅关于派本厅工程师张近才勘测会宁县小水乡煤矿给李文瀚的批示及训令
【发文单位】 小水乡煤矿
【收文单位】 甘肃省建设厅
【档案编号】 027-005-0633
【成文时间】 1946-06-27
【收藏单位】 甘肃省档案馆
【涉及地域】 会宁县
【关 键 词】 小水乡煤矿
【内容提要】

《开采煤矿矿区草图》1张。

【叙录编号】 0073
【档案题名】

甘肃省矿产勘测总队关于报送各分队10—12月份工作情况致甘肃省政府的呈文
【发文单位】 甘肃省矿产勘测总队
【收文单位】 甘肃省政府
【档案编号】 027-006-0497-（0005-0006）
【成文时间】 1941-11-21—1942-01-06
【收藏单位】 甘肃省档案馆
【涉及地域】 榆中县；皋兰县等

【关 键 词】 矿产勘测；煤矿
【内容提要】

如题，其中包括各分队调查成县塔崖子石炭、天水县娘娘坝赤铁矿、榆中县周家湾、皋兰县水岔沟簸箕湾、临洮县茨泉子梁家庄砂金矿、静宁县罐子峡、会宁县松树岔煤矿等内容。10月份报告中包括煤矿成色、质量、位置深度等。

【叙录编号】 0074
【档案题名】

甘肃省矿产勘测总队关于报送第一分队勘察月报表及返兰日期致甘肃省建设厅的呈文
【发文单位】 甘肃省矿产勘测总队
【收文单位】 甘肃省建设厅
【档案编号】 027-006-0498-0003
【成文时间】 1942-11-30
【收藏单位】 甘肃省档案馆
【涉及地域】 兰州市等
【关 键 词】 矿产勘测；煤矿
【内容提要】

如题，第一分队于民国三十一年（1942）10月22日返兰，并附《甘肃省矿产勘测队第一分队工作日程表》1份，其中包括民国三十一年5至10月前往兰州、永登、武威、山丹、张掖、酒泉、敦煌、安西、玉门等地的行程及到访地点。

【叙录编号】 0075
【档案题名】

甘肃各分队8、9月份勘察煤矿情况的呈文
【发文单位】 甘肃省矿产勘测总队
【收文单位】 甘肃省政府
【档案编号】 027-006-0499-（0003、0005）
【成文时间】 1941-09-13—1941-10-16
【收藏单位】 甘肃省档案馆

【涉及地域】 榆中县等
【关 键 词】 矿产勘测；煤矿
【内容提要】

甘肃省矿产勘测总队报送各分队（1941年）8月份工作进度情况，其中包括第一分队在通渭碧玉调查附近地质煤田，第二分队在临夏城东、和政县旁、康乐县、临洮县各处勘测煤矿等内容。9月份则包括第一分队在秦安县、甘谷县、通渭县、武山县各处进行调查，第二分队在临洮县、康乐县、漳县、岷县、渭源县、陇西县、榆中县进行调查，第三分队在平凉县、崇信县勘察煤田等。

【叙录编号】 0076
【档案题名】

暂代甘肃矿产勘测队总队长阎锡珍报送第一分队10月中下旬，第二、三分队10月下旬报表的呈文
【发文单位】 暂代甘肃矿产勘测队总队长阎锡珍
【收文单位】 甘肃省建设厅
【档案编号】 027-006-0499-0008
【成文时间】 1941-11-18
【收藏单位】 甘肃省档案馆
【涉及地域】 榆中县等
【关 键 词】 矿产勘测；煤矿
【内容提要】

第一分队在西和县、礼县各处调查铁矿；第二分队在榆中县黄石坪等地调查金矿；第三分队在固原县炭山调查烟煤。附旬报表8份，包括：西和县洛峪乡黑虎桥一带、礼县蒲王家朱家一带、礼县仇池乡瑶空坝一带、成县北乡清水沟寺儿沟一带、范家山一带、榆中县南20公里黄石坪、榆中县西南10公里普鸽崖黑羊咀、固原县炭山等。表头中包括调查地点、地层时代、岩层、岩石、化石、构造、矿产类型、产地、成因、矿质、厚度、面积、气候交通、水量等情况。

【叙录编号】 0077
【档案题名】

暂代甘肃矿产勘测队总队长阎锡珍报送各分队11—12月份勘察煤矿旬报表的呈文
【发文单位】 暂代甘肃矿产勘测队总队长阎锡珍
【收文单位】 甘肃省建设厅
【档案编号】 027-006-0499-0014
【成文时间】 1941-12-19
【收藏单位】 甘肃省档案馆
【涉及地域】 榆中县；皋兰县等
【关 键 词】 矿产勘测；煤矿
【内容提要】

第一分队呈送勘察成县塔崖子山石炭、徽县老君殿包家沟褐铁矿、徽县嘉陵乡东沟松树坝褐铁矿、后沟梅落石赤铁矿、三滩老红山赤铁矿、两当县云坪乡龙王庙道江寺一带煤矿等旬报表；第二分队呈送榆中县周家湾、皋兰县水岔沟簸箕湾各地煤矿，皋兰县张家寺崖沟石膏矿，临洮县茨泉梁家庄砂金矿旬报表；第三分队呈送会宁县松树岔煤矿旬报表。表头中包括调查地点、地层时代、岩层、岩石、化石、构造、矿产类型、产地、成因、矿质、厚度、面积、气候交通、水量等情况。

【叙录编号】 0078
【档案题名】

甘肃省建设厅关于预借经费进行阿干镇煤田地质测量的往来文件
【发文单位】 甘肃省建设厅；甘肃省建设厅工程师王联庆
【收文单位】 甘肃省建设厅；甘肃省建设厅工程师王联庆
【档案编号】 027-007-0643-（0020-0021）
【成文时间】 1943-04-15—1943-04-20

【收藏单位】　甘肃省档案馆
【涉及地域】　皋兰县
【关　键　词】　阿干镇煤炭；地质测量
【内容提要】
　　甘肃省建设厅工程师王联庆会同经济部中央地质调查所西北分所调查皋兰县阿干镇煤田地质测量情况，拟预借1万元经费使用。甘肃省建设厅回文准予拨发。

【叙录编号】　0079
【档案题名】
　　山丹、玉门等县政府关于报送1947年度煤矿开采情况调查表的各类文件
【发文单位】　甘肃省建设厅工程师李启贤；榆中县政府等
【收文单位】　甘肃省政府；甘肃省建设厅等
【档案编号】　027-007-0645-（0001-0022）
【成文时间】　1947-01-28—1947-04-16
【收藏单位】　甘肃省档案馆
【涉及地域】　榆中县等
【关　键　词】　煤矿开采；调查表
【内容提要】
　　甘肃省建设厅工程师李启贤签呈甘肃省建设厅，请其转令各县填报煤矿开采情形表，便于进行后续燃料使用与开采指导计划。甘肃省政府就调查煤矿开采情况一事训令华亭、崇信、静宁等26县政府，令其呈报煤矿开采调查表。天水、成县、榆中、武威、永登、民乐、岷县、玉门、静宁、高台等县政府呈报甘肃省政府1947年度煤矿开采情况调查表，并各附表1份。表头包括：公司名称及矿主姓名、矿区所在地、矿区面积、煤层数及厚度、平均每月工作人数、每月平均产量等内容。甘肃省政府对其准予汇办。景泰县政府呈文，当地煤矿已被前人挖掘殆尽，近期没有开采工作，请求免予汇报。

【叙录编号】　0080
【档案题名】
　　经济部中央地质调查所西北分所关于电请甘肃省政府请皋兰县保护协助专员调查地质矿产工作的往来文件
【发文单位】　中央地质调查所西北分所；甘肃省资源委员会等
【收文单位】　甘肃省政府；皋兰县政府等
【档案编号】　027-008-0028
【成文时间】　1946-04-13—1946-04-30
【收藏单位】　甘肃省档案馆
【涉及地域】　皋兰县
【关　键　词】　地质勘探；资源
【内容提要】
　　中央地质调查所西北分所代电甘肃省政府本所现派专员前往皋兰县调查地质资源情况，请其县切实保护协助工作。甘肃省政府回文知悉并令皋兰县政府切实保护。甘肃省资源委员会甘肃省化工材料厂呈文甘肃省政府同中央地质调查所西北分所勘察白银厂硫铁矿请审核并请皋兰县政府协助。甘肃省政府回文材料厂此事已由中央地质调查所西北分所代电到府，已令其协助保护。

【叙录编号】　0081
【档案题名】
　　关于派员代勘兰州—东岗镇间土质的公文往来
【发文单位】　甘肃水利林牧公司；甘肃省农业改进所
【收文单位】　甘肃省农业改进所；甘肃水利林牧公司
【档案编号】　039-001-0006-（0003-0004）
【成文时间】　1942-03-04—1942-03-06
【收藏单位】　甘肃省档案馆
【涉及地域】　甘肃省
【关　键　词】　土质

【内容提要】

甘肃水利林牧公司、甘肃省农业改进所之间关于派员代勘兰州—东岗镇间土质的公文往来。

【叙录编号】 0082
【档案题名】
李家骏等关于调查薪炭林土壤情形的报告
【发文单位】 李家骏等
【收文单位】 农林部西北防沙林甘肃景泰林场
【档案编号】 039-001-0482-0017
【成文时间】 1948-11-02
【收藏单位】 甘肃省档案馆
【涉及地域】 景泰县
【关 键 词】 调查报告
【内容提要】

共1份文件，内容如题。

【叙录编号】 0083
【档案题名】
刘绍汉等关于勘定景泰县境内防沙林带事项的报告
【发文单位】 刘绍汉等
【收文单位】 农林部西北防沙林甘肃景泰林场
【档案编号】 039-001-0482-0018
【成文时间】 1948-11-18
【收藏单位】 甘肃省档案馆
【涉及地域】 景泰县
【关 键 词】 调查报告
【内容提要】

共1份文件，内容如题。

【叙录编号】 0084
【档案题名】
甘肃省政府关于地质矿产调查的训令
【发文单位】 甘肃省政府；甘肃省建设厅等
【收文单位】 靖远县政府；甘肃省政府等
【档案编号】 08-A6-366-（0023-0025、0030-0034）
【成文时间】 1942-10
【收藏单位】 白银市档案馆
【涉及地域】 靖远县
【关 键 词】 矿产调查
【内容提要】

甘肃省政府将派地质矿产调查队前往靖远一带勘探煤铁气等自然矿产，要求靖远县协助调查并保障其安全。

【叙录编号】 0085
【档案题名】
甘肃省政府、靖远县政府关于报送民国三十二年（1943）8月中旬至10月中旬农工矿产品、五金杂货物品价格及工资报表的训令、呈等
【发文单位】 甘肃省政府；靖远县政府等
【收文单位】 甘肃省政府；靖远县政府等
【档案编号】 08-A6-405
【成文时间】 1943-06-16—1943-09-30
【收藏单位】 白银市档案馆
【涉及地域】 靖远县
【关 键 词】 农工矿产品报表
【内容提要】

民国三十二年6月16日，甘肃省政府发布填报农工矿产品、五金杂货品价格及工资旬报表的训令，以及于同年7月27日要求各地调查填报重要食品物料及工资情形的训令，靖远县政府经调查提供针对上述两训令的统计表2份。

【叙录编号】 0086
【档案题名】
本县各月农工矿产品、五金杂货物品及工资旬报表及其呈文并甘肃省政府的指令
【发文单位】 甘肃省政府；靖远县政府
【收文单位】 甘肃省政府；靖远县政府

【档案编号】 08-A6-408
【成文时间】 1941-09-05—1945-08-15
【收藏单位】 白银市档案馆
【涉及地域】 靖远县
【关 键 词】 农工矿产品旬报表
【内容提要】
　　如题。另附靖远县农工矿产品、五金杂货物品价格及工资旬报表36份,以及靖远县各业工人工资旬报表3份。

【叙录编号】 0087
【档案题名】
　　甘肃省政府、建设厅、民政厅、榷运局兼盐务保运总局,靖远县政府就硝磺事务调查、请领护照、查填经济调查表等的训令、呈
【发文单位】 靖远县政府;甘肃省政府等
【收文单位】 靖远县政府
【档案编号】 08-A6-465
【成文时间】 1933-10—1934-06
【收藏单位】 白银市档案馆
【涉及地域】 靖远县
【关 键 词】 硝磺调查
【内容提要】
　　如题,另附经济调查表样张1份。

【叙录编号】 0088
【档案题名】
　　军令部陆地测量总局地形测量二队、靖远县政府就代雇民夫、皮筏、牲口、大车及借用桌椅、火炉的公函、训令
【发文单位】 军令部陆地测量总局地形测量二队
【收文单位】 靖远县政府
【档案编号】 08-A7-302
【成文时间】 1943-07—1945-05
【收藏单位】 白银市档案馆
【涉及地域】 靖远县
【关 键 词】 地形调查
【内容提要】
　　本档全为军令部陆地测量总局地形测量二队、甘肃省政府、靖远县政府、靖远县属各镇之间关于测量地形所需各项物资的往来公文,并无直接涉及地形测量结果,但可窥得本次测量队经过各地之大略路线。

四、土地资源类档案

【叙录编号】 0089
【档案题名】
　　皋兰县政府呈报境内荒地情况的报告
【发文单位】 皋兰县政府
【收文单位】 甘肃省民政厅
【档案编号】 015-005-0480-0001
【成文时间】 1935-05-02
【收藏单位】 甘肃省档案馆
【涉及地域】 皋兰县
【关 键 词】 开垦;土地资源调查
【内容提要】
　　皋兰县政府呈文经县长昼夜调查,本县地狭人稠,所有荒地荒川均被开垦为良田,基本没有未经开垦之地,请厅鉴核。

【叙录编号】 0090
【档案题名】
　　定西县政府呈报境内无荒山荒地情况的文件
【发文单位】 定西县政府；甘肃省政府
【收文单位】 定西县政府；甘肃省政府
【档案编号】 015-006-0330-（0004-0005）
【成文时间】 1936-06-20—1936-06-21
【收藏单位】 甘肃省档案馆
【涉及地域】 定西县
【关 键 词】 荒山荒地调查
【内容提要】
　　定西县政府呈文甘肃省政府调查本县荒山荒地后发现本县尽是山坡陡山，无500亩以上荒山荒地，请甘肃省政府鉴核备查。甘肃省政府回文呈悉。

【叙录编号】 0091
【档案题名】
　　甘肃省农业改进所关于本所购买五千分之一兰州地图、十万分之一甘肃省地图的往来文件
【发文单位】 甘肃省农业改进所；甘肃省政府
【收文单位】 甘肃省农业改进所；甘肃省政府
【档案编号】
　　027-007-0368-（0019、0024-0025、0028）
【成文时间】 1942-12-19—1944-12-24
【收藏单位】 甘肃省档案馆
【涉及地域】 兰州市
【关 键 词】 地图；兰州
【内容提要】
　　甘肃省农业改进所呈文甘肃省建设厅，申请购买五千分之一兰州地图、十万分之一甘肃省地图，甘肃省建设厅转呈甘肃省政府，甘肃省政府同意，并派人前往军令部陆地测量局洽购。

【叙录编号】 0092
【档案题名】
　　榆中县金崖镇什堡地形图
【发文单位】 不详
【收文单位】 不详
【档案编号】 038-001-0201-0005
【成文时间】 不详
【收藏单位】 甘肃省档案馆
【涉及地域】 榆中县
【关 键 词】 地形图
【内容提要】
　　该部分共1份文件，内容如题。

【叙录编号】 0093
【档案题名】
　　为介绍汪新前往视察农地等函
【发文单位】 甘肃省建设厅
【收文单位】 湟惠渠工程处
【档案编号】 039-001-0002-0007
【成文时间】 1941-09-01
【收藏单位】 甘肃省档案馆
【涉及地域】 甘肃省
【关 键 词】 农地
【内容提要】
　　1941年9月1日，甘肃省建设厅函湟惠渠工程处，汪所长将前往该处视察农地，请工程处协助。

【叙录编号】 0094
【档案题名】
　　关于兰州市地亩地图
【发文单位】 甘肃省建设厅；甘肃水利林牧公司
【收文单位】 甘肃水利林牧公司
【档案编号】 039-001-0028-（0026-0028）
【成文时间】 1943-07-07—1943-08-09
【收藏单位】 甘肃省档案馆

【涉 及 地 域】 甘肃省
【关 键 词】 兰州市地亩地图
【内容提要】
　　甘肃省建设厅、甘肃水利林牧公司之间关于兰州市地亩地图的公文往来。

【叙录编号】 0095
【档案题名】
　　关于兰丰渠请赐发兰州市地亩详图的各种文件
【发文单位】 兰丰渠工程处；甘肃水利林牧公司总管理处等
【收文单位】 甘肃水利林牧公司总管理处；甘肃省建设厅等
【档案编号】 039-001-0028-（0037、0038）
【成文时间】 1944-02-14—1944-03-16
【收藏单位】 甘肃省档案馆
【涉 及 地 域】 兰州市
【关 键 词】 地亩详图
【内容提要】
　　1944年2月14日，兰丰渠工程处函总管理处，请转呈甘肃省政府赐发市区地亩详图。2月17日，总管理处函甘肃省建设厅，请赐发兰州市地籍图。3月16日，甘肃省建设厅函甘肃水利林牧公司，说明兰州市地籍图正在绘制中，拟俟绘制成后再行检送。

【叙录编号】 0096
【档案题名】
　　民国三十二年（1943）甘肃水利林牧公司为请赠兰州市区图两份致市工务局函
【发文单位】 甘肃水利林牧公司
【收文单位】 兰州市工务局文书组
【档案编号】 039-001-0056-0044
【成文时间】 1943-02-08
【收藏单位】 甘肃省档案馆
【涉 及 地 域】 甘肃省

【关 键 词】 兰州市区图
【内容提要】
　　共1份文件，内容如题。

【叙录编号】 0097
【档案题名】
　　靖远县政府奉发土地概况调查表、糜滩乡土地调查概况表、靖远县田赋粮食管理处呈报批复等案卷
【发文单位】 甘肃省政府
【收文单位】 靖远县政府
【档案编号】 08-A4-739
【成文时间】 1944
【收藏单位】 白银市档案馆
【涉 及 地 域】 靖远县
【关 键 词】 土地调查；整理田赋
【内容提要】
　　该县关于奉发土地概况调查表、土地呈报、整理田赋等事务。

【叙录编号】 0098
【档案题名】
　　靖远县政府关于永东乡土地管理等案卷
【发文单位】 永东乡各保长；永东乡乡长
【收文单位】 靖远县田赋粮食管理处
【档案编号】 08-A4-740
【成文时间】 1944
【收藏单位】 白银市档案馆
【涉 及 地 域】 靖远县
【关 键 词】 土地管理
【内容提要】
　　该县关于永东乡土地管理案卷等事务。

【叙录编号】 0099
【档案题名】
　　靖远县政府有关土地所有权问题申报及批复

【发文单位】　甘肃省政府
【收文单位】　靖远县政府
【档案编号】　08-A4-760
【成文时间】　1943—1944
【收藏单位】　白银市档案馆
【涉及地域】　靖远县
【关 键 词】　土地所有权
【内容提要】
　　该县有关民众更正错交空地、审查民众核减等土地所有权问题。

【叙录编号】　0100
【档案题名】
　　甘肃省政府、甘肃宁夏青海监察区署关于组织填报地方情况调查表及本县各乡镇地理位置填报表
【发文单位】　监察院甘肃宁夏青海监察区监察使署
【收文单位】　靖远县政府
【档案编号】　08-A4-884
【成文时间】　1935-08—1936-07
【收藏单位】　白银市档案馆
【涉及地域】　靖远县
【关 键 词】　地方情况
【内容提要】
　　如题。

【叙录编号】　0101
【档案题名】
　　甘肃省政府关于省、市、县公有土地管理办法，修正房捐税征收细则，小红沟盐务所提押和盗抗运官盐案件呈报书
【发文单位】　甘肃省政府
【收文单位】　靖远县政府
【档案编号】　08-A4-887
【成文时间】　1944-07—1948-03
【收藏单位】　白银市档案馆
【涉及地域】　靖远县
【关 键 词】　土地管理
【内容提要】
　　关于公有土地管理、房屋式样管理、承租人、公地租期等的内容。

【叙录编号】　0102
【档案题名】
　　甘肃省政府、靖远县政府、军令部陕甘测量总队等就物料调查、保护测量作业工作人员及测量标志、协助测量工作等事项的训令、布告、公函
【发文单位】　靖远县政府；军令部陕甘测量总队等
【收文单位】　靖远县政府；靖远县各保甲长等
【档案编号】　08-A6-356
【成文时间】　1941
【收藏单位】　白银市档案馆
【涉及地域】　靖远县
【关 键 词】　测量
【内容提要】
　　如题。

【叙录编号】　0103
【档案题名】
　　甘肃省政府、靖远县政府、隆德县政府、第三十八集团军、陆军二四七旅司令部就修测绘制、索赐县图的训令、通令、呈等
【发文单位】　甘肃省政府；第三十八集团军司令部等
【收文单位】　靖远县政府；隆德县政府等
【档案编号】　08-A7-308
【成文时间】　1943-10—1948-11
【收藏单位】　白银市档案馆
【涉及地域】　靖远县
【关 键 词】　区域图

【内容提要】

本档全为各级机构请修补并赍送靖远县统辖范围内区域图的往来公文，无图，仅为往来公文，部分涉及行政区域划界，可资备考。

五、水资源类档案

【叙录编号】 0104

【档案题名】

资源委员会全国水利发电工程总处兰州勘察队关于送水力勘察概况报告表致甘肃省政府统计室的公函；甘肃省建设厅关于报送永丰水利工程养护报告表致甘肃省政府统计室的公函；甘肃省建设厅关于转博济渠1946年度水利工程养护报告表致甘肃省政府统计室的公函

【发文单位】 资源委员会全国水利发电工程总处兰州勘察队；甘肃省建设厅

【收文单位】 甘肃省政府统计室

【档案编号】 004-003-0132-（0005-0007）

【成文时间】 1947-02-19—1947-05-12

【收藏单位】 甘肃省档案馆

【涉及地域】 甘肃省

【关 键 词】 水利工程

【内容提要】

如题。

【叙录编号】 0105

【档案题名】

兰州至宁夏黄河查勘报告书

【发文单位】 黄河水利委员会上游工程处第一查勘队

【收文单位】 不详

【档案编号】 027-002-0086-0001

【成文时间】 不详

【收藏单位】 甘肃省档案馆

【涉及地域】 甘肃省

【关 键 词】 勘察；报告

【内容提要】

兰州至宁夏黄河查勘报告书，黄河水利委员会上游工程处第一查勘队汇报，目录：第一章行程与工作经过，第二章河道大势（大峡、小峡），第三章险滩急流（附统计表），第四章沿岸主要城镇，第五章水文雨量流量含沙量，第六章沿河重要物产，第七章航运与船只，第八章修防，第九章灌溉，第十章查勘意见，第十一章结言。

【叙录编号】 0106

【档案题名】

经济部第十测量队甘肃榆中县兴隆峡水库实测报告书

【发文单位】 经济部第十测量队

【收文单位】 甘肃省建设厅

【档案编号】 027-004-0278-0001

【成文时间】 1941-07

【收藏单位】 甘肃省档案馆

【涉及地域】 榆中县

【关 键 词】 水库；测绘

【内容提要】

包括：地势及面积、地质勘测、水文记载、现有农作物、原有灌溉情形、建筑工料调查、工程计划、施工后之利益，附有图表6张。

【叙录编号】 0107
【档案题名】
　　黄河上游兰州附近坝址地质情况介绍
【发文单位】 张兴仁，邰维中
【收文单位】 不详
【档案编号】 038-001-0078-0014
【成文时间】 不详
【收藏单位】 甘肃省档案馆
【涉及地域】 兰州市
【关 键 词】 黄河上游坝址
【内容提要】
　　如题，附图。

【叙录编号】 0108
【档案题名】
　　黄河盐锅峡地质简介
【发文单位】 张兴仁
【收文单位】 不详
【档案编号】 038-001-0078-0015
【成文时间】 不详
【收藏单位】 甘肃省档案馆
【涉及地域】 盐锅峡
【关 键 词】 盐锅峡
【内容提要】
　　如题，附图表。

【叙录编号】 0109
【档案题名】
　　榆中县兴隆峡蓄水库实测报告书
【发文单位】 经济部第十水利测量队
【收文单位】 不详
【档案编号】 038-001-0082-0004
【成文时间】 1941-07
【收藏单位】 甘肃省档案馆
【涉及地域】 榆中县
【关 键 词】 兴隆峡蓄水库
【内容提要】
　　如题，附图表。

【叙录编号】 0110
【档案题名】
　　关于赠送水利资料汇编给勘测队的公文往来
【发文单位】 甘肃水利林牧公司；兰州勘测队
【收文单位】 兰州勘测队；甘肃水利林牧公司
【档案编号】 039-001-0025-（0024-0025）
【成文时间】 1946-01-04—1946-02-11
【收藏单位】 甘肃省档案馆
【涉及地域】 甘肃省
【关 键 词】 水利资料
【内容提要】
　　甘肃水利林牧公司、兰州勘测队之间关于赠送水利资料汇编给勘测队的公文往来。

【叙录编号】 0111
【档案题名】
　　研究办理黄河上游机械灌溉试办计划
【发文单位】 行政院水利委员会；甘肃水利林牧公司
【收文单位】 甘肃水利林牧公司；行政院水利委员会
【档案编号】 039-001-0025-（0028-0030）
【成文时间】 1946-02-05—1946-02-12
【收藏单位】 甘肃省档案馆
【涉及地域】 甘肃省
【关 键 词】 黄河上游机械灌溉
【内容提要】
　　甘肃水利林牧公司、水利委员会之间关于请速予研究办理黄河上游机械灌溉试办计划的公文往来，包括黄河上游机械灌溉研究报告。

【叙录编号】 0112
【档案题名】
　　为准水利公司用黄河沙量记载表等函
【发文单位】 兰州水文站
【收文单位】 甘肃水利林牧公司
【档案编号】 039-001-0028-0002
【成文时间】 不详
【收藏单位】 甘肃省档案馆
【涉及地域】 甘肃省
【关 键 词】 黄河沙量表
【内容提要】
　　如题。

【叙录编号】 0113
【档案题名】
　　《兰丰渠崔家崖水电计划》
【发文单位】 不详
【收文单位】 不详
【档案编号】 039-001-0302-0005
【成文时间】 不详
【收藏单位】 甘肃省档案馆
【涉及地域】 兰州市
【关 键 词】 水电站；渠道；兰丰渠
【内容提要】
　　共1份文件。分析崔家崖水电站建设的优劣条件，并提出日后待完善之处。

【叙录编号】 0114
【档案题名】
　　甘肃水文总站与兰州勘测站等关于建设水文站等的往来公文与相关文件
【发文单位】 甘肃水文总站；水电工程处兰州勘测队等
【收文单位】 水电工程处兰州勘测队；甘肃水文总站
【档案编号】
　　039-001-0571-（0001、0004-0007、0009-0025、0029-0032、0036-0041、0043-0049）
【成文时间】 1947-06-07—1947-09-08
【收藏单位】 甘肃省档案馆
【涉及地域】 甘肃省
【关 键 词】 水文站；水位站；调查表
【内容提要】
　　甘肃水文总站函致交通部公路总局第七区运输处派员勘察泾川县水文各站（0001）；甘肃银行经研室函复甘肃水文总站赠送甘肃经济丛书（0004）；甘肃水文总站函复感谢甘肃水文总站赠书（0005）；皇城滩水位站呈报甘肃水文总站报销办公费单据（0006）；皇城滩呈报甘肃水文总站请寄旬月报表观测簿等（0007）；施某某函复经费要按规发放，小工问题要纠正等事务（0009）；皇城滩呈报甘肃水文总站调整办公费（0010）；皇城滩水位站呈报甘肃水文总站请迅拨薪津（0011）；皇城滩呈报甘肃水文总站派员协助工作（0012）；皇城滩水位站呈报甘肃水文总站因离城遥远，故委托甘肃永昌垦务处收留通讯等（0013）；皇城滩水位站呈报甘肃水文总站派员协助工作（0014）；皇城滩水位站呈报甘肃水文总站刻管方印章（0015）；甘肃水文总站令复派员协助，可自刻印章（0016）；甘肃水利林牧公司安西工作站党河水文站函报甘肃水文总站此法一切组织及会计规则等项（0017）；杨文治呈报甘肃水文总站黄番寺水文气象站人事经费不足支配等情（0018）；曹九经上报甘肃水文总站6月份气象月表（0019）；甘肃水利林牧公司安西工作站党河水文气象站函报甘肃水文总站速发各种记载表（0020）；杨文治呈报黄番寺水文气象站工作报告（0021）；杨文治报告甘肃水文总站拟请青海省祁连设治局给予协助（0022）；杨文治呈请换发时钟（0023）；杨文治报告甘肃水文总站黄番寺水文站公役等薪津不足，难以支持（0024）；甘肃水文总站令复杨文治时钟已修理、薪津已调整等情（0025）；甘肃水利林牧公司张掖工作站呈报甘肃水利林牧公司补充柴炭、灯油等情（0029）；刘威远呈报因距离过远，耗费太高，电报挂号以省报费（0030）；甘肃水文总站酒泉讨赖河水文站呈报甘肃水文总站更改本站通讯地址（0031）；中央水利实验处各机关经费报销审核通过（0032）；资源委员会全国水利发电工程总处兰州勘测队函报甘肃水利局为收集各项水利资料起见，将兰丰渠上铨水位站之水尺零点高度及位置报送（0036）；甘肃水利局函复兰丰渠水位水点高程（0037）；皇城滩水位站呈报甘肃水文总站火速指示第34—36号来呈各情（0038）；兰州勘测队函报甘肃水文总站为收集各项水利资料请函送资料单一纸（0039）；甘肃水文总站函知兰州勘测队检送各站水文资料（0040）；甘肃水文总站酒泉讨赖河水文站呈报甘肃水文总站职员受到教训，请发给委派令及印章等（0041）；水利部总务司函送水文站驻地一览表格式（0043）并附一览表（0044）；甘肃水文总站函送水利部总务司水文站、水位站驻地一览表（0045）；兰州勘测队函报甘肃水文总站各站站名地点（0046）；甘肃水文总站函送兰州勘测队各站调查表（0047）并附各站水文站调查表（0048）；兰州勘测队函报甘肃水文总站本队迁至新址（0049）。

【叙录编号】 0115
【档案题名】
　　甘肃水文总站与兰州市政府关于分配平价物品等的往来公文
【发文单位】 甘肃水文总站
【收文单位】 兰州市政府
【档案编号】 039-001-0573-（0008-0009）
【成文时间】 1948-09-29—1948-10-15
【收藏单位】 甘肃省档案馆
【涉及地域】 兰州市
【关 键 词】 平均分配；限价物品
【内容提要】
　　甘肃水文总站函报兰州市政府请准予登记分配限价物品等（0008），甘肃水文总站再次函报兰州市政府请分配平价物品（0009）。

【叙录编号】 0116
【档案题名】
　　甘肃水文总站为疏散情形列表送部事公函
【发文单位】 甘肃水文总站
【收文单位】 兰州市警备司令部
【档案编号】 039-001-0573-0040
【成文时间】 1949-08-17
【收藏单位】 甘肃省档案馆
【涉及地域】 兰州市
【关 键 词】 疏散
【内容提要】
　　共1份文件，内容如题。

【叙录编号】 0117
【档案题名】
　　皇城滩水位站为报本站工役更换等情形的呈
【发文单位】 皇城滩水位站
【收文单位】 甘肃水文总站
【档案编号】 039-001-0606-0020
【成文时间】 1947-05-09
【收藏单位】 甘肃省档案馆
【涉及地域】 金昌县
【关 键 词】 更换
【内容提要】
　　皇城滩水位站因旧员调任他处核报新员补缺等情形（0020）。

【叙录编号】 0118
【档案题名】
　　皇城滩水位站呈报请逾格准予本站雇用工役
【发文单位】 皇城滩水位站
【收文单位】 甘肃水文总站
【档案编号】 039-001-0606-0025
【成文时间】 1947-06-12
【收藏单位】 甘肃省档案馆
【涉及地域】 金昌县
【关 键 词】 逾格；工役
【内容提要】
　　皇城滩水位站因人手不足请求雇佣更多工役（0025）。

【叙录编号】 0119
【档案题名】
　　甘肃省地方文献征集委员会、甘肃省政府、靖远县政府关于征集各县文献目录资料，田赋、保甲、水利、教育等调查表的公函、训令、通知
【发文单位】 甘肃省政府；甘肃省地方文献征集委员会等
【收文单位】 靖远县政府；甘肃省地方文献征集委员会等
【档案编号】
　　08-A1-119-（0018-0024、0028-0035）
【成文时间】 1941
【收藏单位】 白银市档案馆
【涉及地域】 靖远县
【关 键 词】 水利
【内容提要】
　　甘肃省地方文献征集委员会要求靖远县政府提供地方水利调查表的公函以及靖远县政府提供的本县水利调查表1份。

【叙录编号】 0120
【档案题名】
　　靖远县政府关于张午桥事案处理，李保洲、苏存子、王富有有关案情查处，甘肃省民政厅训令，关于黄河委员会有关工程师赴宁夏测护案卷
【发文单位】 靖远县保安大队
【收文单位】 靖远县政府
【档案编号】 08-A4-876
【成文时间】 1933—1935
【收藏单位】 白银市档案馆
【涉及地域】 靖远县
【关 键 词】 水利
【内容提要】
　　关于保护黄河水利的内容。

【叙录编号】 0121
【档案题名】
　　为仰遵照限期将水渠调查表填造齐全并附具图说赍府的训令
【发文单位】 靖远县政府
【收文单位】 糜滩乡联保主任
【档案编号】 08-A6-255-005
【成文时间】 1938-03-09
【收藏单位】 白银市档案馆
【涉及地域】 靖远县
【关 键 词】 水渠调查表
【内容提要】
　　甘肃省政府为了解各县水渠状况以资分期计划兴修而利农田灌溉，靖远县县长将此文转发给糜滩乡联保主任，要求尽快处理。

【叙录编号】 0122
【档案题名】
　　甘肃省政府、靖远县政府关于填报水利调查表下发水利建设纲领协助甘肃水利林牧公司工作的训令、函

【发文单位】 靖远县政府；甘肃省政府等
【收文单位】 靖远县政府
【档案编号】 08-A6-476
【成文时间】 1939-08-24—1943-08-16
【收藏单位】 白银市档案馆
【涉及地域】 靖远县
【关 键 词】 水利
【内容提要】
　　如题。另附水利调查表式样，以及甘肃水利林牧公司工作与人员安排统计表。

六、林草动物类档案

【叙录编号】 0123
【档案题名】
　　夏河、卓尼、泾川、民勤、礼县、榆中、西吉县报送农业调查表及甘肃省政府回令
【发文单位】 榆中县等
【收文单位】 甘肃省政府
【档案编号】
　　027-002-0298-（0001-0018）；
　　027-002-0299-（0001-0007）；
　　027-002-0300-（0001-0027）；
　　027-002-0301-（0001-0011）；
　　027-002-0302-（0001-0030）；
　　027-002-0303-（0001-0020）；
　　027-002-0304-（0001-0023）
【成文时间】 1944-10-12—1944-10-31
【收藏单位】 甘肃省档案馆
【涉及地域】 榆中县等
【关 键 词】 调查表
【内容提要】
　　甘肃省政府训令崇信、文县、华亭等各县报送农业调查表，夏河、卓尼、泾川、民勤、礼县、榆中、西吉、漳县、定西、庆阳、庄浪、通渭、民乐、清水、瓜州、西固、临洮、鼎新、皋兰、民乐、华亭、临泽、安西、洮沙、敦煌报送农业调查表及甘肃省政府回令，大多数不附表。甘肃省政府回令准予备查，附有几份旅费报告书、工作日记及领款收据，几张会计单。例如0298-0018为《西吉县政府农村调查差旅费》《工作日记簿》《西吉县政府农村概况调查员王宗克出差旅费单据附属表》。

【叙录编号】 0124
【档案题名】
　　关于参议员吴定洲参观兰州牧场的各种文件
【发文单位】 甘肃省建设厅
【收文单位】 甘肃水利林牧公司
【档案编号】 039-001-0002-（0015-0017）
【成文时间】 1943-10-04
【收藏单位】 甘肃省档案馆
【涉及地域】 甘肃省
【关 键 词】 牧场
【内容提要】
　　1943年10月4日，甘肃省建设厅函甘肃水利林牧公司，参议员拟于10月5日参观甘肃水利林牧公司牧场，请公司查照准备。同日，甘肃水利林牧公司函兰州牧场，通知参议员参观日期，并请兰州牧场招待参议员。

【叙录编号】 0125
【档案题名】
　　关于中国银行需要寄发畜牧统计材料
【发文单位】 兰州牧场；甘肃水利林牧公司
【收文单位】 甘肃水利林牧公司总管理处；兰州牧场等
【档案编号】 039-001-0026-（0033-0035）
【成文时间】 1947-12-27—1948-01-07
【收藏单位】 甘肃省档案馆
【涉及地域】 甘肃省
【关 键 词】 畜牧统计材料
【内容提要】
　　兰州牧场、甘肃水利林牧公司总管理处之间关于中国银行需要寄发畜牧统计材料的公文往来。

【叙录编号】 0126
【档案题名】
　　民国三十六年（1947）中央畜牧实验所、甘肃水利林牧公司及兰州牧场就填报乳牛事业状况调查表一事的往来公文
【发文单位】 中央畜牧实验所；兰州牧场
【收文单位】 甘肃水利林牧公司；中央畜牧实验所
【档案编号】 039-001-0245-（0019-0020）
【成文时间】 1947-09-04—1947-09-08
【收藏单位】 甘肃省档案馆
【涉及地域】 兰州市
【关 键 词】 乳牛
【内容提要】
　　共2份文件，附《乳牛事业状况调查表》三种格式各1份，《兰州市现有乳牛事业状况调查表》1份，涉及调查兰州乳牛事业状况一事。

【叙录编号】 0127
【档案题名】
　　兰州市牛奶抽查表
【发文单位】 不详
【收文单位】 不详
【档案编号】 039-001-0324-0015
【成文时间】 1943-05-15
【收藏单位】 甘肃省档案馆
【涉及地域】 兰州市
【关 键 词】 牛奶
【内容提要】
　　共1份文件，涉及兰州市牛奶业每日每只牛的产量、饲料、售价等情况。

【叙录编号】 0128
【档案题名】
　　（兰州市）本市牛奶房统计
【发文单位】 不详
【收文单位】 不详
【档案编号】 039-001-0324-0016
【成文时间】 1943-05
【收藏单位】 甘肃省档案馆
【涉及地域】 兰州市
【关 键 词】 牧场；牛奶房
【内容提要】
　　共1份文件，涉及牛奶房销量及牛奶售价。

【叙录编号】 0129
【档案题名】
　　兰州牧场瓶乳成本表
【发文单位】 不详
【收文单位】 不详
【档案编号】 039-001-0324-0047
【成文时间】 1943-04
【收藏单位】 甘肃省档案馆
【涉及地域】 兰州市

【关 键 词】 牧场；牛乳
【内容提要】
　　共1份文件。1943年兰州牧场饲牛68头。

【叙录编号】 0130
【档案题名】
　　靖远县关于公路征工问题会议记录及民用交通运输工具调查表
【发文单位】 甘肃省政府；甘肃省民政厅等
【收文单位】 靖远县政府；靖远县第五区区长等
【档案编号】 08-A4-551
【成文时间】 1935-08—1937-06
【收藏单位】 白银市档案馆
【涉及地域】 靖远县
【关 键 词】 骡马；车辆
【内容提要】
　　该县关于车辆骡马调查表等事务。

【叙录编号】 0131
【档案题名】
　　靖远县第四区输力调查表、第八战区司令部有关问题之训令
【发文单位】 靖远县第四区；靖远县第八战区
【收文单位】 靖远县政府
【档案编号】 08-A4-951
【成文时间】 1939
【收藏单位】 白银市档案馆
【涉及地域】 靖远县
【关 键 词】 骡马等统计
【内容提要】
　　靖远县第四区、第八战区输力调查表中涉及骡子、驼驴等内容。

【叙录编号】 0132
【档案题名】
　　靖远县奉驻甘绥署电称觅雇车夫登记、车骡局管理办法及有关问题之训令
【发文单位】 特派驻甘绥靖主任公署
【收文单位】 靖远县政府
【档案编号】 08-A4-（957、958）
【成文时间】 1935-10
【收藏单位】 白银市档案馆
【涉及地域】 靖远县
【关 键 词】 雇用车骡；车骡局管理办法
【内容提要】
　　该县有关觅雇大车50辆、车骡局办法、雇用民间车骡给价表、行政运输车辆人员、骡马登记清单、县政府第五次临时会议记录等事务。

【叙录编号】 0133
【档案题名】
　　靖远县糜滩乡绥远造船委员会号发树株种类价值报告表
【发文单位】 靖远县糜滩乡
【收文单位】 不详
【档案编号】 08-A6-309-061
【成文时间】 不详
【收藏单位】 白银市档案馆
【涉及地域】 靖远县糜滩乡
【关 键 词】 树株种类；树株价格调查表
【内容提要】
　　本档为一份调查表，表名如题，统计内容包括：保别、姓名、树之类别（均为夹白杨）、数目、直径尺寸、所发价值、时值市价、备注。

【叙录编号】 0134
【档案题名】
　　甘肃省政府、驿运管理处、靖远县政府关于修筑大路、驿运车驼管理、招雇骆驼、驿运线路的训令、公函
【发文单位】 甘肃省政府；靖远县政府等
【收文单位】 靖远县政府；城关镇镇长

【档案编号】 08-A6-358
【成文时间】 1941
【收藏单位】 白银市档案馆
【涉及地域】 靖远县
【关 键 词】 修路；骆驼
【内容提要】
如题。本卷附有审定各省驿运线路起止点及里程表，省内驿运车驼号牌式样图，本年度各处骆驼数目估计表。

【叙录编号】 0135
【档案题名】
甘肃省政府、靖远县政府、北湾等乡镇为发县副业调查表式及填报须知遵照如期按种类调查填报的训令、指令、呈
【发文单位】 靖远县政府；甘肃省政府等
【收文单位】 靖远县政府；北湾乡公所等
【档案编号】 08-A6-477
【成文时间】 1940-01-31—1940-05-06
【收藏单位】 白银市档案馆
【涉及地域】 靖远县
【关 键 词】 副业调查
【内容提要】
民国二十九年（1940），甘肃省政府要求靖远县政府调查副业发展情况，并按种类填表。本档案中另附详细调查表格。

【叙录编号】 0136
【档案题名】
兰州第八战区购委会、靖远县仓储保管处为转仓翻晒核销盘仓费用的指令、代电、呈等
【发文单位】 靖远县政府仓储保管处；第八战区购委会等
【收文单位】 靖远县政府；靖远县政府保管员段清岐等
【档案编号】 08-A8-（144、145）
【成文时间】 1930—1940
【收藏单位】 白银市档案馆
【涉及地域】 靖远县
【关 键 词】 翻晒粮食
【内容提要】
民国二十九年（1940）前后靖远县政府仓储保管处报告储仓及盈仓谷物有潮湿生虫的情况并提出需要转仓及产生费用，随后兰州第八战区购委会核实后允许其转仓处理，将东岗岭仓储粮转移至城内仓。并另附法办失职保管员的通令。

贰　自然灾害与赈济类档案

一、旱灾类档案

【叙录编号】 0137
【档案题名】
　　榆中县因泉水枯竭田亩亢旱肯免杂税的往来文件
【发文单位】 甘肃省民政厅；榆中县岳怀祯等
【收文单位】 甘肃省民政厅；榆中县岳怀祯等
【档案编号】 015-005-0123-（0030-0031）
【成文时间】 1933-01-07—1933-01-11
【收藏单位】 甘肃省档案馆
【涉及地域】 榆中县
【关 键 词】 榆中县
【内容提要】
　　榆中县第五区村民代表岳怀祯等呈甘肃省民政厅请求因亢旱灾情减免徭役杂税，民政厅回文榆中县政府令县长查明核夺。

【叙录编号】 0138
【档案题名】
　　甘肃省政府、靖远县政府、靖远县参议会关于主席公出、县长出巡、旱灾救济、守时惜时、差役负担、□奖视察、到职、冬防等的电报、代电、公函、呈文
【发文单位】 靖远县政府；甘肃省政府秘书处
【收文单位】 甘肃省政府；靖远县政府
【档案编号】 07-A1-369-（0006-0010）
【成文时间】 1945-06
【收藏单位】 白银市档案馆
【涉及地域】 靖远县
【关 键 词】 旱灾

【内容提要】
　　民国三十四年（1945）靖远县政府向甘肃省政府报告因本县仍未下雨而导致的主要粮食价格飞涨一事，靖远县政府向各乡镇公所发布的严禁囤积的训令以及甘肃省政府秘书处向靖远县政府发布的救济旱灾措施的电报。

【叙录编号】 0139
【档案题名】
　　甘肃省政府、靖远县政府有关征兵、旱灾、纳粮、献机、捐款等事宜书
【发文单位】 甘肃省兰山道道尹公署
【收文单位】 靖远县政府
【档案编号】 08-A4-395
【成文时间】 1926-03—1942-10
【收藏单位】 白银市档案馆
【涉及地域】 靖远县
【关 键 词】 旱灾；征兵；纳粮
【内容提要】
　　该县关于征兵注意事项、征兵经费、献机捐款、旱灾等事务。

【叙录编号】 0140
【档案题名】
　　甘肃省民政厅、财政厅，红水、靖远各县就暂缓征粮以解民困、对灾情的调查报告，请求减免亩款、银粮与赈济的指令、呈图表等
【发文单位】 靖远县政府；甘肃省民政厅等
【收文单位】 靖远县政府；红水县政府等

【档案编号】 08-A6-461
【成文时间】 1930-06-08—1943-11-20
【收藏单位】 白银市档案馆
【涉及地域】 靖远县；红水县
【关 键 词】 赈灾
【内容提要】
　　如题。

【叙录编号】 0141
【档案题名】
　　关于路家庄受灾人民逃离失所的呈
【发文单位】 靖远县政府
【收文单位】 不详
【档案编号】 08-A8-143-007
【成文时间】 1930-02
【收藏单位】 白银市档案馆
【涉及地域】 靖远县
【关 键 词】 旱灾
【内容提要】
　　民国十九年（1930）靖远县路家庄受旱灾影响致使多人流亡的呈文。

【叙录编号】 0142
【档案题名】
　　靖远县东乡民金生珍诉魏老四假充警长私行诓骗，李显存被诉浮征壮丁、私派壮丁及苦水保遭受旱灾催粮困难情形等各案的材料
【发文单位】 苦水堡粮差魏国治
【收文单位】 靖远县县长
【档案编号】 08-A10-073
【成文时间】 1940-11-21
【收藏单位】 白银市档案馆
【涉及地域】 靖远县
【关 键 词】 旱灾
【内容提要】
　　本档为靖远县苦水堡粮差魏国治因旱灾无法完纳税款、请求缓征一事给县长的呈文，县长仍饬令催征。

【叙录编号】 0143
【档案题名】
　　景泰县政府关于征印《三民主义》旱灾救济、县级人员待遇、查禁妇女缠足等事项的指令、训令、报告、代电
【发文单位】 景泰县政府
【收文单位】 千佛乡公所
【档案编号】 10-A1-（371、372）
【成文时间】 1944-09—1949-07
【收藏单位】 白银市档案馆
【涉及地域】 景泰县
【关 键 词】 旱灾；救济
【内容提要】
　　档案中有关于旱灾救济情形的代电，以及关于呈报旱灾捐款情形的报告。

二、水灾类档案

【叙录编号】 0144
【档案题名】
　　甘肃省榆中县、皋兰县政府会勘皋兰县属各区乡镇被水冲剥地亩、水漫溢地亩照例豁免银粮草束的清册
【发文单位】 榆中县政府；皋兰县政府
【收文单位】 甘肃省政府
【档案编号】
　　004-002-0097-（0001-0006）；
　　004-002-0098-（0001-0002、0001-0005）
【成文时间】 1934-07
【收藏单位】 甘肃省档案馆
【涉及地域】 榆中县；皋兰县
【关 键 词】 水冲地亩
【内容提要】
　　主要为《甘肃省榆中县、皋兰县政府会勘皋兰县属第四区河口乡被水冲剥地亩豁免银粮草束数目清册》，还有西乡马泉堡花户、第六区安宁堡、第四区钟家河、东乡上彭家营花户各乡镇的清册。

【叙录编号】 0145
【档案题名】
　　老龙湾河水暴涨冲崩地亩水车堤坝及逃亡灾户花名清册
【发文单位】 景泰县芦阳镇十七保
【收文单位】 甘肃省民政厅
【档案编号】 015-005-0218-0011
【成文时间】 1935-09

【收藏单位】 甘肃省档案馆
【涉及地域】 景泰县
【关 键 词】 河洪；灾户；逃亡
【内容提要】
　　如题，其中包括各户被水冲垮地亩及禾苗数目。

【叙录编号】 0146
【档案题名】
　　皋兰县属河口等被水冲剥地亩及缓征银粮草束数目的各类文件
【发文单位】 皋兰县政府；甘肃省民政厅
【收文单位】 皋兰县政府；甘肃省民政厅
【档案编号】 015-005-0219-（0001-0002）
【成文时间】 1934-07-30—1934-07-31
【收藏单位】 甘肃省档案馆
【涉及地域】 皋兰县
【关 键 词】 河口；水灾；地亩；税款
【内容提要】
　　皋兰县政府呈文甘肃省民政厅就县属河口等被水冲剥地亩并上报缓征银粮草束数目清册，民政厅回文准予汇转并咨榆中县县长知照。

【叙录编号】 0147
【档案题名】
　　靖远第五区水坝滩灾情严重请免罚款以救灾黎的各类文件
【发文单位】 甘肃省财政厅；禁烟委员会等
【收文单位】 甘肃省政府；禁烟委员会等

【档案编号】 015-005-0219-（0003-0011）
【成文时间】 1934-09-17—1934-11-03
【收藏单位】 甘肃省档案馆
【涉及地域】 靖远县
【关 键 词】 水灾；税款
【内容提要】
　　靖远县政府呈报第五区水坝滩灾情严重请免罚款以救灾黎，甘肃省民政厅转函禁烟委员会，委员会令县派员勘察核复。民政厅就核复不确一事呈文甘肃省政府定夺，甘肃省政府回文民政厅会同财政厅、禁烟委员会核示，主稿会复。禁烟委员会奉令会民政厅核查。

【叙录编号】 0148
【档案题名】
　　甘肃高少堂等18人请派员勘察河水暴涨及救济的呈文与批示
【发文单位】 高少堂等18人
【收文单位】 甘肃省政府
【档案编号】 027-002-0090-（0001-0002）
【成文时间】 1946-07-16
【收藏单位】 甘肃省档案馆
【涉及地域】 兰州市
【关 键 词】 水灾；河堤
【内容提要】
　　甘肃高少堂等18人请派员勘察河水暴涨将冲没土地及申请救济，甘肃省政府批示请兰州市政府迅速派员修筑河堤。

【叙录编号】 0149
【档案题名】
　　天兰铁路工赈处关于报送甘草店新修车站被雨水冲毁情况的代电
【发文单位】 天兰铁路工赈处；天兰铁路工赈处定西分处
【收文单位】 天兰铁路工赈处；交通部天水铁路工程局

【档案编号】 027-007-0160-（0012-0013）
【成文时间】 1946-07-25—1946-07-29
【收藏单位】 甘肃省档案馆
【涉及地域】 定西县
【关 键 词】 车站；雨水；天兰铁路
【内容提要】
　　甘草店新修车站被雨水冲毁，天兰铁路工赈处定西县分处代电报送天兰铁路工赈处，工赈处就此事代电交通部天水铁路工程局请拨修款。

【叙录编号】 0150
【档案题名】
　　甘肃省政府关于救济兰州市东岗镇第五保所属高滩等地水灾办法的往来文件
【发文单位】 甘肃省政府
【收文单位】 中国国民党甘肃省执行委员会；甘肃省军管区司令部等
【档案编号】 027-008-0574
【成文时间】 1943-11-25
【收藏单位】 甘肃省档案馆
【涉及地域】 兰州市
【关 键 词】 水灾；救济
【内容提要】
　　甘肃省政府就救济兰州市东岗镇第五保所属高滩等地水灾办法致函中国国民党甘肃省执行委员会请交由甘肃省军管区司令部、兰州市政府办理。甘肃省政府训令兰州市政府办理征工部分，致函甘肃省军管区司令部免除国民兵训练部分。

【叙录编号】 0151
【档案题名】
　　兰州制革厂给甘肃水利林牧公司总管理处为报奖励抢救水灾出力之全体员工等呈
【发文单位】 兰州制革厂
【收文单位】 甘肃水利林牧公司水利部

【档案编号】 039-001-0706-0003
【成文时间】 1943-08-04
【收藏单位】 甘肃省档案馆
【涉及地域】 兰州市
【关 键 词】 黄河；水灾
【内容提要】
　　共1份文件，提到了1943年7月下旬黄河水灾泛滥，危及兰州制革厂。

【叙录编号】 0152
【档案题名】
　　甘肃省政府、靖远县政府、十七集团军驻兰办事处、独石头保关于河堤溃决、灾情奇重、灾民册、村全图、查勘捐助、坝工修筑的呈文、训令、指令、公函、布告
【发文单位】 甘肃省政府；靖远县政府
【收文单位】 靖远县政府；独石头第二十一保
【档案编号】 08-A1-081
【成文时间】 1938—1940
【收藏单位】 白银市档案馆
【涉及地域】 靖远县
【关 键 词】 河堤溃决
【内容提要】
　　如题，另此卷附有独石头灾情花名清册一本、略图一纸。

【叙录编号】 0153
【档案题名】
　　省政府、县政府、区署、联保关于山洪成灾、勘察补修、阻挠壮丁、收押逃兵等的呈文、指令、训令
【发文单位】 靖远县政府；靖远县第一区西番窑灾民代表等
【收文单位】 靖远县第一区第七联保；靖远县第一区西番窑灾民代表等
【档案编号】 08-A1-094-（0001-0014）
【成文时间】 1939
【收藏单位】 白银市档案馆
【涉及地域】 靖远县
【关 键 词】 赈务
【内容提要】
　　靖远县第一区第七联保西番窑洪灾灾民寻求靖远县政府救助的上书、靖远县政府要求调查西番窑受山洪灾害情况以及奉甘肃省政府命令兴修第七联保水利的训令。

【叙录编号】 0154
【档案题名】
　　县政府、绅民、小学关于查勘灾情、请减亩物的呈文、委令
【发文单位】 靖远县受灾农民；靖远县政府等
【收文单位】 靖远县县长；张志□等
【档案编号】 8-A1-018-（0001-0010）
【成文时间】 1932-07
【收藏单位】 白银市档案馆
【涉及地域】 靖远县
【关 键 词】 洪水受灾；核查灾情
【内容提要】
　　靖远县北区大庙堡、营盘台区一带于农历六月初九降下大雨，引发洪灾，当地种植的稻谷、罂粟等损失五至七成，农民颗粒无收。当地绅民及小学校长先后上报县政府，请求核查灾情，并蠲免赋税，组织赈灾。县政府依此派遣专员前往各受灾地调查情况，要求据实核查。

【叙录编号】 0155
【档案题名】
　　靖远县北湾防汛放淤及县内公债发放
【发文单位】 靖远县商会
【收文单位】 靖远县县长
【档案编号】 08-A4-051
【成文时间】 1947

【收藏单位】 白银市档案馆
【涉及地域】 靖远县
【关 键 词】 防汛放淤；公债发放
【内容提要】
　　该县关于靖远县防汛计划、东湾乡公所报告公债发放情况等事务。

【叙录编号】 0156
【档案题名】
　　三角城水灾情况
【发文单位】 甘肃省民政厅
【收文单位】 靖远县政府
【档案编号】 08-A4-287
【成文时间】 1930—1936
【收藏单位】 白银市档案馆
【涉及地域】 靖远县
【关 键 词】 水灾调查表
【内容提要】
　　有关三角城水灾情况的档案。

【叙录编号】 0157
【档案题名】
　　甘肃省政府、甘肃省建设厅、靖远县政府、靖丰渠工程处等关于气象预报、河水含碱性水样化验、黄河暴涨碾子湾被淹、田地水各地加紧救不得延误的训令、指令、公函等
【发文单位】 甘肃省政府；靖远县政府等
【收文单位】 靖远县政府；靖远下属各乡乡长等
【档案编号】 08-A6-499-（0019-0024）
【成文时间】 1942—1943
【收藏单位】 白银市档案馆
【涉及地域】 靖远县
【关 键 词】 黄河暴涨
【内容提要】
　　黄河于1942年6月泛滥，其中靖远县碾子湾受灾最为严重，靖远县政府由此组织抢灾救援。甘肃省政府也明令靖远县县长实时汇报黄河水位。

【叙录编号】 0158
【档案题名】
　　甘肃省政府、靖远县政府关于水权登记、水土保持工作的通令、训令
【发文单位】 甘肃省政府；靖远县政府等
【收文单位】 靖远县政府等
【档案编号】 08-A6-500-（0001-0019）
【成文时间】 1943—1944
【收藏单位】 白银市档案馆
【涉及地域】 靖远县
【关 键 词】 水权登记；水土保持
【内容提要】
　　如题。

【叙录编号】 0159
【档案题名】
　　甘肃省政府、田赋粮食管理处、靖远县政府关于第一区水泉等乡遭受水灾要求豁免田赋，第八战区运输处与靖远县政府检查共同保管海原固原小麦等事宜的训令、指令、呈等
【发文单位】 甘肃省政府；董钟毓等
【收文单位】 靖远县政府
【档案编号】 08-A8-153
【成文时间】 1937-05-14—1942-07-10
【收藏单位】 白银市档案馆
【涉及地域】 靖远县
【关 键 词】 水灾
【内容提要】
　　如题，另有水泉等处受灾地图与报告表。

【叙录编号】 0160
【档案题名】
　　靖远县关于水灾及筑坝情形的文件材料
【发文单位】 甘肃省行政厅

【收文单位】 靖远县政府
【档案编号】 08-A9-020
【成文时间】 1937-02-02—1941-11-28
【收藏单位】 白银市档案馆
【涉及地域】 靖远县
【关 键 词】 水灾；筑坝
【内容提要】
　　该县关于遭水灾及筑坝情况的呈文。

三、地震及地质灾害类档案

【叙录编号】 0161
【档案题名】
　　景泰县政府关于报送本县早上10点发生地震致甘肃省政府的电报
【发文单位】 景泰县政府
【收文单位】 甘肃省政府
【档案编号】 027-007-0128-0011
【成文时间】 1945-10-17
【收藏单位】 甘肃省档案馆
【涉及地域】 景泰县
【关 键 词】 地震；景泰县
【内容提要】
　　如题，微震。

四、其他灾害与复合灾害类档案

【叙录编号】 0162
【档案题名】
　　皋兰县第六区六墩子等处及会宁县各区受雹灾请蠲缓粮石的各类文件
【发文单位】 甘肃省民政厅；皋兰县政府等
【收文单位】 甘肃省民政厅；皋兰县政府等
【档案编号】 015-005-0221-（0001-0006）
【成文时间】 1934-05—1934-07
【收藏单位】 甘肃省档案馆
【涉及地域】 皋兰县；景泰县
【关 键 词】 雹灾；税款
【内容提要】
　　本卷6份文件包括景泰县、皋兰县政府会勘皋兰县第六区六墩子等处受雹灾情形，上报请蠲缓粮石清册。附《景泰/皋兰县县长会同复勘过皋兰县属第六区六墩子等处被雹打伤夏禾地亩蠲缓粮石清册》一式5份。民政厅回文更造确切清册会赍案转，两县会勘后再次上报情形具实印结。其二为会宁县、定西县政府会呈1933年县各区被雹成灾请蠲缓粮银折合国币数目清册，民政厅回文详核各册折合国币数目，准予存转。

【叙录编号】 0163
【档案题名】
　　甘肃省民政厅关于靖远县受灾请缓征亩款的各类文件
【发文单位】 靖远县政府；靖远第五区何天钟等
【收文单位】 靖远县政府；甘肃省民政厅等
【档案编号】 015-006-0099-（0017-0022）
【成文时间】 1935-07-22—1935-12-04
【收藏单位】 甘肃省档案馆
【涉及地域】 靖远县
【关 键 词】 洪灾；亩款；雹灾
【内容提要】
　　靖远县政府呈转莱下滩灾民代表万子义因洪灾请免亩款的呈文，请核夺示遵。甘肃省民政厅函请省禁烟委员会查照，主稿会饬。禁烟委员会回函已委员前往查勘，俟查复至日再行主稿会饬。另靖远县第五区民何天钟等呈文民政厅为雹灾水灾民众逃亡请免亩款。甘肃省民政厅函请省禁烟委员会核办，禁烟委员会回函此案已由该民呈请到局，该县上年已减免罚款，其余未免者不得拖延，应从速清缴。

【叙录编号】 0164
【档案题名】
　　皋兰县关于蝗灾情况的报告
【发文单位】 皋兰县政府；甘肃省政府
【收文单位】 皋兰县政府；甘肃省政府
【档案编号】 015-006-0341-（0013-0014）
【成文时间】 1936-06-08—1936-06-10
【收藏单位】 甘肃省档案馆
【涉及地域】 皋兰县
【关 键 词】 蝗灾

【内容提要】
　　皋兰县政府呈本县目前无蝗患情形，甘肃省政府回文呈悉。

【叙录编号】 0165
【档案题名】
　　榆中等县报1936年各月地震情形的电报文件
【发文单位】 甘肃省政府；榆中县政府等
【收文单位】 甘肃省政府；榆中县政府等
【档案编号】
　　015-006-0346-（0001-0038）；
　　015-006-0347-（0001-0007）
【成文时间】 1936
【收藏单位】 甘肃省档案馆
【涉及地域】 榆中县等
【关 键 词】 地震；救济；损失调查
【内容提要】
　　本案共计45份文件，均为各县政府呈报1936年地震情形的相关事宜。其中包括榆中县、宁定县、定西县、临夏县、临潭区专署、渭源县、和政县、西和县报1936年2月7日三次地震情形及救济情况的代电，海原县、临夏县3月鱼晚地震情形的代电，卓尼6月马日下午地震情形的代电，洮岷地区、榆中县、西和县、宁县、西峰镇报8月1日午间地震情形的代电，和政县政府报4月27日发生大地震灾情严重乞鉴核的代电。甘肃省民政厅对灾情不严重者准予备查，对和政县地震情况令县长速造报表具复核办。和政县政府呈文报地震损失调查表，甘肃省政府提请省务会议决议遵照救恤。

【叙录编号】 0166
【档案题名】
　　永靖县关于报送本县苗木遭冰雹情况致甘肃省政府的代电及指令

【发文单位】 永靖县
【收文单位】 甘肃省政府；甘肃省建设厅
【档案编号】 027-001-0435-（0005-0006）
【成文时间】 1943-09
【收藏单位】 甘肃省档案馆
【涉及地域】 永靖县
【关 键 词】 苗圃；经费；育苗造林
【内容提要】
　　如题，永靖县9月15日遭受暴雨冰雹如枪林弹雨，县保苗圃新出苗木多受摧残，甘肃省政府回令修剪整理受雹树木。

【叙录编号】 0167
【档案题名】
　　靖远县政府关于靖远发生水旱虫害黑穗病、飞机跌落等事务的文件
【发文单位】 靖远县政府
【收文单位】 靖远县各乡镇
【档案编号】 08-A4-004
【成文时间】 1944
【收藏单位】 白银市档案馆
【涉及地域】 靖远县
【关 键 词】 冰雹；灾情
【内容提要】
　　该县关于各个县区三年度灾情状况列表。

【叙录编号】 0168
【档案题名】
　　县查概况表、报告灾情概况、赈款，及内政会议李基鸿提案
【发文单位】 靖远县
【收文单位】 不详
【档案编号】 08-A4-008
【成文时间】 1942—1945
【收藏单位】 白银市档案馆
【涉及地域】 靖远县
【关 键 词】 旱灾

【内容提要】
　　靖远县向省局呈报本县各乡镇旱雹灾情形。

【叙录编号】 0169
【档案题名】
　　靖远县灾情及农贷
【发文单位】 甘肃省农村合作委员会
【收文单位】 靖远县政府
【档案编号】 08-A4-221
【成文时间】 1938
【收藏单位】 白银市档案馆
【涉及地域】 靖远县
【关 键 词】 水灾
【内容提要】
　　为遭受水灾地区拨款农贷。

【叙录编号】 0170
【档案题名】
　　靖远县灾害统计、粮户善具清册
【发文单位】 郭承宗；第二区署区长等
【收文单位】 第七保保长；苏耀桢等
【档案编号】 08-A4-422
【成文时间】 1939
【收藏单位】 白银市档案馆
【涉及地域】 靖远县
【关 键 词】 灾害统计
【内容提要】
　　该县关于受灾各种情况统计、粮户善具清册、水旱地遭山洪灾害情况及逃荒情况报告等事务。

【叙录编号】 0171
【档案题名】
　　甘肃省政府、靖远县政府、驻靖公署关于灾害损失通报
【发文单位】 甘肃省政府

【收文单位】靖远县政府
【档案编号】08-A4-（450-451）
【成文时间】1936-03-04—1936-12-22
【收藏单位】白银市档案馆
【涉及地域】靖远县
【关 键 词】灾害损失；灾害调查
【内容提要】
　　该县关于灾害施赈情况及损失报告表。

【叙录编号】0172
【档案题名】
　　靖远县灾荒调查统计表，民国十九年（1930）芦沟堡灾情
【发文单位】甘肃省财政厅；甘肃省民政厅等
【收文单位】靖远县政府
【档案编号】08-A4-（592-602）
【成文时间】1930—1947
【收藏单位】白银市档案馆
【涉及地域】靖远县
【关 键 词】自然灾害
【内容提要】
　　该县关于民国十九年各种自然灾害给群众造成祸害，民国十九年灾情呈报统计表，民国十七、十八年（1928、1929）靖远部分灾情及惩治匪徒暂行条例，民国十七、二十年（1928、1931）自然灾害造成损失情况，乡呈报自然灾情所造成损失，各地呈报县政府自然灾害情况及减免公粮，民国二十一年（1932）灾情严重，民众流离失所，请免赋税、运粮救济，民国十八年部分区灾害呈报及请求豁免赋税，民国十八年部分乡区灾害逃亡、死尸等呈报，民国十八年灾害逃亡情由及各乡呈免纳赋税额等事务。

【叙录编号】0173
【档案题名】
　　民国二十一年（1932）灾情呈报及募捐情况、解救办法
【发文单位】甘肃省民政厅；甘肃省财政厅等
【收文单位】靖远县政府；北湾村等
【档案编号】08-A4-（603-621）
【成文时间】1922—1949
【收藏单位】白银市档案馆
【涉及地域】靖远县
【关 键 词】灾情
【内容提要】
　　有关冰雹水患灾情，大水冲毁水利工程，赈务救济，因自然灾害请示减免亩税、罚款，赈济章程办法，糜滩、北湾乡等地水旱灾情、水患损失及要求减免赋税等的档案。

【叙录编号】0174
【档案题名】
　　甘肃省政府关于公学田租应按预算处理的训令及本县执行情具报书、大庙乡第一保学田被灾花名清册
【发文单位】第一保保长王万生
【收文单位】不详
【档案编号】08-A5-036-（0001-0004）
【成文时间】1947-07
【收藏单位】白银市档案馆
【涉及地域】靖远县
【关 键 词】受灾名录
【内容提要】
　　内附大庙乡第一保学田受灾情况花名册，包含租户姓名、年龄、住址、受灾亩数和受灾合数等。

【叙录编号】0175
【档案题名】
　　甘肃省政府关于公学田租应按预算处理的训令及本县执行情具报书、大庙乡第一保学田被灾花名清册
【发文单位】大庙乡受灾租户

【收文单位】 靖远县县长
【档案编号】 08-A5-036-（0018-0024）
【成文时间】 1947-09
【收藏单位】 白银市档案馆
【涉及地域】 靖远县
【关 键 词】 受灾名录
【内容提要】
　　靖远县大庙乡农民上报县长，该地连年大旱，又逢冰雹，加之欠款多、种植较晚，损失极大，请求减免租款。内附受灾名录1份，包含地址、亩数、受灾类型及租主。

【叙录编号】 0176
【档案题名】
　　永安、陡水乡学田租民因旱灾恳祈减免学田粮赋呈报书、县长批示、学粮收据等
【发文单位】 靖远县受灾绅民；靖远县县长等
【收文单位】 靖远县县长
【档案编号】
　　08-A5-043-（001-020）；
　　08-A5-045-（001-013）
【成文时间】 1947
【收藏单位】 白银市档案馆
【涉及地域】 靖远县
【关 键 词】 旱灾
【内容提要】
　　靖远县永安、陡水、东湾一带先遭大雨冲毁田地，又遭大旱、冰雹，颗粒无收，绅民组织上报县长，请求免除学租。此外该县六合水车因受黄河改道影响，功能日减，随后于8月遭受飓风被彻底摧毁，水车租户和公司希望尽快重修。

【叙录编号】 0177
【档案题名】
　　甘肃省政府、靖远县政府盐滩等地方灾民请求免亩款和银粮烟亩罚款调查办理的训令、呈
【发文单位】 甘肃省政府；靖远县盐滩农民代表李濂等
【收文单位】 靖远县政府
【档案编号】 08-A6-473
【成文时间】 1937-07—1937-09
【收藏单位】 白银市档案馆
【涉及地域】 靖远县
【关 键 词】 雹灾
【内容提要】
　　民国二十六年（1937）7月靖远县盐滩等地农民受冰雹灾害影响，农作物被灾严重，希望政府予以减免赋税。

【叙录编号】 0178
【档案题名】
　　靖远县、红水县、景泰县政府为造送会勘过四区五区被雹打山水冲崩受灾及应蠲缓豁免粮草数目的呈、册
【发文单位】 靖远县政府；红水县政府等
【收文单位】 不详
【档案编号】 08-A8-（156-158）
【成文时间】 1932-10—1934-02
【收藏单位】 白银市档案馆
【涉及地域】 靖远县；红水县；景泰县
【关 键 词】 冰雹；山洪
【内容提要】
　　民国二十一年（1932）10月，靖远县政府与红水县政府联合发布四区古城子等处受雹打被灾情况，并附受灾地亩及应被蠲免粮草花名册1份。民国二十三年（1934）2月5日，靖远县政府与景泰县政府发布了五区永安堡被山水冲崩泉水地及豁免粮草清册的呈，并附被山水冲崩水池及豁免粮草各数目册1份。另有靖远县政府与景泰县政府联合发布的一区三角坪永固堤河水冲崩水地及豁免粮草树木清册的呈及续呈，并附被河水冲崩水地及豁免粮草各

数目册1份。

【叙录编号】 0179
【档案题名】
为地亩冲崩公款无着恳祈豁免银料的呈
【发文单位】 靖远县李尚意、柳玉林
【收文单位】 靖远县县长
【档案编号】 08-A8-304-9
【成文时间】 1933-03
【收藏单位】 白银市档案馆
【涉及地域】 靖远县
【关 键 词】 山水冲田；匪灾
【内容提要】
此档案为靖远县乱肚子乡民为该地1932年被山水冲崩田地，加之前几年遭受大旱和匪灾，之后又经历多次匪灾，难以担负公款，因此请求县长豁免银粮。

五、综合赈务类档案

【叙录编号】 0180
【档案题名】
甘肃省政府等关于会宁县遭遇雹灾、旱灾一事的各类文件
【发文单位】 会宁县参议会；会宁县政府等
【收文单位】 甘肃省政府；会宁县参议会等
【档案编号】 004-001-0278-（0001-0032）
【成文时间】 1947-06—1947-12
【收藏单位】 甘肃省档案馆
【涉及地域】 会宁县
【关 键 词】 旱灾；雹灾；赈灾
【内容提要】
会宁县参议会致电甘肃省政府，本县中盈乡大山保田苗均被冰雹损毁，请准予拨款救济，附该保民众的呈文。甘肃省政府回文，令会宁县政府将该地灾情查明上报，并致电会宁县参议会，此事已令该县政府调查。会宁县小水乡上呈甘肃省政府，本地旱灾奇重，秋种失时，请求甘肃省政府救济，甘肃省政府回文已令该县政府勘报实情后再核办。该地小水乡小芦保、信睦保民代表吴守华等人也就此事呈报甘肃省政府，请求甘肃省政府豁免田赋，甘肃省政府回文已派员勘报，待核实后再办理。小水乡乡长再次致电甘肃省政府，本乡灾情严重，请给予救济并减轻负担，甘肃省政府回文此事应待灾情勘实后再核办，该县田赋粮食管理处也将此事上报甘肃省政府。会宁县政府向甘肃省政府上报，本县既遭受雹灾，又遭遇旱灾，请派员勘察，甘肃省政府回文要求该县将受灾事实逐项列表报核。国民党会宁县执行委员会、县农会、县商会、县工会、县教育会致电甘肃省政府，本县灾情奇重，请拨款救济，甘肃省政府回文此事应待灾情勘实后再核办。会宁县政府又致电甘肃省政府，本县枝阳、新厚、中盈三乡镇灾情严重，又呈报甘肃省政府本县惨遭雹灾、旱灾，请减免田赋，甘肃省政府回文将派宋合嵘复勘灾情，待灾情勘实后再核办。会宁县新厚乡民马连科等7人呈报甘肃省政府社会处，本县遭遇雹灾、旱灾，请减轻沙家湾驻军的马匹草料负担，并给予救济，甘

肃省政府回文给会宁县政府及马连科等人，该县灾情已派员复勘在案，至于沙家湾驻军的马匹草料应统筹供给。该县小水乡高碾保民马俊卿等12人呈报甘肃省政府，灾情严重请予救济，甘肃省政府回文此事应待灾情勘实后再核办。省田赋粮食管理处向甘肃省政府社会处报告会宁各乡镇灾情的实况，附被灾人数。该县小水乡第五、六保民代表马廷文等人又呈报甘肃省政府本地灾情严重，请减轻负担、豁免田赋，甘肃省政府令会宁县政府统筹核减。会宁县参议会致电甘肃省政府，本县郭城、小水两乡旱雹成灾、秋夏歉收，请豁免本年（1947）田赋并筹款救济，甘肃省政府回文此事已令县政府办理。会宁县参议会致电甘肃省政府，本县旱灾严重，请筹款赈灾，甘肃省政府回文此事应发动地方人士筹款。

【叙录编号】 0181
【档案题名】
　　甘肃省政府等关于湟惠渠特种乡公所遭遇灾害一事的各类文件
【发文单位】 国民党甘肃执委会；甘肃省政府等
【收文单位】 甘肃省政府社会处；甘肃省政府等
【档案编号】 004-001-0278-（0033-0043）
【成文时间】 1947-07—1947-08
【收藏单位】 甘肃省档案馆
【涉及地域】 湟惠渠特种乡公所
【关 键 词】 灾情
【内容提要】
　　国民党甘肃执委会致函甘肃省政府社会处，湟惠渠特种乡灾情严重，请给予救济，甘肃省政府回文应等灾情勘实后再行统筹核办。湟惠渠特种乡公所也呈报甘肃省政府，本乡干旱成灾，请给予救济，甘肃省政府回文已派员复勘，所请救济一事应待灾情勘实后再核办。湟惠渠特种乡公所夹滩保民代表张才等人呈报甘肃省政府，本保连年荒旱，民不聊生，请求赈救减轻负担，甘肃省政府就此事分别给湟惠渠特种乡公所与张才等人回文，灾情已派员复勘。夹滩村村民代表张忠德等人也就本地旱灾一事呈报甘肃省民政厅。监察院甘宁青监察区监察使署致函甘肃省政府，湟惠渠特种乡公所夹滩村连年荒旱，民不聊生，请求赈救减轻负担，甘肃省政府复函此事已经本府派员复勘在案，救济一事应待灾情勘实后再核办。该乡乡民代表陈发泰等78人也呈报甘肃省政府，本地灾情严重，请求给予救济，甘肃省政府的回复如上。

【叙录编号】 0182
【档案题名】
　　甘肃省政府等关于景泰县灾情的各类文件
【发文单位】 景泰县政府；景泰县参议会等
【收文单位】 甘肃省政府；景泰县政府等
【档案编号】 004-002-0101-（0001-0009）
【成文时间】 1948-04-21—1948-12-21
【收藏单位】 甘肃省档案馆
【涉及地域】 景泰县
【关 键 词】 灾情
【内容提要】
　　景泰县政府请甘肃省政府拨粮款救济灾民，甘肃省政府回文准备拨款2000万元予以救济。该县参议会也请求甘肃省政府拨发大量救灾物资。甘肃省政府致电景泰县政府，已电请中央核拨救灾款物，并令该县发动各乡镇积极办理救灾事宜。景泰县又致电甘肃省政府请求拨发救济款物，甘肃省政府回文之前已经发放，应恪遵各保资助办法晓谕大户人家开展救济。景泰县政府向甘肃省政府报送1948年度本县春令救济报告册、清册及验放记录、受赈难民清册，甘肃省政府回文准予备查。

【叙录编号】 0183

【档案题名】

甘肃省政府关于已转告军政部及西北行营通知兵站速补发补给差价给兰州市政府的代电；皋兰县西固乡关于请求代购夏秋受灾人民粮食致甘肃省政府的呈，附信封一份

【发文单位】 皋兰县西固乡；甘肃省政府

【收文单位】 甘肃省政府；皋兰县政府

【档案编号】 004-001-0214-（0008-0009）

【成文时间】 1946-01-28—1946-01-29

【收藏单位】 甘肃省档案馆

【涉及地域】 皋兰县

【关 键 词】 受灾；粮草

【内容提要】

西固乡呈报甘肃省政府，请求代购夏秋受灾人民的粮草，甘肃省政府回文此事应由补给分会统筹办理。

【叙录编号】 0184

【档案题名】

靖远、临夏县因灾患请减免公款的各类文件

【发文单位】 靖远县政府；甘肃省禁烟委员会等

【收文单位】 靖远县政府；甘肃省禁烟委员会等

【档案编号】
015-005-0387-（0001-0002、0010-0016、0026-0031、0035-0036）

【成文时间】 1934

【收藏单位】 甘肃省档案馆

【涉及地域】 靖远县

【关 键 词】 灾害；税款；土地；亩款

【内容提要】

本案包括靖远、临夏各地乡民因灾呈请甘肃省民政厅请免税款的各类文件。其一为靖远县糜子下乡因雷暴洪灾导致土地不能耕种，请免尾欠，甘肃省民政厅回文令其径呈禁烟委员会核示。（0001-0002）其二为靖远县北区裕发堡民众呈连年被灾请减负担，省民政厅回文径呈禁烟委员会，禁烟委员会致函民政厅已令县长查明秉公办理并批示在案请查照。（0010-0014）其三为靖远县石门川公民尚福呈民政厅山水成灾冲垫泉路饥馑频仍公款无着请减免罚款，省民政厅回文请县政府核示，并径呈禁烟委员会。（0015-0016）其四为靖远县西区古城子村村长呈民政厅冰雹打没田禾乞减轻亩款、西区北湾镇因受灾过重请减轻负担、靖远县政府报第四区中和堡天字壕及第一区独石头等处受雹灾情形请核减亩款，省民政厅皆回文径候禁烟委员会核示。（0026-0031）其五为临夏县为水地屯粮负担太重请减税赋，省民政厅回文令其呈请财政厅核示。（0035-0036）

【叙录编号】 0185

【档案题名】

甘肃省政府送榆中、临洮、西固等县民国二十六年（1937）被灾蠲免田赋简明表请查核转报并希见复的咨文

【发文单位】 甘肃省政府

【收文单位】 内政部；财政部

【档案编号】 015-006-0333-0015

【成文时间】 1937-02-04

【收藏单位】 甘肃省档案馆

【涉及地域】 榆中县；洮沙县

【关 键 词】 灾害；蠲免田赋

【内容提要】

表中记载榆中县二十五年度（1936）第四、五两区金家崖等庄，洮沙县第二、三、四区中咀寺儿等庄被雹灾。

【叙录编号】 0186

【档案题名】

甘肃省民政厅关于景泰县请免亩款以纾灾黎的往来文件

【发文单位】 景泰县政府；甘肃省政府等
【收文单位】 景泰县政府；甘肃省民政厅等
【档案编号】 015-006-0477-（0020-0026）
【成文时间】 1936-02-01—1936-03-18
【收藏单位】 甘肃省档案馆
【涉及地域】 景泰县
【关 键 词】 水灾；旱灾；免罚款；地亩
【内容提要】

　　景泰县政府呈文甘肃省民政厅、禁烟局、财政厅及甘肃省政府，县各地水旱灾情严重，无法催征，请免罚款。甘肃省民政厅致函省禁烟局请主稿会办。甘肃省政府就景泰县呈请免除锁军堡罚款并核减逃亡绝户麦迪摊款三成一案令民政厅、财政厅、禁烟局会核具复，再行查夺。禁烟局回文民政厅并呈文甘肃省政府此事已由景泰县政府代电到局，已指令其照额征解在案。

【叙录编号】 0187
【档案题名】
　　甘肃省政府、兰州市政府关于本市商会因烟草遭受灾害损失惨重请求救济的文件
【发文单位】 兰州市政府；甘肃省政府等
【收文单位】 兰州市商会；甘肃省政府
【档案编号】
　　027-002-0610-（0009-0012）；
　　027-002-0611-（0001-0006）
【成文时间】 1946-09-18—1946-10-28
【收藏单位】 甘肃省档案馆
【涉及地域】 兰州市
【关 键 词】 烟草；救济
【内容提要】

　　兰州商会因本市烟草遭受水淹火烧灾情较重请给予救济减轻负担，甘肃省建设厅批示令银行酌情贷款救济。兰州市转报此文件给甘肃省政府，甘肃省政府指令兰州商会与兰州市政府速报救济意见及具体办法。商会报救济意见，社会处批示咨甘肃省财政厅、建设厅办理。甘肃省政府致函中中交农四行贷款，四行办事处已转特种农贷给烟草救济，甘肃省政府转此文给兰州商会，兰州商会要求降低税率，甘肃省政府同意，财政部准予退还烟草税款。

【叙录编号】 0188
【档案题名】
　　甘肃省建设厅关于民国三十七年度（1948）临时救济计划书、受灾概况表、修筑公路工程计划说明
【发文单位】 甘肃省建设厅
【收文单位】 甘肃省建设厅
【档案编号】 027-004-0789-0007
【成文时间】 1948-03-15
【收藏单位】 甘肃省档案馆
【涉及地域】 甘肃省
【关 键 词】 公路
【内容提要】

　　《甘肃省民国三十七年度临时救济计划书》，包括甘肃省地势高寒、雨量稀少、受灾，需要救济1005200人，需要救济每人10万元，需要100005亿元，包括交通部分、水利部分（皋兰县石洞乡修浚泉源工程、皋兰县修浚渠水渡槽工程、皋兰县修军事水车工程、皋兰县泄水池浚通工程、靖远县永乐渠等工程）。附有《甘肃省各县小型水利工程需用人工估计表》（甘肃省水利局三十七年8月）、《甘肃省兰铁路公路公赈工程计划书》、《甘肃省各县局三十六年度被灾概况表》。

【叙录编号】 0189
【档案题名】
　　承揽甘肃水利林牧公司兰州制革厂建筑包商龚建芳呈甘肃水利林牧公司因天气原因将本厂未完工程留待明春补造的呈
【发文单位】 承揽甘肃水利林牧公司兰州制革厂建筑包商龚建芳

【收文单位】 甘肃水利林牧公司
【档案编号】 039-001-0097-0003
【成文时间】 1942-01-27
【收藏单位】 甘肃省档案馆
【涉及地域】 甘肃省；兰州市
【关 键 词】 兰州制革厂；工程修建
【内容提要】
共1份文件，承揽甘肃水利林牧公司兰州制革厂建筑包商龚建芳因天气寒冷无法正常进行工程建造，请示甘肃水利林牧公司未完工程留待春暖再行完成。

【叙录编号】 0190
【档案题名】
甘肃水利林牧公司总管理处、甘肃水利林牧公司兰州制革厂为兰州制革厂水灾后应修缮各点及修缮款项拨发、水灾修理工程完竣派员验收、水灾后修理部分支付工料款清单事宜往来公文
【发文单位】 甘肃水利林牧公司总管理处；甘肃水利林牧公司兰州制革厂
【收文单位】 甘肃水利林牧公司兰州制革厂；甘肃水利林牧公司总管理处
【档案编号】
039-001-0097-（0031-0032、0034-0036）
【成文时间】 1946-09-30—1946-12-26
【收藏单位】 甘肃省档案馆
【涉及地域】 甘肃省；兰州市
【关 键 词】 兰州制革厂；水灾
【内容提要】
共5份文件，甘肃水利林牧公司兰州制革厂因黄河水位上涨厂内建筑及设备受损，涉及该事款项拨发、工程验收事宜。

【叙录编号】 0191
【档案题名】
甘肃省政府主席朱绍良，靖远县第一、三区等灾民拨发贷款以赈灾民事宜给县政府□□各区保灾民请求发放赈济款豁免亩款的呈
【发文单位】 靖远县第一区一保民众代表；靖远县第三区第四保灾民等
【收文单位】 靖远县政府；靖远县第一区一保民众代表等
【档案编号】 06-A1-197
【成文时间】 1938
【收藏单位】 白银市档案馆
【涉及地域】 靖远县
【关 键 词】 赈济；减税
【内容提要】
民国二十七年（1938）靖远县受旱涝双重灾害，作物受损严重，靖远县第一、三保民众联名请求政府给予赈济、维持发放农贷款、缓征银粮并豁免亩款，靖远县政府同意发放农贷。

【叙录编号】 0192
【档案题名】
甘肃省政府、甘肃省赈务会、甘肃省财政厅关于赈务组织条例、社团组织程序、灾区赈物发放管理款则、奖惩罚章程、田产耕笈□邮救济赈物募□奖褒彰的训令、指令、呈文
【发文单位】 甘肃省赈务会；甘肃省政府等
【收文单位】 靖远县赈务分会；靖远县政府等
【档案编号】 08-A1-005
【成文时间】 1930
【收藏单位】 白银市档案馆
【涉及地域】 靖远县
【关 键 词】 赈务
【内容提要】
甘肃省赈务会与省政府等发布的赈务委员会组织条例、修正赈务会管理赈款规则，明确按受灾轻重以发放赈灾款的赈灾规则，实行灾民遣护回籍、县长抚恤灾民和令富户代种无主荒田的政策，因热河境内灾情严重而令靖远县

赈务分会量力进行捐赠一事以及表彰勤于赈灾的政府公务员的记录。

【叙录编号】 0193
【档案题名】
甘肃省政府、民政厅、财政厅、建设厅、教育厅、烟酒税局、地方法院关于任命各厅长、县检察发难民招垦、免税洮西、设法视察的任命以令呈交
【发文单位】 甘肃省政府
【收文单位】 靖远县县长
【档案编号】 08-A1-015-008
【成文时间】 1932-06
【收藏单位】 白银市档案馆
【涉及地域】 洮西诸县
【关 键 词】 鼓励招垦；免税三年
【内容提要】
甘肃省政府依照绥辑专员林竞寒洮西诸县难民视察结果，在第十三次省务会上决定自1929年后对洮西各县因灾荒田者实行鼓励招垦政策，准免一切徭役三年，有类似情况各县都应依此办理并公告。

【叙录编号】 0194
【档案题名】
甘肃省政府、财政厅、民政厅、禁烟委员会，景泰县政府等关于查勘被雹成灾，会同复勘，豁免银粮等的呈文、指令、训令、咨文
【发文单位】 甘肃省政府；甘肃省禁烟委员会等
【收文单位】 靖远县政府；靖远县县长
【档案编号】 08-A1-023
【成文时间】 1934—1936
【收藏单位】 白银市档案馆
【涉及地域】 靖远县；景泰县
【关 键 词】 洪水；赈灾

【内容提要】
此份案卷为甘肃省政府、财政厅、民政厅等关于查勘碾子湾洪水淹没秋禾受灾情况的指令，以及靖远县政府及景泰县政府对受灾情况调查之后呈送的报告。针对受灾地区的受灾情况，包括部分田地不能复垦的情况进行减免征粮款数。甘肃省民政厅令浚河修筑堤闸等水利工程。

【叙录编号】 0195
【档案题名】
甘肃省民政厅、靖远县政府等部门关于第三区灾情、图例表，吴家湾、独石冰雹突情报告、批复
【发文单位】 甘肃省民政厅
【收文单位】 靖远县政府
【档案编号】 08-A4-007
【成文时间】 1932
【收藏单位】 白银市档案馆
【涉及地域】 靖远县
【关 键 词】 冰雹；灾情
【内容提要】
该县关于灾情严重申请免征赋粮的有关情况。

【叙录编号】 0196
【档案题名】
靖远县张桂宝诉张马氏打骂不堪、县灾民申请补助办法与救济标准、盗伐官木情况
【发文单位】 甘肃省政府
【收文单位】 靖远县政府
【档案编号】 08-A4-693
【成文时间】 1941-04—1941-11
【收藏单位】 白银市档案馆
【涉及地域】 靖远县
【关 键 词】 救济；盗伐官木

【内容提要】
　　该县关于灾民难民生产事业申请补助、救济标准、盗伐官木等事务。

【叙录编号】　0197
【档案题名】
　　靖远县北湾、平堡等乡保、租民因受旱涝灾害肯祈缓纳、减免学田粮事呈报书
【发文单位】　蒋滩保校长；毅兴滩租民等
【收文单位】　靖远县县长
【档案编号】
　　08-A5-041-（0001-0004、0027-0031）
【成文时间】　1948
【收藏单位】　白银市档案馆
【涉及地域】　靖远县
【关　键　词】　旱灾受灾；请免赋税
【内容提要】
　　靖远县北滩、蒋滩保等地学田、租田遭遇大旱，各地保长、校长等人纷纷上报，请求减免租赋。此外毅兴滩遭遇河水暴涨冲毁水车，土地变旱，请求县政府核实重建。

【叙录编号】　0198
【档案题名】
　　关于请求住进救济院自筹伙食费的呈
【发文单位】　榆中县青城乡刘海林
【收文单位】　靖远县救济院
【档案编号】　08-A6-028-021
【成文时间】　不详
【收藏单位】　白银市档案馆
【涉及地域】　靖远县
【关　键　词】　荒年救济
【内容提要】
　　榆中县青城乡刘海林一家四口因遇荒年无法维持生活，自榆中县逃至靖远县，请求靖远县救济院收容其一家四口，并提出伙食费自筹。

【叙录编号】　0199
【档案题名】
　　行政院社会部、甘肃省政府、靖远县政府、靖远县救济院等关于保护救济院机关财产、人事任命、经费收支、实存、结算、交接工作、豁免田赋、裁减人员、紧缩开支、催收债务等的训令、指令、呈
【发文单位】　甘肃省政府；靖远县救济院等
【收文单位】　靖远县政府；靖远县救济院等
【档案编号】　08-A6-（036、037、040）
【成文时间】　1943-04-17—1949-03-24
【收藏单位】　白银市档案馆
【涉及地域】　靖远县
【关　键　词】　救济院
【内容提要】
　　本档主要为救济院工作相关的人事与财务档案，与生态环境关联性并不紧密，内容如题。

【叙录编号】　0200
【档案题名】
　　甘肃省政府、靖远县政府、田赋粮食管理处等关于三滩乡遭受旱、病、洪、霜冻灾情报告的指令、训令、呈等
【发文单位】　靖远县三滩乡公所；靖远县糜滩乡公所等
【收文单位】　靖远县政府；靖远县三滩乡公所等
【档案编号】
　　08-A6-140-（0042-0045、0049-0050）；
　　08-A6-（0200-0201）
【成文时间】　1945
【收藏单位】　白银市档案馆
【涉及地域】　靖远县
【关　键　词】　赈灾
【内容提要】
　　民国三十四年（1945）靖远县三滩乡和糜

滩乡相继受旱灾、黑穗病、冰雹、山洪灾害的影响，糜滩乡公所向靖远县报告受灾情况，靖远县政府、甘肃省政府对受灾情况进行调查核实并对灾情处理进行指导，另减除糜滩乡三成田赋。另民国三十五年（1946）3月，靖远县北湾乡泰安保民众因去岁夏旱秋雹山水弥漫灾情而恳请减轻赋税的呈文，以及靖远县政府依据考察情形予以减轻草料价款的训令和靖远县政府转请甘肃省政府鉴核灾情设法救济的呈文。

【叙录编号】　0201
【档案题名】
　　甘肃省政府、兰山道道尹公署、东湾乡公所等就黄灾救济、抗战献金、募集寒衣、东湾乡公所人事变动、交代□□回等事项的训令、指令、呈
【发文单位】　兰山道道尹公署；国民党靖远党部等
【收文单位】　靖远县政府；兰山道道尹公署
【档案编号】　08-A6-194-（0001-0028）
【成文时间】　1925-12—1949-07
【收藏单位】　白银市档案馆
【涉及地域】　靖远县
【关 键 词】　赈济
【内容提要】
　　民国十五年（1926），兰山道道尹公署要求查明民国十四年（1925）夏秋甘肃各县禾苗被灾情况，按实际损失情况造册以凭核转。靖远县政府经调查核实夏秋禾苗并未成灾，并呈文。另有民国二十七年（1938）为处理黄河决口引起的灾情国民党靖远党部举行的救济捐款一日的公函，以及甘肃省教育厅发布的关于组织此活动的办法与告党员民众书的训令。

【叙录编号】　0202
【档案题名】
　　甘肃省政府、靖远县政府为糜子坝滩等村灾民请求政府发放赈济种子、豁免亩款、发放贷款等事宜的电、呈、批示等
【发文单位】　糜子坝滩尾第三十八保；靖远县第二区第四十一保等
【收文单位】　靖远县政府；代理靖远县县长谢清等
【档案编号】　08-A6-196
【成文时间】　1938-03—1938-04
【收藏单位】　白银市档案馆
【涉及地域】　靖远县
【关 键 词】　赈济
【内容提要】
　　如题。另有靖远县政府派员勘察被灾情况的呈文。

【叙录编号】　0203
【档案题名】
　　甘肃省政府、靖远县政府、靖远县优待委员会、大庙乡公所等就灾歉状况属实，核免减税的指令、批示、呈等
【发文单位】　靖远县政府；大庙乡公所等
【收文单位】　甘肃省田赋粮食管理处；靖远县县长
【档案编号】　08-A6-348
【成文时间】　1945
【收藏单位】　白银市档案馆
【涉及地域】　靖远县
【关 键 词】　灾情；减赋
【内容提要】
　　1945年靖远县大庙乡因水旱雹风沙等各种灾情造成当年歉收的情形向上级请求减免田赋，附有靖远县大庙乡1945年灾歉状况表。

叁　自然资源开发与生态保护类档案

一、综合开发与保护类档案

【叙录编号】 0204
【档案题名】
　　甘肃省湟惠渠公路局组织规程
【发文单位】 不详
【收文单位】 不详
【档案编号】 004-001-0336-0011
【成文时间】 不详
【收藏单位】 甘肃省档案馆
【涉及地域】 不详
【关 键 词】 不详
【内容提要】
　　如题。

【叙录编号】 0205
【档案题名】
　　甘肃省各测候所历年气温、降水表（时间不详）；甘肃省湟惠渠土地征收表（1945）；甘肃省湟惠渠灌溉区土地重划前土地形态表（1940）；甘肃省1944年森林面积调查估计表；甘肃省1944年各县市苗圃及育苗件数表；甘肃省1944年度各县市植树株数表；甘肃省1944年洮河林场组织概况表；甘肃省1944年洮河林场经营概况表；甘肃省1944年放牧面积调查估计表；甘肃省1944年度陇南牧场概况表
【发文单位】 甘肃省政府
【收文单位】 不详
【档案编号】
　　004-003-0003-（0015、0018、0020、0030-0036）

【成文时间】 不详
【收藏单位】 甘肃省档案馆
【涉及地域】 甘肃省
【关 键 词】 森林；植树；降雨等
【内容提要】
　　如题。

【叙录编号】 0206
【档案题名】
　　靖远县实施新县志之意见
【发文单位】 不详
【收文单位】 不详
【档案编号】 004-004-0164
【成文时间】 不详
【收藏单位】 甘肃省档案馆
【涉及地域】 不详
【关 键 词】 不详
【内容提要】
　　如题。

【叙录编号】 0207
【档案题名】
　　甘肃省湟惠渠特种乡公所法规汇编
【发文单位】 不详
【收文单位】 不详
【档案编号】 004-004-0260-（0001-0007）
【成文时间】 1944-10
【收藏单位】 甘肃省档案馆
【涉及地域】 甘肃省

【关 键 词】 湟惠渠；法规
【内容提要】

《甘肃省湟惠渠特种乡公所法规汇编》（1944年10月），甘肃省政府编印。主要为《甘肃省湟惠渠特种乡公所组织规程》《甘肃省湟惠渠特种乡公所办事细则》《甘肃省湟惠渠特种乡公所示范计划大纲草案》《甘肃省湟惠渠灌溉区域土地整理办法》。

【叙录编号】 0208
【档案题名】
甘肃省民政厅厅长赵文龙在湟惠渠特种乡公所三日观察记
【发文单位】 不详
【收文单位】 不详
【档案编号】 004-004-0260-（0008-0009）
【成文时间】 不详
【收藏单位】 甘肃省档案馆
【涉及地域】 甘肃省
【关 键 词】 湟惠渠；日记
【内容提要】

《湟惠渠特种乡三日观察记》（署名慨侠），湟惠渠特种乡为甘肃省政府在湟惠渠灌溉区域内成立之特种行政单位组织，旨在施行三民主义之新土地政策，以土地征收、创设自耕农之方式，使耕者有其田，以达地权平均之目的。后文涉及乡辖区、行政设施、土地征收、土地分配、渠水灌溉情形。作者观感为"深感此一土地分配实验工作，将随湟惠渠放水之成功而前途日趋光明"。

【叙录编号】 0209
【档案题名】
甘肃省建设厅、民政厅报送湟惠渠特种乡公所工作计划大纲
【发文单位】 不详
【收文单位】 不详
【档案编号】 004-004-0260-（0010-0012）
【成文时间】 不详
【收藏单位】 甘肃省档案馆
【涉及地域】 甘肃省
【关 键 词】 工作计划
【内容提要】

大纲内容主要涉及民政部分，涉及模范乡村、水渠制度，计划全区农牧林业区域。

【叙录编号】 0210
【档案题名】
甘肃省政府、民政厅、建设厅、教育厅关于报送湟惠渠特种乡公所工作计划、进度表、经费预算书等文书的呈文、公函
【发文单位】 不详
【收文单位】 不详
【档案编号】 004-004-0260-（0019-0028）
【成文时间】 1945-06-15
【收藏单位】 甘肃省档案馆
【涉及地域】 甘肃省
【关 键 词】 湟惠渠；预算书
【内容提要】

0024为甘肃省地政局报送民政厅《湟惠渠特种乡公所地形测量业务计划》、经费预算书，0027为《合作部工作计划大纲》。

【叙录编号】 0211
【档案题名】
会宁县各乡镇农会章程
【发文单位】 会宁县
【收文单位】 甘肃省政府
【档案编号】
004-006-0466-（0001-0015）；004-006-0467-（0001-0012）
【成文时间】 不详
【收藏单位】 甘肃省档案馆
【涉及地域】 会宁县

【关 键 词】 农会章程
【内容提要】

包含《会宁县仁卜乡农会章程》《会宁县仁卜乡农会职员名册》，其余还涉及仁唐乡、仁厚乡、仁裕乡、新怀乡、智会乡、宁定乡、智海乡、信展乡等各乡镇的这两类文件，其中职能涉及农业、水利。

【叙录编号】 0212
【档案题名】

皋兰等县因修筑机场、公路占用地亩请免地赋的各类文件

【发文单位】 甘肃省政府；甘肃省民政厅
【收文单位】 皋兰县政府；甘肃省民政厅等
【档案编号】 015-008-0094-（0004-0036）
【成文时间】 1939
【收藏单位】 甘肃省档案馆
【涉及地域】 皋兰县；天水县等
【关 键 词】 修路；修筑机场；免赋
【内容提要】

本卷36份文件均与甘肃各县民地占用有关。其中包括：1.甘肃省政府就皋兰县政府呈赍修筑黄河两岸联络公路占用民地一事做出回复，称具体占用亩数和开销不符，令其核对后再呈，并令榆中县县长前往复勘。甘肃省政府就皋兰县政府呈修筑黄河济渡公路占用民地回回湾一事令皋兰县进行复勘，补赍简明表。随后咨文内政、交通、财政部就田赋豁免一事做出决断。后就批准免赋之情训令皋兰县政府将底稿布告民众周知。（0004-0009）2.甘肃省政府就西北公路运输管理局修筑天水车站，请豁免其中额粮一事令秦安县县长前往复勘。造具清册、简明表、绘图呈赍以凭核办。并就天水县县长5月代电请豁免天水车站购员周润财等地内丁粮一案令天水县县长与秦安县县长认真清查，造具清册等以凭核办。后代电催天水县在民国二十九年度（1940）2月中旬前回复。随后，甘肃省政府就天水县政府呈报西北公路运输管理局占用民地清册发还，令其连同简明表一并呈赍。天水县政府呈赍后，甘肃省政府回文令其修改填报格式等错误，发还重造。随后就重新呈报的西北公路局占用民地册表予以汇转，并函送天水办事处购地红契8张请西北公路运输管理局查收备案。（0010-0019，以上均为甘肃省政府文件副稿）3.甘肃省民政厅就叶家坪公民刘秉乾等代电修筑机场占用民田2000余亩一事函转甘肃省建设厅处置。并知照叶家坪公民。（0028）4.甘肃省政府就张掖县呈仁寿汽车路占用民地免赋表请免赋一案业准部咨准予蠲缓一事令县政府布告民众周知。并对县政府呈报布告底稿准予备查。5.甘肃省政府就古浪县政府呈报复勘汽车路占用双塔等乡地亩免赋表册一事进行回复，令其更正清册中国币总数一部分，发还原表。之后古浪县政府两次呈赍，甘肃省政府均因表式不合驳回令其更造。（0034-0036，以上均为甘肃省政府文件副稿）

【叙录编号】 0213
【档案题名】

定西县政府关于报送本县民国二十五年（1936）2月份建设工作报告表致甘肃省建设厅的呈文

【发文单位】 定西县政府
【收文单位】 甘肃省政府
【档案编号】 027-001-0145-（0005-0006）
【成文时间】 1936-03-24
【收藏单位】 甘肃省档案馆
【涉及地域】 定西县
【关 键 词】 修渠；播种；苗圃
【内容提要】

包括农业类农会会长选择良种播种，水利类训令民众将西河渠补修完成，将各村栽种苗圃分别栽种他地。

【叙录编号】 0214
【档案题名】
　　靖远县政府关于报送本县民国二十五年（1936）2月份建设工作报告表致甘肃省建设厅的呈文
【发文单位】 靖远县政府
【收文单位】 甘肃省政府
【档案编号】 027-001-0145-（0007-0008）
【成文时间】 1936-03-26
【收藏单位】 甘肃省档案馆
【涉及地域】 靖远县
【关　键　词】 农林
【内容提要】
　　农务类包括农具改良以便耕种，水利类各渠自行挑挖水渠被水冲应凿石护岸，林业类征工造林，苗圃类由学校负责办理苗圃。甘肃省政府回令准予备查。

【叙录编号】 0215
【档案题名】
　　西固县政府关于报送本县民国二十五年（1936）2月份建设工作报告表致甘肃省建设厅的呈文
【发文单位】 西固县政府
【收文单位】 甘肃省政府
【档案编号】 027-001-0146-（0001-0006）
【成文时间】 1936-04-16
【收藏单位】 甘肃省档案馆
【涉及地域】 西固县
【关　键　词】 农林
【内容提要】
　　表格样式包括类别、计划大纲、已完成、经费来源、经费预算、备考，类别内有路政、农政、水利、林务、苗圃、矿物、商务、工务、蚕桑、畜牧、狩猎、垦务、其他等（水利方面县城周围都有水，浇灌方便，林业方面本县森林茂盛），苗圃与原表相同。

【叙录编号】 0216
【档案题名】
　　甘肃省民政厅关于检送定西县政府民国三十六年（1947）1月份至3月份工作报告给甘肃省建设厅的函
【发文单位】 定西县政府
【收文单位】 甘肃省建设厅
【档案编号】 027-001-0178-（0001-0002）
【成文时间】 1947-05-03—1947-05-06
【收藏单位】 甘肃省档案馆
【涉及地域】 定西县
【关　键　词】 植树造林；整理苗圃；修整公路
【内容提要】
　　《定西县政府建设科三十六年度1月至3月份工作报告》，宣传预防黑穗病，协助铁路局八总段在本县植树，督导乡镇挖掘水平沟、办理植树造林、整理县苗圃、修整景家段公路，甘肃省政府回令准予备查。

【叙录编号】 0217
【档案题名】
　　甘肃省民政厅关于检送会宁县政府民国三十六年（1947）4月份至6月份、10月份至12月份工作报告给甘肃省建设厅的函
【发文单位】 会宁县政府
【收文单位】 甘肃省建设厅
【档案编号】
　　027-001-0181-（0016-0017）；
　　027-001-0185-（0011-0012）
【成文时间】 1947-08-30—1948-02-16
【收藏单位】 甘肃省档案馆
【涉及地域】 会宁县
【关　键　词】 育苗造林；保护水土
【内容提要】
　　报告包含粮食增产（防治小麦黑穗病、选留优良种子）、育苗造林（纠正保苗圃、调查育苗数量、保护林木、提倡私人植树）、交通、

农户改良畜种等内容。建设部门包含修筑道路、育苗造林、保护水土。

【叙录编号】 0218
【档案题名】
    甘肃省民政厅关于榆中县政府民国三十六年（1947）1月份至6月份工作报告给甘肃省建设厅的函
【发文单位】 榆中县政府
【收文单位】 甘肃省建设厅
【档案编号】
    027-001-0185-（0001-0002）；
    027-001-0189-（0003-0004）
【成文时间】 1947-12-19—1948-01-03
【收藏单位】 甘肃省档案馆
【涉及地域】 榆中县
【关 键 词】 植树造林；水平沟；采集籽种
【内容提要】
    报告包括建设类：植树、造林、水平沟、采集籽种、修路。《建设部门工作报告》包括续修道路桥梁、扩大秋季造林。

【叙录编号】 0219
【档案题名】
    甘肃省民政厅关于送景泰县政府民国三十六年（1947）工作报告给甘肃省建设厅的函，附初级育苗表一份
【发文单位】 景泰县政府
【收文单位】 甘肃省建设厅
【档案编号】 027-001-0190-0009
【成文时间】 1948-02-19
【收藏单位】 甘肃省档案馆
【涉及地域】 景泰县
【关 键 词】 植树；育苗
【内容提要】
    景泰县民国三十六年（1947）工作报告包括植树、兴修水利、防止小麦黑穗病及病虫害、补修城垣、整修城关街巷、提倡种棉、呈请改凿河道几个方面，后附《景泰县苗圃三十六年度春季育苗表》与《景泰县三十六年春秋季植树报告表》，前者按树种分类，后者按地区分类。

【叙录编号】 0220
【档案题名】
    甘肃省民政厅关于送榆中县政府民国三十六年度（1947）6—12月份工作报告给甘肃省建设厅的函
【发文单位】 榆中县政府
【收文单位】 甘肃省建设厅
【档案编号】 027-001-0191-（0005-0006）
【成文时间】 1948-03-18—1948-04-21
【收藏单位】 甘肃省档案馆
【涉及地域】 榆中县
【关 键 词】 植树造林；水平沟
【内容提要】
    报告内容包括秋季植树造林、水平沟内播种造林、督办垦荒地、修建城垣。

【叙录编号】 0221
【档案题名】
    甘肃省民政厅关于送会宁县政府民国三十七年度（1948）1—9月份工作报告给甘肃省建设厅的函
【发文单位】 会宁县政府
【收文单位】 甘肃省建设厅
【档案编号】
    027-001-0192-（0007-0008）；
    027-001-0203-（0003-0004）
【成文时间】 1948-05-31—1948-06-05
【收藏单位】 甘肃省档案馆
【涉及地域】 会宁县
【关 键 词】 植树造林；育苗

【内容提要】

报告内容为修筑县乡道路、修建城垣。建设部分包含植树造林及育苗、修筑道路、架设电话线。

【叙录编号】 0222
【档案题名】
甘肃省民政厅关于送靖远县政府民国三十七年度（1948）1—9月份工作报告给甘肃省建设厅的函
【发文单位】 靖远县政府
【收文单位】 甘肃省建设厅
【档案编号】
027-001-0194-（0007-0008）；
027-001-0196-（0005-0006）；
027-001-0199-（0008-0009）
【成文时间】 1948-04-24—1948-07-26
【收藏单位】 甘肃省档案馆
【涉及地域】 靖远县
【关 键 词】 护林造林；苗圃；黄河倒虹吸
【内容提要】

报告包括修整乡镇道路、黄河倒虹吸工程、护林造林事宜。甘肃省政府回令准予备查。建设部分包括苗圃主任办事不力裁撤。

【叙录编号】 0223
【档案题名】
甘肃省民政厅关于送景泰县政府民国三十七年度（1948）4—12月份重要工作报告给甘肃省建设厅的函及甘肃省政府审核意见
【发文单位】 景泰县政府
【收文单位】 甘肃省建设厅
【档案编号】 027-001-0204-0007
【成文时间】 1949-01-14
【收藏单位】 甘肃省档案馆
【涉及地域】 景泰县
【关 键 词】 造林；育苗

【内容提要】

建设部分包括分季植树（育苗、造林、护林）、倡导种棉花、防治黑穗病、增加粮食生产、修筑道路。

【叙录编号】 0224
【档案题名】
景泰县、康县、正宁县关于报送办理淤地压沙情形致甘肃省政府的呈文
【发文单位】 景泰县
【收文单位】 甘肃省政府
【档案编号】 027-001-0306-（0007-0012）
【成文时间】 1942-06-09
【收藏单位】 甘肃省档案馆
【涉及地域】 景泰县
【关 键 词】 淤地
【内容提要】

景泰县回令奉此自应办理饬各乡公所遵照确实劝垦并随时具报，正宁县、康县上报本县内无淤地，甘肃省政府回令准予备查。

【叙录编号】 0225
【档案题名】
甘肃省政府、甘肃省建设厅关于兴隆山、马衔山林区造林护林事宜的指示及甘肃省农业改进所、陆地测量局、皋兰县政府、榆中县政府的呈文
【发文单位】 榆中县政府；皋兰县政府
【收文单位】 甘肃省政府；甘肃省建设厅
【档案编号】
027-001-0478-（0008-0014）；
027-001-0479-（0006-0012）；
027-001-0507-（0013-0014）
【成文时间】 1939-07-09—1940-12-31
【收藏单位】 甘肃省档案馆
【涉及地域】 榆中县；皋兰县
【关 键 词】 兴隆山；马衔山；植树造林

【内容提要】

主要内容为在兴隆、马衔两山植树造林，并严禁砍伐、保护森林事宜。包含第八战区司令长官司令部关于已禁止驻军砍伐兴隆山树木给甘肃省政府的训令。此外，为马衔山造林有所依据，甘肃省建设厅厅长张心一申请调用陆地测量局测绘的详细地图。0479-0011为榆中县政府报送兴隆、马衔山扩大造林计划及界图，附有《兴隆马衔山造林计划书》。

【叙录编号】 0226
【档案题名】
　　甘肃省政府、甘肃省农业改进所、湟惠渠管理局关于办理孟宪陶调查，移交牛羊、小麦情况的文件
【发文单位】 甘肃省农业改进所；甘肃省建设厅
【收文单位】 甘肃省建设厅；甘肃省政府
【档案编号】 027-002-0003-（0001-0008）
【成文时间】 1948-03-18—1948-05-24
【收藏单位】 甘肃省档案馆
【涉及地域】 张家寺农场
【关 键 词】 清册；牛羊
【内容提要】

甘肃省农业改进所询问甘肃省建设厅上次孟宪陶上报清册有羊62只少1只，该员经手的轧花机租花75斤未交所等如何办理，甘肃省建设厅批示个人租借应该个人归还，第四科对此调查后批由该厂调查并复。甘肃省建设厅要求派员核实数目并回复。孟宪陶因移交农场期间员工薪资无法拨发故而将小麦3市石分配员工食用维持生计，甘肃省农业改进所询问如何处置，甘肃省政府回令孟宪陶擅自分配应该由他归还。甘肃省农业改进所汇报当年因遭灾害、施肥灌溉不及时导致小麦短收，甘肃省政府回令准予备查。

【叙录编号】 0227
【档案题名】
　　甘肃省政府会计处编制兰州市民国三十四年度（1945）地方岁入岁出总预算书
【发文单位】 兰州市政府；甘肃省政府会计室等
【收文单位】 甘肃省建设厅
【档案编号】 027-002-0416-0003
【成文时间】 1945-03
【收藏单位】 甘肃省档案馆
【涉及地域】 兰州市
【关 键 词】 岁入岁出；预算
【内容提要】

《甘肃省兰州市民国三十四年度地方岁入岁出总预算书》包含主要税课收入（土地、田赋、遗产、印花税等）、保安、林务、水利委员会等育苗造林经费等。

【叙录编号】 0228
【档案题名】
　　景泰县政府民国三十五年（1946）政绩移交表
【发文单位】 甘肃省建设厅
【收文单位】 甘肃省建设厅
【档案编号】 027-004-0640-0002
【成文时间】 1947-05-23
【收藏单位】 甘肃省档案馆
【涉及地域】 景泰县
【关 键 词】 移交名册
【内容提要】

包括修筑城墙、开辟道路、兴修水利、植树造林、育苗、检定度量衡，前任无工作，全为本任工作。春季县苗圃2.43万株，拨款160万新修水利挖山泉。

【叙录编号】 0229
【档案题名】
　　会宁县政府民国三十五年（1946）政绩移交表
【发文单位】 甘肃省建设厅
【收文单位】 甘肃省建设厅
【档案编号】 027-004-0640-0003
【成文时间】 1947-05-23
【收藏单位】 甘肃省档案馆
【涉及地域】 会宁县
【关 键 词】 移交名册
【内容提要】
　　包括育苗造林、修筑道路、农业推广、保护水土、提倡矿业。植树部分包括各乡镇植活榆树杏树、桃花山造林、挑挖水平沟、整理梯田、水土浅说继续推广。

【叙录编号】 0230
【档案题名】
　　会宁县政府民国三十六年（1947）政绩移交清册、政绩交代表、文卷目录
【发文单位】 会宁县
【收文单位】 甘肃省建设厅
【档案编号】 027-004-0640-0008
【成文时间】 1948-01-30
【收藏单位】 甘肃省档案馆
【涉及地域】 会宁县
【关 键 词】 水利；林业
【内容提要】
　　政绩交代表包含交通，水利，育苗，造林，改良畜种，保护水土，挑挖水平沟，各乡镇种植柳、杏、臭椿等事宜。《会宁县政府文卷目录表》包括育苗造林19卷，保持水土6卷，植树造林15卷，荒山造林1卷，派征树载2卷，农田水利12卷，农业推广15卷，春耕籽种18卷，借领军屯粮12卷，荒地调查2卷，旱灾救济17卷。

【叙录编号】 0231
【档案题名】
　　景泰县政府民国三十七年（1948）政绩移交表
【发文单位】 景泰县
【收文单位】 甘肃省建设厅
【档案编号】 027-004-0640-0011
【成文时间】 1947-05-23
【收藏单位】 甘肃省档案馆
【涉及地域】 景泰县
【关 键 词】 水利；林业
【内容提要】
　　包括推广乡村植树、兴修水利、补修城垣、提倡种棉、整修城关、改修老龙湾河道，本年度育苗132950株，保育苗圃143650株，成活4446株，将一条山及青羊峡小型水利继续兴修。

【叙录编号】 0232
【档案题名】
　　靖远县政府民国三十六年（1947）各项财产目录、政绩移交清册、政绩交代表，附靖远工务所施工清册
【发文单位】 靖远县
【收文单位】 甘肃省建设厅
【档案编号】
　　027-004-0640-0014；
　　027-004-0641-0001
【成文时间】 1948-03-25
【收藏单位】 甘肃省档案馆
【涉及地域】 靖远县
【关 键 词】 水利；林业
【内容提要】
　　《靖远县政府政绩交代表》（1—12月）包含修建兰宁公路靖远支线、修筑靖海汽车道、复兴新渠水利工程、请筑水利工程、造林等方面。附有《靖远县财产目录表》《接管兰宁公

路靖远支线工务所工具器物清册》《靖远县政府保管第八战区木料器材清册选送表》《靖远县保管东八区木料器材清册》。

【叙录编号】 0233
【档案题名】
　　会宁县政府建设部门文卷目录表
【发文单位】 会宁县
【收文单位】 甘肃省建设厅
【档案编号】 027-004-0642-0001
【成文时间】 1945-04-10
【收藏单位】 甘肃省档案馆
【涉及地域】 会宁县
【关 键 词】 水利；林业
【内容提要】
　　《会宁县政府文卷目录表》包括育苗造林69卷，保护林木17卷，植树造林21卷，荒山造林6卷，派征树载10卷，农田水利20卷，农业推广20卷，春耕籽种75卷，水陆交通23卷，借领军屯粮12卷，凿洋井2卷。

【叙录编号】 0234
【档案题名】
　　会宁县政府关于报送本县民国三十七年度（1948）建设部门移交清册给甘肃省政府的代电、度量衡工具清册、政绩交代表、存粮数目表及文卷目录
【发文单位】 会宁县
【收文单位】 甘肃省建设厅
【档案编号】 027-004-0643-（0001-0002）
【成文时间】 1948-02-16—1949-01-18
【收藏单位】 甘肃省档案馆
【涉及地域】 会宁县
【关 键 词】 水利；林业
【内容提要】
　　《会宁县办理筹集电料运费假交代表》，《会宁县办理三十七年度春耕贷款折合小麦假交代表》，会宁县政府文卷目录，包含植树造林34卷、县苗圃8卷、农田水利6卷、农业调查6卷、荒地调查5卷、春耕籽种22卷、雨量记载11卷、县参议会28卷，《会宁县政府政绩交代表》，包括办理交通、增加生产、办理水利、保护水土，《建设部门法律规章具假交代清册》，包括建设人员手册、水利法规辑要、垦荒实施公案、防治小麦黑穗病浅说、民众种树浅说。

【叙录编号】 0235
【档案题名】
　　兰州市政府各项工程图表清册
【发文单位】 兰州市政府
【收文单位】 甘肃省建设厅
【档案编号】 027-004-0645-（0001-0002）
【成文时间】 1946-03-01—1947-09-24
【收藏单位】 甘肃省档案馆
【涉及地域】 兰州市
【关 键 词】 水利；林业
【内容提要】
　　兹将本府经管各项工程图表造具四柱清册报送，包括旧管新收两部分，主要为市政建设、道路维修、男女厕所垃圾车设计等内容。

【叙录编号】 0236
【档案题名】
　　甘肃省财政厅关于送兰州市民国三十七年度（1948）假交代清册给甘肃省建设厅的函
【发文单位】 甘肃省财政厅
【收文单位】 甘肃省建设厅
【档案编号】
　　027-004-0646-（0001-0002）；
　　027-004-0647-（0001-0002）
【成文时间】 1948-06-05—1949-04-20
【收藏单位】 甘肃省档案馆
【涉及地域】 兰州市

【关 键 词】 水利；林业
【内容提要】
　　《兰州市物产馆物品假交代清册》包含相片数张，碑帖，莫高窟汉砖，白塔山等矿石，绿菜、棉花等物产。

【叙录编号】 0237
【档案题名】
　　兰州市政府民国三十六年（1947）工程图表移交清册、政绩移交表、财产目录表
【发文单位】 兰州市政府
【收文单位】 甘肃省建设厅
【档案编号】 027-004-0648-（0001-0003）
【成文时间】 1947
【收藏单位】 甘肃省档案馆
【涉及地域】 兰州市
【关 键 词】 水利；林业
【内容提要】
　　兰州市市长孙汝楠、皋兰县地方法院院长张文瑞提交《工程图表移交清册》，主要为各类公园街道警示牌、厕所、洒水车、中山林水道等市政建设、公共工程目录，《兰州市政府民国三十六年（1947）政绩移交表》，包括五泉山马路、整修城北黄河堤岸、翻修马路、修建洒水车厂，以及《兰州市政府民国三十六年（1947）财产目录表》。

【叙录编号】 0238
【档案题名】
　　兰州市政府民国三十五年（1946）工程图表移交清册、政绩移交表、财产目录表、小麦收支数目表
【发文单位】 兰州市政府
【收文单位】 甘肃省建设厅
【档案编号】 027-004-0649-（0001-0003）
【成文时间】 1947-02-20—1947-09-24
【收藏单位】 甘肃省档案馆
【涉及地域】 兰州市
【关 键 词】 水利；林业
【内容提要】
　　《甘肃省兰州市政绩交代表》（三十五年6—12月）包括马路工程、建筑工程、修理工程（补修黄河河堤），《兰州市政府三十五年度各项工程图表假交代清册》包括中山桥、防空洞、中山林、下水道等工程目录，《甘肃省兰州市政府工务局财产目录》，《兰州市政府三十五年度特有财产交代目录表》，《工程贷款清册》，以及筑路费。

【叙录编号】 0239
【档案题名】
　　兰州市政府民国三十七年（1948）工程图表移交清册、政绩移交表
【发文单位】 兰州市政府
【收文单位】 甘肃省建设厅
【档案编号】 027-004-0650-（0001-0002）
【成文时间】 1948-01-01—1948-12-23
【收藏单位】 甘肃省档案馆
【涉及地域】 兰州市
【关 键 词】 水利；林业
【内容提要】
　　《兰州市政府三十七年度各项工程图表假交代清册》包括马南线、中山线、五泉山隧道、靖远平面图、修理中山林、中山公园、红山根苗圃、培植中山公园树木、修建贫民住宅设计图等事宜，《兰州市政府民国三十七年政绩移交表》包括修建道路、简易排水工程、添置市区界石、修整黄河北岸。

【叙录编号】 0240
【档案题名】
　　靖远县关于报送本县民国三十七年（1948）假交代清册致甘肃省政府的呈文、政绩交代表、财产目录表、兰宁公路靖远支线清

册及保管木料清册
【发文单位】 靖远县
【收文单位】 甘肃省建设厅
【档案编号】 027-004-0651-（0001-0002）
【成文时间】 1948-12—1949-01
【收藏单位】 甘肃省档案馆
【涉及地域】 靖远县
【关 键 词】 水利；林业
【内容提要】

《靖远县政府政绩交代表》，包括完成兰宁公路靖远支线、修筑靖黑公路、完成靖乐渠、靖丰渠工程大体完成、完成清廉渠、设定农林办法、平修园地引水入城，《靖远县财产目录表》，《接管兰宁公路靖远支线工务所工具器物清册》。

【叙录编号】 0241
【档案题名】
　　甘肃省财政厅关于转送永靖县民国三十五年（1946）政绩交代表致甘肃省政府的函
【发文单位】 永靖县
【收文单位】 甘肃省建设厅
【档案编号】 027-004-0671-（0006-0007）
【成文时间】 1947-06-02
【收藏单位】 甘肃省档案馆
【涉及地域】 永靖县
【关 键 词】 政绩
【内容提要】

政绩包括修建莲花浮桥，补修永临公路，协助完成丰乐两渠，充实县保苗圃。

【叙录编号】 0242
【档案题名】
　　甘肃省财政厅关于送皋兰县各项建设部门移交清册给甘肃省建设厅的函
【发文单位】 皋兰县
【收文单位】 甘肃省建设厅
【档案编号】 027-004-0683-（0001-0003）
【成文时间】 1947-05-20—1948-01-20
【收藏单位】 甘肃省档案馆
【涉及地域】 皋兰县
【关 键 词】 政绩
【内容提要】

甘肃省建设厅审核建设部门移交清册训令皋兰县，皋兰县报送建设部门移交清册，《皋兰县政府造具董前县长移交经管建设部门卷宗清册》1~8页为三十五年度（1946）卷宗目录，并有天兰公路塌方压死人抚慰救济清册，附有《皋兰县政府造具董前县长移交经管陆家崖头修渠工救济收支数目清册》，38页为皋兰县政府政绩交代清册，包括修建天兰公路，甘肃省政府指定工程、自选工程、保护水土。

【叙录编号】 0243
【档案题名】
　　皋兰县政府各类文件移交清册
【发文单位】 皋兰县
【收文单位】 甘肃省建设厅
【档案编号】 027-004-0684-（0001-0004）
【成文时间】 1947-12
【收藏单位】 甘肃省档案馆
【涉及地域】 皋兰县
【关 键 词】 政绩
【内容提要】

包括《皋兰县政府政绩移交清册》《皋兰县政府领取民国三十五年度工赈款数目》《皋兰县政府自修水渠工价》《皋兰县政府征购民地青苗价款收支数目册》《皋兰县政府移交建设部门各种卷宗清册》《兰阿公路民工粮食收支数目清册》《皋兰县政府移交房屋清册》《皋兰县政府各种书籍法令清册》。

【叙录编号】 0244
【档案题名】
皋兰县政府各类文件移交清册
【发文单位】 皋兰县
【收文单位】 甘肃省建设厅
【档案编号】 027-004-0685-（0001-0009）
【成文时间】 1948-08-12—1949-07-20
【收藏单位】 甘肃省档案馆
【涉及地域】 皋兰县
【关 键 词】 政绩
【内容提要】

《皋兰县县长郝德润造具本任自三十六年度11月至三十七年度6月底经办建设部分假交代表》，主要工作为修建兰阿公路、修筑甘川公路大车道、整修天都河乡水渠、沿河两岸设抽水机、补修河堤、育苗等事宜，《皋兰县政府补修河堤工料移交清册》，《皋兰县政府接收房屋数目移交清册》，《皋兰县县长郝德润造具本任自三十七年度7月至12月底经办建设部分假交代表》，主要政绩为修大车道、挖掘兰宁公路沿线水平沟、承办禁止砍伐天然林、修理河堤等事宜。

【叙录编号】 0245
【档案题名】
甘肃省政府、陇东各县关于报送育苗造林、开挖水平沟事宜的文件
【发文单位】 陇东各县
【收文单位】 甘肃省建设厅
【档案编号】
　　027-005-0099-（0003-0031）；
　　027-005-0100-（0007-0014）；
　　027-005-0102-（0001-0034）；
　　027-005-0112-（0001-0004）
【成文时间】 1948-12-01—1949-01-15
【收藏单位】 甘肃省档案馆
【涉及地域】 甘肃省
【关 键 词】 植树造林
【内容提要】

农林部催报三十七年（1948）育苗造林及人员造林成绩统计表，甘肃省政府训令各县局上报。夏河县、永靖县、静宁县、文县、洮沙县、天水县、泾川县、庆阳县、临夏县、皋兰县、通渭县、徽县、武山县、宁县、会宁县、榆中县、平凉县、漳县等汇报该县秋季植树造林情况、开挖水平沟情况表。包括《各乡镇三十七年度挖掘水平沟成果报告表》《三十七、三十八年度秋季植树造林报告表》《固原县各乡镇秋季插条报告表》《清水县播种榆钱报告表》。

【叙录编号】 0246
【档案题名】
甘肃省农业改进所关于请通知湟惠渠管理处免征派工人致甘肃省建设厅的呈文
【发文单位】 甘肃省农业改进所
【收文单位】 甘肃省建设厅
【档案编号】 027-005-0233-（0018-0021）
【成文时间】 1947-02-11—1947-04-02
【收藏单位】 甘肃省档案馆
【涉及地域】 兰州市
【关 键 词】 农场
【内容提要】

甘肃省农业改进所关于请通知湟惠渠管理处免征派工，甘肃省政府不同意，甘肃省农业改进所报送张家寺农场协助惠湟渠办理农林建设，甘肃省政府规定每户需开挖水平沟200立方尺、植树15株。

【叙录编号】 0247
【档案题名】
甘肃省政府、皋兰县关于皋兰马厂矿区林区一事的文件
【发文单位】 甘肃省政府

【收文单位】 皋兰县
【档案编号】
　　027-005-0673-（0001-0011）；
　　027-005-0674-（0001-0012）
【成文时间】 1940-04-10—1943-04-26
【收藏单位】 甘肃省档案馆
【涉及地域】 皋兰县
【关 键 词】 马厂煤矿
【内容提要】
　　皋兰县马厂小学校长呈报称马厂小学有山林小矿务3处用来筹措教育经费，该处人员情愿补助该校经费而砍伐树木，附有《皋兰县学田领垦报告表》，赵德温报送矿床说明书、分析表、采矿执照，甘肃省政府抄发森林法55条。

【叙录编号】 0248
【档案题名】
　　甘肃省建设厅关于报送兰州电厂解决煤荒办法的各类文件
【发文单位】 兰州电厂；甘肃省建设厅等
【收文单位】 兰州电厂；甘肃省政府等
【档案编号】 027-008-0271
【成文时间】 1940-05-17—1940-06-04
【收藏单位】 甘肃省档案馆
【涉及地域】 兰州市
【关 键 词】 电厂；煤荒
【内容提要】
　　兰州电厂呈文甘肃省建设厅报送拟具解决煤荒办法，甘肃省建设厅第二、三科转呈甘肃省建设厅办法并拟令阿干镇煤矿管理处酌量采用致甘肃省政府、甘肃省建设厅。甘肃省政府回文令阿干镇煤矿管理处遵办，后者呈文甘肃省政府、甘肃省建设厅已派倪宗光前往兰州电厂商洽煤炭价格。

【叙录编号】 0249
【档案题名】
　　甘肃省政府关于榆中县王前县长移交森林基金册准予备查、代购骡马价款册的训令
【发文单位】 甘肃省政府
【收文单位】 榆中县政府
【档案编号】 027-008-0574
【成文时间】 1943-11-01
【收藏单位】 甘肃省档案馆
【涉及地域】 榆中县
【关 键 词】 森林基金册；骡马价款册
【内容提要】
　　如题。

【叙录编号】 0250
【档案题名】
　　中国工程师学会在兰举行一切筹备以告就绪8月举行开幕典礼的通知三份
【发文单位】 中国工程师学会委员会
【收文单位】 西北公路工程局；国外贸易驻兰办事处等
【档案编号】 038-001-0151-0013
【成文时间】 1942-07-21
【收藏单位】 甘肃省档案馆
【涉及地域】 兰州市
【关 键 词】 典礼
【内容提要】
　　如题。

【叙录编号】 0251
【档案题名】
　　中国农民银行兰州分行与甘肃水利林牧公司关于调查甘肃水利林牧公司组织及业务等情况的往来文件
【发文单位】 中国农民银行兰州分行；甘肃水利林牧公司
【收文单位】 甘肃水利林牧公司；中国农民银

行兰州分行
【档案编号】 039-001-0004-（0010、0011）
【成文时间】 1946-09-13
【收藏单位】 甘肃省档案馆
【涉及地域】 甘肃省
【关 键 词】 经济调查
【内容提要】
　　中国农民银行兰州分行函甘肃水利林牧公司，拟调查该公司组织及业务等情况，请查照惠予查明见复。1946年9月13日，甘肃水利林牧公司函复中农兰行，说明了该公司的创立经过、组织概要、业务概况等内容。

【叙录编号】 0252
【档案题名】
　　举办农展会评选请送优良物品等函
【发文单位】 西北农学院等处
【收文单位】 甘肃水利林牧公司
【档案编号】 039-001-0025-0011
【成文时间】 1946-01-14
【收藏单位】 甘肃省档案馆
【涉及地域】 甘肃省
【关 键 词】 农展会
【内容提要】
　　主要涉及西北农学院处函甘肃水利林牧公司关于举办农展会评选请送优良品种。

【叙录编号】 0253
【档案题名】
　　甘肃水利林牧公司与兰州机器厂洽谈内燃机气缸工料费的往返函
【发文单位】 雍兴实业股份有限公司兰州机器厂；甘肃水利林牧公司
【收文单位】 甘肃水利林牧公司；雍兴实业股份有限公司兰州机器厂
【档案编号】 039-001-0064-0027-0029
【成文时间】 1944-11-10—1945-11-16
【收藏单位】 甘肃省档案馆
【涉及地域】 甘肃省
【关 键 词】 内燃机气缸
【内容提要】
　　共3份文件，如题。甘肃水利林牧公司因所需气缸规格不同于一般规格，导致兰州机器厂所制气缸套重新返工。

【叙录编号】 0254
【档案题名】
　　甘肃水利林牧公司就调整兰州制革厂和兰州牧场经理所支公费致两机构函及通知
【发文单位】 甘肃水利林牧公司总管理处
【收文单位】 兰州制革厂；兰州牧场
【档案编号】 039-001-0068-0001
【成文时间】 1943-06-02
【收藏单位】 甘肃省档案馆
【涉及地域】 甘肃省
【关 键 词】 薪津
【内容提要】
　　共2份文件。自1944年1月起，兰州制革厂和牧场经理所支公费改为200元。

【叙录编号】 0255
【档案题名】
　　甘肃水利林牧公司总管理处为请给兰州配调水泥一事致兰州调配所的函
【发文单位】 甘肃水利林牧公司总管理处
【收文单位】 兰州调配所
【档案编号】 039-001-0261-0046
【成文时间】 1945-10-09
【收藏单位】 甘肃省档案馆
【涉及地域】 兰州市
【关 键 词】 水泥
【内容提要】
　　共1份文件，如题。

【叙录编号】 0256
【档案题名】
　　甘肃水利林牧公司与中国工程师学会就甘肃水利林牧公司油渣捐赠一事的往来公文
【发文单位】 甘肃水利林牧公司；中国工程师学会兰州分会
【收文单位】 中国工程师学会兰州分会；甘肃水利林牧公司
【档案编号】 039-001-0298-（0030-0031）
【成文时间】 1944-03-21—1944-03-24
【收藏单位】 甘肃省档案馆
【涉及地域】 兰州市
【关 键 词】 油渣
【内容提要】
　　共2份文件，如题。

【叙录编号】 0257
【档案题名】
　　甘肃水利林牧公司为运送燃料至兰一事致甘肃仪器厂的函
【发文单位】 甘肃水利林牧公司
【收文单位】 甘肃仪器厂
【档案编号】 039-001-0299-0021
【成文时间】 1948-01-01
【收藏单位】 甘肃省档案馆
【涉及地域】 兰州市
【关 键 词】 铁料；油料
【内容提要】
　　共1份文件，如题。

【叙录编号】 0258
【档案题名】
　　甘肃机器厂与甘肃水利林牧公司就运购铁料一事订立的合约
【发文单位】 不详
【收文单位】 不详
【档案编号】 039-001-0299-0027
【成文时间】 1948-09
【收藏单位】 甘肃省档案馆
【涉及地域】 兰州市
【关 键 词】 铁料
【内容提要】
　　共1份文件，如题。

【叙录编号】 0259
【档案题名】
　　甘肃煤矿局与甘肃水利林牧公司就中国工程师学会购买生炭一事的往来公文
【发文单位】 甘肃水利林牧公司
【收文单位】 甘肃煤矿局
【档案编号】 039-001-0299-（0028-0029）
【成文时间】 1943-12-13—1944-01-08
【收藏单位】 甘肃省档案馆
【涉及地域】 兰州市
【关 键 词】 炭；煤矿
【内容提要】
　　共1份文件，如题。

【叙录编号】 0260
【档案题名】
　　水泥公司兰州办事处向甘肃水利林牧公司惠借汽油一事的函
【发文单位】 水泥公司兰州办事处
【收文单位】 甘肃水利林牧公司
【档案编号】 039-001-0304-0010
【成文时间】 1944-02-19—1944-05-31
【收藏单位】 甘肃省档案馆
【涉及地域】 甘肃省
【关 键 词】 汽油
【内容提要】
　　共2份文件，如题。

【叙录编号】 0261
【档案题名】
　　兰州制革厂发给员工燃料的暂行办法
【发文单位】 兰州制革厂
【收文单位】 不详
【档案编号】 039-001-0325-0005
【成文时间】 1943-12-02
【收藏单位】 甘肃省档案馆
【涉及地域】 兰州市
【关 键 词】 煤；炭
【内容提要】
　　共1份文件，如题。

【叙录编号】 0262
【档案题名】
　　兰州牧场为请价让生炭二万市斤致甘肃水利林牧公司的函
【发文单位】 兰州牧场
【收文单位】 甘肃水利林牧公司
【档案编号】 039-001-0325-0010
【成文时间】 1944-01-19
【收藏单位】 甘肃省档案馆
【涉及地域】 兰州市
【关 键 词】 生炭
【内容提要】
　　共1份文件，如题。

【叙录编号】 0263
【档案题名】
　　兰州制革厂为送制革厂三十四年（1945）上期决算及各项事业明细表致甘肃水利林牧公司总管理处的函和明细表
【发文单位】 兰州制革厂
【收文单位】 甘肃水利林牧公司
【档案编号】
　　039-001-0326-0026；
　　039-001-0327-（0005-0011）

【成文时间】 1945-07-19
【收藏单位】 甘肃省档案馆
【涉及地域】 兰州市
【关 键 词】 皮革；皮毛
【内容提要】
　　共8份文件：兰州制革厂《原料明细表》（0008）、《物料明细表》（0009）、皮件部《在产明细表》（0010）、《产成品明细表》（0011）等。

【叙录编号】 0264
【档案题名】
　　兰州制革厂就送达三十四年（1945）生产计划及附表致甘肃水利林牧公司总管理处的函及工作报告
【发文单位】 兰州制革厂
【收文单位】 甘肃水利林牧公司总管理处
【档案编号】 039-001-0353-（0001-0006）
【成文时间】 1945-03-05
【收藏单位】 甘肃省档案馆
【涉及地域】 兰州市
【关 键 词】 皮革
【内容提要】
　　《三十四年度计划与实际生产量比较表》（0004）；《三十四年度生产计划所需原料预算表》（0005）；《兰州制革厂三十四年度收支概况表》（0006）。

【叙录编号】 0265
【档案题名】
　　《兰州制革厂代制皮革办法》
【发文单位】 不详
【收文单位】 不详
【档案编号】 039-001-0353-0022
【成文时间】 1947-03-01
【收藏单位】 甘肃省档案馆
【涉及地域】 兰州市
【关 键 词】 皮革

【内容提要】

共1份文件，如题。

【叙录编号】 0266
【档案题名】
《兰州制革厂三十二年度全年工作报告》
【发文单位】 不详
【收文单位】 不详
【档案编号】 039-001-0355-0004
【成文时间】 1932-12-31
【收藏单位】 甘肃省档案馆
【涉及地域】 兰州市
【关 键 词】 皮革
【内容提要】

共1份文件，报告涉及产成品、水灾损失等情况。

【叙录编号】 0267
【档案题名】
兰州制革厂各项设备及家具交接清册
【发文单位】 不详
【收文单位】 不详
【档案编号】 039-001-0390-0001
【成文时间】 1946-05-31
【收藏单位】 甘肃省档案馆
【涉及地域】 兰州市
【关 键 词】 兰州制革厂；设备
【内容提要】

共1份文件，如题。

【叙录编号】 0268
【档案题名】
甘肃省政府为报工矿事业座谈会会议记录一事致甘肃水利林牧公司的电
【发文单位】 甘肃省建设厅
【收文单位】 甘肃水利林牧公司洪经理
【档案编号】 039-001-0416-0027
【成文时间】 1948-07-28
【收藏单位】 甘肃省档案馆
【涉及地域】 兰州市
【关 键 词】 自来水工程；木材运输；水泥
【内容提要】

共1份文件，涉及兰州市自来水管道建设、矿场开发、水泥运输等工程发展情况。

【叙录编号】 0269
【档案题名】
甘肃水利林牧公司与兰州大学就木料采购事务的往来文件
【发文单位】 甘肃水利林牧公司；国立兰州大学
【收文单位】 国立兰州大学；甘肃水利林牧公司
【档案编号】 039-001-0453；039-001-0454
【成文时间】
1948-10-16—1948-12-15；1948-07-09
【收藏单位】 甘肃省档案馆
【涉及地域】 兰州市
【关 键 词】 木料采购
【内容提要】

共5份文件。甘肃水利林牧公司就国立兰州大学订购木料一事致函。后甘肃水利林牧公司致函国立兰州大学要求其派人验收所购木料。后续双方还就木料交货问题及运费问题进行文件往来。后附有国立兰州大学建筑昆仑堂工程购料合约。

【叙录编号】 0270
【档案题名】
兰州电厂就订购松料事务与甘肃水利林牧公司的函件往来
【发文单位】 甘肃水利林牧公司；兰州电厂
【收文单位】 兰州电厂；甘肃水利林牧公司
【档案编号】 039-001-0453；039-001-0454

【成文时间】
1948-12-18—1948-12-20；1949-06-22
【收藏单位】　甘肃省档案馆
【涉及地域】　兰州市
【关　键　词】　木料买卖
【内容提要】
　　共3份文件，包括兰州电厂请甘肃水利林牧公司商让售木料事务的公函、甘肃水利林牧公司与兰州电厂就木料价款事项的函、兰州电厂订购松木料价值单。

【叙录编号】　0271
【档案题名】
　　农林部西北防沙林甘肃景泰林场与地质调查西北分所等单位就筹措建设等问题的往来公文
【发文单位】　农林部西北防沙林甘肃景泰林场；经济部中央地质调查所西北分所等
【收文单位】　经济部中央地质调查所西北分所；农林部西北防沙林甘肃景泰林场等
【档案编号】　039-001-0473-（0001-0018）
【成文时间】　1948-06-23—1948-11-09
【收藏单位】　甘肃省档案馆
【涉及地域】　景泰县
【关　键　词】　林场；仪器；设备
【内容提要】
　　农林部西北防沙林甘肃景泰林场为借平板仪带标杆给甘肃国土科学教育馆的函（0001）；农林部西北防沙林甘肃景泰林场为请惠让景泰、民勤等县地图给国防测量队的公函（0002）；经济部中央地质调查所西北分所为复分让地图等项给农林部西北防沙林甘肃景泰林场的公函（0003）；国防部测量局第三图站为所需各图请向南京国防部洽购给农林部西北防沙林甘肃景泰林场的代电（0004）；国防部测量局测量第七队为贵场所需地图请呈西北行辕核转图站给农林部西北防沙林甘肃景泰林场的代电（0005）；农林部西北防沙林甘肃景泰林场为本场需用地图等事项给国民政府西北行辕的呈（0006）；国民政府西北行辕为复所请地图碍难核发给农林部西北防沙林甘肃景泰林场的代电（0007）；农林部西北防沙林甘肃景泰林场为借经纬仪带测练测杆给甘肃省立农业职业学校的公函（0008）；甘肃省立农业职业学校为函请借测量仪器等事项给农林部西北防沙林甘肃景泰林场兰州办事处的公函（0009）；农林部西北防沙林甘肃景泰林场为复本场前借用测量仪器正拟设法归还给甘肃省立农业职业学校的公函（0010）；农林部西北防沙林甘肃景泰林场为本场借用房屋等事项给兰州市国民党党部等的公函（0011）；农林部西北防沙林甘肃景泰林场为请贵馆借给《兰州植物志》给国立甘肃科学教育馆的公函（0012）；农林部西北防沙林甘肃景泰林场为惠借木器家具给甘肃省建设厅的公函（0013）；农林部西北防沙林甘肃景泰林场为请惠借电话机给甘肃省保安司令部的公函（0014）；甘肃省保安司令部为复本部通信器材缺乏歉难照借给农林部西北防沙林甘肃景泰林场的公函（0015）；农林部西北防沙林甘肃景泰林场为请将家具等拨归本场使用给农林部的代电（0016）；农林部为据呈该场设备简陋拨给家具等事项的指令（0017）；农林部西北防沙林甘肃景泰林场为请惠借款项给甘肃省银行的公函（0018）。

【叙录编号】　0272
【档案题名】
　　兰州制革厂等的生产计划与业务报告
【发文单位】　甘肃水利林牧公司兰州牧场；兰州制革厂等
【收文单位】　甘肃水利林牧公司兰州牧场；兰州制革厂
【档案编号】　039-001-0473-（0023-0027）
【成文时间】　1948-08-16—1948-12-21

【收藏单位】　甘肃省档案馆
【涉及地域】　兰州市
【关 键 词】　生产计划；业务报告
【内容提要】

　　兰州制革厂三十七年（1948）生产计划草案（0023）；兰州制革厂三十七年生产计划（0024）；甘肃水利林牧公司总管理处为报送该场本年度总报告及明年度计划给甘肃水利林牧公司兰州牧场、制革厂的代电（0025）；甘肃水利林牧公司兰州牧场的旬报表（0026）；兰州制革厂三十七年业务报告（0027）；兰州制革厂为报本厂准备疏散情形给总管理处函（0028）。

【叙录编号】　0273
【档案题名】
　　靖远县政府、城关镇公所关于兰宁公路补修工程、冲坏桥梁、单价表、分配里程表、征夫、赈灾、奖惩、通车、自治人员职责、儿童节筹备会的训命、指令、代电
【发文单位】　靖远县政府
【收文单位】　城关镇公所
【档案编号】　08-A2-042
【成文时间】　1946
【收藏单位】　白银市档案馆
【涉及地域】　靖远县
【关 键 词】　公路修补；冲坏桥梁
【内容提要】

　　本县关于苦水河暴涨、打捞木料归还原主事务、以工代赈、修筑路面工程、山洪冲垮盼修复等问题，并附修筑路面工程单价表、修筑路面里程表。

【叙录编号】　0274
【档案题名】
　　靖远县政府、城关镇公所关于各类报表、水利工程、育苗选办、果树生产调查、黑穗病防治、修补市容、自卫队经费、征补工兵、军属优待、农业推广的训命、指令、呈文
【发文单位】　靖远县政府
【收文单位】　城关镇公所
【档案编号】　08-A2-043
【成文时间】　1946
【收藏单位】　白银市档案馆
【涉及地域】　靖远县
【关 键 词】　水利；育苗；果树生产调查表；黑穗病
【内容提要】

　　该县关于盐滩合作社供城关农田灌溉、春秋季育苗选办、发麦类黑穗病防治简易方法、发动群众收养猪狗等问题，并附山坡植树水平沟图、挖沟时放土方法图、坡度举例图、山田植树水平沟图等共7图。

【叙录编号】　0275
【档案题名】
　　靖远县有关本县概况、行政会议纪要、设主体育场、低息信贷所提案
【发文单位】　张膺缙；保和泰等
【收文单位】　靖远县政府
【档案编号】　08-A4-012
【成文时间】　1937
【收藏单位】　白银市档案馆
【涉及地域】　靖远县
【关 键 词】　小麦增产；修筑河堤；铺筑沙地；修理城防
【内容提要】

　　该县关于试种禁烟后替代农产物、修理城防及北门、补修教室斋舍、于明春多种小麦增进产量、修筑北湾一带河堤、借农贷铺沙地、提倡毛棉工业、县城内外各小学及附设之民众学校内装设收音机等事务。

【叙录编号】 0276
【档案题名】
皮筏业工会记录及其他公会报告表、升降国旗办法
【发文单位】 皮筏业分工会
【收文单位】 靖远县
【档案编号】 08-A4-124
【成文时间】 1941
【收藏单位】 白银市档案馆
【涉及地域】 靖远县
【关 键 词】 皮筏
【内容提要】
　　所有沿河渡口摆筏筏户入会，外来筏户不入会，会内事宜归本分工会办理。

【叙录编号】 0277
【档案题名】
成立县农事试验场及任职通知、交通事业调查表、插种棉花、黄河渡船只数等
【发文单位】 甘肃省实业厅
【收文单位】 靖远县知事
【档案编号】 08-A4-180
【成文时间】 1927-04
【收藏单位】 白银市档案馆
【涉及地域】 靖远县
【关 键 词】 种棉花
【内容提要】
　　为提倡种改良棉，于陕西订购美棉种子，望依法试种并将种植经过、收获状况承报来厅。

【叙录编号】 0278
【档案题名】
　　靖远县水利贷款收支办法、各县水利贷款分配表、石门借贷挖泉、土地金融借贷办法、粮食生产贷款及淤泥水等地受实严重申请贷款维生及渠旁植树的通知
【发文单位】 甘肃省政府
【收文单位】 靖远县政府
【档案编号】 08-A4-195
【成文时间】 1944—1948
【收藏单位】 白银市档案馆
【涉及地域】 靖远县
【关 键 词】 水利贷款；粮食生产；渠旁植树
【内容提要】
　　该县关于水利贷款收支、石门借贷、粮食生产贷款、渠旁植树等事务。

【叙录编号】 0279
【档案题名】
　　靖远县借贷、压砂及景泰纺织合作社情况、打拉池牛圩、兴建水利等
【发文单位】 甘肃省政府
【收文单位】 靖远县政府
【档案编号】 08-A4-200
【成文时间】 1941
【收藏单位】 白银市档案馆
【涉及地域】 靖远县
【关 键 词】 压砂田；兴建水利
【内容提要】
　　该县关于压砂田、景泰纺织合作社情况、兴建水利等事务。

【叙录编号】 0280
【档案题名】
　　靖远县关于建筑北湾河堤、种植棉花、建校、减租、教育科工作报告、税捐收入、征兵等的报告、议案
【发文单位】 靖远县第三科；靖远县民政部
【收文单位】 靖远县政府
【档案编号】 08-A4-207
【成文时间】 1947
【收藏单位】 白银市档案馆
【涉及地域】 靖远县

【关 键 词】 种植棉花；北湾河堤
【内容提要】
　　该县关于种植棉花、建筑北湾河堤等的报告和提案。

【叙录编号】 0281
【档案题名】
　　靖远县工商业、社会团体组织工会会员花名册及社会服务工作月报表
【发文单位】 财政部西北盐务小红沟场务所
【收文单位】 靖远县政府
【档案编号】 08-A4-522
【成文时间】 1945-03—1946-03
【收藏单位】 白银市档案馆
【涉及地域】 靖远县
【关 键 词】 盐场；盐务局
【内容提要】
　　该县关于派员前往西北盐场盐务局、策动组织工会、组织盐务所工会，并以册式填写工会人员名册表格等事务。

【叙录编号】 0282
【档案题名】
　　靖远县政府、县纺织生产合作社关于提倡大力兴办纺织业、手工业生产合作社及各厂建厂生产规则呈报书
【发文单位】 甘肃省政府
【收文单位】 靖远县政府
【档案编号】 08-A4-525
【成文时间】 1943-07—1947-10
【收藏单位】 白银市档案馆
【涉及地域】 靖远县
【关 键 词】 煤矿产业；纺织工业
【内容提要】
　　该县关于尖水山煤矿产业生产合作社章程，提倡兴办纺织工业的决定、议案等事务。

【叙录编号】 0283
【档案题名】
　　甘肃省政府、靖远县政府关于农业、科学等行政事务工作的报告、训令，及陡水乡地理区划图
【发文单位】 甘肃省政府
【收文单位】 靖远县政府
【档案编号】 08-A4-872
【成文时间】 1943-11—1944-03
【收藏单位】 白银市档案馆
【涉及地域】 靖远县
【关 键 词】 农业
【内容提要】
　　关于农业、兴修水利的内容。

【叙录编号】 0284
【档案题名】
　　为查报动植物油之产地产量及样品的训令
【发文单位】 甘肃省政府；农林部西北防沙林甘肃景泰林场
【收文单位】 靖远县政府
【档案编号】 08-A6-314-（0006-0007）
【成文时间】 1948-07
【收藏单位】 白银市档案馆
【涉及地域】 靖远县
【关 键 词】 动植物油；防沙林
【内容提要】
　　此2份案卷分别为甘肃省政府受经济部某所公函，为调查甘肃省动植物油种类产地产量给靖远县政府的训令；农林部西北防沙林甘肃景泰林场为林场成立开始工作请求指导给靖远县政府的公函。

【叙录编号】 0285
【档案题名】
　　甘肃省政府、甘肃省建设厅、靖远县政府、陆军第四十二军等就知照阎锡山、张学良

等七人为国民政府委员，黄河沿岸造林调查，民间运力及人民抗敌调查，慰劳将士的训令、指令、呈

【发文单位】 甘肃省政府；靖远县政府等
【收文单位】 甘肃省建设厅；靖远县县长等
【档案编号】 08-A7-011
【成文时间】 1930—1945
【收藏单位】 白银市档案馆
【涉及地域】 靖远县
【关 键 词】 造林；运输
【内容提要】

本案卷主要为靖远县调查黄河沿岸造林情况，民间运输力情况（马骡调查表），造报人民抗敌自卫队队长履历等；三青团靖远县区团筹备处就填报团员调查表的命令；以及甘肃省政府和靖远县政府关于慰劳军队、募款等。

【叙录编号】 0286
【档案题名】
为请靖远军所代雇毛驴的函
【发文单位】 陆军新编骑七师司令部；陆军第三十五军司令部等
【收文单位】 靖远军运代办所
【档案编号】
　　08-A7-324-（0004、0009、0013、0022）；
　　08-A7-320-003；
　　08-A7-338-011
【成文时间】 1944—1945
【收藏单位】 白银市档案馆
【涉及地域】 靖远县
【关 键 词】 毛驴
【内容提要】
如题。

【叙录编号】 0287
【档案题名】
甘肃省政府、甘肃省粮政局、靖远县政府就填发运粮概况调查表、调查大户存粮、开展粮食节约运动、征购粮食等事项的训令、呈
【发文单位】 甘肃省政府；甘肃省粮政局等
【收文单位】 靖远县政府
【档案编号】 08-A8-197
【成文时间】 1942-02—1943-03
【收藏单位】 白银市档案馆
【涉及地域】 靖远县
【关 键 词】 运粮存粮调查表
【内容提要】

如题，另附靖远县运粮交通概况调查表1份。

【叙录编号】 0288
【档案题名】
甘肃省政府、第八战区兵站总监部、运输处、靖远县政府等就价发给养、处理霉变小麦、屯粮仓储亏耗□□、核减田赋、收发军粮、填报恤案恤令调查等事项的训令、代电、公函、呈
【发文单位】 第八战区运输处；靖远县政府等
【收文单位】 靖远军运代办所；第八战区兵站总监部总监长等
【档案编号】 08-A8-243
【成文时间】 1940—1944
【收藏单位】 白银市档案馆
【涉及地域】 靖远县
【关 键 词】 粮食霉变
【内容提要】

本案卷为靖远县政府与第八战区关于仓储小麦霉变生虫及翻晒遗弃等事项的代电、公函等。

二、矿产资源开发类档案

【叙录编号】 0289
【档案题名】
　　甘肃省政府、甘肃省建设厅关于靖远煤矿施工、开采一事的文件
【发文单位】 甘肃省政府；经济部等
【收文单位】 甘肃省政府；经济部等
【档案编号】
　　027-003-0025-（0001-0015）；
　　027-003-0024-（0001-0015）；
　　027-003-0026-（0001-0017）；
　　027-003-0027-（0001-0018）；
　　027-003-0034-（0001-0007）
【成文时间】 1938-11-24—1947-04-01
【收藏单位】 甘肃省档案馆
【涉及地域】 靖远县
【关　键　词】 矿床；煤矿
【内容提要】
　　靖远县商民徐生桂筹设煤矿公司，自行勘测矿区图，并报送，甘肃省政府准予其开矿。李馨亭承包靖远东北煤矿，王智前往靖远勘测大水头煤矿并报送采煤矿区图、矿床说明书。靖远宝积山煤矿致函甘肃省建设厅请准予先行按规定施工开采煤矿，甘肃省建设厅同意并训令靖远县政府核查，甘肃省建设厅转送宝积山煤矿公司矿区图、矿床说明书、矿质分析书，该公司请早日颁发矿业执照并附有矿床说明书、矿质分析表，经济部发还请更正煤矿矿区图，宝积山更正之后致甘肃省建设厅。张进才、李伟报送靖远煤矿勘测调查情况。李馨亭报送靖远县阳洼山煤矿矿区图、煤矿执照，靖远县小榆树沟矿区草图。

【叙录编号】 0290
【档案题名】
　　景泰县永泰乡红沟村西铅洞子沟铁矿开采一事的文件
【发文单位】 甘肃省政府；经济部
【收文单位】 鲁敏；许律严等
【档案编号】 027-003-0039-（0001-0002）
【成文时间】 1945-05-05—1945-05-14
【收藏单位】 甘肃省档案馆
【涉及地域】 景泰县
【关　键　词】 矿床；铁矿
【内容提要】
　　鲁敏、许律严、韩福田报送景泰县永泰乡红沟村西铅洞子沟铁矿开采说明书，合办契约文底20条一式2份。3人也申请经济部核准颁发采矿执照，附有说明书1份。

【叙录编号】 0291
【档案题名】
　　甘肃省建设厅关于石万清开采煤矿一事的文件
【发文单位】 经济部；甘肃省政府
【收文单位】 石万清；甘肃省建设厅
【档案编号】
　　027-003-0054-（0001-0010）；
　　027-003-0055-（0001-0020）；

027-003-0307-（0001-0012）
【成文时间】 1941-10-06—1943-01-07
【收藏单位】 甘肃省档案馆
【涉及地域】 甘肃省
【关 键 词】 矿商；开矿
【内容提要】
　　甘肃省建设厅阿干镇灯矿管理处因矿商石万清呈请开采煤矿，附有直沟煤矿矿床说明书1份，甘肃省建设厅指令管理处税款及说明书暂存核办发还原矿图，石万清申请集资开采青岗附近煤矿，甘肃省政府派王永炎与之对接，石万清更正矿区图，甘肃省建设厅将石万清直沟矿区图等件发送经济部请发矿业执照，甘肃省政府经济部发还请加盖甘肃省建设厅印章，石万清缴送转煤质化验费。经济部办发矿业执照，甘肃省建设厅训令皋兰县修复石万清开矿登记事项并发石万清牌示，石万清关于转移矿权申请登记，石万清请制止卢国清越界，甘肃省建设厅和平调解，石万清要求复测确定矿权。石万清将资料上报经济部，附有矿床说明书1份、矿区图6份，详细展示矿区界限、山脉河流与地层走向。

【叙录编号】 0292
【档案题名】
　　甘肃省政府关于皋兰县青岗岔煤矿、尚铺煤矿开采一事文件
【发文单位】 方忠礼；王仪海等
【收文单位】 甘肃省政府；甘肃省建设厅等
【档案编号】
　　027-003-0281-（0001-0021）；
　　027-003-0302-（0001-0017）；
　　027-003-0304-（0001-0012）；
　　027-003-0305-（0001-0020）
【成文时间】 1940-02-06—1943-11-25
【收藏单位】 甘肃省档案馆
【涉及地域】 皋兰县

【关 键 词】 煤矿；地图
【内容提要】
　　矿商方忠礼、王仪海、段守棠向甘肃省建设厅申请开采煤矿，甘肃省建设厅要求速绘制矿区图，二人勘测矿区，报送矿区图、矿产说明书，并请先行开采，经历些许波折，修改契约重绘矿区图等，并请经济部颁发执照，后甘肃省政府同意并致函经济部。王清洁私开煤矿被查禁。

【叙录编号】 0293
【档案题名】
　　甘肃省政府关于董荣山煤矿、皋兰县殷家咀煤矿等煤矿、铁矿开采一事的文件
【发文单位】 甘肃省政府；甘肃省建设厅等
【收文单位】 甘肃省政府；甘肃省建设厅等
【档案编号】
　　027-003-0308-（0001-0013）；
　　027-003-0309-（0001-0018）；
　　027-003-0310-（0001-0015）；
　　027-003-0311-（0001-0020）；
　　027-003-0315-（0001-0015）；
　　027-003-0354-（0001-0019）；
　　027-003-0355-（0001-0016）；
　　027-003-0356-（0001-0010）
【成文时间】 1942-06-26—1947-10-30
【收藏单位】 甘肃省档案馆
【涉及地域】 甘肃省
【关 键 词】 开矿；勘测
【内容提要】
　　甘肃省政府处理董荣山煤矿与甘肃矿业有限公司的纠纷；报送皋兰县殷家咀煤矿化验与勘察费用，阿干镇大小水子煤矿和商铺、水沟梁煤矿矿区图；阎国光开采徽县、两当县、礼县、渭源县煤矿情况，甘肃省建设厅技士勘察徽县、两当县、礼县、渭源县煤矿铁矿情况；甘肃省矿业有限公司报送徽县马鞍山煤矿、两

当云屏乡蒋家湾与成县塔崖子煤矿的矿区图以及化验结构；徽县开采南屏山铁矿、包家沟铁矿、云屏乡铁矿、共济铁矿、两当狮子沟铁矿、道江寺铁矿、大吊沟矿区的申请及勘测、开采矿区地图；追查魏元吉等偷卖煤洞事宜。

【叙录编号】 0294
【档案题名】
　　甘肃省阿干镇煤矿管理处移交等事宜的文件
【发文单位】 甘肃矿业公司；阿干镇煤矿管理处等
【收文单位】 甘肃矿业公司；阿干镇煤矿管理处等
【档案编号】
　　027-003-0520-（0001-0014）；
　　027-003-0521-（0001-0021）；
　　027-003-0521-（0001-0010）；
　　027-003-0523-（0001-0003）；
　　027-003-0524-（0001-0004）；
　　027-003-0527-（0001-0023）；
　　027-003-0529-（0001-0016）；
　　027-003-0530-0019；
　　027-003-0531-（0001-0002）；
　　027-003-0534-（0001-0004）；
　　027-003-0537-0001；
　　027-003-（0539-0542）
【成文时间】 1940-03-20—1943-10-01
【收藏单位】 甘肃省档案馆
【涉及地域】 甘肃省
【关 键 词】 煤矿；移交
【内容提要】
　　0520为阿干镇煤矿管理处仪器、家具、图表、大车道工程、矿区图、平窑工程移交清册，煤炭数量，清洁上年账目。0523为煤矿所有铁轨估价、房屋家具移交清册、兰阿大道图表矿业法规及调查交接清册、锅炉费等清册，附有甘肃省政府阿干镇矿厂采煤费明细簿、甘肃省政府阿干镇矿厂管理费明细簿、甘肃省政府阿干镇矿厂普通分录簿。0529为阿干镇煤矿参观以及罐子峡煤矿纠纷、员工留下情况。甘肃省政府阿干镇煤矿管理处支款项交接四柱、兰阿车道工具交接清册、甘肃省政府阿干镇煤矿管理处材料库各种材料移交清册。0534-0536为甘肃省政府阿干镇煤矿管理处机器交接清册、仪器交接清册、文卷移交清册、职员警役花名册、煤炭数量移交清册、宿舍家具交接清册。0537、0539、0541为甘肃省政府阿干镇煤矿管理处传票。0540为现金收入传票。0542为领料通知单、运煤凭单。

【叙录编号】 0295
【档案题名】
　　甘肃省政府、甘肃省矿业有限公司关于魏元堡、魏文福、黄汲青、郑鹤年等人申请开采阿干镇等煤矿事宜
【发文单位】 经济部；甘肃省政府
【收文单位】 甘肃省地质调查所
【档案编号】
　　027-003-（0671-0679）；
　　027-003-（0691-0744）
【成文时间】 1933-04-27—1939-04-16
【收藏单位】 甘肃省档案馆
【涉及地域】 甘肃省
【关 键 词】 煤矿；明细；税收
【内容提要】
　　魏元堡、魏元佐、魏文福、黄汲青、郑鹤年、张元善、李玉海等人申请开采水洋洞、罐子峡、沙子沟、下湾脑、阿干镇、坬嘴、铁冶坪、小坟沟、柳树湾、长条坬煤矿致函甘肃省建设厅发给执照及批示，派员对该地煤矿进行勘测，向经济部汇报矿区钻探工程，讨论甘肃省地质矿产办法，催收矿商租借，开采煤炭数量，修改阿干镇煤矿组织简章，汇报阿干镇民

国二十九年（1940）产收出售煤炭数量清册。0678 为甘肃省矿业有限公司编送《阿干镇矿厂三十一年度矿业工程报告书》1 册、《罐子峡矿厂三十一年度矿业工程报告书》1 册、三十二年度两煤矿施工报告各 1 册、《勘测队三十一年度调查各地矿产报告书》1 册。阿干镇汇报房屋因雨水冲毁及维修情况，阿干镇煤矿管理处汇报房屋所需的木料、地亩情况，甘肃省建设厅准予魏元佐出售房屋木料。阿干镇汇报二十九年度营业盈余与员工应得奖金及分配情况，阿干镇报送试验锅炉、购买螺丝铁钉、水泵情况以及各项经费、预算书、煤炭价格情况。魏元佐报送视察郑利贞、陈得仓、刘本斋、龚哲卿煤矿租金给甘肃省建设厅，及几人申请交租、退租事宜。魏元佐报送各月收获阿干镇各煤洞租户租金及花名册。

【叙录编号】　0296
【档案题名】
　　甘肃省建设厅阿干镇旋风湾煤矿矿床说明书及矿区图
【发文单位】　阿干镇旋风湾煤矿
【收文单位】　甘肃省建设厅
【档案编号】　027-003-0690-0006
【成文时间】　1938
【收藏单位】　甘肃省档案馆
【涉及地域】　皋兰县
【关　键　词】　地质调查
【内容提要】
　　文内有《旋风湾煤矿矿床说明书》《开采旋风湾煤矿矿区图》，内附《矿区测量簿记表》，文件一式 2 份。

【叙录编号】　0297
【档案题名】
　　甘肃省建设厅柳树沟煤矿矿床说明书及矿区图
【发文单位】　柳树沟煤矿
【收文单位】　甘肃省建设厅
【档案编号】　027-003-0692-0015
【成文时间】　1939
【收藏单位】　甘肃省档案馆
【涉及地域】　皋兰县
【关　键　词】　煤矿；矿床说明
【内容提要】
　　文内有《柳树沟煤矿矿床说明书》《开采柳树沟矿矿区图》，内附《矿区测量簿记表》，文件一式 2 份。

【叙录编号】　0298
【档案题名】
　　甘肃省建设厅小坟沟煤矿矿床说明书及矿区图
【发文单位】　小坟沟煤矿
【收文单位】　甘肃省建设厅
【档案编号】　027-003-0693-0009
【成文时间】　1940
【收藏单位】　甘肃省档案馆
【涉及地域】　皋兰县
【关　键　词】　煤矿；矿床说明
【内容提要】
　　文内有《小坟沟煤矿矿床说明书》6 份、《开采小坟沟矿矿区图》4 份，内附《矿区测量簿记表》。

【叙录编号】　0299
【档案题名】
　　甘肃省建设厅铁冶坪煤矿矿床说明书及矿区图
【发文单位】　铁冶坪煤矿
【收文单位】　甘肃省建设厅
【档案编号】　027-003-0695-0014
【成文时间】　1945
【收藏单位】　甘肃省档案馆

【涉及地域】 皋兰县
【关 键 词】 煤矿；矿床说明
【内容提要】
　　文内有《铁冶坪煤矿矿床说明书》2份、《开采铁冶坪矿矿区图》7份，内附《矿区测量簿记表》。

【叙录编号】 0300
【档案题名】
　　崔府九关于申请发给开采执照致甘肃省建设厅的呈文，附有煤洞矿区图及说明书
【发文单位】 崔府九
【收文单位】 甘肃省建设厅
【档案编号】
　　027-003-0712；
　　027-003-0728-0002
【成文时间】 1934-04-10—1937-05-17
【收藏单位】 甘肃省档案馆
【涉及地域】 永登县
【关 键 词】 煤矿；矿床说明
【内容提要】
　　文内有《皋兰县民人崔府九所领煤矿矿床说明书》，崔府九多次上报矿区图并更改，0728为《开采煤矿矿区图》，皋兰县南乡距城50里和尚铺属煤矿的地图4张。

【叙录编号】 0301
【档案题名】
　　矿商颜瞻鲁报送皋兰县南乡小顶山开采煤矿矿区图4张
【发文单位】 颜瞻鲁
【收文单位】 甘肃省建设厅
【档案编号】 027-003-0737-0009
【成文时间】 1938
【收藏单位】 甘肃省档案馆
【涉及地域】 皋兰县
【关 键 词】 煤矿；矿床说明
【内容提要】
　　《皋兰县南乡小顶山开采煤矿矿区图》4张，矿商颜瞻鲁申报。

【叙录编号】 0302
【档案题名】
　　甘肃省煤矿扩大生产计划草案
【发文单位】 甘肃省煤矿厂
【收文单位】 甘肃省建设厅
【档案编号】 027-0004-0064-0003
【成文时间】 1940
【收藏单位】 甘肃省档案馆
【涉及地域】 阿干镇
【关 键 词】 煤矿；开采
【内容提要】
　　本厂根据甘肃省经济建设方案第四款制定甘肃省扩大煤矿开采，包括阿干镇煤矿、山寨矿厂、永登窑街煤矿。

【叙录编号】 0303
【档案题名】
　　甘肃省煤矿厂工程计划
【发文单位】 甘肃省煤矿厂
【收文单位】 甘肃省政府
【档案编号】 027-004-0095-0002
【成文时间】 不详
【收藏单位】 甘肃省档案馆
【涉及地域】 阿干镇
【关 键 词】 煤矿；计划
【内容提要】
　　《甘肃省煤矿厂工程计划》包括：恢复永登窑街旧矿工程计划、恢复阿干镇煤矿旧矿工程计划。

【叙录编号】 0304
【档案题名】
　　甘肃省煤矿厂工作报告

【发文单位】 甘肃省煤矿厂
【收文单位】 甘肃省政府
【档案编号】 027-004-0095-0003
【成文时间】 不详
【收藏单位】 甘肃省档案馆
【涉及地域】 阿干镇
【关 键 词】 阿干镇；矿厂
【内容提要】
　　主要包括窑街煤矿和阿干镇煤矿矿厂的工程进展状况、工程费开支状况、前途及展望。

【叙录编号】 0305
【档案题名】
　　永登县窑街炭山、皋兰县三条岘上沟铁矿、张掖县安阳乡苏榆沟金矿等县矿区图
【发文单位】 皋兰县政府；永登县政府等
【收文单位】 甘肃省建设厅
【档案编号】
　　027-004-0105-（0002-0005）；
　　027-004-0107-（0001-0005）
【成文时间】 1942
【收藏单位】 甘肃省档案馆
【涉及地域】 皋兰县等
【关 键 词】 矿产
【内容提要】
　　包含永登县窑街炭山铁矿矿区图，皋兰县三条岘上沟铁矿面积计算表、矿区图，张掖县安阳乡苏榆沟金矿矿区图，甘肃省崇信县新窑镇煤矿联络图，甘肃省平凉县二道沟、三道沟矿区联络图，甘肃省天水县第二区红崖地开采矿矿区图、磁土矿区图。

【叙录编号】 0306
【档案题名】
　　矿商马吉衡补报甘肃景泰县小芦塘山坡矾矿矿区图、矿质分析表
【发文单位】 景泰县
【收文单位】 甘肃省建设厅
【档案编号】 027-005-0542-0009
【成文时间】 1943-02-04
【收藏单位】 甘肃省档案馆
【涉及地域】 景泰县
【关 键 词】 煤矿
【内容提要】
　　附有《甘肃景泰县小芦塘山坡矾矿矿区图》1份。

【叙录编号】 0307
【档案题名】
　　甘肃省水泥股份有限公司关于报送皋兰县徐家湾长石矿矿区图、呈请书、矿床说明书等文件给甘肃省建设厅的呈文
【发文单位】 甘肃省水泥股份有限公司
【收文单位】 甘肃省建设厅
【档案编号】 027-005-0546-0015
【成文时间】 1943-01-18
【收藏单位】 甘肃省档案馆
【涉及地域】 皋兰县
【关 键 词】 火黏土矿
【内容提要】
　　文内有《甘肃省水泥股份有限公司章程》，第一章总则，第二章股份，第三章股东会，第四章董事会及监理人，第五章职员，附有《开采长石矿矿区图》，图下方有《测量簿记表》，二图一式2份。甘肃省水泥股份有限公司代表人张光宇，测量人崔守道。

【叙录编号】 0308
【档案题名】
　　矿商留郑中、陈诰等6人报送皋兰县南乡全子岔煤矿矿区图、呈请书、矿床说明书、公司章程、矿质分析给甘肃省建设厅的文件
【发文单位】 矿商留郑中、陈诰等6人
【收文单位】 甘肃省建设厅

【档案编号】 027-005-0554-（0001-0014）
【成文时间】 1945-05-25—1946-06-08
【收藏单位】 甘肃省档案馆
【涉及地域】 皋兰县
【关 键 词】 煤矿
【内容提要】

文件包括《开采煤矿矿区图》（皋兰县和尚铺），李启贤测绘，左侧有矿区面积计算表。《范紫卿草原煤矿矿床说明书》《推定矿业代表人呈请书》《甘肃省联益煤矿股份有限公司章程》3份。甘肃省政府检发执照、发印图、实验报告。

【叙录编号】 0309
【档案题名】
皋兰县孔家湾砂金沟矿区矿床说明书、矿质分析表与矿区图
【发文单位】 皋兰县
【收文单位】 甘肃省建设厅
【档案编号】 027-005-0559-0010
【成文时间】 1941-01-18
【收藏单位】 甘肃省档案馆
【涉及地域】 皋兰县
【关 键 词】 砂金沟
【内容提要】

《甘肃省皋兰县孔家湾砂金沟矿区矿床说明书》《甘肃省皋兰县孔家湾砂金沟金矿矿质分析表》《开采金矿矿区图》一式2份，测量人雷世昌。

【叙录编号】 0310
【档案题名】
甘肃省建设厅关于派员查明情况再行核办开采皋兰县徐家湾磁土矿给轩辕骏的批示，附磁土矿区图、矿床说明书
【发文单位】 皋兰县
【收文单位】 甘肃省建设厅

【档案编号】 027-005-0620-0011
【成文时间】 1942-12-09
【收藏单位】 甘肃省档案馆
【涉及地域】 皋兰县
【关 键 词】 徐家湾磁土矿
【内容提要】

甘肃省建设厅关于派员查明情况再行核办开采皋兰县徐家湾磁土矿给轩辕骏的批示，附有《开采磁土矿区图》，内有《矿区测量簿记表》，附有《甘肃省皋兰县徐家湾磁土矿（长石矿）矿床说明书》。

【叙录编号】 0311
【档案题名】
经济部、甘肃省政府关于石万请求开采皋兰县山寨庄直沟横沟登记材料的呈文及训令
【发文单位】 皋兰县
【收文单位】 甘肃省建设厅
【档案编号】 027-005-0638-（0022-0023）
【成文时间】 1944-10-09—1945-12-29
【收藏单位】 甘肃省档案馆
【涉及地域】 皋兰县
【关 键 词】 阿干镇煤矿
【内容提要】

石万请求开采皋兰县山寨庄直沟横沟，附有《矿质化验分析表》《皋兰县阿干镇山寨庄开采煤矿矿区图》。

【叙录编号】 0312
【档案题名】
甘肃省建设厅关于胜成制药股份有限公司筹设公司营业计划书、公司章程、矿区图等的文件
【发文单位】 皋兰县
【收文单位】 甘肃省建设厅
【档案编号】
027-005-0639-（0001-0006）；

027-005-0640-（0001-0011）
【成文时间】 1940-03-16—1940-06-08
【收藏单位】 甘肃省档案馆
【涉及地域】 皋兰县
【关 键 词】 阿干镇煤矿
【内容提要】
　　抗战时期物资奇缺，会宁属小坪沟白粉遍地，化验之后为硫酸镁药品，附有《矿床说明书》，主要是含镁地下水流贯，硫酸镁均匀浸存而成，附有公司营业计划书、章程、矿区图。附有《勘察胜成公司领采会宁县硝酸钠报告》《胜成公司领采会宁县硝酸钠矿区图》《开采硝沟坪天然碱矿矿区图》。

【叙录编号】 0313
【档案题名】
　　甘肃省政府关于董荣山请领皋兰县饶沟煤矿矿区图并通知补送办矿契约给皋兰县政府的训令
【发文单位】 甘肃省政府
【收文单位】 皋兰县
【档案编号】 027-005-0669-0013
【成文时间】 1941-10-23
【收藏单位】 甘肃省档案馆
【涉及地域】 皋兰县
【关 键 词】 饶沟煤矿
【内容提要】
　　附有《甘肃省皋兰县西乡窑沟开采煤矿矿区图》。

【叙录编号】 0314
【档案题名】
　　甘肃省政府关于蔡乐山请领皋兰县阿干镇侯家坟矿业登记事项给甘肃省政府的咨文和皋兰县政府的训令
【发文单位】 甘肃省政府
【收文单位】 皋兰县
【档案编号】 027-005-0677-0009
【成文时间】 1946-07-05
【收藏单位】 甘肃省档案馆
【涉及地域】 皋兰县
【关 键 词】 侯家坟煤矿
【内容提要】
　　附有《开采侯家坟煤矿矿区平面图》，呈请人蔡乐山。

【叙录编号】 0315
【档案题名】
　　甘肃省魏文汉、张学恭、龚聚宝关于申请派员测绘皋兰县阿干镇寺儿沟矿区致甘肃省建设厅阿干镇煤矿管理处的呈文，附矿区图1张
【发文单位】 甘肃省政府
【收文单位】 皋兰县
【档案编号】 027-005-0679-0001
【成文时间】 1941-01-20
【收藏单位】 甘肃省档案馆
【涉及地域】 皋兰县
【关 键 词】 寺儿沟煤矿
【内容提要】
　　附有《开采寺儿沟煤矿矿区平面图》，呈请人魏文汉。

【叙录编号】 0316
【档案题名】
　　甘肃省政府关于检发矿区图给甘肃省矿业公司的训令和给中中交农四行的公函，附矿产说明书
【发文单位】 甘肃省政府
【收文单位】 皋兰县
【档案编号】 027-005-0681-（0001-0002）
【成文时间】 1942-02-06—1942-03-05
【收藏单位】 甘肃省档案馆
【涉及地域】 皋兰县
【关 键 词】 煤矿；铁矿

【内容提要】

主要为《皋兰县阿干镇狼峪沟煤矿矿床说明书》2份，包括矿床构造及形状、矿质种类及成分，《永登窑街散马湾煤炭矿产说明书》3份，《永登窑街五仙山煤矿矿床说明书》3份，《皋兰铜厂沟铜矿矿床说明书》2份，《皋兰县灰土涝池锰矿矿床说明书》2份，《皋兰县三条岘池磨石沟铁矿矿床说明书》2份，《皋兰县棺材涝池铁矿矿床说明书》2份。

【叙录编号】 0317
【档案题名】
张彦成关于申请继续领取阿干镇大干沟矿洞致甘肃省阿干镇煤矿管理处的呈文，附矿床说明书、矿区图各1张
【发文单位】 张彦成
【收文单位】 阿干镇煤矿管理处
【档案编号】 027-005-0683-0007
【成文时间】 1938-12
【收藏单位】 甘肃省档案馆
【涉及地域】 皋兰县
【关 键 词】 大干沟煤矿
【内容提要】

如题，附有《开采大干沟煤矿矿区图》。

【叙录编号】 0318
【档案题名】
皋兰县阿干镇南钟山开采煤矿矿区图
【发文单位】 张彦成
【收文单位】 阿干镇煤矿管理处
【档案编号】 027-005-0690-0015
【成文时间】 1943
【收藏单位】 甘肃省档案馆
【涉及地域】 皋兰县
【关 键 词】 南钟山煤矿
【内容提要】

张颐园报送《甘肃省皋兰县阿干镇南钟山开采煤矿矿区图》5份。

【叙录编号】 0319
【档案题名】
甘肃省建设厅矿业指导室工程师王则懋关于报送查勘泉沟湾煤矿调查报告及矿区草图致甘肃省建设厅的呈文
【发文单位】 甘肃省建设厅
【收文单位】 甘肃省政府
【档案编号】 027-005-0867-0005
【成文时间】 1947-07-12
【收藏单位】 甘肃省档案馆
【涉及地域】 皋兰县
【关 键 词】 煤矿
【内容提要】

报告书包含该煤矿位于侯家权村的地理位置，地质为白色石英砂岩，中部为侏罗纪，上部为第三纪，煤炭矿石为黄土覆盖，页岩煤炭曾显示微薄。

【叙录编号】 0320
【档案题名】
矿商王化成关于报送推定法定代表人呈请书等件及柳树湾煤矿矿质分析表致甘肃省建设厅的呈文
【发文单位】 甘肃省建设厅
【收文单位】 甘肃省政府
【档案编号】 027-005-0867-0011
【成文时间】 1941-12-29
【收藏单位】 甘肃省档案馆
【涉及地域】 皋兰县
【关 键 词】 煤矿
【内容提要】

报告书包括水分、挥发物等矿物烟煤的化验结果及法人呈请书。

【叙录编号】 0321
【档案题名】
　　甘肃省建设厅工程师李启贤关于报送查勘金寿臣请领长条岘煤矿情况给甘肃省建设厅的签呈，附长条岘煤矿矿床说明书、矿区图1份
【发文单位】 甘肃省建设厅
【收文单位】 甘肃省政府
【档案编号】 027-005-0868-0016
【成文时间】 1939-04-05
【收藏单位】 甘肃省档案馆
【涉及地域】 皋兰县
【关 键 词】 煤矿
【内容提要】
　　如题，附有《皋兰县城南四十里阿干镇长条岘地方开采煤矿矿区图》，内有《矿区测量簿记表》，李启贤测量。

【叙录编号】 0322
【档案题名】
　　矿商张颐园开采煤窑合办契约及矿区图
【发文单位】 张颐园
【收文单位】 甘肃省建设厅
【档案编号】 027-005-0881-0008
【成文时间】 1937-01
【收藏单位】 甘肃省档案馆
【涉及地域】 皋兰县
【关 键 词】 矿区图
【内容提要】
　　附有《甘肃省皋兰县天都乡榆树拐费家窑开采煤矿矿区图》，王文耀测绘。

【叙录编号】 0323
【档案题名】
　　中中交农银行联合办事处、甘肃省政府关于开采靖远、岷县、皋兰等县金、铁、铜矿的各类文件
【发文单位】 中中交农银行联合办事处兰州分处；甘肃省政府等
【收文单位】 中中交农银行联合办事处兰州分处；甘肃省政府等
【档案编号】 027-006-0004-（0008-0015）
【成文时间】 1941-03-14—1942-03-31
【收藏单位】 甘肃省档案馆
【涉及地域】 靖远；岷县等
【关 键 词】 煤矿；矿图；砂金矿
【内容提要】
　　中中交农银行联合办事处兰州分处报送靖远县边家台柳树栏、雅雀沟、黄家窑红水沟、边沟金矿草图（0008），永登县五仙山煤矿矿图（0010），靖远县崖渠、皋兰县西湾沟金矿矿区图（0011）给甘肃省政府。甘肃省政府呈报经济部请求开采。经济部咨文甘肃省政府，令其完善手续，设定采矿权册，由甘肃省建设厅派员勘测核报经济部，并将图件赍部备查。中中交农银行联合办事处兰州分处致函甘肃省政府，请其将砂金矿权移交甘肃矿业股份有限公司，甘肃省政府随后进行洽商工作。

【叙录编号】 0324
【档案题名】
　　阿干镇煤矿管理处关于矿商唐辅臣请求开采皋兰县阿干镇小山寨华宝煤矿矿区已由矿商张清仁呈请在案致甘肃省建设厅的呈文
【发文单位】 阿干镇煤矿管理处
【收文单位】 甘肃省建设厅
【档案编号】 027-006-0411-0011
【成文时间】 1939-04
【收藏单位】 甘肃省档案馆
【涉及地域】 皋兰县
【关 键 词】 煤矿；矿区图；测量
【内容提要】
　　如题，其中附《开采华宝煤矿矿区图》（有《矿区测量簿记表》）5张，记录了煤矿分布位置和开矿点位等。

【叙录编号】 0325
【档案题名】
关于皋兰县阿干镇十塄煤矿开矿的各类图稿
【发文单位】 矿商祁煊
【收文单位】 阿干镇煤矿管理处
【档案编号】 027-006-0412-（0016-0019）
【成文时间】 1939-11
【收藏单位】 甘肃省档案馆
【涉及地域】 皋兰县
【关 键 词】 煤矿；矿区；地图
【内容提要】
　　矿商祁煊呈请试采阿干镇十塄煤矿，附《开采十塄大地煤矿矿区图》6张、《十塄大地煤矿说明书》3份（内含矿床形状构造、主要矿质等）。

【叙录编号】 0326
【档案题名】
甘肃省政府关于派员勘察会宁县窝儿沟煤矿的各类文件
【发文单位】 甘肃省政府；会宁县
【收文单位】 甘肃省建设厅；会宁县
【档案编号】 027-007-0126-（0003-0009）
【成文时间】 1930-06-27—1932-09-07
【收藏单位】 甘肃省档案馆
【涉及地域】 会宁县
【关 键 词】 窝儿沟煤矿；勘测
【内容提要】
　　甘肃省政府令甘肃省建设厅派员勘察会宁窝儿沟煤矿，甘肃省建设厅令皋兰县建设局局长高鸾前往。后者呈文甘肃省建设厅局务纷繁难以遵令，甘肃省建设厅转令会宁县建设局局长王致礼前往，王致礼呈报勘察情况，其中包括《会宁县产煤区域图》一纸。甘肃省建设厅令会宁县建设局局长就地集资开采煤矿。甘肃省政府审核开采情况并附勘察意见令甘肃省建设厅查办。

【叙录编号】 0327
【档案题名】
会宁、崇信等县政府关于报送1947年度煤矿开采情况调查表的各类文件
【发文单位】 甘肃省政府；会宁县政府等
【收文单位】 甘肃省政府；张掖县政府等
【档案编号】 027-007-0643-（0001-0012）
【成文时间】 1947-04-09—1947-06-03
【收藏单位】 甘肃省档案馆
【涉及地域】 会宁县等
【关 键 词】 煤矿开采；调查表
【内容提要】
　　崇信县、永昌县、会宁县、平凉县、固原县、张掖县政府呈报甘肃省政府1947年度煤矿开采情况调查表，并各附表1份。表头包括公司名称及矿主姓名、矿区所在地、矿区面积、煤层数及厚度、平均每月工作人数、每月平均产量等内容。甘肃省政府对其准予汇办。

【叙录编号】 0328
【档案题名】
甘肃省建设厅、会宁县政府关于开采松树岔煤矿请拨款补助的往来文件
【发文单位】 甘肃省建设厅；会宁县政府
【收文单位】 甘肃省建设厅；会宁县政府
【档案编号】 027-007-0643-（0018-0019）
【成文时间】 1945-01-05—1945-01-08
【收藏单位】 甘肃省档案馆
【涉及地域】 会宁县
【关 键 词】 松树岔煤矿；拨款
【内容提要】
　　会宁县政府就拟开采松树岔煤矿情况呈文甘肃省建设厅，请拨款补助。甘肃省建设厅回文令其详查松树岔煤矿面积大小、开采地点及

实在情形具复，并检寄矿苗1公斤赍厅查办，以凭核转。

【叙录编号】 0329
【档案题名】
　　甘肃省建设厅关于查明阳坬山及阴坬岭子煤矿情形承租给何永兴等民的文件
【发文单位】 何永兴；甘肃省建设厅等
【收文单位】 赵东娃子；魏元佐等
【档案编号】 027-008-0057
【成文时间】 1934-10-30—1935-01-09
【收藏单位】 甘肃省档案馆
【涉及地域】 阿干镇
【关 键 词】 阳坬山；阴坬岭子；煤矿
【内容提要】
　　何永兴、赵东娃子呈文甘肃省建设厅申请承租阳坬山及阴坬岭子煤矿，甘肃省建设厅回文令阿甘镇矿区稽查员魏元佐先行查明情况再行核办。魏元佐呈文甘肃省建设厅附近煤矿与煤洞并无妨碍，每月1元租金。甘肃省建设厅回文知悉并令二人速来厅填造租约。二人呈文报送租约，甘肃省建设厅回文准予备查并令魏元佐按月收取租金。

【叙录编号】 0330
【档案题名】
　　皋兰县于松年关于煤洞运租的各类文件
【发文单位】 皋兰县于松年；矿区稽查员魏元佐等
【收文单位】 皋兰县于松年；甘肃省建设厅等
【档案编号】 027-008-0081
【成文时间】 1933-12-23—1935-05-28
【收藏单位】 甘肃省档案馆
【涉及地域】 皋兰县
【关 键 词】 水灾；减租；煤洞
【内容提要】
　　皋兰县于松年呈文甘肃省建设厅申请派员绘图发给矿照，甘肃省建设厅回文派员查明后再行办理。因水灾冲毁煤洞请减租，甘肃省建设厅回文已令矿区稽查员魏元佐核办。魏元佐呈文甘肃省建设厅核实确当减免租金。甘肃省建设厅令魏元佐布告于松年减免租金事宜。后其呈文甘肃省建设厅因被水冲垮煤洞请求退租，令魏元佐查明欠租情况，令其1935年5月底退租并缴清所欠煤租给魏元佐。

【叙录编号】 0331
【档案题名】
　　皋兰县王殿魁关于煤洞发生火险请减租退租的各类文件
【发文单位】 矿区稽查员魏元佐；皋兰县王殿魁等
【收文单位】 矿区稽查员魏元佐；甘肃省建设厅等
【档案编号】 027-008-0082
【成文时间】 1934-11-19—1935-08-06
【收藏单位】 甘肃省档案馆
【涉及地域】 皋兰县
【关 键 词】 火险；煤洞；减租退租
【内容提要】
　　皋兰县王殿魁因煤洞发生火险呈文甘肃省建设厅请减租退租。甘肃省建设厅令魏元佐查明呈报，自1934年12月起减租1元。后请退租，甘肃省建设厅令魏元佐查勘退减租金情况，布告清缴所欠煤租给魏元佐。

【叙录编号】 0332
【档案题名】
　　甘肃省建设厅阿干镇煤矿管理处关于请皋兰县政府查封水羊洞、快活林洞的各类文件
【发文单位】 不详
【收文单位】 不详
【档案编号】 027-008-0143
【成文时间】 1939-07-05—1939-10-02

【收藏单位】 甘肃省档案馆
【涉及地域】 皋兰县
【关 键 词】 水羊洞；快活林洞；分洞采包
【内容提要】

甘肃省建设厅阿干镇煤矿管理处呈文皋兰县政府水羊洞、快活林洞包采手续未尽，民众在内开采不当，请查封待确权后再行开采。甘肃省建设厅回文令皋兰县政府速查清煤洞归属，皋兰县政府及阿干镇煤矿管理处查勘回报煤矿开采情况。甘肃省建设厅第三科呈甘肃省建设厅请颁两洞洞主开采执照。甘肃省建设厅令阿干镇煤矿管理处采用分洞采包方法进行开采。

【叙录编号】 0333
【档案题名】

甘肃水泥股份有限公司同西北公路管理处关于开采各类石料的相关文件
【发文单位】 甘肃水泥股份有限公司；甘肃省建设厅等
【收文单位】 甘肃水泥股份有限公司；甘肃省政府等
【档案编号】 027-008-0168
【成文时间】 1941-07-23—1942-03-14
【收藏单位】 甘肃省档案馆
【涉及地域】 榆中县
【关 键 词】 石灰石；采石；长石
【内容提要】

甘肃水泥股份有限公司呈文甘肃省政府关于报送西北公路管理处所称不让开采窑街水泥厂所需石灰石一事毫无事实依据，实为产量所限难以拨划。甘肃省政府致函西北公路管理处无需特殊拨划石灰石产地。甘肃水泥股份有限公司派员赴榆中开采长石、萤石令当地政府协助，甘肃省建设厅转呈甘肃省政府。

【叙录编号】 0334
【档案题名】

甘肃省建设厅关于勘探、开采、运输炭山沟煤矿、陇西煤矿的各类文件
【发文单位】 甘肃省建设厅；会宁县杨斌儒等
【收文单位】 甘肃省建设厅；会宁县杨斌儒等
【档案编号】 027-008-0221-0222
【成文时间】 1938-10-17—1939-07-07
【收藏单位】 甘肃省档案馆
【涉及地域】 会宁县；皋兰县；陇西县
【关 键 词】 炭山沟煤矿；勘探；陇西煤矿
【内容提要】

会宁县民杨斌儒呈文甘肃省政府请领开采会宁炭山沟煤矿矿照，附采煤矿计划1份、矿区略图1张。甘肃省建设厅职员亦将此事签呈甘肃省政府，甘肃省政府回文令其重新绘制详图、缴纳矿区税、备具矿床说明书等。杨斌儒呈文甘肃省政府报送筹备开采炭山沟煤矿资本情况请备案，甘肃省政府回文同意试采。甘肃省建设厅职员陈昊呈文甘肃省政府拟派张守范勘察会宁炭山沟煤矿令阿干镇煤矿管理处配合，令华宁公路测量队选派人员协助，令会宁县政府协助。阿干镇煤矿管理处呈文甘肃省建设厅请会宁县政府协助并保护张守范勘测，甘肃省建设厅回文已令会宁县政府协助。阿干镇煤矿管理处呈文甘肃省建设厅报送张守范勘察情况，甘肃省建设厅回文再派人详细勘探。含会宁县炭山沟煤矿调查报告、会宁县炭山沟煤矿路线图各1份。甘肃师管区司令部蔡呈祥函请甘肃省建设厅厅长李世军派人勘察陇西煤矿，甘肃省建设厅第三科呈请仍派张守范会同技师王永焱前往。

【叙录编号】 0335
【档案题名】

甘肃省建设厅关于判决会宁县松树岔煤矿官办或商办的往来文件

【发文单位】 会宁县政府；甘肃省政府
【收文单位】 会宁县政府；甘肃省政府
【档案编号】 027-008-0222
【成文时间】 1939-07-19—1939-07-25
【收藏单位】 甘肃省档案馆
【涉及地域】 会宁县
【关 键 词】 松树岔煤矿；官办商办
【内容提要】
　　会宁县政府呈请本县松树岔煤矿官办或商办，甘肃省政府回文待派员勘探后再行决定。

【叙录编号】 0336
【档案题名】
　　罐子峡煤矿股份有限公司设立及组织登记的各类文件
【发文单位】 甘肃省政府；经济部等
【收文单位】 甘肃省政府；甘肃省建设厅等
【档案编号】 027-008-0226；027-008-0314
【成文时间】 1947；1943
【收藏单位】 甘肃省档案馆
【涉及地域】 会宁县
【关 键 词】 罐子峡煤矿；土地明细表
【内容提要】
　　甘肃省政府转送罐子峡煤矿股份有限公司设立登记文件致函经济部，甘肃省建设厅呈请转送，经济部回文登记核示。含罐子峡煤矿股份有限公司设立登记申请书及公司章程、股东名册及营业概算书、选任董事及监察人名册、股款缴足证明书、登记事项表。另有甘肃矿业公司静宁罐子峡矿厂用品盘存明细表、土地明细表、房产设备明细表、库存材料年报表、资产负债平衡表等。

【叙录编号】 0337
【档案题名】
　　甘肃省建设厅关于阿干镇煤矿承租开采的各类文件
【发文单位】 不详
【收文单位】 不详
【档案编号】 027-008-0229
【成文时间】 不详
【收藏单位】 甘肃省档案馆
【涉及地域】 不详
【关 键 词】 承租开采；阿干镇
【内容提要】
　　暂缺。

【叙录编号】 0338
【档案题名】
　　阿干镇煤矿管理处关于请求免除购买华邦翰土地田赋、矿厂地基田赋的各类文件
【发文单位】 阿干镇煤矿管理处经理王维恒；甘肃省田赋粮食管理处等
【收文单位】 阿干镇煤矿管理处；甘肃省建设厅等
【档案编号】 027-008-0239
【成文时间】
　　1941-12-16—1942-03-24；
　　1943-10-14—1943-11-26
【收藏单位】 甘肃省档案馆
【涉及地域】 阿干镇
【关 键 词】 阿干镇煤矿；田赋
【内容提要】
　　阿干镇煤矿管理处经理王维恒呈文甘肃省建设厅请求免除购买华邦翰土地田赋，甘肃省建设厅致函省田赋粮食管理处请免除所购土地田赋。省田赋粮食管理处致函甘肃省建设厅询问该地是否为营利性质，甘肃省建设厅回文否定。省田赋粮食管理处回函准予免除，甘肃省建设厅令阿干镇煤矿管理处知照。甘肃省建设厅又致函省田赋粮食管理处请豁免矿厂地基田应纳田赋，省田赋粮食管理处回复此地年有收益，不应免赋。

【叙录编号】 0339

【档案题名】

经济部督促各矿业产权者依法组织煤矿业公会的各类文件

【发文单位】 经济部；皋兰县政府等

【收文单位】 甘肃省政府；皋兰县政府等

【档案编号】 027-008-0362

【成文时间】 1942-03-16—1944-09-25

【收藏单位】 甘肃省档案馆

【涉及地域】 皋兰县；华亭县

【关 键 词】 矿权；煤矿业公会

【内容提要】

经济部咨文甘肃省政府令其督促省属各矿业权者依法组织煤矿业公会，附区域说明书，公会事务所所在地说明书、同意书及同业煤矿名册，甘肃省政府令皋兰县政府及各县政府依法督促组织煤矿业。靖远县呈文煤矿较少无法组织，甘肃省政府回文准予备查。崇信县政府呈文难以成立，甘肃省政府回文同华亭县联合组织。临泽县报告待各矿商设立矿权后再成立公会，甘肃省政府回文准予。

【叙录编号】 0340

【档案题名】

黄石坪矿产

【发文单位】 张钱生；甘肃省政府等

【收文单位】 甘肃省政府；榆中县政府等

【档案编号】 027-008-0506-（0002-0003）

【成文时间】 1936-04-02—1936-04-08

【收藏单位】 甘肃省档案馆

【涉及地域】 榆中县

【关 键 词】 金家崖；黄石坪矿产；化验矿苗

【内容提要】

甘肃张钱生等金家崖矿工呈甘肃省政府请开采黄石坪金银各矿，附信封1件。甘肃省政府回文令榆中县采取矿苗化验后再行核办。

【叙录编号】 0341

【档案题名】

顾万兆等人试办煤矿的各类文件

【发文单位】 张雄伯、顾万兆、周廷礼等5人；甘肃省建设厅

【收文单位】 张雄伯、顾万兆、周廷礼等5人；甘肃省建设厅

【档案编号】 027-008-0507

【成文时间】

1934-04-01—1934-10-24；
1934-10-15—1934-12-18

【收藏单位】 甘肃省档案馆

【涉及地域】 会宁县

【关 键 词】 试办煤矿；采矿执照

【内容提要】

会宁县民人顾万兆、张雄伯、周廷礼等人呈文甘肃省建设厅请试办煤矿恳请准予立案。甘肃省建设厅令会宁县政府调查响泉村矿区面积并依照小矿业采矿办法办执照给顾万兆等人。会宁县呈报情况附草图1份，甘肃省建设厅令县政府详报测绘矿图并布告顾万兆等人。会宁县政府呈报甘肃省政府试办大水头一带煤矿已由聂振轩详查上报，甘肃省建设厅回文令顾万兆等人依手续办理开办事宜报县转送。

【叙录编号】 0342

【档案题名】

阿干镇煤矿管理处相关文件

【发文单位】 甘肃省建设厅；阿干镇煤矿管理处等

【收文单位】 甘肃省建设厅；阿干镇煤矿管理处等

【档案编号】 027-008-0530

【成文时间】 1938—1939

【收藏单位】 甘肃省档案馆

【涉及地域】 阿干镇

【关 键 词】 煤洞管理；煤田整理；矿业扶

助；矿权

【内容提要】

其中包括：阿干镇煤矿管理处令各矿主上报领照级开采情况呈文甘肃省建设厅，甘肃省建设厅呈甘肃省政府拟废止租洞及引导依法管理办法，并根据办法令阿干镇煤矿管理处对矿工进行扶助调剂。对租期已满的煤洞停采，调查民人白成仓申请恢复矿权，发放煤洞探采租约给民人。甘肃省建设厅上报煤田整理及工业卫生实施计划给甘肃省政府等。甘肃省政府对甘肃煤矿局呈报阿干镇高岭沟矿井内发生白烟原因及善后办法准予存转、调查，高岭沟煤矿经理对矿道设法修理；甘肃省政府呈送阿干镇煤田地质构造及煤田分布图。

【叙录编号】 0343

【档案题名】

阿干镇煤矿管理处各报表

【发文单位】 甘肃省建设厅；阿干镇煤矿管理处

【收文单位】 甘肃省建设厅

【档案编号】 027-008-0540

【成文时间】 1942-01-15—1942-02-06

【收藏单位】 甘肃省档案馆

【涉及地域】 皋兰县

【关 键 词】 矿洞；产售煤炭

【内容提要】

皋兰县阿干镇煤炭两山各矿区洞调查一览表，表头包括：煤矿地点、洞口字号、经理姓名、开采年间、资本数目、每日产量数。1941年度上半年产售煤炭及收支盈余款项数目表。

【叙录编号】 0344

【档案题名】

甘肃学院关于申请皋兰县政府暂勿查封煤洞洼煤洞致甘肃省政府的函

【发文单位】 甘肃学院

【收文单位】 甘肃省政府

【档案编号】 027-008-0574

【成文时间】 1944-06-21

【收藏单位】 甘肃省档案馆

【涉及地域】 皋兰县

【关 键 词】 煤洞；开采煤矿；采煤纠纷

【内容提要】

请与煤矿局协商后再行处理，以期和平解决问题。

【叙录编号】 0345

【档案题名】

阿干镇煤矿管理处关于报送矿工免役事宜的各类文件

【发文单位】 甘肃省建设厅；阿干镇煤矿管理处等

【收文单位】 甘肃省建设厅；第八战区司令长官司令部等

【档案编号】 027-008-0607

【成文时间】 1939-12—1940-04

【收藏单位】 甘肃省档案馆

【涉及地域】 皋兰县

【关 键 词】 矿工免役；矿区图

【内容提要】

阿干镇煤矿管理处报送甘肃省建设厅矿工免役清册并通知皋兰县政府备查，甘肃省建设厅送阿干镇矿塘土巷煤洞平面图致甘肃省政府。皋兰县煤山矿工崔恭等人呈文甘肃省建设厅正值征兵请免役，甘肃省建设厅呈文第八战区司令长官司令部，后者呈文甘肃省军管区办理。

【叙录编号】 0346

【档案题名】

关于提取煤渣铺路

【发文单位】 甘肃水利林牧公司；兰州电厂

【收文单位】 兰州电厂；甘肃水利林牧公司

【档案编号】 039-001-0006-（0018-0019）
【成文时间】 1945-04-18—1945-04-20
【收藏单位】 甘肃省档案馆
【涉及地域】 甘肃省
【关 键 词】 煤渣铺路
【内容提要】
　　甘肃水利林牧公司、兰州电厂关于提取煤渣铺路的公文往来。

【叙录编号】 0347
【档案题名】
　　甘肃省政府、靖远县政府、宝积山煤矿公司就处罚私贩运甲种矿产品，改善盐运，军车装运商品须带执照、货单，军用煤短价等事项的训令、呈
【发文单位】 甘肃省政府；靖远县宝积山煤矿公司王智等
【收文单位】 靖远县政府
【档案编号】 08-A6-359
【成文时间】 1941—1942
【收藏单位】 白银市档案馆
【涉及地域】 靖远县
【关 键 词】 矿产；煤价
【内容提要】
　　如题。

【叙录编号】 0348
【档案题名】
　　关于派三滩乡拉运煤炭的训令
【发文单位】 靖远县政府
【收文单位】 三滩乡公所
【档案编号】
　　08-A7-314-（0001、0018-0043）
【成文时间】 1944-05—1944-10
【收藏单位】 白银市档案馆
【涉及地域】 靖远县
【关 键 词】 运煤
【内容提要】
　　除靖远县政府派遣三滩乡运送煤炭之外，另有靖远县警察队于民国三十三年（1944）6月14日发布的《关于委托代雇大车拉煤的公函》以及靖远县政府对上文的训令。

【叙录编号】 0349
【档案题名】
　　甘肃无线电台（第十二分台）、靖远看守所等关于派人拉运煤炭、要求雇车的报告、呈
【发文单位】 甘肃无线电台（第十二分台）；靖远司法处看守所及附设监狱
【收文单位】 靖远县县长
【档案编号】 08-A7-331
【成文时间】 1944—1945
【收藏单位】 白银市档案馆
【涉及地域】 靖远县
【关 键 词】 煤炭
【内容提要】
　　甘肃无线电台（第十二分台）和靖远看守所由于天气严寒无法工作，请求县政府派人拉运煤炭、要求雇车的报告。

【叙录编号】 0350
【档案题名】
　　关于随时报送搜集的废铜烂铁的训令
【发文单位】 靖远县教育局
【收文单位】 糜滩学校校长何维华
【档案编号】 08-A8-034-015
【成文时间】 1938-02-26
【收藏单位】 白银市档案馆
【涉及地域】 靖远县
【关 键 词】 金属回收
【内容提要】
　　如题。

【叙录编号】 0351
【档案题名】
　　靖远县政府等雇车辆运煤炭及第八战区司令长官司令部招雇骆骡的公函、代电
【发文单位】 蒋国安；康维祺等
【收文单位】 靖远县政府；东湾乡公所等
【档案编号】 08-A8-239-（0001-0006）
【成文时间】 1936-09—1936-10
【收藏单位】 白银市档案馆
【涉及地域】 靖远县
【关 键 词】 运煤
【内容提要】
　　民国二十五年（1936）9月，警佐康维祺呈文靖远县政府希望其提供煤砖以供使用，以及靖远县政府关于大芦公所雇佣马车运送煤炭的训令，同年10月另有蒋国安关于靖远县政府拉煤炭若干的呈文和靖远县政府关于东湾乡和糜滩乡公所雇佣车马运送煤炭的训令。

三、土地资源开发类档案

【叙录编号】 0352
【档案题名】
　　关于清丈土地并成立清丈土地委员会的各类文件
【发文单位】 甘肃省政府；兰州市清丈土地纠纷公断委员会等
【收文单位】 甘肃省政府；兰州市清丈土地纠纷公断委员会等
【档案编号】 015-005-0182-（0002-0017）
【成文时间】 1934-04-02—1934-08-09
【收藏单位】 甘肃省档案馆
【涉及地域】 甘肃各县
【关 键 词】 清丈土地；兰州市清丈土地纠纷公断委员会
【内容提要】
　　甘肃省政府下发委员长督促各厅各县加紧清丈土地的训令。甘肃省民政厅会同建设、财政厅合议，制订初步工作计划及实施步骤上报甘肃省政府。具体涉及修筑兰州至酒泉一带的道路、在行政区域先行清丈、请示成立兰州市清丈土地纠纷公断委员会，并会同甘肃省土地测量局查明清丈土地实施程序部分规定的办理内容。甘肃省政府转呈蒋介石批示，并知照民政厅，民政厅咨文其他二厅知照。民政厅赍兰州市清丈土地纠纷公断委员会组织章程，请示遵。附《兰州市清丈土地纠纷公断委员会组织章程》1份，其中包括委员会组织设置、财务分配、经费划拨等13条内容。甘肃省政府回文此事已提交省务会议审核通过，令其遵办。甘肃省政府制定并公布《兰州市清丈土地纠纷公断委员会组织章程》，令各厅遵办。民政厅致函甘肃省土地测量局，请其按照其中规定第三、四、五项进行办理。兰州市清丈土地纠纷公断委员会呈文8月1日成立并启用关防。

【叙录编号】 0353
【档案题名】
　　据甘肃省土地测量局呈赍兰州市地籍测图实施计划16条请示遵一案仰核议复夺的训令，

附原计划书1份

【发文单位】 甘肃省政府
【收文单位】 甘肃省民政厅
【档案编号】 015-005-0182-0018
【成文时间】 1934-08-03
【收藏单位】 甘肃省档案馆
【涉及地域】 兰州市
【关 键 词】 地籍测图
【内容提要】

　　如题，甘肃省政府就兰州市地籍测量一事训令甘肃省民政厅，拟具计划大纲16条令其遵照，并详细核议具复。附《兰州市地籍测图实施之计划》1份，其中包括：测量区域及类型；工作准备；工作完成期限；工资发放；地籍图制图细则；差旅费发放；徇私舞弊处罚等16条内容。

【叙录编号】 0354
【档案题名】
　　皋兰县耕地面积调查
【发文单位】 甘肃省民政厅；皋兰县政府
【收文单位】 甘肃省民政厅；皋兰县政府
【档案编号】 015-005-0191-（0015-0016）
【成文时间】 1935-01-15—1935-01-18
【收藏单位】 甘肃省档案馆
【涉及地域】 皋兰县
【关 键 词】 土地清算；耕地亩数；测绘
【内容提要】

　　皋兰县政府呈文本县总计面积35096方里，内计有耕地538362.73亩，数据为光绪年间清丈，请厅鉴核。甘肃省民政厅回文知照并汇转。

【叙录编号】 0355
【档案题名】
　　皋兰县政府呈甘肃省政府、甘肃省民政厅复参酌地方情形研究土地法签具意见请核办的文件
【发文单位】 甘肃省民政厅；皋兰县政府
【收文单位】 甘肃省民政厅；皋兰县政府
【档案编号】 015-006-0318-（0007-0010）
【成文时间】 1936-02-10—1937-08-02
【收藏单位】 甘肃省档案馆
【涉及地域】 皋兰县
【关 键 词】 土地法；土地实施法；修正
【内容提要】

　　皋兰县政府就土地法参酌地方实际情形详细研究，根据本县情形修订意见3点，请甘肃省民政厅及甘肃省政府鉴核。附签呈1件，其中包括对土地法第2章第8条、第10条、第11条的更改。甘肃省民政厅回文符合实际情形，准予更改。甘肃省政府回文3点意见尚不无见地，仰候汇转呈报。

【叙录编号】 0356
【档案题名】
　　定西县政府就登记土地困难情形与甘肃省民政厅的往来文件
【发文单位】 定西县政府；甘肃省民政厅
【收文单位】 定西县政府；甘肃省民政厅
【档案编号】 015-006-0318-（0019-0020）
【成文时间】 1936-03-19—1936-03-20
【收藏单位】 甘肃省档案馆
【涉及地域】 定西县
【关 键 词】 土地法；土地实施法；修正
【内容提要】

　　定西县政府就土地法意见签具一事呈文甘肃省民政厅，称地方动乱、地亩变更紊乱、人才经济均有困难，呈请甘肃省民政厅委派专员协助指导，进行清算。甘肃省民政厅回文准予存候办理。

【叙录编号】 0357
【档案题名】
　　皋兰县政府报本年四乡夏秋禾滋长情形请鉴核的呈文
【发文单位】 皋兰县政府
【收文单位】 甘肃省民政厅
【档案编号】 015-006-0338-0010
【成文时间】 1935-06-05
【收藏单位】 甘肃省档案馆
【涉及地域】 皋兰县
【关 键 词】 夏秋禾；滋长；收成分数
【内容提要】
　　皋兰县政府呈报本县东南西北四乡水地、旱地夏禾麦豆滋长情形，以及早秋糜谷出土情形。

【叙录编号】 0358
【档案题名】
　　拟订兰州市区地价估计办法草案的各类文件
【发文单位】 甘肃省政府；陆亭林
【收文单位】 甘肃省政府；兰州市区土地登记处
【档案编号】 015-008-0302-（0002-0003）
【成文时间】 1940-06—1940-09
【收藏单位】 甘肃省档案馆
【涉及地域】 兰州市
【关 键 词】 地价；土地登记
【内容提要】
　　兰州市区土地登记处主任陆亭林呈文甘肃省民政厅，拟具兰州市区地价估计办法草案15条，请厅鉴核示遵。甘肃省民政厅厅长签呈甘肃省政府主席，将其计划扩展至甘肃省各县市局。附《甘肃省各城市县局估计地价办法》1份，涉及地价划分标准、街巷两旁土地深度确定、土地登记、地价重估等18条内容。（0003）甘肃省政府就兰州市区土地登记处呈赍的兰州市区地价估计办法草案15条予以回文，令其结合新的全省各县市局估计地价办法实施。发还兰州市区地价估计办法草案1份，并抄发《甘肃省各城市县局估计地价办法》5份。（0002）后附修订甘肃省各城市县局估计地价办法方案1份，包括20条涉及名称、条目次序的更改。

【叙录编号】 0359
【档案题名】
　　甘肃省参议会关于拟送在靖远、会宁两县交界屈吴山设立示范牧场并设立皮革工厂决议案致甘肃省政府的咨文
【发文单位】 甘肃省参议会
【收文单位】 靖远县政府；会宁县政府
【档案编号】 027-001-0059-0001
【成文时间】 1946-11-09
【收藏单位】 甘肃省档案馆
【涉及地域】 靖远县；会宁县
【关 键 词】 示范牧场；皮革厂
【内容提要】
　　甘肃省参议会参议员何保萃等提案，靖远、会宁两县交界屈吴山为天然草原，其优良不下于山丹、永昌等地，建议在该处设立示范牧场及皮革工厂，以改良羊毛、羊皮产销。后附原议案1件。

【叙录编号】 0360
【档案题名】
　　兰州西北中学关于请求将小西湖北边苗圃划为本校校址致甘肃省建设厅的呈文，附平面图1份
【发文单位】 兰州西北中学
【收文单位】 甘肃省建设厅
【档案编号】
　　027-001-0283-（0001-0013）；
　　027-001-0284-（0001-0010）；

027-001-0285－（0001-0021）；
027-001-0286－（0001-0008）
【成文时间】　1939-07-26—1940-04-10
【收藏单位】　甘肃省档案馆
【涉及地域】　兰州市
【关 键 词】　小西湖；苗圃；校址
【内容提要】

如题。含《兰州西北中学校图说》1张。甘肃省建设厅派人与空军第一司令部协商小西湖苗圃土地事宜。甘肃省政府要求甘肃省农业改进所迁移苗圃，甘肃省农业改进所要求空军司令部支付迁移费用，附有《苗圃平面图》3张及工程图。甘肃学院、空军司令部签订小西湖苗圃土地租赁合同。

【叙录编号】　0361
【档案题名】

甘肃省政府等关于创办农场、修建学校、申领荒地的各类文件
【发文单位】　甘肃省政府
【收文单位】　中国生产促进会；甘肃省建设厅
【档案编号】　027-003-0227
【成文时间】

1945-09-13；1945-09-17；1945-09-18
【收藏单位】　甘肃省档案馆
【涉及地域】　榆中县；皋兰县
【关 键 词】　农场；中心学校；荒地
【内容提要】

甘肃省政府致电中国生产促进会，准备在凉州、永昌两地拨荒地创办农场。榆中县兴隆乡郑永福拟取兴隆山枯木修建中心学校，甘肃省政府批准。甘肃省政府就郭振邦申领荒地一事给皋兰县政府下达训令。各县办理整理土地事业费用。

【叙录编号】　0362
【档案题名】

甘肃省政府、甘肃省农业改进所关于张家寺农场出售土地及收购一事的文件
【发文单位】　甘肃省建设厅；甘肃省农业改进所
【收文单位】　皋兰县
【档案编号】

027-005-0003－（0001-0015）；
027-005-0004－（0001-0012）
【成文时间】　1942-01-20—1942-06-20
【收藏单位】　甘肃省档案馆
【涉及地域】　皋兰县
【关 键 词】　张家寺；收购
【内容提要】

甘肃省农业改进所上报勘测张家寺本所农场总地图，该所所在雁滩因黄河冲刷不能发展试验，选定张家寺作为新地。甘肃省政府讨论甘肃省农业改进所购买皋兰县张家寺清沟滩，甘肃省农业改进所上报价格，附有《甘肃省农业改进所收购民田二百亩（张家寺青沟滩）地亩》，后有地亩面积统计表，甘肃省政府最终回令准予收购，区内居民免征军粮。

【叙录编号】　0363
【档案题名】

甘肃省农业改进所关于西北毛纺厂坐落北庙滩子苗圃土地转移登记手续的指令、呈文与公函
【发文单位】　甘肃省建设厅；甘肃省农业改进所
【收文单位】　皋兰县
【档案编号】　027-005-0005－（0001-0018）
【成文时间】　1943-01-17—1944-11-29
【收藏单位】　甘肃省档案馆
【涉及地域】　皋兰县
【关 键 词】　甘肃省农业改进所；北庙滩子

【内容提要】

甘肃省农业改进所与西北毛纺厂关于租用北庙滩子一事给造林委员会、甘肃省建设厅的指令、呈文，附有《租用该所庙滩子地亩蓝图》，甘肃省政府回令准予备查。

【叙录编号】 0364
【档案题名】

甘肃省政府、兰州市关于石山、土山管理办法及印章等件数的呈文、议案、签呈
【发文单位】 兰州市
【收文单位】 甘肃省建设厅
【档案编号】 027-005-0038-（0001-0013）
【成文时间】 1947-09-30—1948-12-10
【收藏单位】 甘肃省档案馆
【涉及地域】 兰州市
【关 键 词】 石山；土山
【内容提要】

甘肃省政府训令兰州市区采石各山由兰州市接管，每年徐家湾等处采石可得200多万元，附有《兰州市接管石山土山招标收费预算表》《兰州市征收石山土山使用办法》，甘肃省政府将此修改转交经济部，并请秘书处、财政厅、地政局出席讨论，甘肃省政府后同意河北石山加价。

【叙录编号】 0365
【档案题名】

甘肃省政府、兰州市关于兰州市五泉山等处现无地可拨的牌示
【发文单位】 兰州市
【收文单位】 甘肃省政府
【档案编号】 027-005-0038-（0015-0017）
【成文时间】 1948-08-17
【收藏单位】 甘肃省档案馆
【涉及地域】 兰州市
【关 键 词】 公地

【内容提要】

兰州市政府报告五泉山或红泥沟无公地可拨。

【叙录编号】 0366
【档案题名】

甘肃省政府、甘肃省建设厅关于雁滩荒地使用一事的文件
【发文单位】 兰州市
【收文单位】 甘肃省政府
【档案编号】
 027-005-0041-（0001-0014）；
 027-005-0043-（0001-0004）
【成文时间】 1932-08-30—1935-02-03
【收藏单位】 甘肃省档案馆
【涉及地域】 兰州市
【关 键 词】 公地
【内容提要】

甘肃省政府训令甘肃省建设厅拨地给甘肃学院，甘肃省建设厅咨文教育厅将雁滩荒地给甘肃农学院实习，甘肃省建设厅会同皋兰县县长查勘划拨。第一农场请求统一雁滩作为苗圃地，甘肃省建设厅布告租赁农场，王树德与王玉秀签订买卖水地合约，王树德领取水地款，王树德名下雁滩应纳粮草豁免，甘肃省政府准予备查。

【叙录编号】 0367
【档案题名】

甘肃省政府各县关于机场土地、地图一事的文件
【发文单位】 皋兰县；榆中县等
【收文单位】 甘肃省建设厅
【档案编号】
 027-005-0051-（0001-0020）；
 027-005-0052-（0001-0002、0008-0018）；
 027-005-0053-（0001-0014）；

027-005-0055-（0001-0009）
【成文时间】 1948-01-13—1948-10-05
【收藏单位】 甘肃省档案馆
【涉及地域】 甘肃省
【关 键 词】 飞机场
【内容提要】

皋兰县、庆阳县、固原县、平凉县、靖远县、榆中县、陇西县、西固县关于飞机场修建情况、机场现状一事的文件，包含《皋兰县中川村飞机场租用民地图》《皋兰县政府造具中川村飞机场租用民地发还数目清册》《固原县飞机场略图》《西固城机场略图》《东古城飞行场平面图》《靖远县飞机场略图》《陇西飞机场修筑查报表》《陇西县飞机场图》《西固城中川机场占地租金证明册》《岷县飞机场略图》《成县军用飞机场占用民地应领民国三十五年度租金数目花名册》《静宁县飞机场详图》，临夏、平凉、临洮等县报送机场租金预算及花名册，皋兰县政府报送中川机场应领租金花名册、预算书、请款书等内容，甘肃省政府转送空军总司令部。

【叙录编号】 368
【档案题名】
榆中县关于报送本县东古机场占用土地请领民国三十五年度（1946）租金花名册预算书
【发文单位】 甘肃省政府
【收文单位】 甘肃省建设厅
【档案编号】 027-005-0118-0017
【成文时间】 1947-12-09
【收藏单位】 甘肃省档案馆
【涉及地域】 榆中县
【关 键 词】 榆中县
【内容提要】

包括《榆中县发放东古城飞机场占用民地三十五年度租金数目预算书》《榆中县发放东古城飞机场占用民地请领租金花名册》《榆中县发放东古城飞机场占用民地请领租金花名清册》。

【叙录编号】 0369
【档案题名】
甘肃省建设厅、地政局关于拟准将中山林土地拨归甘肃省畜牧兽医研究所一事的代电、签呈
【发文单位】 甘肃省畜牧兽医研究所
【收文单位】 甘肃省政府
【档案编号】 027-005-0207-（0013-0014）
【成文时间】 1945-02-24—1945-02-16
【收藏单位】 甘肃省档案馆
【涉及地域】 兰州市
【关 键 词】 中山林；土地
【内容提要】

如题。

【叙录编号】 0370
【档案题名】
甘肃省政府、皋兰县政府关于私立农场登记一事的文件
【发文单位】 皋兰县
【收文单位】 甘肃省建设厅
【档案编号】 027-005-0228-（0001-0005）
【成文时间】 1941—1942
【收藏单位】 甘肃省档案馆
【涉及地域】 皋兰县
【关 键 词】 农场
【内容提要】

皋兰县政府报送甘肃省政府杨人严私立农场登记章则及计划书，甘肃省农业改进所对农场计划书应更改细节签呈甘肃省建设厅，甘肃省政府训令各私立农场按规定报送办理情况，附有《私立夹滩堡农场营业计划书》，甘肃省政府训令皋兰县与甘肃省农业改进所协商农场事宜。

【叙录编号】 0371
【档案题名】
　　甘肃省政府、皋兰县关于博达合作农场一事的文件
【发文单位】 皋兰县
【收文单位】 甘肃省建设厅
【档案编号】 027-005-0228-（0006-0015）
【成文时间】 1947-12-06—1948-05-27
【收藏单位】 甘肃省档案馆
【涉及地域】 皋兰县
【关 键 词】 农场
【内容提要】
　　皋兰县政府报送博达农场文件，附《博达农场经营计划书》（1946年10月拟）、《博达农场三十七年度收支预算书》、博达农场蓝图（1947年9月测绘）1张。农林部回令已将农场登记申请书备案。

【叙录编号】 0372
【档案题名】
　　甘肃省建设厅、甘肃省农业改进所关于湟惠渠农场土地由甘肃省农业改进所经营一事的文件
【发文单位】 甘肃省农业改进所
【收文单位】 甘肃省建设厅
【档案编号】
　　027-005-0231-（0001-0003、0013-0014）
【成文时间】 1947-09-12—1947-09-24
【收藏单位】 甘肃省档案馆
【涉及地域】 甘肃省
【关 键 词】 农场
【内容提要】
　　甘肃省农业改进所请求保留湟惠渠农场经营370亩试验土地，甘肃省建设厅签呈请示甘肃省政府，甘肃省政府同意。

【叙录编号】 0373
【档案题名】
　　皋兰县政府关于报送兰永公路改线图纸致甘肃省建设厅的代电
【发文单位】 兰州市
【收文单位】 甘肃省建设厅
【档案编号】 027-005-0411-0004
【成文时间】 1949-02-26
【收藏单位】 甘肃省档案馆
【涉及地域】 甘肃省
【关 键 词】 兰永公路
【内容提要】
　　主要文件为《兰永公路路线略图》。

【叙录编号】 0374
【档案题名】
　　甘肃省政府关于报送整修西郊道路工程示意图、草图、验收表、竣工决算表
【发文单位】 兰州市
【收文单位】 甘肃省建设厅
【档案编号】
　　027-005-0411-0020；
　　027-005-0413-0007
【成文时间】 1949-07-24
【收藏单位】 甘肃省档案馆
【涉及地域】 甘肃省
【关 键 词】 西郊道路
【内容提要】
　　包括《兰州市政府整修西郊道路工程》、《整修西郊道路平面示意图》（从西津桥至土门墩）、《整修西郊自西津桥起至土门墩止道路平面略图》、《西津桥至郑家庄迤西土门墩平面略图》。

【叙录编号】 0375
【档案题名】
　　甘肃省建设厅、甘肃省保安司令部关于报

送派人查勘兰州至永靖路线及西古城飞机场沿线情况致甘肃省政府的呈文，附兰州至永靖查勘报告及草图1份、西古城飞机场查勘报告及草图1份
【发文单位】　甘肃省建设厅
【收文单位】　甘肃省政府
【档案编号】　027-005-0412-（0001-0002）
【成文时间】　1948-01-20—1948-02-14
【收藏单位】　甘肃省档案馆
【涉及地域】　兰州市；永靖县
【关 键 词】　西古城飞机场
【内容提要】

《西古城飞机场勘察报告书》，包括飞机场现在状况、周围环境、扩充工程估计，附有《西古城飞机场附近地形图》《兰州至永靖公路勘察报告》，包括缘由、路线经过、施工意见，后有《勘察兰州至永靖公路路线地形平面图》。

【叙录编号】　0376
【档案题名】
　　皋兰县政府关于赵德生申请划拨白塔山公地致甘肃省的呈文，附地形草图1张
【发文单位】　兰州市
【收文单位】　甘肃省建设厅
【档案编号】　027-005-0667-（0012-0015）
【成文时间】　不详
【收藏单位】　甘肃省档案馆
【涉及地域】　兰州市
【关 键 词】　白塔山
【内容提要】

包含《兰州河北白塔山因堆矿建炉等项使用公地图》，赵德生申请。《兰州河北白塔山东边烧盐沟因堆矿建炉等项使用公地图》2张。

【叙录编号】　0377
【档案题名】
　　甘肃省政府关于要求永靖县县长彻查苗圃主任张涵深破坏苗圃给县的训令
【发文单位】　甘肃省建设厅
【收文单位】　永靖县政府
【档案编号】　027-007-0024-0018
【成文时间】　1943-11-29
【收藏单位】　甘肃省档案馆
【涉及地域】　永靖县
【关 键 词】　苗圃；管理
【内容提要】

如题，乡民举报苗圃主任摧残苗圃，甘肃省政府令县政府彻查。

【叙录编号】　0378
【档案题名】
　　甘肃省建设厅关于拨借中山林公地以便修建中央地质调查所西北分所的各类文件
【发文单位】　甘肃省政府；中央地质调查所西北分所
【收文单位】　甘肃省政府；中央地质调查所西北分所等
【档案编号】　027-008-0029
【成文时间】　1946-09-03—1946-09-04
【收藏单位】　甘肃省档案馆
【涉及地域】　兰州市
【关 键 词】　中山林；公地
【内容提要】

中央地质调查所西北分所代电甘肃省政府尽快转知市政府拨借中山林公地以便修建新所，甘肃省政府回文已训令市政府速办并函转中央地质调查所西北分所知照。

【叙录编号】　0379
【档案题名】
　　甘肃省政府关于详报靖远县拨用官荒土地用于造林日期、亩数给靖远县政府的指令
【发文单位】　甘肃省政府
【收文单位】　靖远县政府

【档案编号】 027-008-0574
【成文时间】 1943-11-24
【收藏单位】 甘肃省档案馆
【涉及地域】 靖远县
【关 键 词】 造林；官荒土地
【内容提要】
　　如题。

【叙录编号】 0380
【档案题名】
　　西北盐务管理局就原萃英门庙址划为大学区一事致甘肃水利林牧公司的函
【发文单位】 财政部西北盐务管理局
【收文单位】 甘肃水利林牧公司
【档案编号】 039-001-0380-0018
【成文时间】 1946-12-19
【收藏单位】 甘肃省档案馆
【涉及地域】 兰州市
【关 键 词】 萃英门；大学区
【内容提要】
　　共1份文件，内容如题。

【叙录编号】 0381
【档案题名】
　　甘肃水利林牧公司与民众陶有珍、张进钰就佃租兰州市西郊七里河吴家园等处土地用于耕种的合约
【发文单位】 甘肃水利林牧公司；民众陶有珍、张进钰
【收文单位】 不详
【档案编号】 039-001-0458-0001
【成文时间】 1948-09-05
【收藏单位】 甘肃省档案馆
【涉及地域】 兰州市
【关 键 词】 土地租用
【内容提要】
　　共1份文件，如题。

【叙录编号】 0382
【档案题名】
　　靖远县教育局关于□□牛角道子田地拨归第五小学以作□□的呈文、指训、令
【发文单位】 靖远县政府；靖远县教育局等
【收文单位】 靖远县第五小学
【档案编号】 08-A1-019-（0001-0005）
【成文时间】 1932-06
【收藏单位】 白银市档案馆
【涉及地域】 靖远县
【关 键 词】 划归土地
【内容提要】
　　如题。

【叙录编号】 0383
【档案题名】
　　靖远县参议会、靖远县政府、靖远县田赋粮食管理处、城关镇公所关于复查更正土地，派员协办清交田赋军公粮、土地公告，送交军粮，征发公教食粮的通知、代电、训令、命令
【发文单位】 靖远县田赋粮食管理处；靖远县政府等
【收文单位】 城关镇公所
【档案编号】 08-A1-330
【成文时间】 1944
【收藏单位】 白银市档案馆
【涉及地域】 靖远县
【关 键 词】 田赋；土地
【内容提要】
　　如题。

【叙录编号】 0384
【档案题名】
　　靖远县政府、城关镇关于催交员工食粮、公粮配借、赋粮征赋、籽种贷放、救济办法、补修公路、修理校舍等的命令、指令、代电
【发文单位】 靖远县政府

【收文单位】 城关镇公所
【档案编号】 08-A2-237
【成文时间】 1948
【收藏单位】 白银市档案馆
【涉及地域】 靖远县
【关 键 词】 粮食；救济；补修公路；修理校舍
【内容提要】
　　该县关于催交自卫队及保校食粮以顾军需、催交配借公粮、城关各保应征田赋数额、催交田赋以维军食、依照保自助办法办理救济具报、各贷款合作社依限交还小麦、依限交纳籽种、农行催交农耕籽种贷款、推行二五减租、派员分赴各保坐催、严惩欠赋乡长、筹募冬赈款物及时发放救济、派工修筑学校以利教学、秋季植树造林数目具报、派民工修补辖境公路等事务。

【叙录编号】 0385
【档案题名】
　　靖远县政府、城关镇公所关于借发食粮报结、镇公所员工名册、办公费食粮补助、催纳赋粮、食粮清册、折发代分的训令、呈文
【发文单位】 靖远县政府
【收文单位】 靖远县各镇
【档案编号】 08-A2-238
【成文时间】 1948
【收藏单位】 白银市档案馆
【涉及地域】 靖远县
【关 键 词】 借发食粮；催纳赋粮
【内容提要】
　　该县关于分配该保应补助本所3个月员工食粮若干、分发镇卫生会人员食粮、该保应负担本镇食粮应赶赴办理、本所实发公粮清册、该保应负担本所工役补助食粮等事务。

【叙录编号】 0386
【档案题名】
　　靖远县可垦荒地及调查表、土地利用调查表
【发文单位】 甘肃省政府
【收文单位】 靖远县政府
【档案编号】 08-A4-182
【成文时间】 1941—1944
【收藏单位】 白银市档案馆
【涉及地域】 靖远县
【关 键 词】 可垦荒地；土地利用
【内容提要】
　　该县有关可垦荒地与经济状况、荒地调查表、土地利用状况及大片荒地调查表等。

【叙录编号】 0387
【档案题名】
　　靖远县依地使用地权分配租佃调查表、荒地查报表及奖励垦荒实施细则
【发文单位】 甘肃省政府
【收文单位】 靖远县政府
【档案编号】 08-A4-183
【成文时间】 1942—1944
【收藏单位】 白银市档案馆
【涉及地域】 靖远县
【关 键 词】 使用地权分配；荒地查报；奖励垦荒
【内容提要】
　　该县关于农林部协助各省垦殖机构团体经费办法、甘肃省奖励民垦实施细则、提高私垦公荒处罚标准、农地使用地权分配及租佃概况调查等。

【叙录编号】 0388
【档案题名】
　　靖远县借贷与压砂田
【发文单位】 靖远县一科；甘肃省政府

【收文单位】 农林合作委员会；靖远县政府
【档案编号】 08-A4-199
【成文时间】 1938—1944
【收藏单位】 白银市档案馆
【涉及地域】 靖远县
【关 键 词】 压砂田
【内容提要】
　　该县关于压砂田、借贷等事务。

【叙录编号】 0389
【档案题名】
　　靖远县公共工程员工销费合作社推进办法、贷款、压砂田等
【发文单位】 甘肃省政府
【收文单位】 靖远县政府
【档案编号】 08-A4-203
【成文时间】 1933—1947
【收藏单位】 白银市档案馆
【涉及地域】 靖远县
【关 键 词】 压砂田
【内容提要】
　　该县关于压砂田、公共工程员工销费合作社推进办法等事务。

【叙录编号】 0390
【档案题名】
　　靖远县政府工作报告，修建公路、招兵、税捐、军粮等问题
【发文单位】 靖远县县长
【收文单位】 甘肃省政府
【档案编号】 08-A4-205
【成文时间】 1944—1948
【收藏单位】 白银市档案馆
【涉及地域】 靖远县
【关 键 词】 修建公路
【内容提要】
　　该县关于修建公路、招兵、军粮等事务。

【叙录编号】 0391
【档案题名】
　　靖远县行政院使政报告、增加乡镇干事报告、修筑靖海公路报告
【发文单位】 甘肃省政府
【收文单位】 靖远县政府
【档案编号】 08-A4-209
【成文时间】 1948
【收藏单位】 白银市档案馆
【涉及地域】 靖远县
【关 键 词】 修筑靖海公路
【内容提要】
　　该县关于修筑靖海公路、行政院使政、增加乡镇干事等事务。

【叙录编号】 0392
【档案题名】
　　甘肃省政府、甘肃省建设厅、靖远县政府关于督促、查验兰宁公路修筑情况之训令
【发文单位】 甘肃省政府；甘肃省建设厅等
【收文单位】 靖远县政府
【档案编号】 08-A4-（534-537）
【成文时间】 1932-10—1933-03
【收藏单位】 白银市档案馆
【涉及地域】 靖远县
【关 键 词】 公路
【内容提要】
　　关于大雨冲毁公路致使大车无法通行需修筑公路，兰宁公路修筑中所存在问题，甘境公路部分段呈请略改公路线呈报书、上级有关复文以及各乡段公路工程进展情况的档案。

【叙录编号】 0393
【档案题名】
　　靖远县政府、靖远县各乡公所工务段关于修筑兰宁公路之训令及各工段有关问题呈报书
【发文单位】 兰宁公路第二公务所

【收文单位】 靖远县政府
【档案编号】 08-A4-（540-544）
【成文时间】 1943-05—1945-08
【收藏单位】 白银市档案馆
【涉及地域】 靖远县
【关 键 词】 修筑公路；征用民工
【内容提要】
  该县甘境工程处关于征用民工筑路办法、名额分配、会议记录、规划意见，甘境工程处有关兰宁公路之训令及工段呈报书、有关兰宁公路修筑之训令及民工呈报书、修筑兰宁公路之训令及各段修筑情况呈报书。

【叙录编号】 0394
【档案题名】
  靖远县乡社佃户恳祈减少学田粮呈奉书、学粮交付收据等
【发文单位】 靖远县农民
【收文单位】 靖远县县长
【档案编号】 08-A5-044-001
【成文时间】 1945-04
【收藏单位】 白银市档案馆
【涉及地域】 靖远县
【关 键 词】 请求少征
【内容提要】
  靖远县公田租种农民上报县长称，民国三十二年（1943）前任郝县长将公产租改为征收实物，加重百姓负担。民国三十三年（1944）更加斤数，农民以砂地收成不断下降、难以为继为由，请求降低征收数量。

【叙录编号】 0395
【档案题名】
  甘肃省政府、靖远县政府关于抄发修正民国三十年（1941）粮食库券条例、淤化压砂、提高粮产、填报粮食调查员建立册及提前征粮的训令、电、呈

【发文单位】 靖远县政府；甘肃省政府
【收文单位】 靖远县政府
【档案编号】 08-A6-463
【成文时间】 1932-03-02—1942-08-09
【收藏单位】 白银市档案馆
【涉及地域】 靖远县
【关 键 词】 淤化压砂
【内容提要】
  如题。另：仅靖远县政府要求提前征粮的训令时间为民国二十一年（1932），剩余条目如甘肃省政府要求奖励淤化压砂提高粮产的训令等均为民国三十年（1941）至三十一年（1942）发布。

【叙录编号】 0396
【档案题名】
  甘肃省政府、甘肃省合作工业处、靖远县政府关于改良土地、增加生产、各合作社年终决算、申请成立靖丰合作农场、银行对各地建设优先贷款的训令、通令、呈文
【发文单位】 靖远县东湾乡民魏子书；靖远县县长等
【收文单位】 靖远县县长；砂果上土地信用合作社
【档案编号】 08-A6-492-（0001-0003）
【成文时间】 1943
【收藏单位】 白银市档案馆
【涉及地域】 靖远县
【关 键 词】 防盗砂地
【内容提要】
  东湾乡第四保乡民魏子书等上报县长称，为改良土地、增加生产，请求县政府注重对于砂地的保护，防止其被恶霸霸占或盗窃。靖远县县长回函表示将对其加以防止、限制。

【叙录编号】 0397
【档案题名】
四十二兵站部协同八十一军海原县整修海靖公路卷
【发文单位】 联合勤务总司令部第四十二兵站支部；联合勤务总司令部第八补给区司令部等
【收文单位】 海原县政府；靖远县政府等
【档案编号】 08-A7-440
【成文时间】 1949
【收藏单位】 白银市档案馆
【涉及地域】 靖远县；海原县
【关 键 词】 整修公路
【内容提要】
此档案为联合勤务总司令部第四十二兵站支部等单位整修海靖公路的案卷。

【叙录编号】 0398
【档案题名】
靖远县土地资源开发管理的大宗连续案卷
【发文单位】 靖远县政府
【收文单位】 不详
【档案编号】 08-A8-（261-298）
【成文时间】 1942—1946
【收藏单位】 白银市档案馆
【涉及地域】 靖远县
【关 键 词】 土地管业执照；地籍调查表

【内容提要】
此部分案卷主要涉及土地管业执照存根、卖地契约、征收工车费数目登记簿、土地复查更正申请书、靖远县城区城关镇地籍调查簿、征收田赋收据、靖远县城区城关镇面积计算簿等各类表格与契约，其中大宗为靖远县各保的土地管业执照存根。

【叙录编号】 0399
【档案题名】
景泰县大安乡第八保办公处收文发令簿及皋兰县某人卖地记载
【发文单位】 财政部西北盐务管理局
【收文单位】 财政部西北区一条山盐场公署
【档案编号】 10-A1-247
【成文时间】 1941-03—1941-08
【收藏单位】 白银市档案馆
【涉及地域】 大安乡
【关 键 词】 土地买卖；地契
【内容提要】
其中包括骑兵第七师豆料、谷草应摊情况，该保军骡应摊情况，骑警用麸料、麦草分配摊额情况，石拐子来往过军草豆发给应摊数额等。另附有皋兰县彭维明所书土地买卖书等若干。

四、水资源开发管理类档案

【叙录编号】 0400
【档案题名】
　　甘肃省财政厅等关于拟送靖乐渠筑堤淤地筹款暂行办法致甘肃省政府的呈
【发文单位】 甘肃省财政厅；甘肃省建设厅等
【收文单位】 甘肃省政府
【档案编号】 004-001-0444-0011
【成文时间】 不详
【收藏单位】 甘肃省档案馆
【涉及地域】 靖乐渠
【关 键 词】 靖乐渠
【内容提要】
　　甘肃省财政厅、建设厅、水利局、地政局联名向甘肃省政府呈报靖远县靖乐渠筑堤淤地筹款暂行办法。

【叙录编号】 0401
【档案题名】
　　甘肃省政府关于颁布皋兰县沿河农地引水受益负担办法
【发文单位】 不详
【收文单位】 不详
【档案编号】 004-002-0105-0005
【成文时间】 1936-04-29
【收藏单位】 甘肃省档案馆
【涉及地域】 甘肃省
【关 键 词】 灌溉
【内容提要】
　　《皋兰县沿河农地引水受益负担办法》包括皋兰县引用沿河水灌溉者均应遵守、负责、受益、负担等内容。

【叙录编号】 0402
【档案题名】
　　甘肃省政府委员会第150次会议讨论关于提起审议甘肃省建设厅呈请发给修理黄河南岸河堤及呈请财产给公路局等事宜
【发文单位】 不详
【收文单位】 甘肃省政府
【档案编号】 004-006-0388-003
【成文时间】 1935-10-27
【收藏单位】 甘肃省档案馆
【涉及地域】 不详
【关 键 词】 不详
【内容提要】
　　如题。

【叙录编号】 0403
【档案题名】
　　永登红古城渠工程计划1份、皋兰达家川渠工程计划1份、临洮民生渠工程计划1份、永靖永丰渠工程计划1份、永靖县属永丰渠工略图1张、达家川渠渠泉略图1张等
【发文单位】 军事委员会军令部
【收文单位】 甘肃省民政厅
【档案编号】 015-006-0307-0025
【成文时间】 不详
【收藏单位】 甘肃省档案馆

【涉及地域】 红古县；皋兰县等
【关 键 词】 城渠工程；渠道；水利
【内容提要】

《永登红古城渠工程计划》概述了修建该工程背景、工程基本结构（包括每段具体位置、长宽、建材等）、经费估算。《皋兰达家川渠工程计划》概述了工程修建渊源，以及此段工程与红古城渠工程第四段合并的情况。《临洮民生渠工程计划》包括该工程涉及地段与河流、经费估计等内容。附图图名如题。

【叙录编号】 0404
【档案题名】
　　甘肃省民政厅关于湟惠渠土地登记处经费拨放、所有权归属、土地整理管理办法的各类文件
【发文单位】 甘肃省政府；甘肃省建设厅等
【收文单位】 甘肃省政府；甘肃省财政厅等
【档案编号】 015-008-0150-（0011-0019）
【成文时间】 1940-10-22—1942-07-10
【收藏单位】 甘肃省档案馆
【涉及地域】 皋兰县
【关 键 词】 湟惠渠；土地整理
【内容提要】

本案9份文件均与湟惠渠土地管理有关，分涉5件事宜。其一与湟惠渠土地登记处经费划拨有关。甘肃省建设厅致函甘肃省民政厅，请将湟惠渠土地登记处因物价飞涨而不敷之经费由本省土地登记收入项下拨给，以咨备结。民政厅回函湟惠渠土地登记处成立时兰州市土地登记处尚未成立，彼时收入尚交省库，请核省库拨补。其二为民、财、建三厅就甘肃省政府前令呈赍湟惠渠灌溉区域土地整理办法请备案，以便公布施行（0014）。甘肃省政府回文经行政院1942年5月21日会议令以公布施行，并抄发湟惠渠土地整理办法及实施计划大纲、土地整理业务组织规程1份请民、建二厅遵照办理（附办法、大纲、规程详文）（0018）。其三为甘肃省政府查湟惠渠尚未竣工，而区域地价高涨，训令建、民二厅即日起（1942年4月17日）暂停土地所有权自由转移，否则一律视为无效，以防流弊。训令二厅及皋兰、永登县政府再布告取缔土地所有权事宜并将连办情形具报备查。其四为省秘书处通知民、建二厅会呈请主席请任贴毓岐为甘肃省湟惠渠土地整理事务所所长一案核准由府令派，请二厅查照（0017）。其五为甘肃省政府就建、民二厅会呈拟具湟惠渠土地整理事务所开办费及经常费提请省委会议决议一案予以回应，就会议决议通知二厅所内每月经常费、开办费及员工生活补助费数额，并训令其每月依规定数额造册具报各费预算分配表，由甘肃省建设厅呈报会计处（0019）。

【叙录编号】 0405
【档案题名】
　　好义乡乡民关于请延期交还修建水车贷款致甘肃省政府的呈文
【发文单位】 好义乡
【收文单位】 甘肃省政府
【档案编号】 027-001-0324-0014
【成文时间】 1943-08-11
【收藏单位】 甘肃省档案馆
【涉及地域】 永靖县
【关 键 词】 好义乡；水利贷款
【内容提要】
　　如题。

【叙录编号】 0406
【档案题名】
　　甘肃省政府、皋兰县关于朱有元等妨害水利、阻挠修建水道情况的文件
【发文单位】 甘肃省建设厅；甘肃省政府
【收文单位】 甘肃省建设厅；甘肃省政府

【档案编号】 027-002-0001-（0003-0009）
【成文时间】 1942-04-29—1943-05-13
【收藏单位】 甘肃省档案馆
【涉及地域】 皋兰县
【关 键 词】 水利；贷款；柴文钰
【内容提要】

皋兰县安宁堡人柴文钰因近年奉命强制兴修水利但近年荒旱农收稀少民力不足，且被士绅阻塞建设水利几乎全无希望早日修建以救民生，甘肃省政府回令训令皋兰县政府令催速办，需要款项仰中央银行办理小型农田水利贷款，并回柴文钰以令速办贷款等。

【叙录编号】 0407
【档案题名】
甘肃省政府、甘肃省湟惠渠管理局、甘肃省农业改进所关于张家寺农场财产、员工册文卷档案，员工移交清册，试验工作移交清册的呈文与指令
【发文单位】 甘肃省湟惠渠管理局；甘肃省政府等
【收文单位】 甘肃省政府；甘肃省湟惠渠管理局等
【档案编号】 027-002-0002-（0001-0002）
【成文时间】 1947-10-14—1947-10-23
【收藏单位】 甘肃省档案馆
【涉及地域】 张家寺农场
【关 键 词】 张家寺农场；清册
【内容提要】

甘肃省湟惠渠管理局移交张家寺农场各项清册，包括甘肃省农业改进所农林实验总厂张家寺农场财产移交清册，包含地亩、房舍、农具、特种器具、仪器、办公用品、宿舍用品、牲畜等等。甘肃省农业改进所农林实验总厂张家寺农场员工移交清册，包括孟陶宪等14人。甘肃省农业改进所农林实验总厂张家寺农场文卷档案移交清册，包含文卷类、公物类。甘肃省农业改进所农林实验总厂张家寺农场工作移交清册，包含试验计划报告、试验材料。

【叙录编号】 0408
【档案题名】
永靖渠工程处夏惠渠日记账
【发文单位】 永靖渠工程处
【收文单位】 不详
【档案编号】 027-002-0009-0010
【成文时间】 1941-01
【收藏单位】 甘肃省档案馆
【涉及地域】 永靖县
【关 键 词】 收入；账目
【内容提要】

包含永靖渠工程处夏惠渠民国三十年（1941）1月的收入来源、开支详细账目（包括工具、差旅、车马、水电、薪资等开支）。

【叙录编号】 0409
【档案题名】
甘肃省政府、甘肃省建设厅关于小西湖抽水机的文件
【发文单位】 甘肃省建设厅
【收文单位】 甘肃省财政厅
【档案编号】 027-002-0031-0006
【成文时间】 1934-01-16—1934-03-05
【收藏单位】 甘肃省档案馆
【涉及地域】 兰州市
【关 键 词】 小西湖；抽水机
【内容提要】

甘肃省建设厅张午年奉命查小西湖抽水机锅炉马力与用油量、每日灌溉田亩数，故而将各自查验测量计算结果汇报。甘肃省政府要求甘肃省财政厅拨发抽水机运费，甘肃省建设厅咨文财政厅迅速拨发经费。

【叙录编号】 0410
【档案题名】
榆中县王家崖村民王希章、王硕儒、王克刚请甘肃省政府拨款以掘泉资灌溉一事的呈文及批示
【发文单位】 王希章；王硕儒等
【收文单位】 甘肃省政府
【档案编号】 027-002-0049-（0010-0011）
【成文时间】 1946-09-02—1946-09-03
【收藏单位】 甘肃省档案馆
【涉及地域】 榆中县
【关 键 词】 泉水；灌溉
【内容提要】
榆中县王家崖村民王希章、王硕儒、王克刚称宛川河干涸导致农业灌溉不足，呈请拨款以掘泉资灌溉。甘肃省政府批示贷款已经拨发完毕无法拨给。

【叙录编号】 0411
【档案题名】
甘肃省政府关于皋兰县修筑河堤一事的文件
【发文单位】 甘肃省政府；兰州市政府等
【收文单位】 甘肃省政府；兰州市政府等
【档案编号】 027-002-0087-（0001-0015）
【成文时间】 1945-03—1945-05
【收藏单位】 甘肃省档案馆
【涉及地域】 皋兰县
【关 键 词】 河堤；水利
【内容提要】
甘肃省鲁明山、王乐兰、邢兆福等10人向甘肃省政府申请拨款修筑河堤以免水患，甘肃省政府批示该款由兰州拨发外也由该单位监修办理，甘肃省政府称该县已划归皋兰应由该县办理，甘肃省政府训令皋兰县警察局由贺敬五承采，皋兰县政府请甘肃省政府拨发修建盐场堡河堤工程费用，甘肃省临时参议会请在汛期之前修筑完成，甘肃省政府请皋兰县政府报送修筑河堤情况及参与人员名册。

【叙录编号】 0412
【档案题名】
甘肃省政府等关于修建盐场堡河堤一事的各类文件
【发文单位】 甘肃省财政厅；行政院水利委员会等
【收文单位】 甘肃省财政厅；行政院水利委员会等
【档案编号】 027-002-0088-（0001-0012）
【成文时间】 1944-04-12—1944-07-17
【收藏单位】 甘肃省档案馆
【涉及地域】 兰州市
【关 键 词】 盐场堡河堤
【内容提要】
此案卷包含12份文件，均与修建盐场堡河堤一事有关。甘肃省财政厅、会计处呈报甘肃省政府，关于修筑盐场堡河堤工程所需工料费拟由兰州市政府会同地方筹款兴修。甘肃省财政厅、会计处与甘肃省建设厅又呈报甘肃省政府，修筑盐场堡河堤的工程费可否在1944年度新兴事业费项下或预算工程费项下全数拨给。技士兰夏祥、苏元庆向甘肃省建设厅上报勘测盐场堡的黄河堤岸地形图及工程计划书。盐场堡绅耆王濂泉等人联名上呈甘肃省政府，请求甘肃省政府拨款修理盐场堡河堤以护山林。甘肃省政府致电行政院水利委员会、黄河水利委员会，本府准备修筑盐场堡河堤，以免水患，水利委员会回令允准。皋兰县政府向甘肃省政府呈报修筑盐场堡河堤工程的进度，甘肃省政府回令准予备查。皋兰县政府致电甘肃省政府，兰州市民王寿山慷慨捐献国币2万元修筑盐场堡河堤，请求嘉奖，甘肃省政府允准，皋兰县回令已令城关镇镇长郭宗尧给予王寿山嘉奖。甘肃省政府向兰州市政府检发盐场

堡河堤工程的计划书，并将行政院水利委员会关于允准修建盐场堡河堤的回令告知王濂泉等人。

【叙录编号】 0413
【档案题名】
　　甘肃省政府等关于修筑、验收盐场堡河堤一事的各类文件
【发文单位】 兰州市政府；皋兰县政府
【收文单位】 甘肃省政府；甘肃省建设厅
【档案编号】 027-002-0089-（0001-0020）
【成文时间】 1944-07-11—1946-06-01
【收藏单位】 甘肃省档案馆
【涉及地域】 兰州市
【关 键 词】 盐场堡河堤
【内容提要】
　　此案卷包含20份文件，均与修建盐场堡河堤一事有关。黄河水利委员会致电甘肃省政府，修筑盐场堡河堤一事已令上游工程处勘估，甘肃省政府回令将勘估的情况上报。黄河水利委员会上游工程处呈报甘肃省政府，已将勘估修筑盐场堡河堤的情况转请水利委员会核示。兰州市政府呈报甘肃省政府，1944年度市民劳动服役工数已超过规定，修筑盐场堡黄河堤岸一事拟待1945年度发动劳动服务，提前办理，甘肃省政府同意此举。上游工程处另呈报甘肃省政府，关于补修盐场堡黄河石堤一事应由兰州市政府筹款办理，甘肃省政府将此事通报兰州市政府。甘肃省政府就皋兰县政府呈转的盐场堡河堤委员会呈赍的修复河堤工程单据请核销一事对甘肃省建设厅作出指示。甘肃省建设厅令皋兰县政府遵照执行。皋兰县政府致电甘肃省政府，本县河堤已经修筑竣工，甘肃省政府回令准予备查，令甘肃省政府会计处、甘肃省建设厅工程司及皋兰县政府三部门会同验收。兰州市政府呈报甘肃省政府，拟订于1945年12月28日上午9时复验补整黄河堤岸。甘肃省建设厅职员刘绶宗、张肃呈报甘肃省政府会计处、甘肃省建设厅，请派员验收整修黄河堤岸工程。甘肃省财政厅、社会处、会计处，甘肃省建设厅共同呈报甘肃省政府，黄河堤岸工程已补修完竣，请验收。甘肃省政府就此指令兰州市政府，补整黄河堤岸工程准予验收，并指令皋兰县政府修筑盐场堡河堤工程准予验收。甘肃省建设厅又致函甘肃省政府会计处，该河堤工程准予验收。甘肃省政府、会计处、财政厅致函甘肃省建设厅，请核销修理盐场堡河堤的工程费，甘肃省建设厅就此事致电皋兰县政府，核销工程费一事经甘肃省政府主席批示，准予备查。

【叙录编号】 0414
【档案题名】
　　甘肃张纬猷关于报送兴修榆中县水利建议书致甘肃省建设厅的签呈
【发文单位】 张纬猷
【收文单位】 甘肃省建设厅
【档案编号】 027-002-0115-0001
【成文时间】 1942-04-23
【收藏单位】 甘肃省档案馆
【涉及地域】 榆中县
【关 键 词】 水利；建议；张纬猷
【内容提要】
　　《建议榆中县川水利书》为榆中县关于兴修水利一案经详细筹划拟订办法，经该县县长调集水利委员会、公正士绅开会决议通过，附有建议书14份与征求意见书1份。

【叙录编号】 0415
【档案题名】
　　兰州市政府报送甘肃省政府三十二年度（1943）工程预算的文件
【发文单位】 甘肃省政府；兰州市政府等
【收文单位】 甘肃省政府；兰州市政府等

【档案编号】 027-002-0345-（0001-0023）
【成文时间】 1943-04-26—1943-09-24
【收藏单位】 甘肃省档案馆
【涉及地域】 兰州市
【关 键 词】 水利工程
【内容提要】
　　内政部要求检送各省、直辖市民国三十二年度收支预算以及各项工程书目致函甘肃省政府，甘肃省政府将此转兰州市朱凤玉，兰州市政府报送，甘肃省政府将此转内政部，内政部要求再补1份岁入岁出表。兰州市政府呈三十二年度预算书及工程经费数目表各1份，工程包括整修肃河沿暗沟，翻修保安处水道，翻修晏公庙前河堤、水北门处河堤，附有经费类现金出纳表19张。

【叙录编号】 0416
【档案题名】
　　甘肃省建设厅修建兰州自来水工程的文件
【发文单位】 陆之顺；甘肃省政府
【收文单位】 甘肃省政府
【档案编号】 027-002-0639-（0004-0005）
【成文时间】 1946-06-05—1946-06-24
【收藏单位】 甘肃省档案馆
【涉及地域】 兰州市
【关 键 词】 自来水；纲要
【内容提要】
　　甘肃陆之顺寄送甘肃省建设厅兰阿铁路与自来水纲要计划书，甘肃省建设厅汇报兰州市自来水工程初步计划以及输水管网图致函中国生产促进会。

【叙录编号】 0417
【档案题名】
　　兰州市政府报送兰州市公司水井管理规则的文件
【发文单位】 甘肃省政府；兰州市政府
【收文单位】 甘肃省政府；兰州市政府
【档案编号】 027-002-0645-（0013-0014）
【成文时间】 1941-08-20—1941-08-26
【收藏单位】 甘肃省档案馆
【涉及地域】 兰州市
【关 键 词】 水井
【内容提要】
　　此件包含多个规则，但水井仅在20～22页。包含兰州市公私水井管理准则13条，包括报备、查勘、位置、管理等方面。甘肃省政府委员会讨论认为水井工务所与兰州市公私水井管理规则不合，先备案提请参议会讨论，甘肃省建设厅备案。

【叙录编号】 0418
【档案题名】
　　甘肃省政府、西北公路管理处关于架设黄河浮桥的文件
【发文单位】 甘肃省政府；西北公路管理处等
【收文单位】 甘肃省政府；西北公路管理处等
【档案编号】
　　027-002-0675-（0001-0020）；
　　027-002-0674-（0001-0016）
【成文时间】 1941-04-01—1942-05-14
【收藏单位】 甘肃省档案馆
【涉及地域】 兰州市等
【关 键 词】 浮桥；黄河
【内容提要】
　　甘肃省建设厅请张鸿汀等出席黄河浮桥工程审查会，兰州市筹备处请西北公路管理处从速架设黄河浮桥，该处回令浮桥属于市政建设不归该处管理，甘肃省政府将此事转给西北公路管理处。临时参议会请详报浮桥一事，甘肃省建设厅请暂缓修建浮桥，永昌县政府请拨发浮桥需要的绳子垫款，永昌致电甘肃省政府请问如何归垫芨草绳款，兰州市政府致函甘肃省政府请拨发永昌绳款，甘肃省政府同意拨发工

料费。

【叙录编号】 0419
【档案题名】
天水铁路工程局、皋兰县政府关于修复沿线水渠的文件
【发文单位】 皋兰县；甘肃省政府等
【收文单位】 皋兰县；天水铁路工程局等
【档案编号】
027-002-0865-（0003-0006）；
027-002-0865-（0018-0022）；
027-002-0866-（0001-0021）
【成文时间】 1946-10-25—1946-11-25
【收藏单位】 甘肃省档案馆
【涉及地域】 皋兰县
【关 键 词】 水渠；水洞
【内容提要】
皋兰县政府致电甘肃省政府请修复天水铁路沿线水渠，甘肃省政府将水渠水洞损坏情况及修复计划告知皋兰县乡农会，甘肃省政府训令天水铁路工程局与皋兰县政府修复，天水铁路工程局汇报修复计划。甘肃省建设厅张玮献请派员修复桑园乡农田水道，因修路堵塞破坏水道，甘肃省建设厅请民众自行修理水渠土石，发给工程款。

【叙录编号】 0420
【档案题名】
甘肃省关于天兰铁路沿线修建水窖一事的文件
【发文单位】 甘肃省政府；天水铁路工程局等
【收文单位】 交通部；甘肃省保安司令部等
【档案编号】
027-002-0871-（0001-0022）；
027-002-0872-（0001-0020）；
027-002-0873-（0001-0024）；
027-002-0874-（0001-0004）；
027-002-0875-（0001-0011）；
027-002-0876-（0001-0014）；
027-002-0877-（0001-0007）
【成文时间】 1946-06-18—1946-12-28
【收藏单位】 甘肃省档案馆
【涉及地域】 甘肃省
【关 键 词】 水窖；铁路
【内容提要】
此文件全部关于甘肃省在天兰铁路沿线修建蓄水池、水窖。天水、定西等报送修建水窖情况，并派员前往鉴定勘测并汇报农田水利情况，督促兴修并试验放水，交通部请甘肃省政府训令沿线人民非经同意不得取用存水，最后为验收各县水窖，拨发各县水窖保管费，第九区行政督察专员公署报天兰铁路引水问题补救办法。甘肃省建设厅技士周选德报送天水铁路陇西、定西段水窖工作第一期报告，附有草图1张。

【叙录编号】 0421
【档案题名】
甘肃省政府、兰州自来水工程处关于兰州自来水工程修建概况的文件
【发文单位】 甘肃省政府；兰州自来水工程处等
【收文单位】 甘肃省政府；姚寻源等
【档案编号】
027-002-0890-（0001-0005）；
027-002-0891-（0001-0026）；
027-002-0892-（0001-0016）；
027-002-0893-（0001-0016）；
027-002-0894-（0001-0012）
【成文时间】 1949-01-06—1949-12-28
【收藏单位】 甘肃省档案馆
【涉及地域】 兰州市
【关 键 词】 自来水；木料；抽水机

【内容提要】

兰州自来水工程处报送甘肃省政府汽油抽水机及暂存上海的全部器材，甘肃省政府回令准予备查，兰州自来水工程处请美国经济合作总署中国分署分配美援资本以便兰州自来水工程早日完成，甘肃省政府请美国经济合作总署拨发兰州自来水工程处补助款并附有兰州自来水工程设计图、施工照片。附有《兰州市自来水工程概况》1份，包含6章。第一章前言，第二章资料搜集整理与研究（测量、调查、供水范围、水源、汲取水量、供水之优点），第三章设计概要（人口、需水量、水厂、配水管、售水站、调节水库、工程涉及经费概算），第四章以往及将来之收支。甘肃省贸易股份有限公司请重庆办事处起运抽水机与其他器材。0891-0007为兰州市自来水工程处报送水库工程竣工图、结算表、验收证明致函甘肃省政府，工程处建议召开自来水工程小组会议，甘肃省建设厅通知卫生处、水利局及工程处，工程处请甘肃省政府通知甘肃机器厂定作水管，工程完成后请甘肃省政府验收，请姚寻源编纂英文版水利工程报告以便转送美国经济合作总署。0892-0006为工程处向甘肃省政府汇报工程概算、工程计划、财产目录，工程处请托运在重庆的抽水机，并请筹款借用木料，甘肃省政府回令现无木料可借。工程处报送自来水工程变压器房比价表、承揽单，甘肃省政府回令准予备查，工程处报送复工困难，甘肃省政府同意暂行停工。0894-0001为兰州自来水工程处报送验收记录、决算表，附有《兰州市自来水工程处厂房已完成部分平面图》。0894-0004为《兰州市自来水工程概算书》。

【叙录编号】 0422

【档案题名】

甘肃省政府、甘肃省建设厅关于兰州市自来水工程的文件（一）

【发文单位】 美国文化合作司；甘肃省政府等

【收文单位】 美国文化合作司；兰州市自来水工程筹备委员会等

【档案编号】

　　027-003-0142-（0005-0006）；

　　027-003-0143-0001；

　　027-003-0144-0001；

　　027-003-0147-0004

【成文时间】 1944—1948

【收藏单位】 甘肃省档案馆

【涉及地域】 兰州市

【关　键　词】 自来水

【内容提要】

甘肃省建设厅签呈甘肃省政府兰州自来水工程进行情况，附有拟请参加交通座谈会各机关人员，参会人员依次报告兰州市自来水工程报告事项、讨论事项的记录。0143为美国文化合作司卫生工作专家毛里尔撰写《兰州市自来水工程筹建意见书》（一）、（二）两册，附有兰州市自来水工程筹备委员会工作报告书、自来水工程测量图册清单两份文件。

【叙录编号】 0423

【档案题名】

兰州市自来水工程计划（一）（二）（三）

【发文单位】 毛理尔；杨铭鼎

【收文单位】 甘肃省建设厅

【档案编号】

　　027-003-0344-0001；

　　027-003-0345-0001；

　　027-003-0346-0001；

　　027-003-0347-（0001-0002）

【成文时间】 1946-12-14

【收藏单位】 甘肃省档案馆

【涉及地域】 兰州市

【关　键　词】 自来水

【内容提要】

该文件有两份，（二）与（一）相同。包括绪论、人口估计、需水量、水源、水厂及机器、水管、配水网、售水站、水库等部分，附有经费概算、兰州市警察局历年户口统计表、兰州市人口复查比较表、兰州市民用水调查表、兰州市用水量调查表、兰州市黄河各水站供水量调查表、兰州市民用水量调查表、兰州市井水检验结果比较表、兰州黄河水质检验结果最高及最低平均数、兰州市第三苗圃试井记录、兰州市自来水浸水管道水管总管及配水各种水管对径及长度表。毛理尔向甘肃省政府报告兰州筹建现代化自来水工程，附有报告书1份。

【叙录编号】 0424
【档案题名】
甘肃省政府、甘肃省建设厅关于兰州市自来水工程的文件（二）
【发文单位】 甘肃省政府；自来水工程处等
【收文单位】 甘肃省政府；甘肃省机器厂等
【档案编号】
027-003-0403-（0001-0024）；
027-003-0404-（0001-0025）；
027-003-0405-（0001-0025）；
027-003-0406-（0001-0025）；
027-003-0407-（0001-0012）；
027-003-0408-（0001-0026）
【成文时间】 1947-12-31—1948-04-12
【收藏单位】 甘肃省档案馆
【涉及地域】 兰州市
【关 键 词】 自来水；管道；黄河堤岸
【内容提要】

这些文件均与兰州市自来水工程相关。兰州市自来水工程处柴应龙在上海领运机械，甘肃省政府不同意出售机器换取运费，自来水工程处借取中中交农四行贷款，甘肃省政府抄送自来水事业管理规则工程处时期筹拨工程款，报送更改自来水工程改进办法、自来水工程概算书，工程处请求再拨发30亿做工程款，与甘肃省机器厂洽商借用抽水马达事宜，报送修改进水槽、引水道、水管、松木箱、水泥箱比价表，甘肃省政府核定水道造价标准，训令甘肃水利林牧公司从速拨给30根松木，工程处请水利局允许鸳鸯池蓄水库借30台抽水机，工程处请甘肃省政府和兰州电厂延长供电时间。甘肃省建设厅报送工地防水工程图以及工料表，工程处报送甘肃省政府监工期表。甘肃省政府拨发黄河堤岸修补费10亿元给工程处。

【叙录编号】 0425
【档案题名】
甘肃省政府、甘肃省建设厅关于兰州市自来水工程的文件（三）
【发文单位】 甘肃省政府；自来水工程处等
【收文单位】 甘肃省政府；甘肃省水利局等
【档案编号】
027-003-0412-（0005-0013）；
027-003-0413-（0001-0006）；
027-003-0414-（0001-0023）；
027-003-0415-（0001-0016）；
027-003-0416-（0001-0025）；
027-003-0417-（0001-0017）；
027-003-0418-（0001-0023）；
027-003-0641-0004
【成文时间】 1948-05-07
【收藏单位】 甘肃省档案馆
【涉及地域】 兰州市
【关 键 词】 自来水；管道；黄河堤岸
【内容提要】

兰州自来水工程处向甘肃水利林牧公司贷款2亿元，甘肃省政府催促工程处速还本息，准其再借甘肃水利林牧公司208根松木，工程处报送北塔山水库砖柱添改变更情况，工程处向甘肃省建设厅报送本处引水道工程进行现状，兰州市政府抄发兰州自来水工程概要，甘肃省政府转卫生部，甘肃省政府回令准予备查。自来水工程处报送补贴徐家湾农民放水费3000万元，工程处派员验收马达水泥钢筋，工程处购买机器并汇报运输状况，工程处报送水槽工程验收情况，工程处报送电阻开关、交通器材。工程处购买抽水机、华昌营造厂木材水泥并付费经过。

【叙录编号】 0426
【档案题名】
　　甘肃省政府、甘肃省建设厅关于洮惠渠土地整理、计划书一事的呈文、训令、图表
【发文单位】 甘肃省建设厅；洮惠渠管理处
【收文单位】 甘肃省政府
【档案编号】
　　027-004-0114-（0002-0011）；
　　027-004-0115-（0001-0020）；
　　027-004-0116-（0001-0012）；
　　027-004-0117-（0001-0019）；
　　027-004-0118-（0001-0012）；
　　027-004-0119-（0001-0016）
【成文时间】 1942-02-03—1943-05-30
【收藏单位】 甘肃省档案馆
【涉及地域】 甘肃省
【关 键 词】 洮惠渠；土地
【内容提要】
　　此卷主要关于湟惠渠土地整理一事。甘肃省建设厅报送甘肃省政府修正洮惠渠土地征收办法及拟具补充办法，甘肃省政府修正湟惠渠土地计划书并附有会议记录。0114-0004为湟惠渠土地整理事务所报送《甘肃省政府征收湟惠渠灌溉区域土地计划书》，包括征收土地原因、范围、兴办事业之性质、兴办之法令根据、区域征收的面积、土地使用规则，附有《甘肃省湟惠渠土地整理事务所湟惠渠灌溉区域略图》。事务所报送土地整理工作进度，报送《不能领地自耕农民户数表》《湟惠渠灌溉区域内农场荒地及老砂地征地价格统计表》。0114-0010为《甘肃省湟惠渠土地事务所灌溉区界图》。甘肃省建设厅与中国农民银行洽谈湟惠渠整理土地事宜贷款，附有《土地整理贷款合同》并数次修订。0116-0012为《洮惠渠灌溉区域扶植自耕农放款合同草案》《中国农民银行土地金融业务条例》《中国农民银行土地金融放款规则》。0117为洮惠渠扶植自耕农放款合约分期报送及修改文件。0118-0119为洮惠渠土地事务所经费预算书、拨付贷款事宜。0119-0005为余斌报送农民争抢灌溉，甘肃省政府布告训令一次灌溉。

【叙录编号】 0427
【档案题名】
　　甘肃省政府转发靖远县关于报平滩铺至陡城开渠案的代电
【发文单位】 甘肃省政府；甘肃省建设厅等
【收文单位】 甘肃省政府；行政院水利委员会等
【档案编号】 027-004-0159
【成文时间】 1943-05-29—1946-06-14
【收藏单位】 甘肃省档案馆
【涉及地域】 靖远县
【关 键 词】 造渠
【内容提要】
　　此案卷包含18份文件，均与靖远县造渠一事有关。靖远县政府向甘肃省政府转呈本县城关镇镇长万夫哲、农业推广所主任夏正中等人申请造渠一事，甘肃省政府回令已通知甘肃水利林牧公司从速办理。第三十八集团军总司令部致电甘肃省政府，关于靖远县修建本县平滩铺至陡城渠道一事，请甘肃省政府留意，甘肃省政府回电，向该司令部报送开渠的情况，

该司令部又请甘肃省政府从速决定是否修渠，甘肃省政府回令，待靖丰渠工程完竣后就会开始修渠，甘肃水利林牧公司也就此事致函甘肃省建设厅，甘肃省政府又将此事通知靖远县政府。靖远县政府呈报甘肃省建设厅，请求派人测量靖远东滩至陡城水渠的长度，该厅回函此事已由甘肃省政府通知甘肃水利林牧公司办理。靖远县政府呈报甘肃省政府，本县决议兴修平滩堡至陡城堡的水渠，请甘肃省政府鉴核拨款，甘肃省政府回令此事待靖丰渠工程完竣后就会开始修建，现令甘肃水利林牧公司提前办理。甘肃水利林牧公司向甘肃省建设厅函送刘家川、消水堡等灌溉区域的原报告书。行政院抄送军委会代电1份、靖远县境查勘灌溉区域摘要1份给甘肃省政府，甘肃省政府又检送靖远县刘家川等处的查勘报告书各1份给甘肃水利林牧公司。靖远县参议会呈报甘肃省政府申请拨款用工赈办法修筑北湾河工对面由平堡到营防滩的河堤一事，甘肃省政府令甘肃水利林牧公司先行勘测估价，该公司将勘测情况致函甘肃省政府。

【叙录编号】 0428
【档案题名】
　　甘肃省政府、靖远县关于靖远县陡城修渠修堤一事的文件
【发文单位】 靖远县；张芳儒等
【收文单位】 靖远县；张芳儒等
【档案编号】
　　027-004-0160-（0001-0019）；
　　027-004-0161-（0001-0014）；
　　027-004-0162-（0001-0007）；
　　027-004-0163-（0001-0012）
【成文时间】 1946-06-19—1946-11-26
【收藏单位】 甘肃省档案馆
【涉及地域】 靖远县
【关 键 词】 修渠；修堤

【内容提要】
　　靖远县县长钟遇航转本县保长包永朝请拨款修堤，因黄河流入靖远处因山之势南北冲撞冲毁堤岸与良田。靖远县报送县参议会第三次大会临时建议拨款分段修筑平堡到芝防潭河堤，甘肃省政府指令筹款后再行兴办，甘肃省建设厅令速派人来领款。靖远县请修筑陡城水渠，甘肃省政府回令速查，甘肃省政府拨发工程费400万，张芳儒请早日拨发工程款，甘肃省政府回令400万已汇请早日开工。靖远县水利专员上报视察陡城渠工程情况。甘肃水利林牧公司靖丰渠管理处请启动公款手续。甘肃水利林牧公司汇报天子壕至中和堡筑堤淤地工程计划图表，附有天子壕至中和堡筑堤淤地工程土石子方工程估价表、工程工款估价总计表。

【叙录编号】 0429
【档案题名】
　　甘肃省政府、甘肃省水利局关于肃丰渠剩余物料交接给鸳鸯池水库一事的文件
【发文单位】 甘肃省建设厅；甘肃水利林牧公司等
【收文单位】 甘肃省建设厅
【档案编号】 027-004-0164-（0001-0003）
【成文时间】 1947-08-23—1947-09-26
【收藏单位】 甘肃省档案馆
【涉及地域】 兰州市
【关 键 词】 蓄水库；移交
【内容提要】
　　肃丰渠于1947年8月竣工，水利局报送甘肃省政府仪器工具物料移交清册各3份，请鸳鸯池水库管理处代为保管。水利局申请将肃丰渠剩余材料拨给鸳鸯池水库，甘肃省建设厅将此转呈甘肃省政府。

【叙录编号】 0430

【档案题名】

甘肃省政府等关于在兴隆山修筑蓄水池等事的各类文件

【发文单位】 榆中县政府；甘肃军管区政治部等

【收文单位】 甘肃省政府；榆中县政府等

【档案编号】 027-004-0165

【成文时间】 1940-11-13—1942-11-02

【收藏单位】 甘肃省档案馆

【涉及地域】 榆中县

【关键词】 兴隆山；蓄水

【内容提要】

此案卷包含15份文件，均与兴隆山修建蓄水池有关。甘肃军管区政治部中校指导员王永年呈报甘肃省政府，申请准予拨款3万元在兴隆山筑堤修蓄水池。甘肃省政府给王永平回批，此事待榆中县政府查明再予以定夺，并令榆中县政府查明此事，又给工程司杨廷玉、技士马维骥下令协助查勘，并一同查勘收回私水的办法。甘肃博济渠工务所向甘肃省建设厅上报会同马维骥等人前往榆中县查勘收回私水办法及兴隆峡蓄水的情况。经济部第十水利设计测量队两次询问甘肃省政府，请其指派1941年度的测量区域，甘肃省政府分别回令，勘测区域为渭源蓄水库及渭河各县。甘肃省政府令榆中县政府，兴龙峡水量日益减少，系泉水闭道阻塞，水流入沙，应立即疏浚。经济部第十水利设计测量队向甘肃省政府报送前往榆中县勘测设计兴隆峡水库的出发日期，甘肃省政府回令准予备查，该测量队又向甘肃省政府呈报该蓄水库的实测报告书，甘肃省政府将此报告书转送给甘肃水利林牧公司。行政院第八战区经济委员会致函甘肃省建设厅，请甘肃水利林牧公司设计兴隆峡水库。榆中金川乡、皋兰定远镇两县民金培英等人联名向甘肃省政府呈文，之前甘肃省政府允准修建的蓄水池，如今又收回了成命，则该民等的饮用水无从获取，请求甘肃省政府允许修建新蓄水池。

【叙录编号】 0431

【档案题名】

甘肃省政府、甘肃水利林牧公司关于岷县、榆中县兴修八娘寺、蒋台乡、兴隆峡等处水渠一事的文件

【发文单位】 甘肃省政府；甘肃水利林牧公司等

【收文单位】 甘肃省政府；甘肃水利林牧公司等

【档案编号】

027-004-0166-（0001-0014）；

027-004-0167-（0001-0009）

【成文时间】 1942-09-04—1943-02-12

【收藏单位】 甘肃省档案馆

【涉及地域】 榆中县；岷县

【关键词】 水渠；贷款

【内容提要】

岷县政府呈文甘肃省政府请派员兴修八娘寺、蒋台乡水渠，甘肃省政府回令派甘肃水利林牧公司测量，甘肃省建设厅回令派专业人员调查测量，甘肃水利林牧公司回令派第一队前往勘察，甘肃省政府回令待水利勘察队上报后再核办。0166-0008为甘肃省建设厅报送甘肃省政府《岷县北乡及蒋台乡八娘寺灌溉区查勘报告》与草图致函甘肃水利林牧公司，报告包括耕地面积、灌溉情形、农事调查，附有北乡及蒋台乡灌溉区草图各1份、《岷县北乡梅川镇灌溉区草图》、《岷县蒋台乡灌溉区草图》。甘肃省政府将此查勘报告下发岷县，甘肃省政府致函中国农民银行兰州分行按照小型水利贷款给岷县协助该县八娘寺等处水利。甘肃省政府训令榆中县政府调查兴修水利、修建蓄水池情况。

【叙录编号】 0432
【档案题名】
　　永登县红古城渠工程计划书
【发文单位】 全国经济委员会水利处
【收文单位】 甘肃省建设厅
【档案编号】 027-004-0169-0001
【成文时间】 1940-09
【收藏单位】 甘肃省档案馆
【涉及地域】 永登县
【关 键 词】 水利；水渠；红古渠
【内容提要】
　　包含红古渠起止、第一段、第二段、第三段、受益地亩价值与旱地比较、受益地亩收获比较、收水费章则、工作时间、征工办法、渠工委员会作用、全渠工程费。

【叙录编号】 0433
【档案题名】
　　甘肃永丰渠工程计划及各种工程图
【发文单位】 甘肃水利第一勘测队
【收文单位】 甘肃省建设厅
【档案编号】
　　027-004-0170-0001；
　　027-004-0171-0001；
　　027-004-0172-0019
【成文时间】 1940-07
【收藏单位】 甘肃省档案馆
【涉及地域】 永靖县
【关 键 词】 永丰渠；图表
【内容提要】
　　甘肃水利第一勘测队制《甘肃永丰渠工程计划》，包含计划书、预算书与设计图三个部分。计划书包含缘由、资料、理论、概要、工程估计、施工程序、利益、结论。预算表包含永丰渠国创款项估价总表、各项建筑物工程工料估价表、土方计算表、建筑物位置表、水准标点高度位置表。设计图包含永丰渠位置图、渠口以上平面图、渠身横断面标准图、进水闸图、隧洞标准图、渠水涵洞标准图、一溜平沟水涵洞图、渡桥标准图、桥梁标准图、调剂闸标准图、水管标准图、山洪木渡槽标准图、退水闸图、何家沟渡槽图、周家沟渡槽图、灭水闸图、乾渠沟渡槽图、朱家沟渡槽图、斗门标准图。0171为《甘肃永丰渠渠口以上平面图》，0172的19件依次为设计图的各个图表。

【叙录编号】 0434
【档案题名】
　　甘肃省政府等关于补修兰园八角池等事的各类文件
【发文单位】 兰州市政府；甘肃省政府
【收文单位】 兰州市政府；甘肃省政府
【档案编号】
　　027-004-0223-（0001-0009）；
　　027-004-0224-（0001-0014）
【成文时间】 1944-11-03—1944-11-24
【收藏单位】 甘肃省档案馆
【涉及地域】 兰州市
【关 键 词】 兰园；蓄水池
【内容提要】
　　兰州市政府向甘肃省政府报送补修兰园八角池及售水站蓄水工程预算书、设计图、承揽单与建设事业费项下的开支，甘肃省政府回令准予备查。兰州市政府又向甘肃省政府呈报补修兰园八角池及售水站蓄水池工程决算书、竣工图及监验表，并请甘肃省政府派员验收，甘肃省政府回令准予备查。兰州市政府报送中山公园公共厕所工程承包、中山公园整修排水洞估价。

【叙录编号】 0435
【档案题名】
　　甘肃省政府、甘肃省建设厅关于整修雷坛河木桥、绣河沿暗沟一事的文件

【发文单位】 兰州市政府；甘肃省政府
【收文单位】 兰州市政府；甘肃省政府
【档案编号】 027-004-0225-（0001-0013）
【成文时间】 1943-02-21—1945-08-17
【收藏单位】 甘肃省档案馆
【涉及地域】 兰州市
【关 键 词】 绣河沿；暗渠
【内容提要】

兰州市政府报送甘肃省政府翻修雷坛河木桥监验表，甘肃省政府回令准予备查。兰州市政府报送整修绣河沿暗沟位置平面图、设计图与预算书，甘肃省政府请修正绣河沿暗沟设计图，甘肃省政府将整修绣河沿设计图表意见指令兰州市政府，附有蓝图1份与预算书1份。兰州市政府报送绣河沿暗渠工程移交整修完成并请保留监理费，甘肃省政府不同意。兰州市政府报送甘肃银行租用中山林做宿舍，甘肃省政府不同意。

【叙录编号】 0436
【档案题名】
　　甘肃省政府、兰州市政府关于绣河沿水沟、渗水井一事的呈文、训令
【发文单位】 兰州市政府
【收文单位】 甘肃省政府
【档案编号】
　　027-004-0226-（0001-0011）；
　　027-004-0227-（0001-0008）
【成文时间】 1946-07-29—1947-01-20
【收藏单位】 甘肃省档案馆
【涉及地域】 兰州市
【关 键 词】 绣河沿；水沟
【内容提要】

兰州市政府报送整修绣河沿暗沟竣工图、决算表并请甘肃省政府派员审计。0226-0004为《兰州市工务局绣河沿水沟竣工图》《兰州市工务局绣河沿水沟水井留泥井竣工图》蓝图，其余为渗水井开工日期、承揽单等。兰州市政府报送修兰园及共和路渗水井工程预算书、设计图等。

【叙录编号】 0437
【档案题名】
　　甘肃省政府、兰州市政府关于兰州植树造林、疏通暗沟一事的文件
【发文单位】 兰州市政府
【收文单位】 甘肃省政府；财政部西北盐务管理局
【档案编号】 027-004-0227-（0012-0018）
【成文时间】 1947-12-01—1947-12-25
【收藏单位】 甘肃省档案馆
【涉及地域】 兰州市
【关 键 词】 中山林；输水管
【内容提要】

兰州市政府报送财政部西北盐务管理局1947年秋天植树5000株，甘肃省政府回令准予备查。兰州市政府呈请拨发中山林储存瓦管修建男滩街与中山路衔接处疏水暗沟情况，附有《兰州市参议会临时动议案》1份。兰州市政府报送工程队砍伐未成活树木，甘肃省政府回令砍伐树木所卖款项作为兰州育苗费。

【叙录编号】 0438
【档案题名】
　　甘肃省政府等关于补修晏公庙前坍塌河堤的各类文件
【发文单位】 兰州市政府；甘肃省政府
【收文单位】 兰州市政府；甘肃省政府
【档案编号】 027-004-0233
【成文时间】 1943-05-10—1943-05-19
【收藏单位】 甘肃省档案馆
【涉及地域】 兰州市
【关 键 词】 晏公庙河堤

【内容提要】

兰州市政府向甘肃省政府报送修复晏公庙前坍塌河堤决算图表，甘肃省政府批示问题如下：1.包商估价、单内单价与总价不符；2.决算书应根据改正单价合计总价；3.预算与决算的监理费不同。以上三点令核实再报。

【叙录编号】 0439
【档案题名】
甘肃省政府等关于补修兰州城北河堤一事的各类文件
【发文单位】 甘肃省临时参议会；甘肃省政府
【收文单位】 甘肃省政府
【档案编号】 027-004-0235
【成文时间】 1945-07-24—1945-08-01
【收藏单位】 甘肃省档案馆
【涉及地域】 兰州市
【关 键 词】 兰州城北河堤
【内容提要】

甘肃省临时参议会致函甘肃省政府，转发议员提出的请补修兰州城北河堤的议案，甘肃省政府令兰州市政府处理此事。

【叙录编号】 0440
【档案题名】
甘肃省政府等关于黄河堤坝一事的各类文件
【发文单位】 甘肃省政府；西北公路工务局等
【收文单位】 甘肃省政府；西北公路工务局等
【档案编号】 027-004-0236
【成文时间】 1943-10-02—1944-03-10
【收藏单位】 甘肃省档案馆
【涉及地域】 兰州市
【关 键 词】 黄河石堤
【内容提要】

此案卷包含14份文件，均与黄河堤坝一事有关。甘肃省建设厅工程司马逢良、副工程司刘香龄向该厅呈报兰州黄河南北两岸的石堤工程计划书。黄河水利委员会上游修防林垦工程处呈报甘肃省政府，兰州市黄河石护岸工程第2、4段已经开工，甘肃省政府回令准予备查。该工程处又向甘肃省政府报送兰州市黄河石护岸第一段工程改变计划，要追加补修第五段工程，及第五段的开工日期，甘肃省政府回复，将改变计划及补修坍塌河岸的图表呈报核查。甘肃省建设厅主任张志礼向甘肃省建设厅报送验收修复黄河石护岸工程的情况，工程处也呈报甘肃省政府，黄河石护岸工程已修复，请派人验收，甘肃省政府回令准予备查，附竣工表1份、竣工图7张、竣工报告书1份。交通部公路总局西北公路工务局兰州办事处致电甘肃省政府，已会同兰州市政府、黄河水利委员会上游修防林垦工程处将黄河铁桥南岸西段工程修复，甘肃省政府回令准予备查。甘肃省建设厅技士郑兴贤、甘肃省政府会计处主任科员张士廉向甘肃省建设厅报送验收修复兰州市晏公庙坍塌河堤工程的情况，甘肃省建设厅与会计处就此事呈报甘肃省政府，甘肃省政府就此事回复兰州市政府，准予备查。

【叙录编号】 0441
【档案题名】
甘肃省政府等关于整修黄河堤岸一事的各类文件
【发文单位】 兰州市政府；甘肃省政府会计处等
【收文单位】 兰州市政府；甘肃省政府会计处等
【档案编号】 027-004-0237
【成文时间】 1946-09-11—1947-01-20
【收藏单位】 甘肃省档案馆
【涉及地域】 兰州市
【关 键 词】 黄河堤岸

【内容提要】

兰州市政府向甘肃省政府报送抢修黄河堤岸防范情况及紧急会议记录，甘肃省政府回令准予备查。兰州市政府呈报甘肃省政府，本市第六区十里店沿河农田被冲毁，请求拨款筑堤，甘肃省政府指令兰州市政府将冲毁的地亩详情勘报，并与农行商洽贷款。兰州市政府向甘肃省政府呈报修复黄河堤岸及挑水石坡工程验收表、竣工决算书及平面图。甘肃省建设厅工程司郑兴贤、甘肃省政府会计处专员刘绶宗向甘肃省政府呈报验收兰州市整修黄河堤岸工程的情况。兰州市政府向甘肃省政府报送抢救黄河堤岸购置材料费用、竣工决算书、承揽单及监验表，甘肃省政府回令准予备查，并要求将工程余款的处置情况呈报，兰州市政府将工程的结余款保管情况呈报，甘肃省政府要求将结余款缴省库。兰州市政府向甘肃省政府报送整修黄河堤岸、挑水石坡工程费会计报告，又向甘肃省政府报送市参议会提议的由政府拨发专款修复黄河堤岸一事，附工程概算书1份，甘肃省政府将此事致电行政院。

【叙录编号】　0442
【档案题名】
　　甘肃省政府等关于兰州黄河城北堤岸的各类文件
【发文单位】　甘肃省政府；水利部等
【收文单位】　兰州市政府；甘肃省建设厅等
【档案编号】　027-004-0238
【成文时间】　1946-03-30—1947-11-28
【收藏单位】　甘肃省档案馆
【涉及地域】　兰州市
【关　键　词】　黄河堤岸
【内容提要】

此案卷包含18份文件，均与黄河堤岸有关。甘肃省财政厅致函甘肃省建设厅，其之前所填的第九号修理黄河堤工费因款不敷支出，已另外填单。兰州市政府呈报甘肃省政府，报送抢修黄河堤岸工程办法及石方木筏的开标日期，并请派员监标。甘肃省建设厅工程司郑兴贤、甘肃省政府会计处专员刘绶宗分别呈报甘肃省建设厅、甘肃省政府会计处，报送抢修黄河堤岸工程的开标情况。兰州市政府向甘肃省政府呈报本市第七区第八保河坝的损坏情况。兰州市政府向甘肃省政府报送抢修黄河堤岸工程办法及石方木筏的开标情况。甘肃省建设厅、财政厅与会计处向甘肃省政府报送抢修黄河堤岸的办理情况。甘肃省政府准兰州市政府自行购料雇工修筑城北黄河堤岸。甘肃省政府致电兰州市政府，其呈报整修黄河堤岸等工程费已收到，准予备查。其中剩余工程款18618.5元应该缴库备存。另需购置毛口袋184条价值64.4万元，妥善保管。甘肃省政府致函审计部甘肃审计处，兰州市呈报本年黄河河堤工程款572.5079万元，又有民国三十四年（1945）新兴车业费、各县局灾害救济费，请审计处核备在案，附有兰州市工程局现金出纳表1份。兰州市政府向甘肃省政府呈报整修城北黄河堤岸工程变更断面设计图、预算书及分析表，并请追加拨款，甘肃省政府就此事致电行政院。兰州市政府呈报甘肃省政府，之前奉令补赍整修城北黄河堤岸工程平面图一案经查，已补赍在案。行政院给甘肃省政府回令，兰州城北黄河整修费准予拨补10亿元，甘肃省政府将此事通知兰州市政府。水利部也致函甘肃省政府，行政院核准拨补黄河堤岸整修费10亿元。兰州市政府呈报甘肃省政府，请准予拨发10亿元堤岸整修费，甘肃省政府回令请兰州市政府速拟订整修兰州市城北黄河堤岸办法。行政院致电甘肃省政府，之前兰州市政府请求追加黄河堤岸工程款至90亿元一事，因本院已拨付了10亿元，故不足之处应由兰州市政府自筹。甘肃省政府指令兰州市政府，除行政院拨交的10亿元外，应由兰州市政府拟订具体办法，彻底整修堤岸。如目前不便兴工，可利用上列奉拨工款先行购储所需材料。

【叙录编号】 0443
【档案题名】
甘肃省政府、兰州市政府关于整修黄河堤岸一事的文件
【发文单位】 黄河水利工程局上游工程处；兰州市政府等
【收文单位】 黄河水利工程局上游工程处；甘肃省建设厅等
【档案编号】
027-004-0239-（0001-0017）；
027-004-0240-（0001-0009）
【成文时间】 1948-02-26—1949-04-15
【收藏单位】 甘肃省档案馆
【涉及地域】 兰州市
【关 键 词】 黄河堤岸
【内容提要】

此案卷包含17份文件，均与整修黄河堤岸有关。黄河水利工程局上游工程处致电甘肃省政府，关于追加兰州城北黄河堤岸工款一事，行政院之前已拨过10亿元，不足之处，还请地方自筹，此事应无庸议，请甘肃省政府鉴核。甘肃省政府由此指令兰州市政府，不同意追加该市城北黄河堤岸的工款。兰州市政府向甘肃省政府呈报城北黄河堤岸整修办法并编造预算等文件，甘肃省政府回令收到，经过核对，有两点建议：1.预算不足以修补堤岸缺口；2.10亿元工程款只能用在工程，不能用在管理费上。兰州市政府向甘肃省政府报送更正城北黄河堤岸补修工程的预算书及计划说明书。甘肃省建设厅呈报甘肃省政府，拟将中央拨补兰州市城北黄河堤岸的整修款转发给兰州市政府。甘肃省政府指令兰州市政府，应先将整修河堤款挪用去修兰州自来水工程，兰州市政府后向甘肃省政府报送整修河堤款挪用修市自来水工程的情况，甘肃省政府准予暂时用此款项整修河堤，并要求速筹自来水款。兰州市政府请甘肃省政府暂缓将整修河堤款挪用于修市自来水工程，甘肃省政府应允。行政院通知兰州市政府，准予增拨兰州市区黄河堤岸工程款20亿元，水利部也就此事致函甘肃省政府，甘肃省政府请行政院速拨这笔款项，行政院回电，已令财政部速拨工款。兰州市政府向甘肃省政府报送整修黄河堤岸叶家坝工程的预算书、设计图、招标比价表、承揽单，甘肃省政府回令准予照办，并要求更正包工费与监理费。兰州市政府报送整修叶家坝黄河堤岸的工程竣工决算书、监验表、质量保证书、竣工图并致函甘肃省政府，甘肃省政府回令准予备查，兰州市政府报送整修黄河堤岸会计报告与工程现金出纳表。参议会提议整修黄河堤岸准予拨款，甘肃省政府回令已转行政院核拨工程款。

【叙录编号】 0444
【档案题名】
甘肃省建设厅关于兰州自来水工程的研讨及施工概况文件
【发文单位】 甘肃省建设厅
【收文单位】 不详
【档案编号】 027-004-0294-（0003-0004）
【成文时间】 1948
【收藏单位】 甘肃省档案馆
【涉及地域】 兰州市
【关 键 词】 自来水
【内容提要】

本件为甘肃省建设厅孙汝楠等人在甘肃省建设厅会议室讨论完成兰州自来水工程的会议记录，最后决议为经费、器材与技术三部分。附有《兰州市自来水工程一年来施工概况》，包括渗水槽工程，引水道工程，汲水井工程，水库工程，厂房工程，水泥管、水管、机械及

器材之购置，工程基金收支，财产目录。

【叙录编号】 0445

【档案题名】
　　甘肃省政府、兰州市政府关于整修黄河铁桥一事的文件

【发文单位】 行政院；西北行政长官公署；甘肃省政府；中央银行兰州分行

【收文单位】 行政院；西北行政长官公署；甘肃省政府；中央银行兰州分行

【档案编号】
　　027-004-0313-（0001-0025）；
　　027-004-0314-（0001-0020）；
　　027-004-0316-（0007-0018）

【成文时间】 1949-02-08—1949-06-18

【收藏单位】 甘肃省档案馆

【涉及地域】 兰州市

【关 键 词】 黄河铁桥

【内容提要】
　　兰州市政府派人详查黄河铁桥损坏情况致函甘肃省政府，附有修理黄河铁桥概算详细表，吴惇报送黄河铁桥损坏情况并附预算，甘肃省建设厅将黄河铁桥视察书转甘肃省政府，甘肃省政府训令严格限制载重标准禁止铁轮大车通过，甘肃省政府致电七区公路管理处从速修补黄河铁桥，西北行政长官公署请行政院尽快核拨黄河铁桥工程款，兰州市政府洽办黄河铁桥官制与修整情况。兰州市政府抄送黄河铁桥视察报告书、黄河铁桥现状与建议改善法。甘肃省政府1621次会议讨论拟订整修河桥办法的会议议案，甘肃省建设厅报送复勘黄河铁桥情况签呈甘肃省政府。甘肃吴华甫报送黄河铁桥整修工程计划，甘肃省建设厅报送黄河铁桥钢木行梁、油漆以及桥面整修工程计划，设备经费概算表，证书车辆过桥费预算表。第七区公路管理局催发工款，行政院回电已如数拨发。

【叙录编号】 0446

【档案题名】
　　甘肃省政府、甘肃省建设厅关于兰州自来水工程的文件（四）

【发文单位】 甘肃省建设厅

【收文单位】 不详

【档案编号】
　　027-004-0316-（0001-0006）；
　　027-004-0317-（0001-0011）；
　　027-004-0318-（0001-0002）；
　　027-004-0319-（0001-0019）；
　　027-004-0320-（0001-0025）；
　　027-004-0321-（0001-0012）；
　　027-004-0324-（0001-0008）

【成文时间】 1946-12-14—1947-10-27

【收藏单位】 甘肃省档案馆

【涉及地域】 甘肃省

【关 键 词】 自来水；水管

【内容提要】
　　包括《兰州自来水工程计划》《兰州市自来水工程设计工作计划》。该文件有两份，（二）与（一）相同。包括绪论、人口估计、需水量、水源、水厂及机器、水管、配水网、售水站、水库等部分，附有经费概算、兰州市警察局历年户口统计表、兰州市人口复查比较表、兰州市民用水调查表、兰州市用水量调查表、兰州市黄河各水站供水量调查表、兰州市民用水量调查表、兰州市井水检验结果比较表、兰州黄河水质检验结果最高及最低平均数、兰州市第三苗圃试井记录、兰州市自来水浸水管道水管总管及配水各种水管对径及长度表。毛理尔向甘肃省政府报告兰州筹建现代化自来水工程，附有报告书1份、工程建议书1份。内政部抄发自来水水管承包商管理规则及自来水水管技工考验规则、自来水供水须知致函甘肃省政府，甘肃省政府训令自来水厂与机器厂限期订立合约。兰州市政府报送工程经过

情况，甘肃省政府训令加速推进工程建设，自来水工程处报送经费困难、工程推进困难，附有《兰州市自来水工程处施工说明书》，包括总则、施工细则（厂房、进水槽及附属工程、水闸工程、敷管工程、水库工程、杂项工程）。自来水工程处马主任报送在上海调查、贩运自来水工程器材情况及订购货价。自来水工程处向机器厂订购铁管，报送徐家湾自来水供电厂电费，自来水工程委员会各项物款清册，自来水工程筹委会图表问卷、经费、物品纸张、各种货物移交清册。自来水工程处参加标卖颜料，向甘肃省政府报送标售颜料数量及价格，附有购货单9张。甘肃省建设厅报送赶修自来水进水槽工程报表，并报送第10~12、16~19期自来水工程报表。

【叙录编号】 0447
【档案题名】
黄河水利委员会上游工程处湟水水道工务所整理湟水虎头崖王家闸六甲种滩工厂竣工图表
【发文单位】 黄河水利委员会上游工程处湟水水道工务所
【收文单位】 甘肃省建设厅
【档案编号】 027-004-0506-0001
【成文时间】 1945-02
【收藏单位】 甘肃省档案馆
【涉及地域】 甘肃省
【关 键 词】 湟水；报告
【内容提要】
民国三十四年（1945）5月23日会同验收黄河水利委员会上游工程处湟水水道工务所办理整理湟水虎头崖上漩子下漩子马厂元马聚元及王家口闸等滩险炸礁工厂与竣工图表，有行政院水利委员会代表李清唐、甘肃行政院代表余斌、甘肃省政府审计处代表李凝桂、黄河水利委员会上游工程处代表陶履敦。附有整理虎头崖至王家口闸等六甲种滩竣工图表共17份，包含工程费统计表、工程数量统计表、虎头崖及上漩子滩竣工平面图、下漩子及马厂元滩竣工平面图、马聚元滩竣工平面图、王家口闸滩竣工平面图、上漩子炸礁竣工横截面图、王家口闸滩炸礁竣工纵横断面图、虎头崖及上漩子水上炸方石计算表、下漩子水上炸方石计算表、马聚元滩水上炸方石计算表、王家口闸水上炸方石计算表等。

【叙录编号】 0448
【档案题名】
黄河水利委员会上游工程处整理兰州黄河石堤工程计划书
【发文单位】 黄河水利委员会上游工程处
【收文单位】 甘肃省建设厅
【档案编号】 027-004-0511-001
【成文时间】 1942-01
【收藏单位】 甘肃省档案馆
【涉及地域】 兰州市
【关 键 词】 黄河石堤
【内容提要】
《黄河水利委员会上游工程处整理兰州黄河石堤工程计划书》，包含：缘由、工程说明、工程计划、工费总计、工料调查、施工程序、附图（1.整理兰州黄河石堤工程平面图，2.整理兰州黄河石堤工程纵断面图，3.兰州黄河磨盘石堤工程图，4.5.6.兰州黄河甲、乙、丙种阶级码头图，7.新建兰州黄河石堤及增建栏杆标准图，8.翻修及补修兰州黄河右岸石堤标准断面及翻修中山铁桥翼墙图）。

【叙录编号】 0449
【档案题名】
全国经济委员会水利处甘肃市区设计测量队新古渠报告书
【发文单位】 全国经济委员会水利处甘肃市区

设计测量队
【收文单位】 甘肃省建设厅
【档案编号】 027-004-0512-0001
【成文时间】 1936
【收藏单位】 甘肃省档案馆
【涉及地域】 兰州市
【关 键 词】 新古渠
【内容提要】
　　《全国经济委员会水利处甘肃市区设计测量队新古渠报告书》，包含引言、测量、调查（水位、气象、雨量、地质、水车、泉水及沟水、交通状况、工料、人口、饮料之取给、地价及农作物种类、通用度量衡）、设计（工程概要、水量、灌溉范围、渡槽跨度之决定、坡度、施工细则）。引言内回顾民国二十三年（1934）来甘肃水利查勘情况，回顾甘肃旧志所载兰州西北石佛湾，甘肃新通志载，清代陈如稷旧志康熙、乾隆黄廷桂等人修渠情况。附有《新古渠柳荫村水位站水位曲线》《二十一年份兰州气象变迁图》《二十二年份兰州气象变迁图》《二十三年份兰州气象变迁图》《二十四年份兰州气象变迁图》《二十五年份兰州气象变迁图》《泉水灌溉面积表》《沟水灌溉面积表》《新古渠建筑材料调查表》《新古渠工匠调查表》《甘肃省会公安局辖境内户口数目表》《沿渠城镇人口调查表（根据皋兰绘制）》《农作物调查表》《通用度量衡表》。设计部分工程概要包括：进水闸、退水闸、减水闸、隧洞、洪水渡槽、山洪渡槽、崖下渡槽、木桥。施工细则包括挖土工程、填土工程、灰土工程、砌石工程、混凝土工程、砌砖工程、土木工程、桩工、铁工。

【叙录编号】 0450
【档案题名】
　　黄河水利委员会上游工程处整理洮河口至兰州段黄河航道第二期工程竣工图（朱喇叭峡龙王坑）
【发文单位】 黄河水利委员会上游工程处
【收文单位】 甘肃省建设厅
【档案编号】 027-004-0520-0001
【成文时间】 1946-03
【收藏单位】 甘肃省档案馆
【涉及地域】 兰州市
【关 键 词】 洮河
【内容提要】
　　黄河水利委员会上游工程处整理洮河口至兰州段黄河航道第二期工程竣工图由各相关部门验收，包括整理黄河朱喇叭峡龙王坑航道工程纵断面图、横断面图、石方计算表、料具统计表、实用工人统计表、工程数量及工程费统计表。

【叙录编号】 0451
【档案题名】
　　甘肃省湟惠渠管理处处长余斌关于报送修补隧道工程工料合同致甘肃省建设厅的呈文
【发文单位】 甘肃省湟惠渠管理处处长余斌
【收文单位】 甘肃省建设厅
【档案编号】 027-004-0570-0011
【成文时间】 1941-12-09
【收藏单位】 甘肃省档案馆
【涉及地域】 甘肃省
【关 键 词】 隧洞
【内容提要】
　　甘肃省湟惠渠管理处处长余斌报送该处在甘肃省建设厅科长监视下改善修补隧洞，附有备料合同，名为《甘肃省湟惠渠管理处发包材料合同》，共11条，承包商为鸿兴营造厂负责人徐胜云，保证商为新兴煤厂。另附《工程估价单》。

【叙录编号】 0452
【档案题名】
　　协成营造厂炸除牛鼻峡巨石险滩工程承揽

书、说明书
【发文单位】 甘肃省湟惠渠管理处处长余斌
【收文单位】 甘肃省建设厅
【档案编号】 027-004-0571-0004
【成文时间】 1942-03-21
【收藏单位】 甘肃省档案馆
【涉及地域】 甘肃省
【关 键 词】 洮河
【内容提要】
　　协成营造厂炸除牛鼻峡巨石险滩工程承揽书、说明书，此卷为副本。承揽书共15条，包含承揽范围从丁堡子牛鼻峡到洮黄交汇处柳家峡长30公里，炸除4000方，附有《工程类别单价表》，经理人协兴营造厂黄宝成。附有说明书19条。

【叙录编号】 0453
【档案题名】
　　甘肃王义德等7人关于函转天兰公路局仍照前请路基以外内购地开渠灌溉田地以维持生活的呈文
【发文单位】 榆中县
【收文单位】 甘肃省政府；甘肃省建设厅
【档案编号】
　　027-005-0024-（0021-0024）；
　　027-005-0026-（0001-0006）
【成文时间】 1948-03-23—1948-05-23
【收藏单位】 甘肃省档案馆
【涉及地域】 榆中县
【关 键 词】 开渠灌溉
【内容提要】
　　甘肃王义德等7人关于函转天兰公路局仍照前请路基以外内购地开渠灌溉田地以维持生活的呈文，申请在原地内开渠放水，甘肃省政府批示与榆中县政府查勘批准，榆中县上报开渠情况，王子宽等人请在天兰公路旁开渠，交通部天水公路局认为开挖水渠妨碍路基安全，甘肃省政府训令榆中县派员指导施工。

【叙录编号】 0454
【档案题名】
　　甘肃省建设厅关于兰州河北庙滩子地亩变卖修筑堤坝一事的文件
【发文单位】 兰州市
【收文单位】 甘肃省政府
【档案编号】
　　027-005-0039-（0001-0024）；
　　027-005-0040-（0001-0004）
【成文时间】 1941-01-30—1944-01-07
【收藏单位】 甘肃省档案馆
【涉及地域】 兰州市
【关 键 词】 公地
【内容提要】
　　甘肃省民政厅、财政厅计划将制革厂河北庙滩子售卖，甘肃省政府准予将该地亩作为股金拨付甘肃省造纸厂及甘肃水利林牧公司，甘肃省陈之昌建议制革厂、造纸厂将沿岸河堤修筑防止河水泛滥。甘肃省建设厅训令甘肃省农业改进所及二厂修筑沿岸水车堤坝。中央地质调查所西北分所接受甘肃省机器厂房屋，附有《中央地质调查所、兴陇公司、甘肃学院分占甘肃省机器厂平面旧址略图》，甘肃学院造送承租文约。

【叙录编号】 0455
【档案题名】
　　甘肃省农业改进所关于上报黄河暴涨情况致甘肃省建设厅的函及训令
【发文单位】 兰州市
【收文单位】 甘肃省建设厅
【档案编号】 027-005-0048
【成文时间】 1949-07-27—1949-07-29
【收藏单位】 甘肃省档案馆
【涉及地域】 兰州市

【关 键 词】 黄河

【内容提要】

甘肃省农业改进所报送7月黄河暴涨,紧急动员员工修筑堤防,甘肃省建设厅训令将重要物品、仪器、卷宗转移至安全地带。

【叙录编号】 0456

【档案题名】

甘肃省政府、兰州市政府关于自行筹款修复中山林引水槽工程的呈文

【发文单位】 兰州市政府

【收文单位】 甘肃省建设厅

【档案编号】

027-005-0105-(0011-0018);
027-005-0112-(0011-0016)

【成文时间】 1949-04-18

【收藏单位】 甘肃省档案馆

【涉及地域】 兰州市

【关 键 词】 中山林

【内容提要】

兰州市政府呈文甘肃省政府保护中山林林木修建旧有水道引水灌溉,需要修建水槽工程木料100根,附有《中山林所架水槽木料表》、《中山林水道平面图》蓝图1张,甘肃省政府回令自行筹措,兰州市请砍伐中山林内死亡树木,甘肃省政府同意,兰州市政府发布告示出售中山林内未能成活树木,甘肃省政府要求调查士兵砍伐中山林树木一事。

【叙录编号】 0457

【档案题名】

甘肃省政府关于各县报送本县小型农业水利工程成果简报表的呈文、训令(陇东)

【发文单位】 各县

【收文单位】 甘肃省政府

【档案编号】

027-005-0151-(0001-0026);
027-005-0152-(0003-0021);
027-005-0153-(0001-0024);
027-005-0154-(0001-0022);
027-005-0155-(0001-0024);
027-005-0156-(0001-0021)

【成文时间】 1946-04-29—1947-06-27

【收藏单位】 甘肃省档案馆

【涉及地域】 甘肃省

【关 键 词】 农田水利工程

【内容提要】

农林部训令甘肃省政府尽快填报小型农田水利工程,甘肃省政府训令各县局。定西县、康县、海原县、渭源县、漳县、民乐县、会川县、榆中县、武都县、宁县、成县、崇信县、陇西县、礼县等汇报三十五(1946)、三十六年度(1947)小型农田水利成果表。

【叙录编号】 0458

【档案题名】

甘肃省政府关于各县报送本县民国三十四年度(1945)小型农田水利工程的呈文、训令

【发文单位】 各县

【收文单位】 甘肃省政府

【档案编号】

027-005-0157-(0001-0025);
027-005-0158-(0001-0017);
027-005-0159-(0001-0010);
027-005-0161-(0006-0023)

【成文时间】 1945-12-12—1946-03-03

【收藏单位】 甘肃省档案馆

【涉及地域】 甘肃省

【关 键 词】 农田水利工程

【内容提要】

农林部催报各县局民国三十四年小型农田水利工程成果报告表,甘肃省政府训令各县局报送。庆阳县、永昌县、化平县、海原县、西吉县、西和县、成县、皋兰县、静宁县、武都

县、武山县、临洮县、隆德县、两当县报送各县农田水利工程成果报告表。

【叙录编号】 0459
【档案题名】
　　甘肃省政府关于合理利用小型农田水利工程贷款给皋兰县政府的指令
【发文单位】 甘肃省政府
【收文单位】 皋兰县
【档案编号】 027-005-0158-0018
【成文时间】 1945-11-22
【收藏单位】 甘肃省档案馆
【涉及地域】 皋兰县
【关 键 词】 农田水利工程
【内容提要】
　　如题。

【叙录编号】 0460
【档案题名】
　　甘肃省政府、兰州市政府关于修整黄河铁桥油漆工程一事的文件
【发文单位】 兰州市政府
【收文单位】 甘肃省政府
【档案编号】
　　027-005-0159-（0011-0019）；
　　027-005-0160-（0009-0013）
【成文时间】 1944-04-18—1944-10-07
【收藏单位】 甘肃省档案馆
【涉及地域】 兰州市
【关 键 词】 黄河铁桥
【内容提要】
　　兰州黄河铁桥维修，需要惠丰木厂运送木料，甘肃省物价管制委员会报修理黄河铁桥需要征收各木厂586根木料、木板桥梁等，附有《木料数量表》及《木料计价标准》各1份。由工信公司承包黄河铁桥油漆工，甘肃省建设厅汇报油漆工竣工日期，交通部西北公路工务局汇报黄河铁桥整修工程验收报告表，甘肃省政府代表杨少伯、李□桂审核通过。

【叙录编号】 0461
【档案题名】
　　甘肃省政府、甘肃省建设厅关于整修黄河铁桥工程一事的代电、呈文
【发文单位】 兰州市政府；甘肃省建设厅
【收文单位】 甘肃省政府
【档案编号】
　　027-005-0161-（0001-0005）；
　　027-005-0162-（0001-0006）
【成文时间】 1944-05-17—1944-07-16
【收藏单位】 甘肃省档案馆
【涉及地域】 兰州市
【关 键 词】 黄河铁桥
【内容提要】
　　甘肃省建设厅报送《黄河铁桥桥面改善工程办法》《兰州黄河铁桥抽换桥面梁木需用木料一览表》《黄河铁桥工程征购木料一览表》《交通部西北公路工务局工程决算表·改善黄河铁桥桥面工程》《交通部西北公路工务局工程决算详细表·改善黄河铁桥桥面工程》《交通部西北公路工务局工程决标详细表·改善黄河铁桥桥面工程》《黄河铁桥工程征购木料一览表》《购用松木解锯成料一览表》《全桥利用新旧木料对照表》《备用木料表》《旧料利用表》，甘肃省建设厅训令尽量避免浪费木料，汪康祖等人验收工程情况，甘肃省政府转发西北公路工务局整修黄河铁桥工程材料使用注意事项。

【叙录编号】 0462
【档案题名】
　　甘肃省农业改进所拟将张家寺农场水费及利息移作优良果苗费给甘肃省政府的呈文
【发文单位】 甘肃省农业改进所

【收文单位】 甘肃省建设厅
【档案编号】 027-005-0231-（0009-0011）
【成文时间】 1947-11-24—1947-11-27
【收藏单位】 甘肃省档案馆
【涉及地域】 兰州市
【关 键 词】 农场
【内容提要】
　　甘肃省农业改进所拟将张家寺农场水费及利息移作优良果苗费，附有《甘肃省农业改进所三十六年度引进优良果苗预算书》4份，甘肃省政府同意。

【叙录编号】 0463
【档案题名】
　　甘肃省农业改进所关于湟惠渠管理处提前浇灌张家寺农场春水一事的文件
【发文单位】 甘肃省农业改进所
【收文单位】 甘肃省建设厅
【档案编号】
　　027-005-0232-（0001-0007、0012-0013）
【成文时间】 1943-12-11—1944-04-17
【收藏单位】 甘肃省档案馆
【涉及地域】 兰州市
【关 键 词】 农场
【内容提要】
　　甘肃省农业改进所请甘肃省政府通知湟惠渠管理处明年春天提前浇灌张家寺农场土地致函甘肃省建设厅，甘肃省政府回令已训令张家寺农场，甘肃省农业改进所报送张家寺农场提前浇水情形，甘肃省农业改进所报送调查张家寺农场强取民众石块一事。

【叙录编号】 0464
【档案题名】
　　甘肃省政府、兰州市政府、皋兰县政府关于修建水窖一事的文件
【发文单位】 兰州市；皋兰县

【收文单位】 甘肃省建设厅；西北行辕等
【档案编号】
　　027-005-0281-（0001-0016）；
　　027-005-0282-（0001-0021）
【成文时间】 1948-08-24—1948-12-29
【收藏单位】 甘肃省档案馆
【涉及地域】 兰州市；皋兰县
【关 键 词】 水窖
【内容提要】
　　甘肃省建设厅致函西北军政长官工兵七团、兰州市、皋兰县等单位出席研讨会，商讨修建军用水池事宜，附有《兰州市核心工事重要据点修筑蓄水池研讨记录》。0281-0006为甘肃省政府抄发军用公路水窖工料费及购置图致函兰州市、皋兰县政府，附有《兰州近郊守备部队给水案》、《马家皋兰山军用公路及水窖位置图》、《平截圆锥形储水井设计图》设计案一、《水窖构造图》设计案二、《皋兰山军用路线平面图》、《东港镇至古城岭军用公路平面图》，皋兰县政府呈报需用工料，附有《每座水窖实需工料表》，皋兰县时期增加军用水窖工料费。甘肃省建设厅报送召集有关机关研商赶修水窖办法及会议记录，兰州市政府报送派员监修水窖工程一事，兰州市政府检送水窖地形图及《红土装窖日期随时具报表》，附有《兰州市政府沿兰山公路修筑军用水窖地形图》。0282-0017为于12月1日上午验收工程，西北军政长官张鹏天等人验收，附有《兰州市在兰山公路一带建筑水窖竣工图》《兰山公路一带军用水窖工程决算表》《兰州市政府沿兰山公路修筑军用水窖地形图》。

【叙录编号】 0465
【档案题名】
　　甘肃省政府关于皋兰县水窖饮水注满移交一事的文件
【发文单位】 西北行辕

【收文单位】 甘肃省建设厅
【档案编号】 027-005-0287-（0010-0015）
【成文时间】 1948-12-18—1949-04-09
【收藏单位】 甘肃省档案馆
【涉及地域】 甘肃省
【关 键 词】 营房；伐木
【内容提要】

西北军政长官训令速将皋兰一带饮水池水窖注满致电兰州核心工事工程处，甘肃省政府训令兰州市政府照办，附有《皋兰县县长郝德润任内经管三十七年度建修水窖材料造具假交代四柱清册》，甘肃省政府回令准予备查。

【叙录编号】 0466
【档案题名】

甘肃省兰阿公路雷坛河 1∶1000 公尺石台木面平桥设计图
【发文单位】 甘肃省运输处
【收文单位】 甘肃省建设厅
【档案编号】 027-005-0375-0013
【成文时间】 1947-12-31
【收藏单位】 甘肃省档案馆
【涉及地域】 兰州市
【关 键 词】 成武公路
【内容提要】

《甘肃省兰阿公路雷坛河 1∶1000 公尺石台木面平桥设计图》蓝图。

【叙录编号】 0467
【档案题名】

甘肃省政府关于西北毛纺织厂速修蓄水池的批示
【发文单位】 兰州市
【收文单位】 甘肃省政府
【档案编号】 027-005-0659-0018
【成文时间】 1947-06-03
【收藏单位】 甘肃省档案馆

【涉及地域】 兰州市
【关 键 词】 西北毛纺织厂；蓄水池
【内容提要】

西北毛纺织厂的洗毛活水导入黄河，造成污染，所以呈报修建蓄水池。甘肃省政府令迅速办理。

【叙录编号】 0468
【档案题名】

甘肃省建设厅关于调查西北毛纺织厂将污水排入黄河情况给甘肃省建设厅的签呈
【发文单位】 兰州市
【收文单位】 甘肃省政府；甘肃省建设厅
【档案编号】 027-005-0659-（0014-0016）
【成文时间】 1947-05-31—1947-06-03
【收藏单位】 甘肃省档案馆
【涉及地域】 兰州市
【关 键 词】 污水
【内容提要】

西北毛纺织厂因被人举报该厂将污水排入黄河一事，故毛纺织厂报送该厂：1.将污水流入储水井内，不至于发生问题；2.洗毛污水经过过滤流入黄河，去年雨季水池被冲毁；3.污水导入黄河问题，去年该厂询问西北防疫处说细菌入水流二三里会产生自净作用；4.为彻底防范拟在河边开挖蓄水池。甘肃省建设厅查报后，甘肃省政府训令迅速开挖蓄水池。

【叙录编号】 0469
【档案题名】

关于各水利机构人事调动的各类文件
【发文单位】 甘肃省建设厅；永靖渠工程处等
【收文单位】 甘肃省建设厅；甘肃省水利第二勘测队等
【档案编号】 027-006-0664-（0001-0022）
【成文时间】 1939-12-08—1941-08-12
【收藏单位】 甘肃省档案馆

【涉及地域】　甘肃省
【关 键 词】　水利机构；人员调动
【内容提要】

本卷22份文件全与各水利机构人事调动有关。其中包括将朱赞青委任为永靖渠事务员；甘肃省政府秘书处发泾济渠工务所主任高峰委任状；发省水利勘测队第三分队队长任以永、工程师王诺夫委任状；泾济渠派牛映枢为该所会计股长；提升李继莲、张作新第二水利勘测队职务；湟惠渠人事调动等内容。

【叙录编号】　0470
【档案题名】
　　湟惠渠管理处人员调动及工程建设的各类文件
【发文单位】　甘肃省建设厅；湟惠渠管理处等
【收文单位】　甘肃省政府；湟惠渠管理处等
【档案编号】　027-007-0058-（0001-0026）
【成文时间】　1946-07-07—1947-05-03
【收藏单位】　甘肃省档案馆
【涉及地域】　甘肃省
【关 键 词】　湟惠渠；人事调动
【内容提要】

本卷内容全与湟惠渠人员调度有关，涉及部分工程进度。其中有报送试用监工员、湟惠渠管理处会计员的公函，处长请假，报送调整职员一览表，工务组组长停职留薪等事宜。

【叙录编号】　0471
【档案题名】
　　湟惠渠管理处人员调动及工程建设的各类文件
【发文单位】　甘肃省建设厅；湟惠渠管理处等
【收文单位】　甘肃省建设厅；湟惠渠管理处等
【档案编号】　027-007-0059-（0001-0008）
【成文时间】　1947-04-02—1947-05-23
【收藏单位】　甘肃省档案馆
【涉及地域】　甘肃省
【关 键 词】　湟惠渠；人事调动
【内容提要】

此8份文件包括湟惠渠对工务员免职、申请给予民工抚恤金、派王性澄到差为该处服务等内容。

【叙录编号】　0472
【档案题名】
　　甘肃省政府、空军第一军区司令部关于东古城机场引水用水问题的各类文件
【发文单位】　甘肃省建设厅；空军第一军区司令部等
【收文单位】　甘肃省建设厅；空军第一军区司令部等
【档案编号】　027-007-0407-（0003-0013）
【成文时间】　1938-11-26—1939-01-14
【收藏单位】　甘肃省档案馆
【涉及地域】　榆中县
【关 键 词】　机场；饮水；水渠
【内容提要】

此11份文件均与东古城机场饮水用水问题有关，其中有：空军第一军区司令部报送小康营每月初一、十五两日放水至接驾嘴各一次，以便机场应用，致函甘肃省政府。甘肃省政府就此事回函空军第一军区司令部，训令榆中县政府照办。甘肃省建设厅职员王仰曾签呈甘肃省建设厅及甘肃省政府，报飞机场用水计划并预算及草图，请甘肃省建设厅鉴核。附《东古城飞机场用水计划》1份，其中包括具体引水、用水方法，小康营储水库位置草图等。空军第一军区司令部致函甘肃省建设厅，呈小康营及甘草店旧水渠太低，恐难以引水进场，申请派员勘测另开水道及蓄水办法。甘肃省建设厅令王仰曾送用水计划给空军第一军区司令部。空军第一军区司令部致函甘肃省建设厅，送古城南山与甘草店水样给甘肃省建设

厅，随后有航空委员会第七十飞行场报送至甘肃省建设厅第二科。

【叙录编号】 0473
【档案题名】
　　甘肃李玉树关于报送修筑防水沟工程图表致甘肃省政府的签呈
【发文单位】 李玉树
【收文单位】 甘肃省政府
【档案编号】 027-007-0409-0005
【成文时间】 1938-07-02
【收藏单位】 甘肃省档案馆
【涉及地域】 甘肃省
【关 键 词】 机场；防水沟
【内容提要】
　　如题，其中包括机场附近防水沟位置、遇水情况、建筑结构等内容。

【叙录编号】 0474
【档案题名】
　　甘肃省建设厅关于自来水事业管理及兰州自来水建设的各类文件
【发文单位】 甘肃省政府秘书处；甘肃省建设厅等
【收文单位】 甘肃省政府秘书处；甘肃省建设厅等
【档案编号】 027-008-0401-0403
【成文时间】 1947
【收藏单位】 甘肃省档案馆
【涉及地域】 兰州市
【关 键 词】 自来水事业；兰州；自来水建设
【内容提要】
　　本卷31份文件均与自来水事业管理、兰州自来水建设相关。其中有甘肃省政府秘书处及甘肃省建设厅报送兰州自来水工程处组织规程给甘肃省政府的呈文、甘肃省政府抄发修正发还兰州自来水工程处的指令；甘肃省政府委员会关于通报并抄发行政院自来水事业管理规则、接收收复区自来水厂办法的训令及呈文；兰州市自来水工程处请求调派绘图员及工人、报送启用印章日期、报送组织规程、请派员出席标售颜料会议给甘肃省政府、甘肃省建设厅的呈文、函；甘肃省建设厅关于自来水基金收支情况、自来水基金管运情况与财政厅及甘肃银行往来文件等。

【叙录编号】 0475
【档案题名】
　　兰州自来水工程处经费、运转情况的各类文件
【发文单位】 兰州市政府；兰州市自来水工程处等
【收文单位】 甘肃省建设厅；兰州市自来水工程处等
【档案编号】 027-008-（0548-0549）
【成文时间】 1947
【收藏单位】 甘肃省档案馆
【涉及地域】 兰州市
【关 键 词】 自来水工程；经费预算；组织管理
【内容提要】
　　本卷12份文件包括：甘肃省财政厅致函甘肃省建设厅自来水基金贷放情况，兰州市自来水工程处呈报甘肃省政府自来水事业管理规则及申请登记书式、本处第一期工程进行情况，请甘肃省建设厅参加自来水工程奠基典礼，报送基金情况与经费预算、员工编制表，报送向省行抵押贷款利息及保险费计算书，修建徐家湾水厂、北塔山水库情形等内容。

【叙录编号】 0476
【档案题名】
　　湟惠渠工程报告书纪要
【发文单位】 不详

【收文单位】 不详
【档案编号】 038-001-0011-0003
【成文时间】 不详
【收藏单位】 甘肃省档案馆
【涉及地域】 湟惠渠特种乡
【关 键 词】 湟惠渠
【内容提要】
　　如题。

【叙录编号】 0477
【档案题名】
　　关于景泰永登两县水利普遍查勘的各项文件
【发文单位】 甘肃省政府；甘肃河西水利工程处
【收文单位】 甘肃河西水利工程处；武威工程队等
【档案编号】 038-001-0012-（0001-0003）
【成文时间】 不详
【收藏单位】 甘肃省档案馆
【涉及地域】 景泰县等
【关 键 词】 水利工程
【内容提要】
　　甘肃省政府令甘肃河西水利工程处速勘修景泰永泰川、永登庄浪河水利。河西水利工程处训令雒鸣岳、彭昆鸣、武威工程队勘测两处水利。

【叙录编号】 0478
【档案题名】
　　靖乐渠工程纪要
【发文单位】 不详
【收文单位】 不详
【档案编号】 038-001-0012-0004
【成文时间】 不详
【收藏单位】 甘肃省档案馆
【涉及地域】 靖远县

【关 键 词】 靖乐渠工程
【内容提要】
　　录有前言、缘起、灌溉区平面图（附工程布置图）、灌溉情形、淤地工程、设计原则、施工经过、工程概况、工费统计、工程收益、放水后情形、渠道之养护、扩大工程、工程处组织等。

【叙录编号】 0479
【档案题名】
　　黄河靖远县中段治理工程平面图
【发文单位】 甘肃省水利局
【收文单位】 不详
【档案编号】 038-001-0012-0005
【成文时间】 不详
【收藏单位】 甘肃省档案馆
【涉及地域】 靖远县
【关 键 词】 黄河中段治理
【内容提要】
　　如题。

【叙录编号】 0480
【档案题名】
　　水文月报表
【发文单位】 黄河永靖水文站
【收文单位】 不详
【档案编号】 038-001-0013-0003
【成文时间】 不详
【收藏单位】 甘肃省档案馆
【涉及地域】 永靖县
【关 键 词】 水文
【内容提要】
　　如题。

【叙录编号】 0481
【档案题名】
　　干部名册

【发文单位】 靖乐渠管理所水利协会
【收文单位】 不详
【档案编号】 038-001-0013-0004
【成文时间】 不详
【收藏单位】 甘肃省档案馆
【涉及地域】 靖远县
【关 键 词】 水利行政
【内容提要】
　　录有靖乐渠水利协会、管理所干部名册。

【叙录编号】 0482
【档案题名】
　　复兴新渠、平滩堡代表水利纠纷和议书
【发文单位】 不详
【收文单位】 不详
【档案编号】 038-001-0013-0005
【成文时间】 不详
【收藏单位】 甘肃省档案馆
【涉及地域】 靖远县
【关 键 词】 水利纠纷
【内容提要】
　　录有3条办法，双方代表同意永久遵守，并经黄局长呈准甘肃省政府责令靖远县政府执行。

【叙录编号】 0483
【档案题名】
　　靖乐渠工程竣工图
【发文单位】 甘肃省水利局
【收文单位】 不详
【档案编号】 038-001-0029-0005
【成文时间】 不详
【收藏单位】 甘肃省档案馆
【涉及地域】 靖远县
【关 键 词】 靖乐渠工程
【内容提要】
　　如题。

【叙录编号】 0484
【档案题名】
　　请贷款修理均家滩水利一案所请贷款似非必要的笺函、据兰州市农会呈请贷款修理均家滩水利一案的牌示、呈请部长赈款修理水库坝的呈、兰州农民刘建勋等呈请展还贷款案的批文和公函、中滩子农民刘建勋等呈请展还贷款案的批文和公函、中滩子农民等呈请展还贷款案的函、兰州市第七区保农民呈请展还贷款案仍应如期交还的训令公函
【发文单位】 中国农民银行兰州分行；甘肃省政府等
【收文单位】 不详
【档案编号】 038-001-0063-（0002-0007）
【成文时间】 不详
【收藏单位】 甘肃省档案馆
【涉及地域】 兰州市
【关 键 词】 贷款；均家滩水利；贷款延期
【内容提要】
　　关于贷款进行水利工程的相关往来文件，如题。

【叙录编号】 0485
【档案题名】
　　呈请开辟水沟引积水外流的呈和北城民众代表朱荣等呈请开辟水渠导引积水外流一案的批训令
【发文单位】 兰州市北城朱荣、王炳坤等；甘肃省政府
【收文单位】 甘肃省政府；兰州市政府等
【档案编号】 038-001-0063-（0008-0009）
【成文时间】 1947-10-21—1947-10-20
【收藏单位】 甘肃省档案馆
【涉及地域】 不详
【关 键 词】 开渠；积水
【内容提要】
　　民众请求开辟水沟引积水外流和政府的训

【叙录编号】 0486
【档案题名】
　　向地政局借东滩一带地形图函
【发文单位】 甘肃省水利局
【收文单位】 甘肃省地政局
【档案编号】 038-001-0063-0010
【成文时间】 1947-12-20
【收藏单位】 甘肃省档案馆
【涉及地域】 兰州市
【关 键 词】 东滩；地图
【内容提要】
　　如题。

【叙录编号】 0487
【档案题名】
　　准水利部电办理本年河堤修防工程，本市城北河堤应把握时效准予将补助工款拨发的呈，请拨发补助河堤公款的指令
【发文单位】 兰州市政府；甘肃省政府
【收文单位】 甘肃省政府；兰州市政府
【档案编号】 038-001-0063-（0011-0012）
【成文时间】 1948-04
【收藏单位】 甘肃省档案馆
【涉及地域】 兰州市
【关 键 词】 补助工款
【内容提要】
　　如题。

【叙录编号】 0488
【档案题名】
　　第一次会议记录、送本市自来水工程设计图请查收的信笺、对兰州市自来水工程的三条意见函、请指派工程指导小组人员的代电、指派工程指导小组人员的公函
【发文单位】 甘肃省建设厅；孙汝楠等
【收文单位】 黄万里；兰州市自来水工程处
【档案编号】 038-001-0063-（0013-0017）
【成文时间】 1949-02-08—1949-03-05
【收藏单位】 甘肃省档案馆
【涉及地域】 兰州市
【关 键 词】 自来水
【内容提要】
　　关于兰州市自来水工程的相关文件，如题。

【叙录编号】 0489
【档案题名】
　　抄毛理尔原函
【发文单位】 B. Morrill（毛理尔）
【收文单位】 Mayor Sun
【档案编号】 038-001-0063-0018
【成文时间】 1949-05-18
【收藏单位】 甘肃省档案馆
【涉及地域】 兰州市
【关 键 词】 自来水；毛理尔
【内容提要】
　　卫生工程师顾问毛理尔关于兰州市自来水的信件。

【叙录编号】 0490
【档案题名】
　　关于甘肃省参议会提议修筑第七区葫芦繁石坝一案呈请准予拨款的呈、请拨款建修葫芦繁石坝的指令
【发文单位】 兰州市政府；甘肃省政府
【收文单位】 甘肃省政府；兰州市政府
【档案编号】 038-001-0063-（0019-0020）
【成文时间】 1947-11-05—1947-11-10
【收藏单位】 甘肃省档案馆
【涉及地域】 兰州市
【关 键 词】 葫芦繁石坝；拨款

【内容提要】

如题。

【叙录编号】 0491
【档案题名】

陕甘青保水保土及水利视察报告

【发文单位】 张元羲
【收文单位】 不详
【档案编号】 038-001-0064-0001
【成文时间】 1942
【收藏单位】 甘肃省档案馆
【涉及地域】 陕西省；甘肃省；青海省
【关 键 词】 保持水土；水利观察；陕甘青
【内容提要】

陕甘青保水保土及水利视察报告（附日记），目录如下：第一章绪言；第二章沿途纪闻（有黄河上游、渭河、泾河、浴河、青海、河西走廊、嘉陵江与汉水上源七节）；第三章资料；第四章保水保土（有西北保水保土可能实施工作之一般、实施保水保土工作之原则、保水保土与治黄）；第五章水利（有水利与河西、青海水利和陕甘之新兴灌溉事业），内含图表。

【叙录编号】 0492
【档案题名】

为水渠塌陷请求贷款重量修并请发给火药以轰炸岩石的呈文、蔡河乡长川村村民请贷并发火药一案的训令和批示、为据蔡河乡农民王毓美等呈请贷款并请火药以便炸石的呈、据转蔡河乡民请贷款并拨火药修渠一案的批示

【发文单位】 王毓杰等人；甘肃省政府等
【收文单位】 甘肃省建设厅厅长；皋兰县政府等
【档案编号】 038-001-0065-（0001-0004）
【成文时间】 1947-05-10—1947-05-23
【收藏单位】 甘肃省档案馆
【涉及地域】 皋兰县
【关 键 词】 蔡河乡；水渠；炸药
【内容提要】

关于蔡河乡农民请求贷款修筑水渠并拨火药以资轰炸岩石的相关文件，如题。

【叙录编号】 0493
【档案题名】

为据本县中山乡安宁堡民众罗文藻等呈请兴修渠道案的代电、据中山乡安宁堡民请派民查勘兴修渠道一案的训令指令、呈报勘察皋兰县中山乡安宁堡民请央（兴）修渠道情形的签呈、据水利局技正刘国辅呈复勘察安宁堡民罗文藻请修水渠无价值不准的训令

【发文单位】 皋兰县政府；刘国辅等
【收文单位】 甘肃省政府；皋兰县政府
【档案编号】 038-001-0065-（0005-0008）
【成文时间】 1948-03-12—1948-04-28
【收藏单位】 甘肃省档案馆
【涉及地域】 皋兰县
【关 键 词】 安宁堡；修渠
【内容提要】

皋兰县中山乡安宁堡民众请求兴修渠道后被不准，如题，附有《皋兰县中山乡安宁堡附近草图》。

【叙录编号】 0494
【档案题名】

皋兰县定远镇陆都保一带渠道泉源被天兰铁路占去请水利专款另行开辟一案的签呈

【发文单位】 皋兰县农会常务理事石安；甘肃省政府
【收文单位】 甘肃省政府；中国农民银行兰州分行丁总经理
【档案编号】 038-001-0065-（0009-0010）
【成文时间】 1948-04-24—1948-04-29
【收藏单位】 甘肃省档案馆

【涉及地域】　皋兰县
【关　键　词】　定远镇；开渠
【内容提要】
　　如题。

【叙录编号】　0495
【档案题名】
　　天都乡农会侯家峪水沟因修公路全被占去请转农行开贷款水利款建设的签呈、请贷款建修天都乡水渠一案的批示训令、皋兰县定远镇陆都保及天都县侯家峪两地农民请贷放水利贷款案因皋兰水利贷款业经放出超额所属歉难照办的复函、准农行函复皋兰水利贷款业已贷放超额请贷款天都乡定远镇水利贷款歉难照办的牌示
【发文单位】　皋兰县农会常务理事石安；甘肃省政府等
【收文单位】　甘肃省政府；中国农民银行兰州分行丁总经理等
【档案编号】　038-001-0065-（0011-0014）
【成文时间】　1948-04-26—1948-05-13
【收藏单位】　甘肃省档案馆
【涉及地域】　皋兰县
【关　键　词】　侯家峪水沟；水利贷款
【内容提要】
　　皋兰县定远镇、天都乡请水利专款修筑水渠，被中国农民银行兰州分行因皋兰县水利贷款已经超额为由拒绝。

【叙录编号】　0496
【档案题名】
　　为核发炸药拨借钢锉以开石港兴修水利的呈、据新城乡农会会员系文国等呈请转借工具请准予借给以兴水利的代电、据请拨借炸药工具修水利案的批示、为电赍本县北山乡第三保民众曾正伟曾序鲁等27名呈请贷款振兴水利一案祈予贷款的代电、据转该县北山乡第三保民众曾正序等呈请贷款兴修水利一案的指令、北山乡第三保呈请兴修水利灌溉面积祈贷款的代电、据电复北山乡第三保兴修水利灌溉面积贷款案的指令
【发文单位】　皋兰县新城乡公民颜东孝；皋兰县农会等
【收文单位】　甘肃省政府；皋兰县农会等
【档案编号】　038-001-0065-（0015-0021）
【成文时间】　1947-10-15—1947-11-18
【收藏单位】　甘肃省档案馆
【涉及地域】　皋兰县
【关　键　词】　水利贷款
【内容提要】
　　关于新城乡、北山乡民众贷款兴修水利和借用工具的相关文件，如题。

【叙录编号】　0497
【档案题名】
　　请县政府转呈甘肃省建设厅勘察中正乡崔家崖村黄河南岸地亩历年被冲惨状祈拨巨款彻底修护的提案、为仰前往皋兰县中正乡崔家崖勘察黄河南岸地亩历年被冲状况具报训令、据皋兰县政府电报准参议会函请勘崔家崖村并拨款修护一案的训令、勘察崔家崖村被冲地亩情形的签呈、勘察崔家崖村被冲地亩情形的呈、据呈复派员勘察皋兰崔家崖村被冲地亩情形的指令、送皋兰崔家崖地形图的呈、皋兰县崔家崖地形图备查的指令
【发文单位】　王永图；甘肃省水利局等
【收文单位】　皋兰县政府；甘肃省政府等
【档案编号】　038-001-0065-（0022-0029）
【成文时间】　1947-06-10—1947-07-05
【收藏单位】　甘肃省档案馆
【涉及地域】　皋兰县
【关　键　词】　崔家崖；黄河；水灾
【内容提要】
　　关于皋兰县中正乡崔家崖村黄河南岸历年

被冲地亩状况调查相关文件，内含《崔家崖附近地形草图》1份。

【叙录编号】　0498
【档案题名】
　　关于皋兰县桑定乡农田水道修复意见代电、为据本县农民代表赵镇等以铁路兴工壅塞溉道请予暂开临时渠道代电、电转农民代表赵镇等呈为铁路兴工壅塞渠道请开临时渠道的指令、电复关于皋兰桑定乡农田水道之修复意见的代电训令、皋兰县响水村农民代表呈请疏浚临时水渠前已局呈批复的代电、准天水铁路工程局电复桑园乡民呈请疏浚临时渠道的训令、代表天兰路沿线水渠水洞大多阻塞请贷款兴修的代电、据皋兰县政府请贷款修复铁路堵塞水渠一案的公函代电指令、奉派会同天兰铁路第十总段勘察皋兰桑定乡农田水道一案的经过等情签呈、据报铁路总段修路渠道函管情形的训令、奉派赴皋兰桑园乡定远乡查明天兰铁路路基兴工壅塞渠道签呈、呈报派员会勘皋兰桑定乡天兰铁路壅塞渠道情形的签呈、据报派员会勘天兰铁路壅塞渠道情形案的指令、为天兰铁路路基截断水渠请按照钧府布告规定予以修复的呈文、据甘谷民张云溪呈为天兰铁路路基塞断水道请修复一案的专电批、据该县磐安镇民张云溪呈为天兰路路基截断水道请予修复一案的训令批、本县民人张云溪请修复水渠一案的呈、查复张云溪呈请修复水渠一案的指令批
【发文单位】　交通部天水铁路工程局；皋兰县政府等
【收文单位】　甘肃省政府；皋兰县政府等
【档案编号】　038-001-0065-（0030-0047）
【成文时间】　1947-03-18—1947-11-21
【收藏单位】　甘肃省档案馆
【涉及地域】　皋兰县；甘谷县
【关 键 词】　修路；修渠
【内容提要】
　　关于皋兰县桑定乡农田水道修复意见，皋兰县农民因铁路施工壅塞渠道请求开临时渠道，甘谷县张云溪因天兰铁路路基壅塞渠道请求修复的相关文件，如题。

【叙录编号】　0499
【档案题名】
　　民国三十六年（1947）甘肃省建设厅、甘肃省政府、皋兰县农会及中农行兰分行等就皋兰县贷款修复水库一事的往来公文
【发文单位】　甘肃省建设厅；皋兰县农会等
【收文单位】　皋兰县农会；中国农民银行兰州分行等
【档案编号】　038-001-0066-（0001-0008）
【成文时间】　1947-06-10—1948-03-21
【收藏单位】　甘肃省档案馆
【涉及地域】　皋兰县
【关 键 词】　贷款；修复水库
【内容提要】
　　该部分含8份文件，与贷款修复水库有关。呈与公函记皋兰县水库冲毁，甘肃省建设厅与皋兰县农会垦祈农行放予水利贷款；笺函与牌示记皋兰水贷额度已满，无法再贷一事。来年3月，甘肃省建设厅向甘肃省政府发送柴德玉等三人为民生请求贷款一亿元用于修复水库一事的代电，随后甘肃省政府向中农行发布准予皋兰县贷款兴修水库的公函。中农行的笺函与甘肃省政府的牌示皆记等本年小型水贷额核定后，再酌定贷款一事。

【叙录编号】　0500
【档案题名】
　　民国三十七年（1948）甘肃省政府、甘肃省水利局、皋兰县政府及中农行兰分行就皋兰县青石关修建水库一事的往来公文
【发文单位】　皋兰县农会；甘肃省政府等

【收文单位】 甘肃省建设厅；中国农民银行兰州分行等
【档案编号】 038-001-0066-（0009-0014）
【成文时间】 1948-05-17—1948-05-22
【收藏单位】 甘肃省档案馆
【涉及地域】 皋兰县
【关 键 词】 贷款；兴建水利
【内容提要】

该部分含6份文件，与青石关修建水库有关。代电记皋兰县农会向甘肃省建设厅发送据青石关农民呈请兴建水利用于灌溉小型农场。公函记甘肃省政府已向中农行请求核准贷款，又一公函记皋兰县政府据农会请求向甘肃省水利局呈请贷款修建水车，水利局公函回复此事甘肃省政府已请中农行贷款。笺函与牌示记准予青石关贷款修建水库。

【叙录编号】 0501
【档案题名】

民国三十七年（1948）甘肃省政府、甘肃省水利局、皋兰县政府、皋兰县农会、皋兰县水利社及中农行兰分行就皋兰县新城乡修复第六保两水车一事的往来公文
【发文单位】 皋兰县农会；皋兰县水利社等
【收文单位】 甘肃省政府；甘肃省水利局等
【档案编号】 038-001-0066-（0015-0025）
【成文时间】 1948-06-05—1948-07-28
【收藏单位】 甘肃省档案馆
【涉及地域】 皋兰县
【关 键 词】 贷款；修复水车
【内容提要】

该部分含10份文件，与修复皋兰县新城乡第六保两水车相关。皋兰县农会、水利社及政府向甘肃省政府及水利局呈报水车倾倒无法灌溉一事，并请求中农行放贷款予以救济，接着皋兰县农会向甘肃省水利局又呈请派员与本会张万玉一起前往勘察新城乡水车倒塌一事，甘肃省政府回复准令皋兰县政府派建设科人员协同核查，甘肃省政府及水利局回复已函请中农行贷款。勘察后，皋兰县政府、皋兰县农会分别向甘肃省政府与水利局汇报，两水车确实已全然损坏，现计划将两水车未损坏的木料部分合修为一，需中农行放贷拨发资金，甘肃省政府回复已向中农行呈赍建修水库贷款一事。

【叙录编号】 0502
【档案题名】

民国三十七年（1948）甘肃省政府、皋兰县政府、皋兰县农会就皋兰县修建堤坝一事的往来公文
【发文单位】 皋兰县农会；皋兰县政府等
【收文单位】 甘肃省政府；皋兰县农会等
【档案编号】 038-001-0066-（0026-0029）
【成文时间】 1948-06-07—1948-07-16
【收藏单位】 甘肃省档案馆
【涉及地域】 皋兰县
【关 键 词】 贷款；修建堤坝
【内容提要】

该部分共含4份文件，与皋兰县修建堤坝相关。皋兰县农会向甘肃省政府呈报所属陆都保33人请求贷款修建堤坝一事，甘肃省政府回复皋兰县农会已令皋兰县政府派员核查情况。皋兰县政府向甘肃省政府汇报情况属实，拟请准予贷款。不久，甘肃省政府回复皋兰县农会与皋兰县政府准予定远镇建坝工程，并已洽贷款3亿元。

【叙录编号】 0503
【档案题名】

民国三十七年（1948）甘肃省政府、甘肃省水利局及皋兰县政府就皋兰县马滩河筑堤工程一事的往来公文
【发文单位】 皋兰县政府；甘肃省政府等
【收文单位】 甘肃省政府；皋兰县政府等

【档案编号】 038-001-0066-(0030-0035)
【成文时间】 1948-03-27—1948-06-14
【收藏单位】 甘肃省档案馆
【涉及地域】 皋兰县
【关 键 词】 修筑河堤
【内容提要】
　　该部分共含6份文件，与马滩河堤工程相关。皋兰县政府向甘肃省政府呈报中正乡马滩保筑堤工程多次因故未能如期展开等情形，甘肃省政府回复应即刻快速开工，并严惩之前耽误开工的官员刘国香等人。皋兰县政府呈报甘肃省政府于5月5日河堤工程已兴工。甘肃省政府回复皋兰县政府准予的指令，并于6月令水利局前往皋兰县验收马滩河堤工程，水利局回复即刻派员前往勘察。

【叙录编号】 0504
【档案题名】
　　民国三十六年（1947）甘肃省政府、皋兰县中山乡农会理事就补修中山乡河堤一事的往来公文
【发文单位】 皋兰县中山乡农会理事会；甘肃省政府
【收文单位】 甘肃省政府；皋兰县中山乡农会理事会
【档案编号】 038-001-0066-(0036-0037)
【成文时间】 1947-03—1947-04
【收藏单位】 甘肃省档案馆
【涉及地域】 皋兰县
【关 键 词】 修补河堤；保持地亩
【内容提要】
　　该部分共含2份文件，与中山乡河堤相关。皋兰县中山乡农会向甘肃省政府呈请将美援华款项拨给中山乡补修河堤与保持地亩，甘肃省政府回复未有经手管理这笔经费，故无从拨款。

【叙录编号】 0505
【档案题名】
　　民国三十六年（1947）甘肃省政府、甘肃省农会、甘肃省水利局及杨秀文就安宁堡修补河堤一事的往来公文
【发文单位】 甘肃省农会；甘肃省水利局等
【收文单位】 甘肃省水利局；杨秀文等
【档案编号】 038-001-0066-(0038-0042)
【成文时间】 1947-04-25—1947-05-10
【收藏单位】 甘肃省档案馆
【涉及地域】 皋兰县
【关 键 词】 修补河堤
【内容提要】
　　该部分共5份文件，与皋兰县安宁堡修补河堤相关。甘肃省农会向甘肃省政府呈请派员查勘皋兰县安宁堡一带被水冲河堤之情形，并予以补助专款。皋兰县令技士杨秀文前往该处查勘，并设计图纸与预算。杨秀文向水利局呈报，会同农会理事长查勘，以安宁堡所属董家院及太和保所属贵家营两地附近护岸工程最为紧急，拟用卵石木桩及石块较为经济实惠，但最少仍需4亿元，附《皋兰县中山乡营川等保河堤平面草图》1份。水利局将杨秀文所呈情形，签呈向甘肃省政府转达，甘肃省政府回复水利局准予为当地提供补助。

【叙录编号】 0506
【档案题名】
　　民国三十六年（1947）甘肃省政府、甘肃省水利局、甘肃省建设厅、湟惠渠管理处及皋兰县农会就修补皋兰县新城乡八浪沟渡漕一事的往来公文
【发文单位】 甘肃省政府；甘肃省水利局等
【收文单位】 甘肃省水利局；湟惠渠管理处等
【档案编号】 038-001-0066-(0043-0049)
【成文时间】 1947-05—1947-06
【收藏单位】 甘肃省档案馆

【涉及地域】 皋兰县
【关 键 词】 修补渡漕；拨款救济
【内容提要】
　　该部分共7份文件，涉及皋兰县新城乡八浪沟渡漕被冲毁、拨款修补与救济人民等事。

【叙录编号】 0507
【档案题名】
　　民国三十六年（1947）至民国三十七年（1948）甘肃省政府、甘肃省水利局、靖丰渠管理处、皋兰县政府及北山乡第五保就江家川新泉井开凿一事的往来公文
【发文单位】 皋兰县北山乡第五保；甘肃省政府等
【收文单位】 甘肃省政府；靖丰渠管理处等
【档案编号】 038-001-0067-（0001-0015）
【成文时间】 1947-10—1948-08
【收藏单位】 甘肃省档案馆
【涉及地域】 皋兰县
【关 键 词】 凿渠引水灌溉；贷款
【内容提要】
　　该部分共15份文件，涉及皋兰北山乡江家川新泉井开凿前的调查考察报告、技术人员的计划及贷款修建等事，附开凿计划书1份。

【叙录编号】 0508
【档案题名】
　　民国三十五年（1946）至民国三十六年（1947）甘肃省政府、甘肃省建设厅、皋兰县政府及兰州市民就定远乡麻家寺水地修建水磨一事的往来公文
【发文单位】 甘肃省政府；皋兰县政府等
【收文单位】 甘肃省政府；甘肃省建设厅等
【档案编号】 038-001-0067-（0016-0023）
【成文时间】 1946-11-28—1947-05-30
【收藏单位】 甘肃省档案馆
【涉及地域】 皋兰县
【关 键 词】 修建水磨
【内容提要】
　　该部分共8份文件，涉及皋兰县定远乡麻家寺水地修建水磨的请求，调查得出如若修建便有碍他人权益的报告，以及甘肃省政府不予以批准的结果，附图1张。

【叙录编号】 0509
【档案题名】
　　民国三十六年（1947）甘肃省政府、甘肃省水利局及皋兰县政府就是否继续修建定远镇水磨一事的往来公文
【发文单位】 民众代表；甘肃省政府
【收文单位】 甘肃省政府；皋兰县政府等
【档案编号】 038-001-0067-（0024-0025）
【成文时间】 1947-04-01—1947-04-09
【收藏单位】 甘肃省档案馆
【涉及地域】 皋兰县
【关 键 词】 禁修水磨
【内容提要】
　　该部分共2份文件，涉及皋兰县定远镇水磨是否继续建修一事。民众因富户建磨造成渗漏，妨害饮水，而畏惧之至，向甘肃省政府请求收回准予建磨的帖，并禁止修磨。甘肃省政府派员查勘，如若妨害，即刻停修。

【叙录编号】 0510
【档案题名】
　　民国三十六年（1947）甘肃省政府、皋兰县政府及中农行兰分行就水川乡三民保贷款一事的往来公文
【发文单位】 皋兰县政府；甘肃省政府等
【收文单位】 甘肃省政府；皋兰县政府等
【档案编号】 038-001-0067-（0026-0029）
【成文时间】 1947-12-02—1947-12-25
【收藏单位】 甘肃省档案馆
【涉及地域】 皋兰县

【关 键 词】 贷款；兴修水利
【内容提要】
　　该部分共4份文件，涉及皋兰县水川乡三民保向甘肃省政府、中农行请贷放巨款兴修水利；中农行、甘肃省政府回复本年因农贷均已放出，故无款可贷一事。

【叙录编号】 0511
【档案题名】
　　民国三十六年（1947）甘肃省政府、中农行兰分行、皋兰县政府及吴尚贤就修理定远镇泄木岔水源一事的往来公文
【发文单位】 甘肃省政府；皋兰县政府等
【收文单位】 甘肃省政府；皋兰县政府等
【档案编号】 038-001-0068-（0001-0020）
【成文时间】 1947-08-05—1948-03-31
【收藏单位】 甘肃省档案馆
【涉及地域】 皋兰县
【关 键 词】 修理水源；贷款；水源分配
【内容提要】
　　该部分共20份文件，前8份文件涉及皋兰县定远镇泄木岔水源修理请求、查勘及贷款等事，最后甘肃省政府与中农行将其列入下年度全省小型水利贷款计划，附查勘报告书1份。后12份文件涉及秦旗营、乔家营及卧龙川等地向甘肃省政府呈请重新分配分饮泄木岔泉水。

【叙录编号】 0512
【档案题名】
　　民国三十六年（1947）甘肃省政府、甘肃省水利局、中农行兰分行及皋兰县石洞乡等关于石洞乡开辟泉源渠道水利一事的往来公文
【发文单位】 甘肃省政府；甘肃省水利局等
【收文单位】 甘肃省政府；甘肃省水利局吴尚贤等
【档案编号】 038-001-0068-（0021-0029）
【成文时间】 1947-06—1947-11
【收藏单位】 甘肃省档案馆
【涉及地域】 皋兰县
【关 键 词】 开辟渠道；贷款
【内容提要】
　　该部分共9份文件，涉及皋兰县石洞乡开辟泉源渠道水利的呈请、查勘报告以及贷款等事，附图2张、查勘报告书1份。

【叙录编号】 0513
【档案题名】
　　据请贷款筑坝一案请径向农行贷款办理的批示
【发文单位】 甘肃省政府
【收文单位】 靖远县政府
【档案编号】 038-001-0068-0033
【成文时间】 1947-06-18
【收藏单位】 甘肃省档案馆
【涉及地域】 靖远县
【关 键 词】 请贷筑坝
【内容提要】
　　该部分共1份文件，涉及靖远县东湾乡请贷筑坝一事，甘肃省政府令其直接向农行办理贷款。

【叙录编号】 0514
【档案题名】
　　民国三十六年（1947）至三十七年（1948）甘肃省政府、榆中县政府及榆中县太平堡民众就筑堤兴修水利一事的往来公文
【发文单位】 甘肃省政府；太平堡民众
【收文单位】 甘肃省政府；榆中县政府等
【档案编号】 038-001-0072-（0001-0005）
【成文时间】 1947-10-24—1948-03-16
【收藏单位】 甘肃省档案馆
【涉及地域】 榆中县
【关 键 词】 筑堤；兴修水利

【内容提要】

该部分共5份文件，涉及榆中县凤山乡太平堡筑堤兴修水利的呈请、政府派员实地查勘及贷款等事宜，附施工计划表1份。

【叙录编号】 0515
【档案题名】
民国三十七年（1948）呈赍代家庄筑堤计划查勘后核办指令
【发文单位】 甘肃省政府
【收文单位】 榆中县政府
【档案编号】 038-001-0072-0006
【成文时间】 1948-04-15
【收藏单位】 甘肃省档案馆
【涉及地域】 榆中县
【关 键 词】 筑堤
【内容提要】

该部分共1份文件，如题。

【叙录编号】 0516
【档案题名】
民国三十七年（1948）甘肃省参议会、甘肃省政府、榆中县参议会及县政府就开凿马衔山引洮河水入榆中皋兰一事的往来公文
【发文单位】 甘肃省参议会；甘肃省政府等
【收文单位】 甘肃省参议会；甘肃省政府等
【档案编号】 038-001-0072-（0007-0014）
【成文时间】 1948-01-07—1948-04-03
【收藏单位】 甘肃省档案馆
【涉及地域】 榆中县
【关 键 词】 引洮河水入榆中；皋兰县
【内容提要】

该部分共8份文件，涉及甘肃省参议会、甘肃省政府、榆中县参议会及县政府就开凿马衔山接引洮河水入榆中皋兰等县的提议，并已将其提上查勘议程，并附甘肃省参议会决议案1份。

【叙录编号】 0517
【档案题名】
民国三十七年（1948）甘肃省政府、榆中县政府及榆中县民众就贷款修建桥梁涵洞一事的往来公文
【发文单位】 甘肃省政府；榆中县政府等
【收文单位】 甘肃省政府；甘肃省水利局等
【档案编号】 038-001-0072；038-001-0073
【成文时间】 1948-05-31—1948-09-28
【收藏单位】 甘肃省档案馆
【涉及地域】 榆中县
【关 键 词】 修建桥梁涵洞
【内容提要】

该部分共10份文件，涉及甘肃省政府同意榆中县青城乡东滩普泽渠居民呈请派员查勘，并贷款修建桥梁涵洞一事，但中农行兰分行回复到本年小型水利贷款已陆续放尽，无法再贷。附《榆中普泽渠整理工程计划书》（038-001-0073-0004）1份。

【叙录编号】 0518
【档案题名】
民国三十七年（1948）甘肃省政府、榆中县政府就凤山乡筑堤工程一事的往来公文
【发文单位】 甘肃省政府；榆中县政府
【收文单位】 甘肃省政府；中国农民银行兰州分行
【档案编号】 038-001-0072-（0025-0026）
【成文时间】 1948-06-26—1948-07-13
【收藏单位】 甘肃省档案馆
【涉及地域】 榆中县
【关 键 词】 筑堤工程
【内容提要】

该部分共2份文件，涉及榆中县凤山乡凤仪保筑堤工程计划预算及贷款一事，附修筑计划书1份。

【叙录编号】 0519
【档案题名】
　　兰丰渠及新兰渠工程计划书若干
【发文单位】 黄河水利委员会上游工程处；甘肃水利林牧公司
【收文单位】 不详
【档案编号】 038-001-0073-（0001-0003）
【成文时间】 不详
【收藏单位】 甘肃省档案馆
【涉及地域】 兰州市
【关 键 词】 工程计划
【内容提要】
　　该部分共3份文件，为《甘肃兰丰渠工程计划书》《兰丰渠崔家崖防护工程计划书》《甘肃新兰渠初步计划书》。

【叙录编号】 0520
【档案题名】
　　永泰乡老虎沟蓄水库
【发文单位】 石凤岚；马登凯等
【收文单位】 景泰县政府；永登县政府等
【档案编号】 038-001-0078-（0016-0025）
【成文时间】 1948-04-21—1948-10-12
【收藏单位】 甘肃省档案馆
【涉及地域】 景泰县
【关 键 词】 老虎沟蓄水库
【内容提要】
　　景泰县政府及参议会、甘肃省政府、河西工程处之间关于查勘永泰附近修蓄水库，修建永泰乡老虎沟蓄水库的公文往来，共10份。

【叙录编号】 0521
【档案题名】
　　永靖县水利工程（永乐灌溉莲花镇旱田、黄河扎地浪上开渠引水）
【发文单位】 甘肃省政府；提案人马永德等
【收文单位】 永乐渠工程处；永靖县政府等
【档案编号】 038-001-0078-（0026-0034）
【成文时间】 1947-11-13—1948-04-26
【收藏单位】 甘肃省档案馆
【涉及地域】 永靖县
【关 键 词】 永乐灌溉莲花镇旱田；黄河扎地浪上开渠引水
【内容提要】
　　该部分共8份文件，涉及永靖县政府及县参议会向甘肃省政府申请拨款兴修由永乐灌溉莲花镇旱田、申请由黄河扎地浪上开渠引水及申请派员勘察并贷款兴修水利，甘肃省政府准许，并派永乐渠工程处勘察。

【叙录编号】 0522
【档案题名】
　　会宁县申请贷款开渠引水灌田
【发文单位】 会宁县张克勤；甘肃省民政厅
【收文单位】 甘肃省建设厅；会宁县张克勤
【档案编号】 038-001-0078-（0035-0036）
【成文时间】 1948-09-13—1948-10-09
【收藏单位】 甘肃省档案馆
【涉及地域】 会宁县
【关 键 词】 开渠引水灌田
【内容提要】
　　该部分共2份文件，涉及会宁县小水乡主任张克勤及甘肃省建设厅、民政厅之间关于会宁县申请贷款开渠引水灌田的公文往来，附图。

【叙录编号】 0523
【档案题名】
　　景泰县水利工程
【发文单位】 甘肃省政府；黄河水利工程总局上游工程处等
【收文单位】 黄河水利工程总局上游工程处；甘肃省政府等
【档案编号】
　　038-001-0079-（0001-0012、0014-0015、

0018-0019）
【成文时间】　1947-06—1947-12
【收藏单位】　甘肃省档案馆
【涉及地域】　景泰县
【关 键 词】　改凿河道；中泉乡龙湾堡河堤
【内容提要】
　　该部分共18份文件，涉及景泰县中泉乡民刘兴万等、景泰县政府向甘肃省建设厅、甘肃省政府申请派员勘察改凿河道，黄河上游工程处回复甘肃省政府需要等到汇区测量完竣后再派员去景泰，甘肃省政府告知景泰县政府结果；景泰县中泉乡民众罗文彦等、景泰县政府向甘肃省政府申请贷款改凿河道，甘肃省政府电黄河上游工程处请派员勘察。甘肃省政府、景泰县政府、中农兰行之间关于景泰县政府申请贷款办理中泉乡龙湾堡河堤的公文往来；景泰县政府向甘肃省政府呈赍改修河道计划图，附图；甘肃省政府、黄河上游工程处、景泰县政府之间关于派员勘察中泉乡龙湾堡黄河水道的公文往来。

【叙录编号】　0524
【档案题名】
　　景泰县大安乡申请拨款凿井筑池
【发文单位】　景泰县大安乡灾民；甘肃省政府
【收文单位】　甘肃省政府；景泰县政府
【档案编号】　038-001-0079-（0013、0017）
【成文时间】　1947-10-17—1947-11-14
【收藏单位】　甘肃省档案馆
【涉及地域】　景泰县
【关 键 词】　凿井筑池
【内容提要】
　　景泰县大安乡灾民、甘肃省政府、景泰县政府之间关于申请拨款凿井筑池的公文往来，共2份。

【叙录编号】　0525
【档案题名】
　　贷款兴修老龙湾水利改凿河道
【发文单位】　甘肃省参议会；甘肃省政府等
【收文单位】　甘肃省政府；景泰县政府等
【档案编号】
　　038-001-0079-（0016、0020-0022）
【成文时间】　1948-12-06—1949-07-19
【收藏单位】　甘肃省档案馆
【涉及地域】　景泰县
【关 键 词】　老龙湾河道
【内容提要】
　　主要涉及张赞绪向中央金融机关恳求大量贷款兴修老龙湾水利改凿河道；甘肃省参议会、甘肃省政府、景泰县政府之间关于请中美经济合作署投资兴办老龙湾河道的公文往来。

【叙录编号】　0526
【档案题名】
　　永靖县申请贷款在莲花庄设置抽水机
【发文单位】　永靖县政府；甘肃省政府等
【收文单位】　甘肃省政府；永乐渠工程处等
【档案编号】　038-001-0079-（0025-0030）
【成文时间】　1948-08-11—1948-11-06
【收藏单位】　甘肃省档案馆
【涉及地域】　永靖县
【关 键 词】　莲花庄；抽水机
【内容提要】
　　永靖县政府、甘肃省政府、永乐渠工程处之间关于申请贷款在莲花庄设置抽水机的公文往来，包含《永靖莲花庄内燃机抽水灌溉成本与收益比较图》《永靖县莲花庄附近地略图》，甘肃省政府据工程处勘察结果饬永靖县政府无经济价值不宜举办。

【叙录编号】 0527
【档案题名】
　　定西水利（锦屏镇水利、西河渠）
【发文单位】 甘肃省政府；定西县政府等
【收文单位】 甘肃省政府；定西县政府等
【档案编号】 038-001-0080-（0024-0044）
【成文时间】 1947-04-02—1947-09-29
【收藏单位】 甘肃省档案馆
【涉及地域】 定西县
【关 键 词】 锦屏镇水利；西河渠
【内容提要】
　　甘肃省政府、甘肃省水利局、定西县政府之间关于派员查勘贷款兴办锦屏镇水利的公文往来，共9份；定西县政府、甘肃省政府、水利勘测队之间关于请查勘贷款兴修西河渠的公文往来，共13份。

【叙录编号】 0528
【档案题名】
　　关于贷款补修崩溃大堤决口
【发文单位】 靖远县北湾中和堡民；甘肃省政府等
【收文单位】 甘肃省政府；甘肃省建设厅等
【档案编号】 038-001-0086-（0001-0007）
【成文时间】 1947-12-25—1947-03-11
【收藏单位】 甘肃省档案馆
【涉及地域】 靖远县
【关 键 词】 补修崩溃大堤决口
【内容提要】
　　靖远县北湾中和堡民、甘肃省政府及甘肃省建设厅、靖丰渠管理局、中农兰行之间关于贷款、补修崩溃大堤决口的公文往来，包含勘测靖远县中和堡补修河堤及渠身计划书，甘肃省政府告知靖远民农行函复待本年贷款名额核定再酌办。

【叙录编号】 0529
【档案题名】
　　关于靖远县大营乡营防滩河堤工程
【发文单位】 甘肃省政府；甘肃省水利局计正张连级等
【收文单位】 甘肃省水利局计正张连级；甘肃省政府等
【档案编号】 038-001-0086-（0008-0020）
【成文时间】 1948-04-23—1948-12-15
【收藏单位】 甘肃省档案馆
【涉及地域】 靖远县
【关 键 词】 营防滩河堤工程
【内容提要】
　　甘肃省政府、甘肃省水利局计正张建级、甘肃国际救济会之间关于查勘及贷款修建靖远县大营乡营防滩河堤工程的公文往来，包含《查勘靖远大营乡营防滩筑堤坝淤地工程报告书》；靖远县大芦乡营防滩贾宝三、甘肃省政府、甘肃国际救济会、甘肃省参议会、靖远县政府之间关于因河流南迁良田崩溃需拨款完成营防滩工程的公文往来。

【叙录编号】 0530
【档案题名】
　　关于靖远县永安乡发裕堡河堤
【发文单位】 靖远县永安乡民；甘肃省水利局计正张建级等
【收文单位】 甘肃省政府；甘肃省水利局计正张建级等
【档案编号】
　　038-001-0086；
　　038-001-0089-（0021-0026、0030-0036、0024-0025）
【成文时间】 1947-03—1948-10
【收藏单位】 甘肃省档案馆
【涉及地域】 靖远县
【关 键 词】 发裕堡河堤

【内容提要】

该部分共20份文件，涉及靖远县永安乡民、甘肃省政府之间关于申请按照前案兴修河堤的公文往来，甘肃省政府回复先自行防护；靖远县永安乡民、甘肃省政府之间关于呈请修靖远县永安乡发裕堡河堤的公文往来，共2份；甘肃省水利局计正张建级、甘肃省政府之间关于查勘发裕堡筑堤淤地的公文往来，包含《查勘靖远县永安乡发裕堡筑堤淤地工程报告书》、靖远县发裕堡筑堤淤地平面图，共4份；靖远县政府、靖远县参议员张守珍、甘肃省政府、甘肃省水利局之间关于呈请贷款兴修堤坝工程的公文往来，共5份；靖远县永安乡民、甘肃省政府之间关于速修发裕堡河堤一案的公文往来，共2份。

【叙录编号】 0531
【档案题名】
关于治理靖远境内黄河计划
【发文单位】 甘肃省政府；靖乐渠工程处
【收文单位】 靖乐渠工程处；靖远县永安乡等
【档案编号】 038-001-0086-（0027-0029）
【成文时间】 1948-06-08—1948-07-01
【收藏单位】 甘肃省档案馆
【涉及地域】 靖远县
【关 键 词】 治理黄河
【内容提要】
　　甘肃省政府、靖乐渠、靖远县政府、甘肃省水利局之间关于治理靖远境内黄河计划的公文往来，共3份。

【叙录编号】 0532
【档案题名】
关于裁撤北湾河工局
【发文单位】 靖远县政府；甘肃省水利局等
【收文单位】 甘肃省政府；甘肃省水利局等
【档案编号】 038-001-0086-（0037-0041）
【成文时间】 1948-07-133—1948-08-30
【收藏单位】 甘肃省档案馆
【涉及地域】 靖远县
【关 键 词】 裁撤北湾河工局
【内容提要】
　　靖远县政府、甘肃省政府、甘肃省水利局之间关于裁撤北湾河工局及租粮交甘肃省政府合作社的公文往来。

【叙录编号】 0533
【档案题名】
关于靖远县水利合作社申请贷款兴修水利
【发文单位】 靖远水利合作社金爱清；甘肃省政府
【收文单位】 甘肃省水利局；靖远水利合作社金爱清
【档案编号】 038-001-0086-（0042-0043）
【成文时间】 1948-07-23—1948-07-30
【收藏单位】 甘肃省档案馆
【涉及地域】 靖远县
【关 键 词】 兴修水利
【内容提要】
　　靖远水利合作社金爱清、甘肃省水利局、甘肃省政府关于申请贷巨款兴修水利的公文往来。

【叙录编号】 0534
【档案题名】
关于申请贷款兴修靖远县三滩乡财神保永固堤坝
【发文单位】 靖远县王国瑛；甘肃省政府等
【收文单位】 甘肃省水利局；中国农民银行兰州分行等
【档案编号】 038-001-0087-（0001-0021）
【成文时间】 1948-01-28—1948-07-26
【收藏单位】 甘肃省档案馆
【涉及地域】 靖远县

【关 键 词】 兴修永固堤坝
【内容提要】

靖远县三滩乡王国瑛、甘肃省水利局、甘肃省参议会、甘肃省政府、中农兰行关于呈请贷款兴修永固堤坝的公文往来，共12份，包含三滩乡财神保兴修永固堤坝工料表、三滩乡财神保兴修永固堤坝草图；甘肃省政府、靖乐渠工程处、甘肃省水利局、中农兰行之间关于查勘靖远县三滩乡财神保兴修永固堤坝的公文往来，共5份，包含《靖远三滩乡财神保筑堤淤地查勘报告书》、靖远县三滩乡草图；靖远县三滩乡民王国瑛等、甘肃省政府、中农兰行关于贷款过迟永固堤坝秋收后动工的公文往来，共4份。

【叙录编号】 0535
【档案题名】

关于靖远县三滩乡请修三滩乡河岸并列入整体黄河上游计划
【发文单位】 靖远县参议会；甘肃省政府等
【收文单位】 甘肃省政府；甘肃省水利局等
【档案编号】 038-001-0087-（0022-0026）
【成文时间】 1948-10—1948-12
【收藏单位】 甘肃省档案馆
【涉及地域】 靖远县
【关 键 词】 三滩乡河岸；黄河堵塞
【内容提要】

靖远县政府向甘肃省水利局呈请关于把三滩乡第六保治理黄河列入整理黄河上游计划；靖远县参议会、靖远县三滩乡民朱甲、甘肃省水利局、甘肃省政府关于黄河堵塞冲刷良田的公文往来，共2份；靖远县政府、甘肃省政府、靖远县第六保保民之间关于请修三滩乡河岸的公文往来，共2份。

【叙录编号】 0536
【档案题名】

关于靖远县红柳泉治河通航淤地
【发文单位】 黄河水利委员会上游工程处；甘肃省政府等
【收文单位】 甘肃省政府；黄河水利委员会上游工程处等
【档案编号】 038-001-0087-（0027、0030-0036）
【成文时间】 1947-03-18—1947-05-24
【收藏单位】 甘肃省档案馆
【涉及地域】 靖远县
【关 键 词】 红柳泉治河通航淤地
【内容提要】

黄河水利委员会上游工程处、甘肃省政府、水利部、靖远县红柳泉公民及县政府、靖乐渠工程处之间关于靖远县红柳泉治河通航淤地的公文往来，共8份。

【叙录编号】 0537
【档案题名】

关于靖远陡城渠赈款已到，需备据来会领取及告知完竣日期
【发文单位】 甘肃国际救济委员会；李生华等
【收文单位】 甘肃省政府；甘肃省会议室等
【档案编号】 038-001-0087-（0037-0044）
【成文时间】 1947-04-05—1947-07-03
【收藏单位】 甘肃省档案馆
【涉及地域】 靖远县
【关 键 词】 靖远陡城渠
【内容提要】

甘肃国际救济委员会、甘肃省政府、甘肃省水利局、靖远县政府之间关于靖远陡城渠赈款已到、备据来会领取的公文往来，共5份；靖远县政府、甘肃省政府之间关于陡城水渠赈款已汇到的公文往来，共2份；靖远县政府、

甘肃省政府、甘肃国际救济委员会之间关于呈报陡城清濂渠竣工日期，共2份。

【叙录编号】 0538
【档案题名】
关于靖远县呈请贷款、垦荒掘泉以兴水利
【发文单位】 靖远县永安乡民刘生棋等；甘肃省政府等
【收文单位】 甘肃省政府；靖远县永安乡民刘生棋等
【档案编号】 038-001-0087-（0045-0046）
【成文时间】 1947-11-29—1947-12-06
【收藏单位】 甘肃省档案馆
【涉及地域】 靖远县
【关 键 词】 垦荒掘泉
【内容提要】
靖远县永安乡民、甘肃省政府之间关于呈请贷款、垦荒掘泉以兴水利的公文往来。

【叙录编号】 0539
【档案题名】
关于靖远县复兴新渠
【发文单位】 靖远县平堡乡苏景三等；甘肃省政府等
【收文单位】 甘肃省建设厅；甘肃国际救济委员会等
【档案编号】
038-001-0088-（0001-0012、0017-0018、0023-0024）
【成文时间】 1947-03-12—1949-03-04
【收藏单位】 甘肃省档案馆
【涉及地域】 靖远县
【关 键 词】 援华救济会贷款；复兴新渠；复兴新渠补地
【内容提要】
该部分包含文件众多，计有：靖远县平堡乡苏景三等、甘肃省建设厅、甘肃省政府、甘肃国际救济会之间关于靖远县民恳请缓期一年归还援华救济会援助修建复兴新渠贷款的公文往来，准予延缓一年。靖远县政府、甘肃省政府之间关于呈报办理复兴新渠补地情形的公文往来，共4份，包含复兴新渠补地产各级亩数清册、靖远县复兴新渠占用民地补地会议记录。靖远县平堡乡苏景三等、甘肃省水利局、甘肃省建设厅关于呈报复兴新渠开工日期的公文往来，共3份。甘肃省水利局向甘肃省建设厅转送靖远县复兴新渠人民请求展期收回贷款，甘肃省政府令靖乐渠工程处勘察复兴新渠并拟简单计划。苏景三等、甘肃省水利局关于呈请将甘肃国际救济贷款以工代赈性质全数留本渠以兴工程的公文往来，令速清还。

【叙录编号】 0540
【档案题名】
关于靖远县平堡乡苏景三等向甘肃省政府、甘肃省水利局、甘肃省建设厅呈报全年工作经过
【发文单位】 靖远县平堡乡苏景三等；甘肃省政府
【收文单位】 甘肃省政府；甘肃省水利局等
【档案编号】 038-001-0088-（0013-0015）
【成文时间】 1948-01-03—1948-02-03
【收藏单位】 甘肃省档案馆
【涉及地域】 靖远县
【关 键 词】 陡水乡渠；靖乐渠；复兴渠
【内容提要】
主要涉及靖远县平堡乡苏景三等、甘肃省政府、甘肃省水利局、甘肃省建设厅呈报全年工作经过的公文往来，包括美国国际援华救济款项惠及靖远陡水乡渠及靖乐渠等水利灌溉工程、组织靖远县复兴渠灌溉利用合作社等。

【叙录编号】 0541
【档案题名】
　　关于贷款兴修复兴公义两水车
【发文单位】 靖远县政府；甘肃省政府
【收文单位】 甘肃省政府；靖远县政府
【档案编号】 038-001-0088-（0019-0020）
【成文时间】 1948-08-23—1948-08-31
【收藏单位】 甘肃省档案馆
【涉及地域】 靖远县
【关 键 词】 复兴公义两水车
【内容提要】
　　靖远县政府、甘肃省政府关于呈请贷款兴修复兴公义两水车的公文往来。

【叙录编号】 0542
【档案题名】
　　关于靖远县平堡乡丁家砂及复兴坝筑堤护地工程
【发文单位】 刘国辅；甘肃省靖丰渠管理处等
【收文单位】 甘肃省政府；甘肃省水利局等
【档案编号】 038-001-0089-（0001-0016）
【成文时间】 1947-03-25—1947-05-28
【收藏单位】 甘肃省档案馆
【涉及地域】 靖远县
【关 键 词】 丁家砂筑堤护地工程
【内容提要】
　　刘国辅、甘肃省水利局、靖丰渠管理处之间关于勘估靖远县平堡乡丁家砂及复兴坝筑堤护地工程的公文往来，共8份，包含《靖远县平堡乡丁家砂及复兴坝筑堤护地工程计划书》、预算表、计划图，甘肃省政府、中农兰行、靖远县政府、丁家砂农民代表雒瑜等关于申请贷款修建丁家砂及复兴坝筑堤护地工程的公文往来，中农兰行函甘肃省政府丁家砂不属于小型水利难贷款。

【叙录编号】 0543
【档案题名】
　　关于靖远县东湾乡恳请贷款筑堤护岸淤地
【发文单位】 靖远县东湾乡民徐葆三等；靖远县政府等
【收文单位】 甘肃省民政厅；甘肃省政府等
【档案编号】
　　038-001-0089-（0017-0023、0031-0032）
【成文时间】 1947-04-09—1948-09-20
【收藏单位】 甘肃省档案馆
【涉及地域】 靖远县
【关 键 词】 筑坝
【内容提要】
　　靖远县东湾乡民、甘肃省民政厅、靖远县政府、甘肃省政府之间关于恳请贷公款资助坝工，甘肃省政府待下年春季勘测后再议，包含东湾乡草图、估计单，下年靖远县东湾乡民、甘肃省政府之间关于申请筑堤护岸淤地的公文往来，甘肃省政府核办中。

【叙录编号】 0544
【档案题名】
　　关于靖远县沿河堤坝冲毁无力修补申请拨款兴修
【发文单位】 靖远县参议员贾宝三；甘肃省政府
【收文单位】 甘肃省政府；靖远县政府
【档案编号】 038-001-0089-（0026-0027）
【成文时间】 1947-05-15—1947-05-28
【收藏单位】 甘肃省档案馆
【涉及地域】 靖远县
【关 键 词】 修补河堤
【内容提要】
　　靖远县参议会、甘肃省政府之间关于沿河堤坝冲毁，无力修补，申请拨款兴修的公文往来，甘肃省政府回复农行贷款办理。

【叙录编号】 0545

【档案题名】

关于靖远县申请照官营渠道办法勘修三滩乡河道淤地

【发文单位】 靖远县参议会；甘肃省水利局

【收文单位】 甘肃省水利局；靖远县参议会

【档案编号】 038-001-0089-（0028-0030）

【成文时间】 1948-07-03—1948-08-04

【收藏单位】 甘肃省档案馆

【涉及地域】 靖远县

【关 键 词】 三滩乡河道淤地

【内容提要】

靖远县参议会、甘肃省水利局之间关于申请照官营渠道办法勘修三滩乡河道淤地的公文往来，水利局回复正在申请贷款。

【叙录编号】 0546

【档案题名】

关于靖远县陡水乡请派员勘察水灾拨款兴修石坝

【发文单位】 靖远县陡水乡民；甘肃省政府

【收文单位】 甘肃省政府；靖远县陡水乡民

【档案编号】 038-001-0089-（0033-0034）

【成文时间】 1948-09

【收藏单位】 甘肃省档案馆

【涉及地域】 靖远县

【关 键 词】 兴修石坝

【内容提要】

靖远县陡水乡民、甘肃省政府之间关于请派员勘察水灾拨款兴修石坝的公文往来，甘肃省政府回复无款可拨。

【叙录编号】 0547

【档案题名】

靖丰渠（河防工程、新道隔堤及顺水大堤、靖丰渠未完工程）

【发文单位】 靖远县靖丰渠农会；甘肃省水利局等

【收文单位】 甘肃省政府；靖远县靖丰渠农会等

【档案编号】

038-001-0090；

038-001-0091-（0001-0005、0007-0009、0011、0013-0016、0018-0027、0029-0034、0036-0038、0001-0007、0013-0028）

【成文时间】 1948-04-03—1948-11-24

【收藏单位】 甘肃省档案馆

【涉及地域】 靖远县

【关 键 词】 靖丰渠

【内容提要】

靖远县靖丰渠农会、甘肃省政府、甘肃省水利局、甘肃省参议会之间关于恳请设立工程处或管理所拨款、勘察、兴修河防工程，共14份，甘肃省政府准予照办。靖远县就靖丰渠农会、甘肃省政府关于河防危险万分，速需贷款的公文往来，共3份。中农兰行、甘肃省政府关于贷款已到靖远及酒泉分处的公文往来。靖远县参议会、甘肃省政府、甘肃省水利局之间关于请拨款补修靖丰渠新道隔堤及顺水大堤公文往来，共3份。甘肃省水利局、甘肃省社会处，水利专员郝蔚林、张建级之间关于靖丰渠各部需款情形的公文往来，共8份，包含靖丰渠各部需款情形、靖丰渠1948年大水以前需整修工程估价表、靖丰渠未完工程及整修工程估价表。张建级、甘肃省水利局、美国人米其尔、靖丰渠管理所所长李念忠之间关于靖丰渠工程再需贷款的公文往来，共4份，美国人拒绝拨款，包含靖丰渠补修及未完呈估价表、靖丰渠工程现况及继续兴筑未完工程计划。靖远县参议会、甘肃省水利局、甘肃省政府之间关于请甘肃省政府向美国人交涉拨款完成靖丰渠未完工程的公文往来，共4份，甘肃省政府回复甘肃国际救济委员会准借款。甘肃省政府、靖丰渠管理所、张建级之间关于呈报本年靖丰渠贷款数目补修各项工程情况的公文往来，包含张建级呈靖丰渠贷款数目补修各项工程情况、靖丰渠补修及未完成预算表、1948年靖丰渠水运石方及补修工程总报告表，共4份。靖丰渠农会向甘肃省水利局表示感谢关于交涉拨款；靖丰渠管理所所长、甘肃省参议会、甘肃省政府、甘肃省水利局、甘肃省社会处之间关于请多拨款整修河防及未完成工程的公文往来，予拨款，共8份。

【叙录编号】 0548
【档案题名】
关于拨款兴修北湾河未完成工程
【发文单位】 靖远县北湾乡民；甘肃省政府等
【收文单位】 甘肃省水利局；中农兰行等
【档案编号】
038-001-0090-（0006、0010、0012-0013、0017-0018、0028、0035）
【成文时间】 1948-04-06—1948-05-20
【收藏单位】 甘肃省档案馆
【涉及地域】 靖远县
【关 键 词】 北湾河
【内容提要】
靖远县北湾乡民、甘肃省水利局、靖丰渠水利专员、中农兰行、甘肃省政府之间关于拨款兴修北湾河未完成工程的公文往来，包含靖远北湾滩护堤淤地工程估价表，中农兰行函甘肃省政府贷款已到靖远分处。

【叙录编号】 0549
【档案题名】
关于张建级11月返水利局
【发文单位】 靖丰渠管理所
【收文单位】 甘肃省水利局
【档案编号】
038-001-0091-（0008-0009、0011）
【成文时间】 1948-10-19—1948-10-26
【收藏单位】 甘肃省档案馆
【涉及地域】 甘肃省
【关 键 词】 张计正
【内容提要】
靖丰渠管理所、甘肃省水利局、张建级之间关于暂缓张计正回局，无重要工作11月返局。

【叙录编号】 0550
【档案题名】
关于靖远县呈赍7至9月份工作报告（关于水利局部分）
【发文单位】 甘肃省民政厅；甘肃省政府
【收文单位】 甘肃省水利局；靖远县政府
【档案编号】 038-001-0091-（0010、0012）
【成文时间】 1948-10-28—1948-11-03
【收藏单位】 甘肃省档案馆
【涉及地域】 靖远县
【关 键 词】 工作报告水利部分
【内容提要】
甘肃省民政厅、甘肃省水利局、甘肃省政府、靖远县政府之间关于靖远县呈赍7至9月份工作报告，关于水利局部分。

【叙录编号】 0551
【档案题名】
靖丰渠未完工程已配拨赈款一千元给水利专员郝蔚林训令
【发文单位】 甘肃省水利局
【收文单位】 靖丰渠水利专员郝蔚林
【档案编号】 038-001-0091-0029
【成文时间】 1948-03-28
【收藏单位】 甘肃省档案馆
【涉及地域】 靖远县
【关 键 词】 靖丰渠
【内容提要】
该部分共1份文件，如题。

【叙录编号】 0552
【档案题名】
民国三十七年（1948）甘肃省政府、甘肃省水利局及靖丰渠管理所就重新修船用料一事的往来公文
【发文单位】 甘肃省政府；甘肃省水利局等
【收文单位】 甘肃省政府；甘肃省水利局等
【档案编号】 038-001-0091-（0030-0033）
【成文时间】 1948-07-28—1948-06-29
【收藏单位】 甘肃省档案馆
【涉及地域】 靖远县
【关 键 词】 新修船只
【内容提要】
该部分共4份文件，涉及靖丰渠内重新修建4只船的用料一事，靖远靖丰渠管理处及省政府令其拆用旧船另造新船。

【叙录编号】 0553
【档案题名】
民国三十年（1941）靖远县北湾镇工程设计图
【发文单位】 经济部第十水利设计测量队
【收文单位】 不详
【档案编号】 038-001-0093-0018
【成文时间】 1941-04
【收藏单位】 甘肃省档案馆
【涉及地域】 靖远县
【关 键 词】 北湾镇工程设计图
【内容提要】
该部分共1份文件，如题。

【叙录编号】 0554
【档案题名】
民国三十七年（1948）甘肃省政府、黄河水利工程总局、靖远县政府、永靖县政府及天水县政府等就靖丰渠防汛一事的往来公文
【发文单位】 甘肃省政府；黄河水利工程总局等
【收文单位】 甘肃省政府；黄河水利工程总局等
【档案编号】 038-001-0095-（0019-0036）
【成文时间】 1948-09-30—1948-10-09
【收藏单位】 甘肃省档案馆
【涉及地域】 靖远县
【关 键 词】 靖丰渠防汛
【内容提要】
该部分共18份文件，涉及甘肃省政府、黄河水利工程总局兰州水文站、靖远县政府、天水县政府、靖丰渠水利专员与永靖县鲁桂芳等就靖丰渠防汛，报黄河及苦水水位一事的往来公文，附表1份。

【叙录编号】 0555
【档案题名】
民国三十六年（1947）甘肃省政府、黄河水利委员会、水利部等就黄河水暴涨一事的往来公文
【发文单位】 甘肃省政府；黄河水利委员会等
【收文单位】 甘肃省政府；黄河水利委员会等
【档案编号】 038-001-0097-（0001-0026）
【成文时间】 1947-07—1947-10
【收藏单位】 甘肃省档案馆
【涉及地域】 靖远县；永靖县；临洮县；兰州市
【关 键 词】 水位暴涨
【内容提要】
该部分共26份文件，涉及甘肃省政府、黄河水利委员会上游工程处、甘肃省水利局、交通部、湟惠渠管理处、永乐渠管理处及地方县级政府因黄河、湟河水于7至9月时已暴涨至三十四年来的最高水位，所发布的有关黄河、湟河及兰州市等地水位高低的实时状况，以及于规定通话时间内拨打相应电话通知水位等系列公文。

【叙录编号】 0556
【档案题名】
民国三十七年（1948）甘肃省政府、甘肃省水利局及靖远县政府等就靖丰渠防汛一事的往来公文
【发文单位】 甘肃省政府；甘肃省水利局等
【收文单位】 甘肃省政府；甘肃省水利局等
【档案编号】 038-001-0097-（0027-0037）
【成文时间】 1948-07-13—1948-09-23
【收藏单位】 甘肃省档案馆
【涉及地域】 靖远县
【关 键 词】 防汛抢险
【内容提要】
　　该部分共11份文件，涉及黄河水位上涨期间，靖丰渠防汛抢险相关的通话要求、筹备工作及事后经验与情形的总结等。

【叙录编号】 0557
【档案题名】
甘肃省黄河沿岸改良水车示范工程计划
【发文单位】 水利部第二二四测量队
【收文单位】 不详
【档案编号】 038-001-0101-0001
【成文时间】 1949-02
【收藏单位】 甘肃省档案馆
【涉及地域】 甘肃省
【关 键 词】 改良水车
【内容提要】
　　该部分共1份文件，内容如题。

【叙录编号】 0558
【档案题名】
靖远县北湾镇提防放淤灌溉工程计划书
【发文单位】 经济部第十水利设计测量队
【收文单位】 不详
【档案编号】 038-001-0102-0001
【成文时间】 1941
【收藏单位】 甘肃省档案馆
【涉及地域】 靖远县
【关 键 词】 北湾镇提防放淤灌溉
【内容提要】
　　该部分共1份文件，内容如题。

【叙录编号】 0559
【档案题名】
整理湟水处头崖至王家口闸六甲种滩工程计划书及竣工图表
【发文单位】 湟水水道工务处
【收文单位】 不详
【档案编号】 038-001-0107-（0001-0002）
【成文时间】 1944-05—1945-02
【收藏单位】 甘肃省档案馆
【涉及地域】 湟水流域
【关 键 词】 工程计划书；竣工图表
【内容提要】
　　该部分共2份文件，内容如题。

【叙录编号】 0560
【档案题名】
整理湟水处红柳台及娃娃口滩工程技术书及竣工图表
【发文单位】 黄河水利委员会
【收文单位】 不详
【档案编号】 038-001-0108-（0001-0002）
【成文时间】 1943-10—1945-04
【收藏单位】 甘肃省档案馆
【涉及地域】 湟水流域
【关 键 词】 工程计划书；竣工图表
【内容提要】
　　该部分共2份文件，内容如题。

【叙录编号】 0561
【档案题名】
湟水各河道及水利平面图的目次

【发文单位】　不详
【收文单位】　不详
【档案编号】　038-001-0109-0001
【成文时间】　不详
【收藏单位】　甘肃省档案馆
【涉及地域】　湟水流域
【关 键 词】　湟水各河道
【内容提要】
　　该部分共1份文件，内容如题。

【叙录编号】　0562
【档案题名】
　　湟水风头崖至达家川一段水利工程计划书
【发文单位】　不详
【收文单位】　不详
【档案编号】　038-001-0109-0002
【成文时间】　不详
【收藏单位】　甘肃省档案馆
【涉及地域】　湟水流域
【关 键 词】　湟水风头崖至达家川一段
【内容提要】
　　该部分共1份文件，内容如题。

【叙录编号】　0563
【档案题名】
　　湟水上漩子滩横断面图、急流平面图、急流顺坝纵横断面图，下漩子滩平面图、挖河纵断与横断面图，马厂原滩平面图、挖河纵断及横断面图、顺坝纵断面图，马聚元滩平面图、顺坝纵横断面图，王家口闸滩平面图、挖河纵断与横断面图、顺坝纵横断面图
【发文单位】　黄河水利委员会湟水水道工务所
【收文单位】　不详
【档案编号】　038-001-0109-（0003-0017）
【成文时间】　1943-08—1943-09
【收藏单位】　甘肃省档案馆
【涉及地域】　湟水流域

【关 键 词】　平面图
【内容提要】
　　该部分共15份文件，内容如题。

【叙录编号】　0564
【档案题名】
　　整理湟水虎头崖达家川段航道工程计划
【发文单位】　黄河水利委员会湟水水道工务所
【收文单位】　不详
【档案编号】　038-001-0109-0018
【成文时间】　1944-10
【收藏单位】　甘肃省档案馆
【涉及地域】　湟水流域
【关 键 词】　湟水虎头崖达家川段
【内容提要】
　　该部分共1份文件，内容如题。

【叙录编号】　0565
【档案题名】
　　湟水磨湾子上滩平面与纵横断面图，磨湾子中滩平面与纵横断面图，磨湾子正滩平面与纵横断面图，水车湾滩平面、挖河纵横断面图、顺坝纵横断面图，水车湾下滩平面图、挖河纵横断面图，红古城上浅滩平面与上滩挖河纵横面图，新庄子中滩平面图、挖河纵横断面图、挑坝纵横断面图，新庄子下滩平面图、挖河纵横断面图，红柳台上下滩平面图、顺坝纵横断面图，娃娃口滩平面图、挖河纵横断面图、挑坝纵横断面图，急滩平面图及挖河纵横断面图，险滩平面图与顺坝纵横断面图，河咀子急滩平面图、挖河纵横断面图，花庄子上滩平面图及全部图表的图例示范等图
【发文单位】　黄河水利委员会湟水水道工务所；甘肃省农林水利局
【收文单位】　不详
【档案编号】
　　038-001-0110；

038-001-0111-（0001-0022、0001-0017）

【成文时间】 1943-10
【收藏单位】 甘肃省档案馆
【涉及地域】 湟水流域
【关 键 词】 平面图
【内容提要】
　　该部分共39份文件，皆为图表，内容如题。

【叙录编号】 0566
【档案题名】
　　湟水各水道图
【发文单位】 黄河水利委员会湟水水道工务所
【收文单位】 不详
【档案编号】
　　038-001-0112-（0001-0016）；
　　038-001-0113-（0001-0013）
【成文时间】 不详
【收藏单位】 甘肃省档案馆
【涉及地域】 甘肃省
【关 键 词】 湟水水道
【内容提要】
　　包括华庄子上滩挖河纵断面图、花庄子上滩挖河横断面图、花庄子上滩顺坝纵横断面图、花庄子上滩潜坝纵横断面图、花庄子下滩平面图、花庄子下滩挖河纵横断面图、花庄子下滩潜坝纵横断面图、二房上滩平面图、二房上滩挖河纵断面图、二房中滩平面图、二房中滩横断面图、二房中滩顺坝纵横断面图、二房正滩平面图、二房正滩顺坝纵横断面图、二房下滩平面图、石滩平面图、老虎口马回子滩平面图、老虎口水下炸方纵断面图、老虎口水下炸方横断面图、马回子滩挖河纵断面图、马回子滩挖河横断面图、马回子滩潜坝纵横断面图、达家岗滩平面图、达家岗滩挖河纵断面图、达家岗滩挖河横断面图、达家岗滩下坝纵横断面图、达家岗滩潜坝纵横断面图、达家川急滩平面图。

【叙录编号】 0567
【档案题名】
　　关于贷款修建水车的各种文件
【发文单位】 永靖县好义乡民；甘肃省政府等
【收文单位】 甘肃省水利局；中国农民银行兰州分行等
【档案编号】 038-001-0114-（0011-0018）
【成文时间】 1947-09-19—1948-09-20
【收藏单位】 甘肃省档案馆
【涉及地域】 永靖县；靖远县
【关 键 词】 水利工程
【内容提要】
　　1947年9月19日，永靖县好义乡民孔繁荣等呈请甘肃水利局局长转请省农民银行再行贷款以修建水车。1948年9月20日，甘肃省水利局函中国农民银行兰州分行，请再行贷款给永靖县好义乡民。1948年3月11日，永靖县好义乡民魏作桢等呈请甘肃省建设厅派员调查，准予贷放水利款修建水车。1948年3月25日，甘肃省政府令永乐渠工程处派员查勘具报。1948年4月9日，永乐渠工程处呈报查勘永靖好义民众请贷款兴修水车情形。1948年4月17日，甘肃省政府函中国农民银行兰州分行，请转饬贷款见复。1948年5月19日，永乐渠工程处呈报甘肃省水利局关于查勘永靖纯孝乡呈请贷款兴修水利的情形。1948年6月12日，甘肃省政府令永乐渠工程处重拟呈凭核。

【叙录编号】 0568
【档案题名】
　　关于永乐渠工款不敷甚巨所有土方由地方义务征工办理的各种文件
【发文单位】 甘肃省政府；甘肃省水利局等
【收文单位】 五区专署；永靖县政府等
【档案编号】 038-001-0115-（0001-0038）

【成文时间】 1948-08-09—1948-08-21
【收藏单位】 甘肃省档案馆
【涉及地域】 靖远县；永靖县
【关 键 词】 永乐渠
【内容提要】

1948年8月9日，甘肃省政府为永乐渠工款不敷甚巨，令五区专署、永靖县政府、永乐渠工程处，所有土方由县义务征工办理。甘肃省水利局呈甘肃省政府，拟令县迅即召集有关人士商议义务征工办法。8月10日，甘肃省水利局呈报甘肃省政府主席关于永乐渠因工款不敷暂行停工的事宜，请令县商议征工办法。同日，甘肃省水利局电永乐渠工程处关于该渠停工事宜。8月21日，永靖县工程处处长侯书田电河西水利工程总队，拟养日返兰，事务由徐副处长代理。8月28日，永靖县政府召开永乐渠征工会议，含会议记录。8月30日，永靖县董寄虚电甘肃省政府关于商讨永乐渠征工事宜。9月2日，第五区行政督察专员兼保安司令公署电复甘肃省政府主席关于遵令会办永靖永乐义务征工情形，请甘肃省政府鉴核。9月3日，甘肃省第五行政督察专员兼保安司令董寄虚呈报甘肃省水利局关于征工办法商讨情形。9月8日，甘肃省水利局呈报甘肃省政府关于永乐渠土方工程将停工，剩余材料变价归还农行，并贷款办理其他工程。9月13日，永靖县政府呈报甘肃省政府关于永乐渠征工会议情形，含征工会议记录。9月21日，永乐渠工程处处长侯书田呈报甘肃省水利局，工程处即将撤销渠道及建筑等，拟移交县政府保管。9月22日，甘肃省政府令永靖县政府接收永乐渠应行移交材料。9月27日，甘肃省政府令永靖县政府知照永乐渠工程截至8月底停工的事宜。9月28日，甘肃省政府电饬永乐渠工程处造册移交给永乐渠工程处，永乐渠工程处拟具《材料保管及移交办法》《仪器图书什物保管及移交办法》《永靖水文站运兰仪器什物清册》。

1949年2月22日，永乐渠工程处处长侯书田呈报甘肃省水利局，请派员并转有关机关派员验收竣工图表等材料等，同日，甘肃省水利局呈报甘肃省政府，拟准照办。3月4日，水利部电水利局、甘肃省政府关于派员验收永乐渠局部竣工工程的事宜。3月7日，甘肃省政府电水利部、中国农民银行兰州分行，函审计部，请派员会同验收竣工图表等材料，并令永乐渠工程处处长知照。3月11日，中国农民银行兰州分行函甘肃省政府，将派本行技术专员兼水利督察工程师王荣科前往验收。3月18日，甘肃省政府电中国农民银行兰州分行，补送永乐渠部分工程竣工图。3月19日，审计处函复甘肃省政府关于验收竣工图决算表的情形，请甘肃省政府查照见复。4月9日，甘肃省政府函审计处，补送永乐渠部分工程合同等件。4月18日，永乐渠工程处呈送本处经临各费支出凭证簿及附表给水利局局长。5月6日，审计处函甘肃省政府关于验收永乐渠部分竣工工程情形。5月25日，甘肃省政府令永乐渠工程处侯处长，准审计处函复，永乐渠部分工程不派员检验，仰将验收证呈候核示。7月20日，永乐渠工程处处长侯书田呈报河西水利工程总队关于甘肃省政府验收评语，并将验收证呈赍，含验收证。7月27日，甘肃省政府电送永乐渠验收证给经济部水利署、中国农民银行兰州分行，并令永乐渠工程处知照。

【叙录编号】 0569
【档案题名】
　　甘肃永乐渠工程处工程决算表
【发文单位】 甘肃省永乐渠工程处
【收文单位】 不详
【档案编号】
　　038-001-0116；
　　038-001-0117-0001
【成文时间】 不详

【收藏单位】 甘肃省档案馆
【涉及地域】 靖远县
【关 键 词】 永乐渠
【内容提要】
如题。

【叙录编号】 0570
【档案题名】
黄河水利工程总局兰州水文站测验仪器、公物图表移交清册
【发文单位】 黄河水利工程总局兰州水文站
【收文单位】 不详
【档案编号】 038-001-0130-0017
【成文时间】 不详
【收藏单位】 甘肃省档案馆
【涉及地域】 兰州市
【关 键 词】 黄河水利工程总局；兰州水文站
【内容提要】
如题，内含图表。

【叙录编号】 0571
【档案题名】
黄河水利工程总局水文总站存兰仪器图书资料文卷清册、甘肃河西水利工程处张掖工程区保管公物清册、山丹截引地下水工程处公物总清册
【发文单位】 黄河水利工程总局水文总站；甘肃河西水利工程处张掖区等
【收文单位】 不详
【档案编号】 038-001-0133-（0001-0003）
【成文时间】 1949-09
【收藏单位】 甘肃省档案馆
【涉及地域】 兰州市等
【关 键 词】 仪器；图书资料；公物
【内容提要】
如题，内含图表。

【叙录编号】 0572
【档案题名】
请饬永靖县政府接收应行移交物料等已令县接收仰列册移交的指令、函，送各项移交清册请员接收的公函，甘肃永乐渠工程处卷宗移交清册，物料工具移交清册，物品移交清册，为呈送本处钤记及卷宗移交清册的呈，呈送工具物料及杂项设备移交清册，居赍结束后测绘仪器等项移交清册指令，甘肃省永乐渠工程处仪器及其他移交清册，移交图表及其他清册，木料移交清册，工程材料移交清册，接收管理处卷宗移交册，接收前管理处书籍移交清册，留永（存）仪器及其他移交清册，工程部分移交清册，接收管理处账项表报移交清册，杂项器具移交清册
【发文单位】 甘肃省政府；永乐渠工程处侯书田等
【收文单位】 不详
【档案编号】 038-001-0142-（0001-0020）
【成文时间】 1948-09—1948-10
【收藏单位】 甘肃省档案馆
【涉及地域】 永靖县
【关 键 词】 永乐渠；移交清册；公物
【内容提要】
如题，内含图表。

【叙录编号】 0573
【档案题名】
甘肃省永乐渠工程处物料移交清册、器具杂项运输设备移交清册、卷宗移交清册、印信移交清册、移交图表及其他清册、移交图表移交清册、其他移交清册、书籍移交清册，甘肃高台马尾湖水库工程处公物移交说明，山丹截引地下水工程处公物总清册；甘肃省政府据赍各项移交清册的指令
【发文单位】 甘肃省永乐渠工程处；甘肃高台马尾湖水库工程处等

【收文单位】 不详
【档案编号】 038-001-0143-（0001-0012）
【成文时间】 1948
【收藏单位】 甘肃省档案馆
【涉及地域】 山丹县；永靖县；高台县
【关 键 词】 永乐渠；马尾湖；山丹截引地下水；移交清册
【内容提要】
　　如题，内含图表。

【叙录编号】 0574
【档案题名】
　　派张店敬往皋兰县政府合作室工作的通知单
【发文单位】 甘肃省合作事业管理处
【收文单位】 不详
【档案编号】 038-001-0147-0038
【成文时间】 1942-05-05
【收藏单位】 甘肃省档案馆
【涉及地域】 皋兰县
【关 键 词】 人事
【内容提要】
　　如题。

【叙录编号】 0575
【档案题名】
　　被裁员工月得薪饷数额表一份
【发文单位】 靖丰渠管理处
【收文单位】 不详
【档案编号】 038-001-0147-0040
【成文时间】 不详
【收藏单位】 甘肃省档案馆
【涉及地域】 靖远县
【关 键 词】 人事
【内容提要】
　　如题。

【叙录编号】 0576
【档案题名】
　　民工防汛队人员姓名表一份计三张
【发文单位】 靖丰渠工程处
【收文单位】 不详
【档案编号】 038-001-0147-0044
【成文时间】 不详
【收藏单位】 甘肃省档案馆
【涉及地域】 靖远县
【关 键 词】 人事
【内容提要】
　　如题。

【叙录编号】 0577
【档案题名】
　　甘肃新兰渠工程计划书
【发文单位】 不详
【收文单位】 不详
【档案编号】 038-001-0164-0001
【成文时间】 1941-02
【收藏单位】 甘肃省档案馆
【涉及地域】 新兰渠
【关 键 词】 新兰渠
【内容提要】
　　如题。

【叙录编号】 0578
【档案题名】
　　甘肃兰丰渠计划问题
【发文单位】 工程师联合年会专题讨论会
【收文单位】 不详
【档案编号】 038-001-0164-0002
【成文时间】 不详
【收藏单位】 甘肃省档案馆
【涉及地域】 兰丰渠
【关 键 词】 兰丰渠

【内容提要】
如题。

【叙录编号】 0579
【档案题名】
永丰渠整理工程计划书
【发文单位】 甘肃省水利局
【收文单位】 不详
【档案编号】 038-001-0208-0003
【成文时间】 1947-08
【收藏单位】 甘肃省档案馆
【涉及地域】 永靖县
【关 键 词】 永丰渠
【内容提要】
该部分共1份文件，内容如题。

【叙录编号】 0580
【档案题名】
靖乐渠工程竣工图
【发文单位】 甘肃省水利局
【收文单位】 不详
【档案编号】 038-001-0211-0001
【成文时间】 1948-07
【收藏单位】 甘肃省档案馆
【涉及地域】 靖远县
【关 键 词】 靖乐渠
【内容提要】
该部分共1份文件，内容如题。

【叙录编号】 0581
【档案题名】
靖远三合村河防工程说明书
【发文单位】 靖远县东湾乡海广滩灾民代表王雄如
【收文单位】 不详
【档案编号】 038-001-0227-0001
【成文时间】 不详
【收藏单位】 甘肃省档案馆
【涉及地域】 靖远县
【关 键 词】 三合村河防
【内容提要】
该部分共1份文件，内容如题。

【叙录编号】 0582
【档案题名】
勘测平滩堡至营房滩筑堤工程的报告
【发文单位】 甘肃水利林牧公司靖丰渠工程处
【收文单位】 不详
【档案编号】 038-001-0227-0002
【成文时间】 不详
【收藏单位】 甘肃省档案馆
【涉及地域】 靖远县
【关 键 词】 筑堤
【内容提要】
该部分共1份文件，内容如题。

【叙录编号】 0583
【档案题名】
定西西河渠整理工程计划书
【发文单位】 甘肃省水利局
【收文单位】 不详
【档案编号】 038-001-0228-0001
【成文时间】 1948-11
【收藏单位】 甘肃省档案馆
【涉及地域】 定西县
【关 键 词】 定西西河渠
【内容提要】
该部分共1份文件，内容如题。

【叙录编号】 0584
【档案题名】
为请代为规划黄河上游工程事宜函
【发文单位】 西北运输处
【收文单位】 甘肃水利林牧公司

【档案编号】 039-001-0006-0005
【成文时间】 不详
【收藏单位】 甘肃省档案馆
【涉及地域】 甘肃省
【关 键 词】 黄河上游工程
【内容提要】
　　主要涉及西北运输处函甘肃水利林牧公司关于代为规划黄河上游工程所需要马力等事宜。

【叙录编号】 0585
【档案题名】
　　为维护水利事致水利公司函
【发文单位】 兰州市政府
【收文单位】 甘肃水利林牧公司
【档案编号】 039-001-0008-0011
【成文时间】 1945-10-16
【收藏单位】 甘肃省档案馆
【涉及地域】 甘肃省
【关 键 词】 维护水利
【内容提要】
　　主要涉及兰州市政府函甘肃水利林牧公司维护水利以利农民生活。

【叙录编号】 0586
【档案题名】
　　湟惠渠建筑工作进展情形等报告
【发文单位】 湟惠渠工务处
【收文单位】 甘肃水利林牧公司
【档案编号】 039-001-0010-0004
【成文时间】 不详
【收藏单位】 甘肃省档案馆
【涉及地域】 湟惠渠
【关 键 词】 湟惠渠
【内容提要】
　　主要涉及报告湟惠渠建筑物工作进展。

【叙录编号】 0587
【档案题名】
　　为请再发工程验收表致总处函
【发文单位】 北湾堤渠工程处
【收文单位】 甘肃水利林牧公司总管理处
【档案编号】 039-001-0012-0040
【成文时间】 1942-07-11
【收藏单位】 甘肃省档案馆
【涉及地域】 靖远县
【关 键 词】 工程验收表
【内容提要】
　　主要涉及函请发工程验收表200张以资应用。

【叙录编号】 0588
【档案题名】
　　为复收到电报须知及电报挂号等函
【发文单位】 兰丰渠工程处
【收文单位】 甘肃水利林牧公司总管理处
【档案编号】 039-001-0019-0001
【成文时间】 1943-05-26
【收藏单位】 甘肃省档案馆
【涉及地域】 甘肃省
【关 键 词】 电报挂号
【内容提要】
　　兰丰渠电报挂号为0355。

【叙录编号】 0589
【档案题名】
　　为报本处电报挂号仍办理事函
【发文单位】 靖丰渠工程处
【收文单位】 甘肃水利林牧公司总管理处
【档案编号】 039-001-0019-0002
【成文时间】 1943-05-24
【收藏单位】 甘肃省档案馆
【涉及地域】 甘肃省
【关 键 词】 电报挂号

【内容提要】
靖丰渠电报挂号为0554。

【叙录编号】 0590
【档案题名】
为报本处改挂号电报号码日期事函
【发文单位】 永丰渠工程处
【收文单位】 甘肃水利林牧公司总管理处
【档案编号】 039-001-0019-0003
【成文时间】 1943-06-13
【收藏单位】 甘肃省档案馆
【涉及地域】 甘肃省
【关 键 词】 电报挂号
【内容提要】
永丰渠电报挂号为3055。

【叙录编号】 0591
【档案题名】
为报本处电报挂号改用5503等公函
【发文单位】 永乐渠工程处
【收文单位】 甘肃水利林牧公司总管理处
【档案编号】 039-001-0019-0011
【成文时间】 1943-09-21
【收藏单位】 甘肃省档案馆
【涉及地域】 甘肃省
【关 键 词】 电报挂号
【内容提要】
如题。

【叙录编号】 0592
【档案题名】
为报本处电报挂号改用3055等公函
【发文单位】 靖丰渠工程处
【收文单位】 甘肃水利林牧公司总管理处
【档案编号】 039-001-0019-0012
【成文时间】 1944-01-02
【收藏单位】 甘肃省档案馆

【涉及地域】 甘肃省
【关 键 词】 电报挂号
【内容提要】
如题。

【叙录编号】 0593
【档案题名】
为函送湟惠渠节略等事情致水利公司函
【发文单位】 甘肃省建设厅；甘肃水利林牧公司
【收文单位】 甘肃水利林牧公司；甘肃省建设厅
【档案编号】 039-001-0022-（0005-0006）
【成文时间】 1941-12-09—1941-12-15
【收藏单位】 甘肃省档案馆
【涉及地域】 甘肃省
【关 键 词】 湟惠渠
【内容提要】
甘肃省建设厅、甘肃水利林牧公司之间关于函送湟惠渠节略的公文往来。

【叙录编号】 0594
【档案题名】
为检送湟惠渠等九渠平面图等公函
【发文单位】 甘肃水利林牧公司
【收文单位】 甘肃省建设厅
【档案编号】 039-001-0022-0022
【成文时间】 1943-05-11
【收藏单位】 甘肃省档案馆
【涉及地域】 甘肃省
【关 键 词】 水渠平面图
【内容提要】
主要涉及甘肃水利林牧公司检送湟惠渠等九渠平面图。

【叙录编号】 0595
【档案题名】
　　为函谢寄赠甘肃省黄河沿岸水车概况等函
【发文单位】 中国农村水利实业公司
【收文单位】 甘肃水利林牧公司
【档案编号】 039-001-0024-0016
【成文时间】 1945-02-21
【收藏单位】 甘肃省档案馆
【涉及地域】 甘肃省
【关 键 词】 水车
【内容提要】
　　主要涉及请寄送甘肃省黄河沿岸水车概况及兰州十里店水车抽水机实验计划。

【叙录编号】 0596
【档案题名】
　　民国三十三年（1944）甘肃水利林牧公司就兰丰渠工程需借用中央发电厂水力发电机与抽水机一事的函
【发文单位】 甘肃水利林牧公司
【收文单位】 中央械器厂
【档案编号】 039-001-0030-0002
【成文时间】 1944-05-27
【收藏单位】 甘肃省档案馆
【涉及地域】 甘肃省
【关 键 词】 水力发电
【内容提要】
　　共1份文件，内容如题。

【叙录编号】 0597
【档案题名】
　　民国三十年（1941）甘肃水利林牧公司永靖渠工程处为请让价复购硝致硝磺订购函
【发文单位】 甘肃水利林牧公司永靖渠工程处；总工程师
【收文单位】 甘肃省硝磺处总工程师；甘肃水利林牧公司永靖渠工程处
【档案编号】 039-001-0057-0006
【成文时间】 1941-11-07—1941-11-11
【收藏单位】 甘肃省档案馆
【涉及地域】 甘肃省；永靖县
【关 键 词】 硝磺；炸药；建筑；渠道；水利
【内容提要】
　　共2份文件。11月7日第一份文件为，甘肃水利林牧公司永靖渠工程处为请示复购硝之事致总工程师函。11月11日第二份文件为，由于硝磺均为统制，故各处所需要硝磺由公司统筹向硝磺处订购。

【叙录编号】 0598
【档案题名】
　　民国三十一年（1942）甘肃水利林牧公司为兰丰渠请拨硝磺与甘肃水利林牧公司之往来函
【发文单位】 甘肃水利林牧公司；甘肃硝磺处
【收文单位】 甘肃硝磺处；甘肃水利林牧公司
【档案编号】 039-001-0057-（0020-0021）
【成文时间】 1942-10-28—1943-02-15
【收藏单位】 甘肃省档案馆
【涉及地域】 甘肃省
【关 键 词】 硝磺；兰丰渠
【内容提要】
　　共2份文件，内容如题。10月28日，甘肃水利林牧公司因兰丰渠石方工程所需硝磺致甘肃硝磺处函。次年2月15日，硝磺处函知甘肃水利林牧公司前订硝磺起运事。

【叙录编号】 0599
【档案题名】
　　民国三十二年（1943）兰丰渠请兴盛制药厂代为配置火药之证明及甘肃水利林牧公司复核确认此事函知硝磺处
【发文单位】 甘肃水利林牧公司兰丰渠工程处
【收文单位】 临洮兴盛制药厂

【档案编号】 039-001-0057-(0027-0028)
【成文时间】 1943-02-26—1943-03-05
【收藏单位】 甘肃省档案馆
【涉及地域】 甘肃省
【关 键 词】 火药制造
【内容提要】
　　共2份文件,内容如题。

【叙录编号】 0600
【档案题名】
　　民国三十二年(1943)甘肃水利林牧公司为请迅拨兰丰渠工用炼硝致硝磺处
【发文单位】 甘肃水利林牧公司
【收文单位】 甘肃硝磺处
【档案编号】 039-001-0057-0031
【成文时间】 1943-03-26
【收藏单位】 甘肃省档案馆
【涉及地域】 甘肃省
【关 键 词】 硝磺；渠道工程
【内容提要】
　　共1份文件,内容如题。

【叙录编号】 0601
【档案题名】
　　甘肃硝磺处为从兰州批发100担精磺致甘肃水利林牧公司电
【发文单位】 甘肃硝磺处
【收文单位】 甘肃水利林牧公司
【档案编号】 039-001-0058-0002
【成文时间】 1943-05-12
【收藏单位】 甘肃省档案馆
【涉及地域】 甘肃省
【关 键 词】 精磺
【内容提要】
　　共1份文件,内容如题。

【叙录编号】 0602
【档案题名】
　　甘肃水利林牧公司为硝磺处拨发精磺100担事致兰丰渠工程处
【发文单位】 甘肃水利林牧公司
【收文单位】 兰丰渠
【档案编号】 039-001-0058-0004
【成文时间】 1943-05-25
【收藏单位】 甘肃省档案馆
【涉及地域】 甘肃省
【关 键 词】 精磺
【内容提要】
　　共1份文件,内容如题。

【叙录编号】 0603
【档案题名】
　　甘肃水利林牧公司为提前提硝补交差价事致兰丰渠等的函
【发文单位】 甘肃水利林牧公司
【收文单位】 兰丰渠；肃丰渠工程处
【档案编号】 039-001-0058-0010
【成文时间】 1943-07-30
【收藏单位】 甘肃省档案馆
【涉及地域】 甘肃省
【关 键 词】 硝磺
【内容提要】
　　共1份文件,内容如题。

【叙录编号】 0604
【档案题名】
　　甘肃水利林牧公司为赶办湟惠渠所需钢筋螺丝等事致甘肃机器厂互见单
【发文单位】 甘肃水利林牧公司
【收文单位】 甘肃机器厂
【档案编号】 039-001-0063-0021
【成文时间】 1942-10-16
【收藏单位】 甘肃省档案馆

【涉及地域】 甘肃省
【关 键 词】 湟惠渠；钢筋螺丝
【内容提要】
　　共1份文件，内容如题。

【叙录编号】 0605
【档案题名】
　　湟惠渠工程处、甘肃水利林牧公司关于湟惠渠放水典礼费用开支一事的往来公函
【发文单位】 湟惠渠工程处
【收文单位】 甘肃水利林牧公司
【档案编号】 039-001-0067-（0017-0018）
【成文时间】 1942-06-01—1942-06-04
【收藏单位】 甘肃省档案馆
【涉及地域】 兰州市
【关 键 词】 湟惠渠；放水典礼
【内容提要】
　　共2份文件，甘肃水利林牧公司同意湟惠渠工程处关于放水典礼所有招待费用，均从水利工程"预备费用"科目内开支的请求。

【叙录编号】 0606
【档案题名】
　　湟惠渠工程处关于决算时期应加送月计表内致甘肃水利林牧公司的函
【发文单位】 湟惠渠工程处
【收文单位】 甘肃水利林牧公司
【档案编号】 039-001-0067-0019
【成文时间】 1942-06-23
【收藏单位】 甘肃省档案馆
【涉及地域】 兰州市
【关 键 词】 湟惠渠；月计表
【内容提要】
　　共1份文件，内容如题。

【叙录编号】 0607
【档案题名】
　　湟惠渠工程处为补送1941年12月贷借对照表一事致甘肃水利林牧公司函
【发文单位】 湟惠渠工程处
【收文单位】 甘肃水利林牧公司
【档案编号】 039-001-0067-0020
【成文时间】 1942-06-28
【收藏单位】 甘肃省档案馆
【涉及地域】 兰州市
【关 键 词】 湟惠渠；贷借对照表
【内容提要】
　　共1份文件，内容如题。

【叙录编号】 0608
【档案题名】
　　兰丰渠工程队与甘肃水利林牧公司就工程师洪琮兼支公费事的往返函
【发文单位】 甘肃水利林牧公司兰丰渠工程处工程师洪琮；甘肃水利林牧公司总管理处
【收文单位】 甘肃水利林牧公司总管理处；甘肃水利林牧公司兰丰渠工程处
【档案编号】 039-001-0068-（0034-0035）
【成文时间】 1944-11-06—1944-11-10
【收藏单位】 甘肃省档案馆
【涉及地域】 甘肃省
【关 键 词】 公费；工程师
【内容提要】
　　共2份文件。

【叙录编号】 0609
【档案题名】
　　北湾堤渠工程处、甘肃水利林牧公司为未列会计出纳人员薪级一事的往来公函
【发文单位】 北湾堤渠工程处；甘肃水利林牧公司总管理处
【收文单位】 甘肃水利林牧公司总管理处；北

湾堤渠工程处
【档案编号】 039-001-0069-（0021-0022）
【成文时间】 1942-06-09—1942-06-18
【收藏单位】 甘肃省档案馆
【涉及地域】 靖远县
【关 键 词】 薪级；会计出纳
【内容提要】
共2份文件，内容如题。

【叙录编号】 0610
【档案题名】
甘肃水利林牧公司致靖丰渠工程处调整后工役津贴预算明细表
【发文单位】 甘肃水利林牧公司
【收文单位】 甘肃水利林牧公司靖丰渠
【档案编号】 039-001-0072-（0003-0004）
【成文时间】 1943-09-20—1943-10-13
【收藏单位】 甘肃省档案馆
【涉及地域】 甘肃省
【关 键 词】 生活补助
【内容提要】
共2份文件，内容如题。

【叙录编号】 0611
【档案题名】
甘肃水利林牧公司、湟惠渠工程处、森林部关于技师张保出差旅费一事的往来公函
【发文单位】 甘肃水利林牧公司；湟惠渠工程处等
【收文单位】 湟惠渠工程处；甘肃水利林牧公司等
【档案编号】
039-001-0080-（0003-0004、0014-0024）
【成文时间】 1942-04-25—1942-09-29
【收藏单位】 甘肃省档案馆
【涉及地域】 兰州市
【关 键 词】 湟惠渠；张保

【内容提要】
共10份文件，附《张保出差旅费表》（0022）、《张保出差工作报告》（0023）。

【叙录编号】 0612
【档案题名】
甘肃水利林牧公司总管理处、森林部为证明袁义生技师到湟惠渠工作一事的往来公函
【发文单位】 甘肃水利林牧公司总管理处；甘肃水利林牧公司总管理处森林部
【收文单位】 甘肃水利林牧公司总管理处森林部；甘肃水利林牧公司总管理处
【档案编号】
039-001-0080-（0005、008-0009）
【成文时间】 1942-06-04—1942-07-20
【收藏单位】 甘肃省档案馆
【涉及地域】 兰州市
【关 键 词】 湟惠渠
【内容提要】
共3份文件，内容如题。

【叙录编号】 0613
【档案题名】
兰丰渠工程处为赴汭丰渠工程视察之负责人及返程一事致甘肃水利林牧公司总管理处
【发文单位】 兰丰渠
【收文单位】 甘肃水利林牧公司
【档案编号】
039-001-0080-（0027-0028、0030）
【成文时间】 1942-11-13—1942-11-21
【收藏单位】 甘肃省档案馆
【涉及地域】 泾川县
【关 键 词】 汭丰渠
【内容提要】
共3份文件，内容如题。

【叙录编号】 0614
【档案题名】
　　靖丰渠工程处、甘肃水利林牧公司为该处发报日期与电局发报日期一事的往来公函
【发文单位】 靖丰渠工程处；甘肃水利林牧公司
【收文单位】 甘肃水利林牧公司；靖丰渠工程处
【档案编号】 039-001-0083-（0036-0038）
【成文时间】 1943-05-01—1943-05-04
【收藏单位】 甘肃省档案馆
【涉及地域】 靖远县
【关 键 词】 发报；日期
【内容提要】
　　共3份文件，内容如题。

【叙录编号】 0615
【档案题名】
　　兰州农行、甘肃水利林牧公司关于上报湟惠、溥济两渠完工成效的相关公函
【发文单位】 兰州农行；甘肃水利林牧公司
【收文单位】 甘肃水利林牧公司；湟惠渠等
【档案编号】 039-001-0085-（0024-0026）
【成文时间】 1943-09-07—1943-09-11
【收藏单位】 甘肃省档案馆
【涉及地域】 湟惠渠管理局；临洮县
【关 键 词】 湟惠渠；溥济渠；报表
【内容提要】
　　共12文件，兰州农行请甘肃水利林牧公司按照农田水利贷款表格式上报湟惠、溥济两渠完工成效，甘肃水利林牧公司函问湟、溥二渠。

【叙录编号】 0616
【档案题名】
　　甘肃水利林牧公司为拨付兰丰渠工程处款项开具期票等事致兰州中国银行的函
【发文单位】 甘肃水利林牧公司
【收文单位】 兰州中国银行
【档案编号】 039-001-0086-0010
【成文时间】 1943-06-23
【收藏单位】 甘肃省档案馆
【涉及地域】 兰州市
【关 键 词】 兰丰渠；款项
【内容提要】
　　共1份文件，内容如题。

【叙录编号】 0617
【档案题名】
　　永乐渠为更正各通电报现金存放结存电报格式错误致甘肃水利林牧公司的电
【发文单位】 永乐渠工程处
【收文单位】 甘肃水利林牧公司总管理处
【档案编号】 039-001-0086-（0017-0018）
【成文时间】 1942-08-18
【收藏单位】 甘肃省档案馆
【涉及地域】 永靖县
【关 键 词】 永乐渠；格式
【内容提要】
　　共1份文件，内容如题。

【叙录编号】 0618
【档案题名】
　　永乐渠为报告本州现金结存致甘肃水利林牧公司的电
【发文单位】 永乐渠工程处
【收文单位】 甘肃水利林牧公司
【档案编号】 039-001-0086-（0018-0020）
【成文时间】 1942-08-29—1942-09-09
【收藏单位】 甘肃省档案馆
【涉及地域】 永靖县
【关 键 词】 永乐渠；库存
【内容提要】
　　共2份文件，内容如题。

【叙录编号】 0619
【档案题名】
　　甘肃水利林牧公司为函饬按期陈报库存一事致湟惠渠的函
【发文单位】 甘肃水利林牧公司
【收文单位】 湟惠渠工程处
【档案编号】 039-001-0086-0021
【成文时间】 1943-04-22
【收藏单位】 甘肃省档案馆
【涉及地域】 湟惠渠管理局
【关 键 词】 湟惠渠；库存
【内容提要】
　　共1份文件，内容如题。

【叙录编号】 0620
【档案题名】
　　甘肃水利林牧公司为每周库存现金结存改以代电报一事致靖丰渠的函
【发文单位】 甘肃水利林牧公司
【收文单位】 靖丰渠
【档案编号】 039-001-0086-（0022、0025）
【成文时间】 1943-06-25—1943-08-09
【收藏单位】 甘肃省档案馆
【涉及地域】 靖远县
【关 键 词】 靖丰渠；库存
【内容提要】
　　共2份文件，内容如题。

【叙录编号】 0621
【档案题名】
　　永乐渠为报暂由邮局寄发库存情形事致甘肃水利林牧公司的函
【发文单位】 永乐渠工程处
【收文单位】 甘肃水利林牧公司
【档案编号】 039-001-0086-（0025-0026）
【成文时间】 1943-08-12
【收藏单位】 甘肃省档案馆
【涉及地域】 永靖县
【关 键 词】 永乐渠；库存
【内容提要】
　　共1份文件，内容如题。

【叙录编号】 0622
【档案题名】
　　永靖渠工程处、甘肃水利林牧公司关于该处职员按月是否扣缴所得税一事的往来公函
【发文单位】 永靖渠；甘肃水利林牧公司
【收文单位】 甘肃水利林牧公司；永靖渠
【档案编号】 039-001-0089-（0001-0002）
【成文时间】 1941-11-10—1941-11-22
【收藏单位】 甘肃省
【关 键 词】 永靖渠；所得税
【内容提要】
　　共2份文件，附《第二类所得税额计算表》（0003）。

【叙录编号】 0623
【档案题名】
　　北湾堤渠工程处、甘肃水利林牧公司关于该处长工队所得税如何扣缴一事的往来公函
【发文单位】 北湾堤渠工程处；甘肃水利林牧公司总管理处
【收文单位】 甘肃水利林牧公司；北湾堤渠工程处
【档案编号】 039-001-0089-（0010-0012）
【成文时间】 1942-07-15—1942-07-18
【收藏单位】 甘肃省档案馆
【涉及地域】 靖远县
【关 键 词】 北湾堤渠；所得税
【内容提要】
　　共2份文件，内容如题。

【叙录编号】 0624
【档案题名】
　　北湾堤渠工程处为复已支工款数目及工作情形给甘肃水利林牧公司的函
【发文单位】 北湾堤渠工程处
【收文单位】 甘肃水利林牧公司
【档案编号】 039-001-0120-0015
【成文时间】 1941-09-04
【收藏单位】 甘肃省档案馆
【涉及地域】 甘肃省；靖远县
【关 键 词】 工作汇报
【内容提要】
　　共1份文件，北湾堤渠工程处报甘肃水利林牧公司其未完成工程的工作情形及已完成工程的工款数目、工作情形。

【叙录编号】 0625
【档案题名】
　　湟惠渠工程处、甘肃水利林牧公司就湟惠渠、溥济渠、永靖渠工程处所报列收甘肃省建设厅拨款数目与贷款清册不符事宜及原因查明、数目详示、贷款情形查明的往来公文
【发文单位】 甘肃水利林牧公司；湟惠渠工程处等
【收文单位】 湟惠渠工程处；永靖渠工程处等
【档案编号】
　　039-001-0120-（0003、0026、0028-0032）
【成文时间】 1941-09-01—1942-01-23
【收藏单位】 甘肃省档案馆
【涉及地域】 甘肃省；兰州市；临洮县；永靖县
【关 键 词】 财税报表
【内容提要】
　　共6份文件，内容如题，附《夏惠渠工程分配表》《永丰渠工程分配表》各1份。

【叙录编号】 0626
【档案题名】
　　甘肃水利林牧公司为各渠工程处（所）本年8、9、10月份经常费仍照前定金额暂行办理给各渠工程处、工务所的公函
【发文单位】 甘肃水利林牧公司
【收文单位】 湟惠渠工程处；工务所北湾堤渠工程处等
【档案编号】 039-001-0121-0001
【成文时间】 1941-08-05
【收藏单位】 甘肃省档案馆
【涉及地域】 兰州市等
【关 键 词】 经常费
【内容提要】
　　共1份文件，内容如题。

【叙录编号】 0627
【档案题名】
　　北湾堤渠工程工务所为送员工资历表给甘肃省建设厅的报告
【发文单位】 北湾堤渠工程工务所
【收文单位】 甘肃省建设厅；甘肃水利林牧公司总管理处
【档案编号】 039-001-0121-0002
【成文时间】 1941-08-22
【收藏单位】 甘肃省档案馆
【涉及地域】 甘肃省；靖远县
【关 键 词】 员工资历表
【内容提要】
　　共1份文件，涉及北湾堤渠工程工务所报告甘肃省建设厅其所员工资历表，以供核定员工薪级。附《甘肃省北湾堤渠工程工务所员工资历表册》1份。

【叙录编号】 0628
【档案题名】
　　甘肃水利林牧公司、中国农民银行兰州分

行、湟惠渠工程处就递送、接收民国三十年（1941）8至12月湟惠、溥济二渠水利贷款及各项工程进度一览表、月报表事宜的往来公文
【发文单位】 中国农民银行兰州分行；湟惠渠工程处等
【收文单位】 中国农民银行兰州分行；甘肃水利林牧公司
【档案编号】
039-001-0123-（0004-0021、0024-0028）
【成文时间】 1941-11-25—1942-06-14
【收藏单位】 甘肃省档案馆
【涉及地域】 甘肃省；兰州市
【关 键 词】 水利贷款；工程进度
【内容提要】
共21份文件，内容如题。

【叙录编号】 0629
【档案题名】
甘肃省建设厅、甘肃水利林牧公司、泾济渠工程处、北湾堤渠工程处、靖丰渠工程处、平丰渠工程处、肃丰渠工程处、永丰渠工程处、溥济渠工程处、永乐渠工程处、甘肃水利林牧公司总工程师周礼、甘肃水利林牧公司总经理沈怡就经纬仪、水平仪、平板仪借用、归还、修复、购置、运送、查收、注销事项的往来函、电、收据
【发文单位】 甘肃省建设厅；甘肃水利林牧公司等
【收文单位】 甘肃水利林牧公司；甘肃省建设厅等
【档案编号】
039-001-0124；
039-001-0125-（0001-0030、0001-0014）
【成文时间】 1941-10-07—1947-03-06
【收藏单位】 甘肃省档案馆
【涉及地域】 兰州市等
【关 键 词】 经纬仪；水平仪；平板仪

【内容提要】
共50份文件，涉及甘肃水利林牧公司及其下属各工程处借用、归还、修复甘肃省建设厅、同蒲铁路局的水平仪、经纬仪、平板仪往来事宜，及甘肃水利林牧公司平丰渠、永丰渠自行购置水平仪之事。附《甘肃水利林牧公司借用甘肃省建设厅仪器清单》1份，《甘肃水利林牧公司杂项事件申请书》1份。

【叙录编号】 0630
【档案题名】
甘肃水利林牧公司为各渠工程及查勘队移交办法给各渠工程队、查勘队，兰州制革厂的函及移交办法
【发文单位】 甘肃水利林牧公司
【收文单位】 各渠工程队；各渠查勘队等
【档案编号】 039-001-0129-（0001-0002）
【成文时间】 1941-09-22—1941-09-23
【收藏单位】 甘肃省档案馆
【涉及地域】 甘肃省；兰州市
【关 键 词】 移交办法
【内容提要】
共2份文件，附《各工程处及查勘队移交办法》《甘肃省政府移交甘肃水利林牧公司接收各渠工程及勘测队办法》各1份。

【叙录编号】 0631
【档案题名】
永乐渠工程处与甘肃水利林牧公司关于事务员李文经病情、医药费及单据等事的往来公函
【发文单位】 永乐渠工程处；甘肃水利林牧公司
【收文单位】 甘肃水利林牧公司；永乐渠工程处
【档案编号】
039-001-0159-（0001-0002、0004、0006-0007）
【成文时间】 1942-12-31—1943-03-22

【收藏单位】 甘肃省档案馆
【涉及地域】 永靖县
【关 键 词】 永乐渠；李文经；医药费用
【内容提要】
　　共5份文件，内容如题。

【叙录编号】 0632
【档案题名】
　　湟惠渠工程处与甘肃水利林牧公司总管理处关于补助余斌工程师医药费一事的往来公函
【发文单位】 湟惠渠工程处；甘肃水利林牧公司
【收文单位】 甘肃水利林牧公司；湟惠渠工程处
【档案编号】 039-001-0159-（0008-0010）
【成文时间】 1943-07-09—1943-07-31
【收藏单位】 甘肃省档案馆
【涉及地域】 兰州市
【关 键 词】 湟惠渠；余斌；医药费
【内容提要】
　　共3份文件，附单据3张（0008）。

【叙录编号】 0633
【档案题名】
　　兰丰渠工程处与甘肃水利林牧公司总管理处关于补助王宝华监工及其家属医药费一事的往来公函
【发文单位】 兰丰渠工程处；甘肃水利林牧公司等
【收文单位】 甘肃水利林牧公司；兰丰渠工程处
【档案编号】
　　039-001-0159-（0010-0012、0014-0018）
【成文时间】 1943-07-31—1943-10-03
【收藏单位】 甘肃省档案馆
【涉及地域】 兰州市
【关 键 词】 兰丰渠；王宝华；医药费

【内容提要】
　　共4份文件，附账单、收据数张（0014-0015），西北卫生疗养院病情证明（0016-0017）。

【叙录编号】 0634
【档案题名】
　　甘肃水利林牧公司、夏惠渠工程处、永乐渠工程处就汇托职员家属用款通知函相关事宜往来公文
【发文单位】 甘肃水利林牧公司；永乐渠工程处等
【收文单位】 甘肃水利林牧公司；永乐渠工程处等
【档案编号】 039-001-0177-（0007-0031）
【成文时间】 1942-06-02—1943-05-20
【收藏单位】 甘肃省档案馆
【涉及地域】 甘肃省；临夏县；永靖县
【关 键 词】 职员家属用款
【内容提要】
　　共25份文件，内容如题，附《委托总处代汇职员家属用款通知》3份。

【叙录编号】 0635
【档案题名】
　　湟惠渠工程处、永丰渠工程处、汭惠渠工程处为函送职员考叙薪级表给甘肃水利林牧公司的函
【发文单位】 湟惠渠工程处；永丰渠工程处等
【收文单位】 甘肃水利林牧公司
【档案编号】 039-001-0179-（0022-0025）
【成文时间】 1942-06-01—1942-05-26
【收藏单位】 甘肃省档案馆
【涉及地域】 甘肃省；永靖县；平凉县
【关 键 词】 职员考叙薪级表
【内容提要】
　　共4份文件，内容如题。

【叙录编号】 0636
【档案题名】
民国三十一年（1942）甘肃水利林牧公司北湾堤渠工程处与管理总处就北湾堤渠加拨工程费一事的往来公文
【发文单位】 甘肃水利林牧公司北湾堤渠工程处
【收文单位】 甘肃水利林牧公司管理总处
【档案编号】 039-001-0182-（0035-0036）
【成文时间】 1942-07-18—1942-07-25
【收藏单位】 甘肃省档案馆
【涉及地域】 靖远县
【关 键 词】 水利工程；拨款
【内容提要】
共2份文件，内容如题。

【叙录编号】 0637
【档案题名】
甘肃水利林牧公司为视察溥济渠、湟惠渠工程申请汽车准行证的相关函、电、呈
【发文单位】 甘肃水利林牧公司；甘肃防空司令部等
【收文单位】 西北公路运输局；兰州公商车辆管理所等
【档案编号】 039-001-0208-（0001-0013）
【成文时间】 1942-03-28—1942-08-29
【收藏单位】 甘肃省档案馆
【涉及地域】 兰州市等
【关 键 词】 水利；视察
【内容提要】
共11份文件，湟惠渠等渠业已完工试水，甘肃水利林牧公司派员前往视察。附《甘肃水利林牧公司车辆登记表》（0011）、《建设生产机关车辆登记申请书》（0012）。

【叙录编号】 0638
【档案题名】
甘肃水利林牧公司、佟阜昌关于党政考察团彭专员等人赴黑嘴子湟惠渠视察一事的往来公函
【发文单位】 佟阜昌；甘肃水利林牧公司
【收文单位】 车辆管理检查所；甘肃省建设厅秘书处
【档案编号】 039-001-0208-（0014-0016）
【成文时间】 1942-08-19—1942-10-31
【收藏单位】 甘肃省档案馆
【涉及地域】 兰州市
【关 键 词】 湟惠渠；视察
【内容提要】
共3份文件，内容如题。

【叙录编号】 0639
【档案题名】
甘肃水利林牧公司关于申请行车执照与兰州检查所等往来公函
【发文单位】 甘肃水利林牧公司；佟阜昌
【收文单位】 兰州检查所；甘肃水利林牧公司等
【档案编号】 039-001-0208-（0017-0036）
【成文时间】 1942-10-31—1944-01-10
【收藏单位】 甘肃省档案馆
【涉及地域】 甘肃省
【关 键 词】 行车执照
【内容提要】
共17份文件，内容如题。

【叙录编号】 0640
【档案题名】
甘肃水利林牧公司为证明由临洮运兰小麦系兰丰渠工人使用一事致兰检所的函
【发文单位】 甘肃水利林牧公司
【收文单位】 兰州检查分所
【档案编号】 039-001-0208-0037
【成文时间】 1944-01-20
【收藏单位】 甘肃省档案馆

【涉及地域】 甘肃省
【关 键 词】 兰丰渠；小麦
【内容提要】
　　共1份文件，内容如题。

【叙录编号】 0641
【档案题名】
　　甘肃水利林牧公司为赴汭丰渠、兴隆山、洮惠渠、溥济渠、肃丰渠、鸳鸯池水库、安西工作站等地考察请准许放行等事致兰检所、车检所的函
【发文单位】 甘肃水利林牧公司
【收文单位】 军事委员会水陆联合检查所兰州分所；西北运输局兰州工商车辆调配所
【档案编号】
　　039-001-0209-（0001-0002、0005-0011）
【成文时间】 1944-04-14—1944-09-19
【收藏单位】 甘肃省档案馆
【涉及地域】 甘肃省
【关 键 词】 汽车放行证；视察
【内容提要】
　　共9份文件，内容如题。

【叙录编号】 0642
【档案题名】
　　民国三十三年（1944）兰州税务征收局、甘肃水利林牧公司就抄送兰丰渠包修水渠各公司名称住址清册一事的往来公文
【发文单位】 兰州税务征收局；甘肃水利林牧公司
【收文单位】 甘肃水利林牧公司；兰州税务征收局
【档案编号】 039-001-0216-0002-0003
【成文时间】 1944-05-15—1944-05-20
【收藏单位】 甘肃省档案馆
【涉及地域】 兰州市
【关 键 词】 包修水利

【内容提要】
　　共2份文件，内容如题。

【叙录编号】 0643
【档案题名】
　　靖丰渠工程计划书
【发文单位】 甘肃水利林牧公司
【收文单位】 不详
【档案编号】 039-001-0218-0015
【成文时间】 不详
【收藏单位】 甘肃省档案馆
【涉及地域】 靖远县
【关 键 词】 靖丰渠
【内容提要】
　　共1份文件，内容如题。

【叙录编号】 0644
【档案题名】
　　行政院水利委员会主任薛笃弼、水利委员会就兰州开展工程师学会年会相关事宜给甘肃水利林牧公司总经理沈怡的函
【发文单位】 行政院水利委员会主任薛笃弼；行政院水利委员会
【收文单位】 甘肃水利林牧公司总经理沈怡
【档案编号】 039-001-0258-（0001、0004）
【成文时间】 1942-07-11—1942-08-19
【收藏单位】 甘肃省档案馆
【涉及地域】 兰州市等
【关 键 词】 工程师学会
【内容提要】
　　共2份文件，涉及行政院水利委员会拟到兰参加工程师年会并参观甘肃水利工程建设事宜，及甘肃水利林牧公司派代表参加工程师年会的相关事宜。

【叙录编号】 0645
【档案题名】
　　经济部资委会、兰州电厂、甘肃水利林牧公司就验收兰州市徐家湾排水工程的函
【发文单位】 经济部委员会；兰州电厂等
【收文单位】 甘肃水利林牧公司；兰州电厂等
【档案编号】
　　039-001-0275-（0001-0002、0004-0005）
【成文时间】 1943-01-09—1943-02-24
【收藏单位】 甘肃省档案馆
【涉及地域】 兰州市
【关 键 词】 水渠；排水
【内容提要】
　　共4份文件，内容如题。

【叙录编号】 0646
【档案题名】
　　靖丰渠为请甘肃水利林牧公司照价赔偿遗失皮尺一事致甘肃水利林牧公司总管理处的函
【发文单位】 靖丰渠
【收文单位】 甘肃水利林牧公司
【档案编号】 039-001-0276-（0004-0005）
【成文时间】 1943-01-08—1943-01-11
【收藏单位】 甘肃省档案馆
【涉及地域】 靖远县
【关 键 词】 靖丰渠；皮尺
【内容提要】
　　共1份文件，内容如题。

【叙录编号】 0647
【档案题名】
　　永乐渠工程处为请表扬祁宗元热心开凿洪济渠一事致甘肃水利林牧公司总管理处的函
【发文单位】 永乐渠工程处
【收文单位】 甘肃水利林牧公司总管理处
【档案编号】 039-001-0386-0050
【成文时间】 1946-02-05
【收藏单位】 甘肃省档案馆
【涉及地域】 永靖县
【关 键 词】 洪济渠；祁宗元
【内容提要】
　　共1份文件，内容如题。

【叙录编号】 0648
【档案题名】
　　郭培黎代黄队长借阅湟惠渠设计图纸、竣工图、计划书的笺
【发文单位】 不详
【收文单位】 不详
【档案编号】 039-001-0398-0009
【成文时间】 不详
【收藏单位】 甘肃省档案馆
【涉及地域】 兰州市
【关 键 词】 湟惠渠；设计图
【内容提要】
　　共1份文件，内容如题。

【叙录编号】 0649
【档案题名】
　　甘肃省政府、甘肃水利林牧公司、兰州市自来水工程处就兰州市自来水工程处所需木料一事的训令和函
【发文单位】 甘肃省政府；甘肃水利林牧公司
【收文单位】 甘肃水利林牧公司；兰州市自来水工程处
【档案编号】
　　039-001-0399-（0013-0016、0027）
【成文时间】 1948-04-01—1948-04-17
【收藏单位】 甘肃省档案馆
【涉及地域】 兰州市
【关 键 词】 木料
【内容提要】
　　共5份文件。甘肃省政府为拨借兰州市自来水工程处所需木料致甘肃水利林牧公司的训

令（0013）；甘肃水利林牧公司就公司尚无木料一事致兰州市自来水工程处（0015）；兰州市自来水工程处再请拨借木料一事致甘肃水利林牧公司函（0016）；甘肃省政府为兰州市自来水工程处请发松木一事致甘肃水利林牧公司的训令（0027）。

【叙录编号】 0650
【档案题名】
　　甘肃水利林牧公司就甘肃省自来水工程处购用木料不付款一事致甘肃省政府的函
【发文单位】 甘肃水利林牧公司
【收文单位】 甘肃省政府
【档案编号】 039-001-0399-0017
【成文时间】 1948-04-22
【收藏单位】 甘肃省档案馆
【涉及地域】 兰州市
【关　键　词】 木料；付款
【内容提要】
　　共1份文件，内容如题。

【叙录编号】 0651
【档案题名】
　　甘肃省政府为暂缓催缴拨借甘肃省自来水工程处木料价款的训令
【发文单位】 甘肃省政府
【收文单位】 甘肃水利林牧公司
【档案编号】 039-001-0399-0018
【成文时间】 1948-04-21
【收藏单位】 甘肃省档案馆
【涉及地域】 兰州市
【关　键　词】 木料；水槽；引水工程
【内容提要】
　　共1份文件。兰州市自来水工程处因渗水槽引水工程，所需松木，以制作木撑、木箱等装备。

【叙录编号】 0652
【档案题名】
　　兰州市自来水工程处为请借木料一事与甘肃水利林牧公司的往返函
【发文单位】 甘肃水利林牧公司；兰州市自来水工程处
【收文单位】 兰州市自来水工程处；甘肃水利林牧公司
【档案编号】 039-001-0399-（0019-0020）
【成文时间】 1948-04-27—1948-05-04
【收藏单位】 甘肃省档案馆
【涉及地域】 兰州市
【关　键　词】 松木；渗水槽；引水工程
【内容提要】
　　共2份文件。兰州市自来水公司因渗水槽工程所需松木致甘肃水利林牧公司的函（0020）；甘肃水利林牧公司就公司尚无所需松木一事致兰州市自来水工程处的函（0019）。

【叙录编号】 0653
【档案题名】
　　甘肃省政府、甘肃水利林牧公司、兰州市自来水工程处就兰州市自来水工程处归还木料欠款一事的指令和函
【发文单位】 甘肃省政府；甘肃水利林牧公司等
【收文单位】 甘肃水利林牧公司；兰州市自来水工程处
【档案编号】
　　039-001-0399-（0021-0024、0026、0051、0055）
【成文时间】 1948-05-03—1949-07-28
【收藏单位】 甘肃省档案馆
【涉及地域】 兰州市
【关　键　词】 水利工程
【内容提要】
　　共7份文件。甘肃省政府向银行借款，向

甘肃水利林牧公司代为支付兰州市自来水工程处木料欠款。甘肃水利林牧公司与兰州市自来水工程处清算木料款项的函（0051和0055）。

【叙录编号】　0654
【档案题名】
　　甘肃水利林牧公司请军管会整修黄河铁桥所欠木料款项致兰州市军事管制委员会的函
【发文单位】　甘肃水利林牧公司
【收文单位】　兰州市军事管制委员会
【档案编号】　039-001-0399-0052
【成文时间】　1949-09-07
【收藏单位】　甘肃省档案馆
【涉及地域】　兰州市
【关 键 词】　木材
【内容提要】
　　共1份文件，内容如题。

【叙录编号】　0655
【档案题名】
　　甘肃水利局为请借七里河木场用以储存永乐渠工程剩余木料致甘肃水利林牧公司的函
【发文单位】　甘肃水利局
【收文单位】　甘肃水利林牧公司
【档案编号】　039-001-0416-0042
【成文时间】　1948-09-17
【收藏单位】　甘肃省档案馆
【涉及地域】　兰州市
【关 键 词】　七里河木厂；永乐渠
【内容提要】
　　共1份文件，内容如题。

【叙录编号】　0656
【档案题名】
　　甘肃水利林牧公司为核验送达永乐渠工程处木料尺寸不合规定一事致甘肃水利林牧公司的函
【发文单位】　甘肃水利局
【收文单位】　甘肃水利林牧公司
【档案编号】　039-001-0448-0031
【成文时间】　1938-10-11
【收藏单位】　甘肃省档案馆
【涉及地域】　永靖县
【关 键 词】　木料
【内容提要】
　　共1份文件。附《不合规定尺寸木料计价表》。

【叙录编号】　0657
【档案题名】
　　职员杨垚纬就售于永乐渠工程所需木料核验一事致甘肃水利林牧公司的函
【发文单位】　甘肃水利林牧公司职员杨垚纬
【收文单位】　甘肃水利林牧公司
【档案编号】　039-001-0448-0032
【成文时间】　1938-09-28
【收藏单位】　甘肃省档案馆
【涉及地域】　永靖县
【关 键 词】　木料
【内容提要】
　　共1份文件，内容如题。

【叙录编号】　0658
【档案题名】
　　甘肃水利林牧公司就永乐渠工程处所需木材等物料依期交付与甘肃省水利局的往来公文
【发文单位】　甘肃省水利局；甘肃水利林牧公司等
【收文单位】　甘肃水利林牧公司；甘肃省水利局等
【档案编号】　039-001-0453；039-001-0454
【成文时间】
　　1948-09-08—1948-10-12；
　　1948-06-21—1948-06-26

【收藏单位】 甘肃省档案馆
【涉及地域】 临夏县
【关 键 词】 木料运输
【内容提要】

共17份文件。甘肃省水利局就如期交付永乐渠工程处木料一事致函甘肃水利林牧公司。甘肃省水利局说明因永乐渠工程即将结束，如若不能按期交货，木料无人接收。为按期交付木料，甘肃水利林牧公司致函临夏县政府廖县长，请求其协助速运因水手纠纷而停滞运输的木料，后木料在临夏县政府协助下顺利起运。甘肃水利林牧公司致电临夏县政府表示感谢。

【叙录编号】 0659
【档案题名】

甘肃省档案馆、甘肃水利林牧公司与甘肃省政府关于勘测石那双渠及三甲集官渠的往来公文

【发文单位】 甘肃省政府；甘肃水利林牧公司等
【收文单位】 甘肃省建设厅；甘肃水利林牧公司
【档案编号】 039-001-0508-（0004-0009）
【成文时间】 1945-08-09—1945-08-31
【收藏单位】 甘肃省档案馆
【涉及地域】 宁定县
【关 键 词】 水利；石那双渠；三甲集官渠
【内容提要】

甘肃省政府据宁定县政府呈请电转甘肃水利林牧公司派员测量石那双渠及三甲集官渠（0004），甘肃水利林牧公司以人手不够等由回复甘肃省建设厅拒绝派员（0005），甘肃省政府催促甘肃水利林牧公司从速办理（0006），甘肃水利林牧公司答复将于永丰渠停工期间派员就近办理（0007），宁定县政府催促甘肃水利林牧公司从速办理（0008），甘肃水利林牧公司答复将于永丰渠停工期间进行勘测（0009）。

【叙录编号】 0660
【档案题名】

方宗岱为送靖丰渠放淤模型实验致甘肃水利林牧公司总管理处的呈

【发文单位】 靖丰渠；甘肃水利林牧公司总管理处
【收文单位】 甘肃水利林牧公司总管理处；靖丰渠
【档案编号】 039-001-0512-（0014-0020）
【成文时间】 1944-02-04—1944-02-29
【收藏单位】 甘肃省档案馆
【涉及地域】 靖远县
【关 键 词】 靖丰渠；放淤
【内容提要】

共6份文件。《靖丰渠放淤模型实验计划》中靖丰渠工程包括堤坝、放淤、灌溉三项，以放淤工作最为重要（0015）。2月9日，甘肃水利林牧公司为开展靖丰渠放淤工程，拟在五泉山脚禄家湾临时设放淤实验（0018）。2月20日，为更贴合模拟实景，靖丰渠工程处计划将实验场地移至北湾，但由于五泉山场地已基本布置好，放淤工程仍按原计划进行（0019-0020）。

【叙录编号】 0661
【档案题名】

甘肃水利林牧公司、甘肃省建设厅、经济部水利勘测队就修筑榆中县兴隆峡蓄水工程一事的往来公文

【发文单位】 经济部第十水利设计测量队；甘肃水利林牧公司等
【收文单位】 甘肃水利林牧公司；甘肃省建设厅等
【档案编号】 039-001-0513-（0001-0005）

【成文时间】 1940-07—1941-02
【收藏单位】 甘肃省档案馆
【涉及地域】 榆中县
【关 键 词】 兴隆峡水库
【内容提要】
　　共五份文件。兴隆峡自清以来水少田多，讼案丛生，乡人称有水权者"水龙王"，为发展农田灌溉特修兴隆峡蓄水库，建筑所需石料取自马衔山。《甘肃省榆中县兴隆峡蓄水库实测报告书》涉及地势及面积、地质勘察、水文记载、现有农作物、原有灌溉情形、建筑工料调查、工程计划、施工后之利益等细则。内含《坝堤高及其造价估算表》2份；多份测绘图《甘肃省榆中县兴隆山峡平面图》《兴隆峡纵断面图》《榆中县兴隆峡流域面积图》《榆中县雨量及蒸发量图》《榆中县兴隆县泉水流量图》《坝轴横断面图》《榆中县兴隆峡蓄水库坝高及蓄水量关系图》《坝身与深度关系图表》。12月26日，甘肃水利林牧公司因兴隆峡工程建设艰巨、成本过高无兴办价值致甘肃省建设厅的函（0004）；甘肃省建设厅为开发西北灌区，请甘肃水利林牧公司继续建设兴隆峡筑堤蓄洪工程（0005）。

【叙录编号】 0662
【档案题名】
　　甘肃省政府与甘肃水利林牧公司就化验会宁、靖远二县水样的往来公文及相关文件
【发文单位】 甘肃省政府；甘肃水利林牧公司等
【收文单位】 甘肃省政府；甘肃水利林牧公司
【档案编号】 039-001-0524-（0001-0010）
【成文时间】 1942-03-31—1943-01-26
【收藏单位】 甘肃省档案馆
【涉及地域】 会宁县；靖远县
【关 键 词】 化验；水样

【内容提要】
　　甘肃省政府函请甘肃水利林牧公司化验会宁县水样（0001），甘肃水利林牧公司函复甘肃省政府会宁、靖远二县所送水样过少（0002），甘肃省政府函请甘肃水利林牧公司请再化验（0003），甘肃水利林牧公司函复水样仍过少（0004），甘肃省政府函送靖远县水样请化验（0005），甘肃水利林牧公司电报靖远县水样有臭味请另送（0006），甘肃水利林牧公司函送散渡河、渭河水样各一瓶（0007），甘肃水利林牧公司函请甘肃省科学教育馆化验水样（0008），甘肃省科学教育馆函复散渡河水化验结果（0009）并附化验结果单（0010）。

【叙录编号】 0663
【档案题名】
　　甘肃水利林牧公司与湟惠渠等的往来公文与相关文件
【发文单位】 甘肃水利林牧公司；湟惠渠等
【收文单位】 湟惠渠；甘肃水利林牧公司
【档案编号】 039-001-0524-（0011-0014）
【成文时间】 1943-03-21—1943-03-24
【收藏单位】 甘肃省档案馆
【涉及地域】 永登县
【关 键 词】 永登渠；永中渠；登丰渠
【内容提要】
　　甘肃水利林牧公司勘察永登永中渠报告（0011），甘肃水利林牧公司函复湟惠渠、登丰渠设计意见甚妥（0012），湟惠渠的工程表及设计意见书（0013），湟惠渠函报甘肃水利林牧公司变更登丰渠设计意见（0014）。

【叙录编号】 0664
【档案题名】
　　靖远县北湾堤渠靖丰渠民工防汛队成立及运作的往来文件

【发文单位】 甘肃水利林牧公司总管理处；北湾堤渠工程处等
【收文单位】 甘肃水利林牧公司总管理处；靖丰渠工程处
【档案编号】 039-001-0557-（0001-0055）
【成文时间】 1942-07-15—1946-09-21
【收藏单位】 甘肃省档案馆
【涉及地域】 靖远县
【关 键 词】 北湾堤渠；靖丰渠；民工防汛队
【内容提要】

本卷五十五份文件均与靖远县北湾堤渠、靖丰渠民工防汛队成立与运作有关，涉及防汛预算表（0030，0041）、防汛实行办法、民工防汛队组织章程（0011，0023，0032）、民工防汛队职务名单及变动情况（0004，0014-0017）、民工防汛队工人名单及名册（0007-0009，0026，0033，0040，0055）、民工防汛队工作日期（0018-0021，0028，0034-0035，0037-0038）、民工工价情形（0036）、民工不负责现象（0049）、防汛队劳力不足情况（0050）、为抢险民夫供给工作日膳食（0051-0052）等。

【叙录编号】 0665
【档案题名】

甘肃省政府与湟惠渠就裁减员工问题的往来公文
【发文单位】 甘肃省政府；湟惠渠管理处
【收文单位】 湟惠渠管理处；甘肃省政府
【档案编号】 039-001-0574-（0001-0002）
【成文时间】 1947-05-30—1947-06-11
【收藏单位】 甘肃省档案馆
【涉及地域】 兰州市
【关 键 词】 遣散费
【内容提要】

湟惠渠管理处呈报因规定变化请示裁员遣散费何时发放（0001），甘肃省政府令复本年5月份起发放（0002）。

【叙录编号】 0666
【档案题名】

甘肃省政府为分配兰丰渠成绩甚优人员等训令并附分发水利局及各水渠任用人员表
【发文单位】 甘肃省政府
【收文单位】 甘肃省水利局
【档案编号】 039-001-0574-（0013-0014）
【成文时间】 1947-06-14
【收藏单位】 甘肃省档案馆
【涉及地域】 甘肃省
【关 键 词】 分发；人员
【内容提要】

共2份文件，内容如题。

【叙录编号】 0667
【档案题名】

甘肃省水利局为查复湟惠渠员缺以分发遣散人员等代电
【发文单位】 甘肃省水利局
【收文单位】 湟惠渠管理处；洮惠渠管理处等
【档案编号】 039-001-0574-0015
【成文时间】 1947-08-22
【收藏单位】 甘肃省档案馆
【涉及地域】 兰州市；泾川县；临洮县；敦煌县
【关 键 词】 分发
【内容提要】

共1份文件，内容如题。

【叙录编号】 0668
【档案题名】

湟惠渠工程处与甘肃水利林牧公司总管理处就为请聘顾郁奇为本处工务员的往来函
【发文单位】 湟惠渠工程处；甘肃水利林牧公司总管理处

【收文单位】 甘肃水利林牧公司总管理处；湟惠渠工程处等
【档案编号】
　　039-001-0640-（0018-0020、0022）
【成文时间】 1943-01-03—1943-01-13
【收藏单位】 甘肃省档案馆
【涉及地域】 兰州市
【关 键 词】 放灌春水
【内容提要】
　　共4份文件。原工务员翁绶辞职，但湟惠渠正值筹放春水，需要补充协助人员。湟惠渠工程处聘请顾郁奇为工务员。

【叙录编号】 0669
【档案题名】
　　湟惠渠工程处与甘肃水利林牧公司总管理处就为派工程师余斌前往协办放灌春水工程的往来函
【发文单位】 甘肃水利林牧公司总管理处
【收文单位】 湟惠渠工程处；余斌
【档案编号】 039-001-0640-（0045-0046）
【成文时间】 1943-04-02
【收藏单位】 甘肃省档案馆
【涉及地域】 兰州市
【关 键 词】 放灌春水
【内容提要】
　　共2份文件。湟惠渠工程处工作人员不足，水利部工程师余斌被派往湟惠渠工程处协助赶办放灌春水工程。

【叙录编号】 0670
【档案题名】
　　兰丰渠工程处为调查表、印鉴、保证书等给甘肃水利林牧公司总管理处的函
【发文单位】 兰丰渠工程处
【收文单位】 甘肃水利林牧公司总管理处
【档案编号】 039-001-0650-（0001-0008）
【成文时间】 1943-01-07—1944-02-17
【收藏单位】 甘肃省档案馆
【涉及地域】 兰州市
【关 键 词】 调查表；印鉴；保证书
【内容提要】
　　共8份文件，内容涵盖：兰丰渠工程处为送会计股蒋化之职员调查表、印鉴给甘肃水利林牧公司总管理处的函（0001）；兰丰渠工程处为送工务员徐海、监工杨汉杰印鉴给甘肃水利林牧公司总管理处的函（0002）；兰丰渠工程处为送职员家属调查表给甘肃水利林牧公司总管理处的函（0003）；兰丰渠工程处为送出纳员张君英保证书给甘肃水利林牧公司总管理处的函（0004）；兰丰渠工程处为助理员高鸿达旧印丢失更换印鉴给甘肃水利林牧公司总管理处的函（0005、0006）；兰丰渠工程处为送副工程师刘恩荣调职所需的职员调查表、眷属调查表、印鉴、调职通知书给甘肃水利林牧公司总管理处的函（0007）；兰丰渠工程处为送工务员吴申燕旧印遗失更换印鉴给甘肃水利林牧公司总管理处的函（0008）。

【叙录编号】 0671
【档案题名】
　　甘肃省政府为据靖远县政府呈请派队勘察该县水利事项给甘肃水利林牧公司函
【发文单位】 甘肃省政府
【收文单位】 甘肃水利林牧公司
【档案编号】 039-001-0654-0003
【成文时间】 1942-02-02
【收藏单位】 甘肃省档案馆
【涉及地域】 靖远县
【关 键 词】 靖远县；勘察水利
【内容提要】
　　共1份文件，内容如题。

【叙录编号】 0672
【档案题名】
　　甘肃省参议会、靖远县政府关于省参议员展新民失踪投河身死检验及悼唁等的电报、报告、呈文、代电、指令
【发文单位】 东湾乡公所
【收文单位】 靖远县政府
【档案编号】 08-A1-185
【成文时间】 1941
【收藏单位】 白银市档案馆
【涉及地域】 靖远县
【关 键 词】 投河身死
【内容提要】
　　东湾乡乡民展新民于本年10月10日进城参加国庆纪念暨全县运动大会，11日晨出失踪。

【叙录编号】 0673
【档案题名】
　　省政府、县政府、靖丰渠、乡公所关于代雇民工大车船只、河防工程、保护建筑应用材料等的命、训、指令、布告、呈文、代电、报告
【发文单位】 甘肃省政府
【收文单位】 靖远县政府
【档案编号】 08-A1-237
【成文时间】 1943
【收藏单位】 白银市档案馆
【涉及地域】 靖远县
【关 键 词】 靖丰渠；河防工程
【内容提要】
　　甘肃水利林牧公司等建设靖丰渠工程的公司因款项不济等因素延误工期，需靖远县政府代雇民工、大车等加赶工期以防汛期来临破坏工程。靖远县政府征调民夫及保卫队等赶工，并约束乡民盗窃材料行为。但因民夫顾虑较多，效率较低，工程仍延宕至汛期未完成。靖远县政府受省政府命令继续组织农夫抗洪抢修。

【叙录编号】 0674
【档案题名】
　　省政府、县政府等处关于水利委员会组织大纲、规程、委员简历表、水权登记，以及举办小型水利的训、指令、呈文
【发文单位】 甘肃省政府；靖远县政府等
【收文单位】 甘肃省政府；靖远县政府等
【档案编号】 08-A1-239-（0001-0015）
【成文时间】 1942—1943
【收藏单位】 白银市档案馆
【涉及地域】 靖远县
【关 键 词】 水利委员会
【内容提要】
　　靖远县于民国三十二年（1943）4月21日成立县水利委员会，并颁布组织规程，管理该县水利工程设计、水利纠纷调理和水利规定编纂等事务，由县长郝遇林为组长。甘肃省政府因黄河水泛滥冲毁岸边小型水利设施，对涉及区域采取减免贷款等优惠补助政策。靖远县政府对此积极回应，新成立的水利委员会制定了相关管理办法。

【叙录编号】 0675
【档案题名】
　　甘肃省政府、靖远县政府关于提倡水利测量、开渠、编审乡镇概算科目表的呈文、代电、指令、训令
【发文单位】 甘肃省政府；靖远县政府等
【收文单位】 靖远县政府；靖远县县长等
【档案编号】 08-A1-254
【成文时间】 1943—1944
【收藏单位】 白银市档案馆
【涉及地域】 靖远县
【关 键 词】 水利

【内容提要】

此份案卷为甘肃省政府、靖远县政府为增加粮食产量,计划在靖远县由平滩堡至陡城修筑水渠以灌溉农田的指令、训令,以及甘肃省政府要求上报1943年、1944年年度编审乡镇概算暂行科目表的训令,此案卷包括大庙乡及永安乡的年度岁入岁出概算表。

【叙录编号】 0676
【档案题名】
　　甘肃省政府、靖远县政府、靖丰工程处参议会、北湾乡民关于殉难工人恤金领发、奖励、游地分租耕种、渠料维护、组织民工防范、民渠合同、地界划分、赔偿工账等的训、指令、代电、呈文
【发文单位】 甘肃省政府;靖远县政府等
【收文单位】 靖远县政府;靖远县县长等
【档案编号】 08-A1-360
【成文时间】 1945
【收藏单位】 白银市档案馆
【涉及地域】 靖远县
【关 键 词】 水渠;耕种
【内容提要】

此案卷主要涉及甘肃水利林牧公司及靖丰渠的相关档案,其中有:一位殉难工人郭维华的后续赔偿事宜,甘肃省政府、靖远县政府等下发的相关训令;甘肃省政府关于嘉奖靖丰区河防放淤工出力人员和该县指导员张民权的训令;甘肃省政府根据水利林牧公司函及靖丰渠工程处函要求所在地保甲查追偿树木材料等建筑物件被窃情形;甘肃省政府关于准许水利林牧公司函靖丰渠淤地施种豆类,要求靖远县政府帮助农民早日耕种的指令;甘肃省政府要求靖丰渠详细划分私地归私公地则公的详细情况;甘肃省政府关于靖丰渠放淤工程的电报等内容。

【叙录编号】 0677
【档案题名】
　　甘肃省政府、靖远县政府、靖丰工程处参议会、北湾乡民关于永兴渠开挖工程淤地实施办法、贷款、追赃窃物、占用民地、防汛抢险、水利等的训、指令、呈文、代电、函件
【发文单位】 甘肃省政府
【收文单位】 靖远县政府
【档案编号】 08-A2-041
【成文时间】 1946
【收藏单位】 白银市档案馆
【涉及地域】 靖远县
【关 键 词】 渠道开挖;防汛抢险
【内容提要】

靖远县政府关于水利设施、侵占民田划分以及防汛抢险的文件,其中包括靖丰渠、永兴渠开挖工程、开挖深度、淤地实施办法、侵占民田划归游民、防汛工作开展等事宜的相关文件。

【叙录编号】 0678
【档案题名】
　　靖远县北湾乡靖丰渠组织互动会专卷
【发文单位】 靖远县政府
【收文单位】 甘肃省政府等
【档案编号】 08-A4-004
【成文时间】 1946
【收藏单位】 白银市档案馆
【涉及地域】 靖远县
【关 键 词】 靖丰渠
【内容提要】

该县有关北湾乡靖丰渠组织互助会等事务。

【叙录编号】 0679
【档案题名】
　　靖远县成立治理祖历河委员会、河防事宜、登丰渠施用提水报告及办理引文

【发文单位】 黄河水利委员会
【收文单位】 靖远县政府
【档案编号】 08-A4-185
【成文时间】 1946
【收藏单位】 白银市档案馆
【涉及地域】 靖远县
【关 键 词】 祖历河委员会；河防；登丰渠
【内容提要】
　　该县关于祖历河水尺被窃、借用登丰渠抽水机、苦水河工程需款等事务。

【叙录编号】 0680
【档案题名】
　　靖远县修治苦水河水利工程、疏通黄河渠道及王子和打伤案
【发文单位】 靖远县政府
【收文单位】 甘肃省政府
【档案编号】 08-A4-186
【成文时间】 1947
【收藏单位】 白银市档案馆
【涉及地域】 靖远县
【关 键 词】 修治苦水河；疏通黄河渠道
【内容提要】
　　该县关于黄河水灾损失、苦水河疏河事务收支、东湾乡催办疏通黄河等事务。

【叙录编号】 0681
【档案题名】
　　靖远县修建苦水河水利工程及设施图纸
【发文单位】 靖远县政府
【收文单位】 甘肃省政府
【档案编号】 08-A4-187
【成文时间】 1947
【收藏单位】 白银市档案馆
【涉及地域】 靖远县
【关 键 词】 苦水河

【内容提要】
　　该县关于派员测量苦水河地形、甘肃省国际救济会拨贷苦水河倒虹吸工程备料、查勘红咀子渡口工程等事务，附疏通黄河防祖历河汛滥时之苦水略图、水利部河西水利工程设计图。

【叙录编号】 0682
【档案题名】
　　靖远县兴修靖乐渠、苦水河水利工程及筹款办法等
【发文单位】 甘肃省政府
【收文单位】 靖远县政府
【档案编号】 08-A4-188
【成文时间】 1947
【收藏单位】 白银市档案馆
【涉及地域】 靖远县
【关 键 词】 兴修靖乐渠；苦水河水利工程；筹款办法
【内容提要】
　　该县关于苦水河水利委员会贷款承还办法、赴东湾乡督催苦水河口挖渠民夫、地方士绅商讨征工、靖乐渠公款已汇八亿、靖乐渠土方工程开工日期及到工人数工作情形等事务。

【叙录编号】 0683
【档案题名】
　　靖远县兴修靖乐渠工程报告、追加款、贷款合同等
【发文单位】 甘肃省政府
【收文单位】 靖远县政府
【档案编号】 08-A4-189
【成文时间】 1948
【收藏单位】 白银市档案馆
【涉及地域】 靖远县
【关 键 词】 兴修靖乐渠

【内容提要】

　　该县关于购存小麦移交靖乐渠工程处应用具报、苦水河倒虹吸即将兴工、贷款合约嘱盖印章等事务。

【叙录编号】　0684
【档案题名】

　　靖远县靖乐渠倒虹吸竣工、修建派遣工额、董事会成员请示、报告，水电部贺电
【发文单位】　甘肃省政府
【收文单位】　靖远县县长
【档案编号】　08-A4-190
【成文时间】　1948
【收藏单位】　白银市档案馆
【涉及地域】　靖远县
【关　键　词】　靖乐渠竣工；派遣工额
【内容提要】

　　该县关于靖乐渠工程处出售储粮情形、靖乐渠购存小麦情形、奉令移交靖乐渠建筑物及材料工具等事务。

【叙录编号】　0685
【档案题名】

　　靖远县靖乐渠黄水上涨时请求修堤放淤，给靖中、靖师、各小学分配淤地办学等
【发文单位】　靖乐渠管理所所长
【收文单位】　靖远县县长
【档案编号】　08-A4-191
【成文时间】　1948—1949
【收藏单位】　白银市档案馆
【涉及地域】　靖远县
【关　键　词】　靖乐渠水上涨；修堤放淤
【内容提要】

　　该县关于靖乐渠口放淤闸板遭盗窃、靖乐渠筑堤贷款十亿元、苦水河暴涨渠道淤填率及民工抢护情形等事务。

【叙录编号】　0686
【档案题名】

　　靖远县靖乐渠筑堤淤地、完渠斗夫、贷款、请建办公房屋等的报告
【发文单位】　靖乐渠管理所
【收文单位】　靖远县政府
【档案编号】　08-A4-192
【成文时间】　1949
【收藏单位】　白银市档案馆
【涉及地域】　靖远县
【关　键　词】　靖乐渠筑堤淤地；完渠斗夫；建办公房屋
【内容提要】

　　该县关于建设部分靖乐渠筑堤淤地工程、东湾城关两乡督促民夫以利工作、完渠斗夫总务员公务员及助理员姓名、准予法办并派员监修以利灌溉等事务。

【叙录编号】　0687
【档案题名】

　　靖远县办理农田水利贷款暂引办法、调查大纲及贷款分配表
【发文单位】　甘肃省政府
【收文单位】　靖远县政府
【档案编号】　08-A4-196
【成文时间】　1942
【收藏单位】　白银市档案馆
【涉及地域】　靖远县
【关　键　词】　水利贷款；贷款分配
【内容提要】

　　该县关于办理农田水利贷款办法、农田水利贷款调查大纲、分配表等事务。

【叙录编号】　0688
【档案题名】

　　靖远合作社联合社筹备成立经过及平堡乡兴修水利借贷款的申请等

【发文单位】 甘肃省合作事业管理处
【收文单位】 靖远县政府
【档案编号】 08-A4-198
【成文时间】 1942—1944
【收藏单位】 白银市档案馆
【涉及地域】 靖远县
【关 键 词】 兴修水利
【内容提要】
　　该县关于平堡乡兴修水利借贷款的申请等事务。

【叙录编号】 0689
【档案题名】
　　靖远县政府关于黄河水害、水利河防、修复的报告及复兴渠、海广滩工程业绩，修建河堤的请示
【发文单位】 甘肃省政府
【收文单位】 靖远县政府
【档案编号】 08-A4-210
【成文时间】 1942—1944
【收藏单位】 白银市档案馆
【涉及地域】 靖远县
【关 键 词】 黄河水害；水利河防；修建河堤；复兴渠
【内容提要】
　　该县关于黄河水害的水利河防修复、复兴渠等工程业绩、修建河堤等事务。

【叙录编号】 0690
【档案题名】
　　石门纺织、广滩水利、□水水利、□滩长尾水利、永固渠堤灌合作社社员花名册、借贷等表册及契具
【发文单位】 靖远县野麻村水利生产社；靖远县永固堤灌溉利用合作社等
【收文单位】 靖远县政府
【档案编号】 08-A4-214
【成文时间】 1948
【收藏单位】 白银市档案馆
【涉及地域】 靖远县
【关 键 词】 水利
【内容提要】
　　如题。

【叙录编号】 0691
【档案题名】
　　关于统一学生课本、征兵税捐收入、田粮、警务部门、靖丰与靖乐渠防汛放淤的报表
【发文单位】 靖远县县长
【收文单位】 靖远县政府
【档案编号】 08-A4-216
【成文时间】 1948
【收藏单位】 白银市档案馆
【涉及地域】 靖远县
【关 键 词】 靖丰、靖乐渠防汛放淤
【内容提要】
　　如题。

【叙录编号】 0692
【档案题名】
　　贷款明细表、植棉、修路、兴修水利
【发文单位】 靖远县各级合作社
【收文单位】 靖远县政府
【档案编号】 08-A4-219
【成文时间】 1942
【收藏单位】 白银市档案馆
【涉及地域】 靖远县
【关 键 词】 修路；水利
【内容提要】
　　修路以及兴修水利。

【叙录编号】 0693
【档案题名】
　　县政府对东湾学校有关行政、教务等方面

的训令，及本县女子学校、学生修业年限等问题的报告

【发文单位】 甘肃省政府

【收文单位】 靖远县政府

【档案编号】 08-A4-250

【成文时间】 1947

【收藏单位】 白银市档案馆

【涉及地域】 靖远县

【关 键 词】 撰写水利书籍

【内容提要】

　　撰写水利书籍以供研究水利问题。

【叙录编号】 0694

【档案题名】

　　陆路交通输送工具调查表，令发管理水利事业暂行办法

【发文单位】 甘肃省政府；甘肃省建设厅

【收文单位】 靖远县政府

【档案编号】 08-A4-（552-555）

【成文时间】 1934-04—1947-05

【收藏单位】 白银市档案馆

【涉及地域】 靖远县

【关 键 词】 水利

【内容提要】

　　关于水利事业暂行办法，防汛筑圩兴修水利呈报书、复令，水利法实施条例，开展农田水利建设各项规定及各地小型水利工程简报表的档案。

【叙录编号】 0695

【档案题名】

　　营防滩民众包世儒等呈创办大渠、开垦田地拨款书及碾子湾民韦建极呈组织水利生产合作社

【发文单位】 营防滩民众；碾子湾民

【收文单位】 靖远县政府

【档案编号】 08-A4-558

【成文时间】 1943-02—1943-05

【收藏单位】 白银市档案馆

【涉及地域】 靖远县

【关 键 词】 水利

【内容提要】

　　营防滩民众包世儒等向靖远县政府请求拨款以创办大渠引水灌溉农田、开垦田地以及碾子湾民众请求组织水利生产合作社。

【叙录编号】 0696

【档案题名】

　　有关防汛工作指令以及各河工局防汛报告、工作人员名单、治域规划图等

【发文单位】 甘肃省政府

【收文单位】 靖远县政府

【档案编号】 08-A4-559

【成文时间】 1943-03—1944-04

【收藏单位】 白银市档案馆

【涉及地域】 靖远县

【关 键 词】 防汛

【内容提要】

　　开展防汛工作指令以及各河工局防汛报告。

【叙录编号】 0697

【档案题名】

　　关于辅修堤圩、兴修水利呈请书报

【发文单位】 三村人民；东湾乡等

【收文单位】 靖远县政府

【档案编号】 08-A4-（560-562）

【成文时间】 1940-04—1944-09

【收藏单位】 白银市档案馆

【涉及地域】 靖远县

【关 键 词】 水利

【内容提要】

　　恐圩年久失修水位上涨影响全滩，呈请辅修堤圩、兴修水利，报告、批复有关流域治

理、兴修水利以及防汛筑圩、兴修水利呈报书。

【叙录编号】 0698
【档案题名】
　　靖远县沿河地区防洪筑圩兴修水利呈报书、工程设计图表
【发文单位】 甘肃省政府
【收文单位】 靖远县政府
【档案编号】 08-A4-（563-568）
【成文时间】 1945-04—1945-10
【收藏单位】 白银市档案馆
【涉及地域】 靖远县
【关 键 词】 兴修水利；黄河水利；河防工程
【内容提要】
　　该县关于沿河地区防洪沿圩修堤望给予援助呈报书及河工委员会会议记录；三合水利委员会呈报复修河防、贷款救济及三河河防工程说明书、规划图、护圩防涝兴修水利抗旱救灾联民呈报书；黄河水利工程外派员查勘沿河水利，令饬填报水利工程调查表；北湾河呈赍民国二十八（1939）、二十九（1940）两年经费及补休河堤工程收支款粮清册等事务。附堤坝断面图、靖远三合村河防工程平面图。

【叙录编号】 0699
【档案题名】
　　甘肃省政府、靖远县政府、靖远农民银行等关于大庙等乡贷款修筑堤坝催交贷款等事宜的训令、指令、呈等
【发文单位】 甘肃省政府；靖远县政府等
【收文单位】 靖远县政府；靖远农民银行等
【档案编号】 08-A6-199
【成文时间】 1941-04-09—1943-11-08
【收藏单位】 白银市档案馆
【涉及地域】 靖远县
【关 键 词】 修堤

【内容提要】
　　如题。

【叙录编号】 0700
【档案题名】
　　为仰各县严切查勘城墙及护城河妥酌修整疏浚并列表汇报的密令
【发文单位】 甘肃省政府；靖远县政府
【收文单位】 靖远县政府；甘肃省政府
【档案编号】 08-A6-251-（0002-0004）
【成文时间】 1936-05-06
【收藏单位】 白银市档案馆
【涉及地域】 靖远县
【关 键 词】 护城河
【内容提要】
　　此案卷部分为甘肃省政府要求各县查勘城墙及护城河的密令，包括靖远县政府提交的查勘结果汇报。

【叙录编号】 0701
【档案题名】
　　为转饬所属就解释水利法所称天然水道的训令
【发文单位】 甘肃省政府
【收文单位】 靖远县政府
【档案编号】 08-A6-303-015
【成文时间】 1945-07-18
【收藏单位】 白银市档案馆
【涉及地域】 甘肃省
【关 键 词】 天然水道；人工水道
【内容提要】
　　甘肃省政府转达水利委员会的训令，主要内容为：天然水道虽系天然形成，但形成后倘若加以人工，仍不失为天然水道。

【叙录编号】 0702
【档案题名】
　　甘肃省政府、甘肃省建设厅、靖远县政府关于兴修河堤、拨发公款及惩办侵占官地的训令
【发文单位】 靖远县政府；甘肃省建设厅等
【收文单位】 靖远县政府；北湾河工局等
【档案编号】 08-A6-466
【成文时间】 1933-12—1936-01
【收藏单位】 白银市档案馆
【涉及地域】 靖远县
【关 键 词】 修堤
【内容提要】
　　民国二十三年（1934），甘肃省政府以及甘肃省建设厅要求拨款分期兴修靖远县境内北湾河堤工程的相关训令。

【叙录编号】 0703
【档案题名】
　　甘肃省政府、甘肃省合作工业处、靖远县政府关于改良土地、增加生产、各合作社年终决算、申请成立靖丰合作农场、银行对各地建设优先贷款的训令、通令、呈文
【发文单位】 独石头民众
【收文单位】 靖远县县长
【档案编号】 08-A6-492-027
【成文时间】 1943-01
【收藏单位】 白银市档案馆
【涉及地域】 靖远县
【关 键 词】 求修水利
【内容提要】
　　靖远县政府收到独石头民众请求，其恒丰渠被大水冲毁，农民常受干旱影响。重修水渠需万余元，请求靖远县政府允许组社贷款，重修渠道。

【叙录编号】 0704
【档案题名】
　　甘肃省政府、靖远县政府、农田水利靖远办理处等为芦沟堡贷小麦籽种款、不按计划修水渠、明令停工予以严惩、捐款劳军的训令、指令、呈文
【发文单位】 靖远县政府；农田水利靖远办理处等
【收文单位】 靖远县县长；营防滩民众等
【档案编号】 08-A6-493-027
【成文时间】 1942—1943
【收藏单位】 白银市档案馆
【涉及地域】 靖远县
【关 键 词】 求修水利
【内容提要】
　　靖远县下属边渠水利合作社、营房滩等多地民众上报县政府或称水利日久而坏，请求贷款重修，或称水利工程修至一半缺乏资金，请求贷款。农田水利靖远办理处、靖远县政府等对其多数予以批准，但也颁布训令宣布对违规水利修建将予以严惩。

【叙录编号】 0705
【档案题名】
　　省合作工业处、靖远县政府、农田水利靖远办理处等关于填造水利合作登记册和顺保等依令小组贷借籽种名册、修筑水库需贷款等事宜的呈、指令、公函等
【发文单位】 靖远县政府；甘肃合作事业营理处等
【收文单位】 靖远县县长
【档案编号】 08-A6-494-（0001-0015）
【成文时间】 1942
【收藏单位】 白银市档案馆
【涉及地域】 靖远县
【关 键 词】 水利合作社成立

【内容提要】

靖远县平堡、大芦、大庙等九处成立水利合作社，经靖远县上报后，由甘肃省合作事业营理处批准成立。内附合作社登记造册表，包含地址、负责人、股资等信息。另本卷还有大庙乡公所因受水灾水车倒塌，请求贷款兴修水利的呈文。

【叙录编号】 0706
【档案题名】
　　甘肃省政府、靖远县政府关于开挖水渠、兴办水利、水利研究与勘察的呈、函、训令
【发文单位】 甘肃省政府；振兴车农民等
【收文单位】 靖远县政府；靖远县国民兵团等
【档案编号】 08-A6-501-（0001-0024）
【成文时间】 1941—1943
【收藏单位】 白银市档案馆
【涉及地域】 靖远县
【关 键 词】 水利兴建；水利调查
【内容提要】

振兴车农民刘瑄等上报县政府请求帮助农民开导水渠，靖远县政府遂请求国民兵团帮助开渠，但被其回绝。此外，靖远县政府响应省政府号召，开始检索县志水利专题，并下令保护中央水利勘探队。

【叙录编号】 0707
【档案题名】
　　关于抄发菜市场管理规则、饮水管理规则及乡村污水排泄及污物处理办法的训令
【发文单位】 甘肃省政府；靖远县政府
【收文单位】 靖远县政府
【档案编号】 08-A7-337
【成文时间】 1945
【收藏单位】 白银市档案馆
【涉及地域】 靖远县
【关 键 词】 饮水管理；排污
【内容提要】

此档案为甘肃省政府下发的菜市场管理规则，包括乡村污水排泄及污物处理办法、饮水管理规则等。

【叙录编号】 0708
【档案题名】
　　西北盐务局、一条山盐署就整修办公室、盐仓水道，补修墙壁及扩建仓坨等的呈函、证明书
【发文单位】 财政部西北盐务管理局
【收文单位】 财政部西北区一条山盐场公署
【档案编号】 10-A1-247
【成文时间】 1947-09-30—1947-12-13
【收藏单位】 白银市档案馆
【涉及地域】 景泰县
【关 键 词】 新水道；排水道
【内容提要】

其中包括一条山盐场公署关于拟建新水道的公文；关于盐仓开辟新水道修补各仓墙壁的函；为呈报开办盐仓排水道修补各仓墙壁的公文；关于新开水道泥补各仓墙壁实支工款清单的呈；关于更正盐仓水道墙壁等工程合同的函。

五、林草动物资源开发与保护类档案

【叙录编号】 0709
【档案题名】
　　行政院关于抄发靖丰渠农场管理规则修正条文给甘肃省政府的指令
【发文单位】 行政院
【收文单位】 甘肃省政府
【档案编号】 004-001-0443-0003
【成文时间】 1947-09-04
【收藏单位】 甘肃省档案馆
【涉及地域】 靖丰渠
【关 键 词】 靖丰渠
【内容提要】
　　行政院将靖丰渠农场管理规则的修整条文发给甘肃省政府。

【叙录编号】 0710
【档案题名】
　　甘肃省政府公布令秘法字第703号关于制定《靖丰渠农场管理规则》
【发文单位】 甘肃省政府
【收文单位】 不详
【档案编号】 004-002-0141-0012
【成文时间】 1947-10-17
【收藏单位】 甘肃省档案馆
【涉及地域】 甘肃省
【关 键 词】 农场管理；湟惠渠
【内容提要】
　　《靖丰渠农场管理规则》包括承垦土地、办理登记证、所有权、耕作经营等13条内容。

【叙录编号】 0711
【档案题名】
　　甘肃省民政厅关于皋兰县政府修岸筑路植树造林的各类文件
【发文单位】 甘肃省民政厅；皋兰县政府
【收文单位】 甘肃省民政厅；皋兰县政府
【档案编号】 015-005-0474-（0010-0013）
【成文时间】 1934-11-29—1934-12-22
【收藏单位】 甘肃省档案馆
【涉及地域】 皋兰县
【关 键 词】 植树造林；潜河；征工
【内容提要】
　　皋兰县政府呈文甘肃省民政厅拟具修路潜河植树造林等事征工派丁各情形办法一份，请鉴核汇转。民政厅回文修改意见，令其另行妥拟办法上报。皋兰县政府另具文呈报，甘肃省民政厅回文认真办理随时报查。

【叙录编号】 0712
【档案题名】
　　甘肃省建设厅、财政厅关于拟请天然林保护区办法保护永泰山等处天然林致甘肃省政府的签呈
【发文单位】 甘肃省建设厅；甘肃省财政厅
【收文单位】 甘肃省政府
【档案编号】 027-001-0009-0002
【成文时间】 1941-04-27
【收藏单位】 甘肃省档案馆
【涉及地域】 景泰县；靖远县

【关 键 词】 苗圃；天然林保护区；永泰山
【内容提要】

签呈分两部分。第一部分，提请景泰县等处苗圃预算。第二部分，景泰县寿鹿山、靖远县永泰山等处天然林横跨两县，面积广大，有保护的必要。拟令甘肃省农业改进所依照前拟天然林保护区办法试行办理，签请核示。

【叙录编号】 0713
【档案题名】
甘肃省民政厅关于送会宁县政府民国三十七年度（1948）工作报告4至9月份给甘肃省建设厅的函
【发文单位】 会宁县政府
【收文单位】 甘肃省建设厅
【档案编号】
027-001-0197-0012；
027-001-0200-（0008-0009）
【成文时间】 1948-11-03—1948-11-06
【收藏单位】 甘肃省档案馆
【涉及地域】 会宁县
【关 键 词】 育苗造林；保护水土
【内容提要】

建设部分包括修筑道路、育苗造林、保护水土几个方面。建设部分包括修筑道路、筹设乡镇电话、育苗造林、调整苗圃。

【叙录编号】 0714
【档案题名】
甘肃省农业改进所关于请转兰州市政府保护南北荒山林木并转呈第八战区司令长官，司令部颁发布告禁止砍伐林木致甘肃省政府的呈文
【发文单位】 甘肃省农业改进所
【收文单位】 甘肃省政府
【档案编号】 027-001-0287-（0009-0010）
【成文时间】 1941-11-06—1941-11-13

【收藏单位】 甘肃省档案馆
【涉及地域】 兰州市
【关 键 词】 植树造林；保持水土
【内容提要】

涉及扩大造林运动、选择荒山、普遍发动义务劳动、挖掘水平沟保持水土、切实植树保护林木、征集树苗等内容。甘肃省政府回令准予备查。

【叙录编号】 0715
【档案题名】
甘肃省农业改进所关于报送民国三十八年（1949）春季造林计划致甘肃省建设厅的呈文
【发文单位】 甘肃省农业改进所
【收文单位】 甘肃省建设厅
【档案编号】 027-001-0299-0001
【成文时间】 1949-03-08
【收藏单位】 甘肃省档案馆
【涉及地域】 兰州市
【关 键 词】 植树造林
【内容提要】

甘肃省农业改进所汇报本年度春季植树计划经费预算，以及公教人员植树计划分配并附表，地域为中正山一带、雁滩徐家湾黄河两岸，植白榆、红柳二种，时间为3月到4月，保甲长责成保护。

【叙录编号】 0716
【档案题名】
甘肃省政府关于抄发本年度公教人员春季植树株数分配表给甘肃省政府秘书处的训令
【发文单位】 甘肃省政府
【收文单位】 甘肃省政府秘书处
【档案编号】 027-001-0299-0002
【成文时间】 1949-03-17
【收藏单位】 甘肃省档案馆
【涉及地域】 兰州市

【关 键 词】 植树造林
【内容提要】
　　甘肃省政府秘书处抄发植树分配表令甘肃省农业改进所仰遵照办。

【叙录编号】 0717
【档案题名】
　　定西县（今定西市）政府关于报送本县民国三十八年（1949）春季植树造林护林办法致甘肃省政府的呈文
【发文单位】 定西县政府
【收文单位】 甘肃省政府
【档案编号】 027-001-0299-0004
【成文时间】 1949-04-01
【收藏单位】 甘肃省档案馆
【涉及地域】 定西县
【关 键 词】 植树造林
【内容提要】
　　定西县政府报送民国三十八年度植树办法，县城各团队在城东西南三山植树30000株，每户各植50株，各保长负责800株，行道树由沿线乡镇长按所属地保护。

【叙录编号】 0718
【档案题名】
　　甘肃省政府关于民国三十八年（1949）春季植树造林护林办法准予备查给甘肃省定西县（今定西市）政府的指令
【发文单位】 甘肃省政府
【收文单位】 定西县政府
【档案编号】 027-001-0299-0005
【成文时间】 1949-04-09
【收藏单位】 甘肃省档案馆
【涉及地域】 定西县
【关 键 词】 植树造林
【内容提要】
　　府回令一、本年三月二十三日……二、经核大致尚属可行，唯该办法第三项指派专人督导。而属下应改为"花户平均每户植树一百五十株"之十三字，余准备查。三、仰□□□。

【叙录编号】 0719
【档案题名】
　　甘肃省政府关于补种树木给靖远县政府的指令
【发文单位】 甘肃省政府
【收文单位】 靖远县政府
【档案编号】 027-001-0302-0013
【成文时间】 1948-02-20
【收藏单位】 甘肃省档案馆
【涉及地域】 靖远县
【关 键 词】 植树；补种
【内容提要】
　　如题。

【叙录编号】 0720
【档案题名】
　　甘肃省政府、甘肃省农业改进所关于皋兰县政府划拨羊寨公地苗圃一事的呈文训令
【发文单位】 皋兰县
【收文单位】 甘肃省政府
【档案编号】 027-001-0343-（0010-0013）
【成文时间】 1942-06-13—1942-06-23
【收藏单位】 甘肃省档案馆
【涉及地域】 皋兰县
【关 键 词】 苗圃
【内容提要】
　　甘肃省农业改进所申请划拨羊寨公地作为苗圃，甘肃省政府训令皋兰县详查，甘肃省农业改进所请皋兰县政府保护苗圃严惩破坏分子。

【叙录编号】 0721
【档案题名】
　　甘肃省政府、甘肃省建设厅关于西固县

（今宕昌县）苗圃建设与植树造林事宜的指示及该县政府的呈文
【发文单位】　西固县
【收文单位】　甘肃省政府
【档案编号】　027-001-0348-（0001-0016）
【成文时间】　1940-10-23—1947-03-15
【收藏单位】　甘肃省档案馆
【涉及地域】　西固县
【关 键 词】　苗圃；经费；植树造林
【内容提要】
　　西固县苗圃创设情况、经费预算、造林规划等。

【叙录编号】　0722
【档案题名】
　　甘肃省农业改进所关于请令皋兰县政府通知第二区署羊寨保甲大队切实负责保护该县苗圃员工致甘肃省政府的呈
【发文单位】　甘肃省农业改进所
【收文单位】　甘肃省政府
【档案编号】　027-001-0350-（0009-0010）
【成文时间】　1940-03-24
【收藏单位】　甘肃省档案馆
【涉及地域】　皋兰县
【关 键 词】　苗圃
【内容提要】
　　如题。皋兰县政府签呈甘肃省农业改进所切实保护皋兰苗圃，甘肃省政府关于已转令第二区署羊寨保甲大队保护皋兰苗圃员工给甘肃省农业改进所的训令、指令。

【叙录编号】　0723
【档案题名】
　　甘肃省建设厅厅长张心一关于转送安华雄、张承忠、安华亨等搬抢苗圃一案致甘肃省农业改进所的签呈
【发文单位】　皋兰县

【收文单位】　甘肃省农业改进所
【档案编号】
　　027-001-0351-（0001-0002）；
　　027-001-0352-（0001-0013）
【成文时间】　1941-06-10
【收藏单位】　甘肃省档案馆
【涉及地域】　皋兰县
【关 键 词】　苗圃
【内容提要】
　　如题。

【叙录编号】　0724
【档案题名】
　　甘肃省景皓、李芳华关于上报皋兰苗圃被搬抢情况致皋兰县政府的呈文
【发文单位】　景皓；李芳华
【收文单位】　皋兰县政府
【档案编号】　027-001-0351-（0003-0004）
【成文时间】　1941-06-10
【收藏单位】　甘肃省档案馆
【涉及地域】　皋兰县
【关 键 词】　苗圃
【内容提要】
　　如题。苗圃主任呈报当地土豪安华雄等人率众损害工务物什，放火焚毁宿舍一案。

【叙录编号】　0725
【档案题名】
　　甘肃省农业改进所关于转呈本所羊寨苗圃主任周选德拟订的保障员工安全办法致甘肃省政府的公函
【发文单位】　甘肃省农业改进所
【收文单位】　甘肃省政府
【档案编号】　027-001-0351-（0005-0008）
【成文时间】　1942-03-19—1942-04-29
【收藏单位】　甘肃省档案馆
【涉及地域】　皋兰县

【关 键 词】 苗圃
【内容提要】
如题。甘肃省政府关于羊寨苗圃主任周选德拟订的保障员工安全办法准予备查，并请皋兰县政府明令保护致甘肃省农业改进所、皋兰县政府的训令，苗圃附近公地转给甘肃省农业改进所。

【叙录编号】 0726
【档案题名】
甘肃省政府、甘肃省建设厅、甘肃省农业改进所关于安华雄、张承忠等人破坏皋兰县苗圃案的指示及呈文
【发文单位】 甘肃省建设厅；甘肃省农业改进所
【收文单位】 甘肃省建设厅；甘肃省农业改进所
【档案编号】
　　027-001-0351-（0001-0002）；
　　027-001-0352-（0001-0013）
【成文时间】 1941-06-10—1942-03-28
【收藏单位】 甘肃省档案馆
【涉及地域】 皋兰县
【关 键 词】 苗圃；羊寨；扦插植树
【内容提要】
安华雄、张承忠等人蓄意破坏皋兰县苗圃，搬抢公物、狙击职员，经李茂等人举报后，甘肃省政府、甘肃省建设厅、甘肃省农业改进所要求皋兰县政府迅速查明情况、秉公办理，其后移交法院处理。同时羊寨苗圃主任周选德拟订出台办法，保障苗圃员工安全。另附甘肃省政府要求皋兰县柴沟等乡公所大量价让杨柳枝，以便扦插植树。

【叙录编号】 0727
【档案题名】
甘肃省建设厅关于皋兰县苗圃选址问题的指示及该县政府的呈文
【发文单位】 甘肃省建设厅；甘肃省农业改进所
【收文单位】 甘肃省建设厅；皋兰县政府
【档案编号】
　　027-001-0353-（0001-0012）；
　　027-001-0355-（0011-0024）
【成文时间】 1942-12-12—1944-06-26
【收藏单位】 甘肃省档案馆
【涉及地域】 皋兰县
【关 键 词】 苗圃；选址；地图
【内容提要】
皋兰县原县苗圃面积狭小、条件恶劣，不适宜育苗造林，申请另换新址。另包括该县苗圃植树规划、沿黄造林等事宜。

【叙录编号】 0728
【档案题名】
甘肃省建设厅对甘肃省榆中县、皋兰县苗圃建设与植树造林事宜的指示及该县政府的呈文
【发文单位】 甘肃省建设厅；榆中县政府
【收文单位】 甘肃省建设厅；榆中县政府
【档案编号】
　　027-001-0354-（0001-0019）；
　　027-001-0355-（0001-0010）
【成文时间】 1940-02-25—1943-08-17
【收藏单位】 甘肃省档案馆
【涉及地域】 榆中县
【关 键 词】 苗圃；经费；植树造林
【内容提要】
三卷关于皋兰县、榆中县苗圃经费预算、育苗造林、征收民地扩充苗圃情况、古木登记、护林办法、苗圃交接情况、将怀抱古木登记造册编目等。0003为《榆中县苗圃民国二十九年开办费预算书》，0007为《榆中县苗圃园地平面略图》，0017为《皋兰县安宁堡苗圃

形势图》。

【叙录编号】 0729
【档案题名】
　　甘肃省建设厅对甘肃省榆中县苗圃建设与植树造林的指示及该县政府的呈文
【发文单位】 榆中县
【收文单位】 甘肃省政府
【档案编号】 027-001-0356-（0001-0014）
【成文时间】 1943-03-24—1946-06-20
【收藏单位】 甘肃省档案馆
【涉及地域】 榆中县
【关 键 词】 苗圃；经费；植树造林
【内容提要】
　　具体事务包括甘肃省榆中县的育苗造林经费、古木登记备案、派员保护林木、出台奖惩办法、清查苗圃地亩等。0001为《榆中县育苗造林护林五年计划书》，包含县苗圃的充实、保苗圃的成立、植树造林、模范林、调查荒山荒地、林木之保护。0009为《甘肃省榆中县育苗造林奖惩暂行办法》10条。

【叙录编号】 0730
【档案题名】
　　甘肃省政府、甘肃省建设厅、甘肃省农业改进所关于永靖县苗圃建设与植树造林事宜的指示及两县政府的呈文
【发文单位】 永靖县政府
【收文单位】 甘肃省政府；甘肃省建设厅
【档案编号】
　　027-001-0366-（0010-0013）；
　　027-001-0370-（0016-0019）
【成文时间】 1942-10-10—1944-05-17
【收藏单位】 甘肃省档案馆
【涉及地域】 永靖县
【关 键 词】 苗圃；经费；植树造林

【内容提要】
　　永靖县苗圃经费预算、买地扩建、植树规划、苗木来源。附有《甘肃省永靖县三十二年度育苗造林经费分配及预算书》《甘肃省永靖县三十二年度育苗造林护林五年计划纲要》23页。

【叙录编号】 0731
【档案题名】
　　景泰县政府关于上报本县苗圃调整情况致甘肃省政府的呈文
【发文单位】 景泰县政府
【收文单位】 甘肃省政府
【档案编号】 027-001-0373-0003
【成文时间】 1943-01-28
【收藏单位】 甘肃省档案馆
【涉及地域】 景泰县
【关 键 词】 苗圃；整顿
【内容提要】
　　如题。

【叙录编号】 0732
【档案题名】
　　甘肃省政府、甘肃省建设厅、甘肃省农业改进所关于永靖、临洮等县苗圃建设与造林护林事宜的指示及以上诸县的呈文
【发文单位】 永靖县等
【收文单位】 甘肃省政府；甘肃省建设厅等
【档案编号】
　　027-001-0373-（0008-0019）；
　　027-001-0374-（0001-0002）；
　　027-001-0374-（0005-0015）
【成文时间】 1941-06-29—1944-11-05
【收藏单位】 甘肃省档案馆
【涉及地域】 永靖县等
【关 键 词】 苗圃；经费；植树造林

【内容提要】

如题。临洮县、和政县、永靖县、静宁县张贴造林布告、推动保护苗圃、苗圃被水冲事宜。附有静宁县政府《护林公约》。

【叙录编号】 0733
【档案题名】
甘肃省政府、甘肃省建设厅关于永靖县苗圃组织人事与经费规划事宜的指示及该县政府的呈文
【发文单位】 甘肃省政府；甘肃省建设厅
【收文单位】 永靖县等
【档案编号】 027-001-0375-（0001-0017）
【成文时间】 1941-06-25——1943-10-08
【收藏单位】 甘肃省档案馆
【涉及地域】 永靖县
【关 键 词】 苗圃；经费；植树造林
【内容提要】

永靖县苗圃经费收支情况、树籽拨发问题、造林护林情况、1943年遭受水灾情况。0016与0017是永靖县全信乡宗王村村民冯义和、王育英、崇尚德、金明哲关于申请派人实地调查并依法惩办该县苗圃主任张涵深致甘肃省政府的呈文，甘肃省政府令永靖县政府彻查此事。附有《甘肃省永靖县三十一年度筹设苗圃事业计划书》《甘肃省永靖县三十一年度苗圃经费分配预算书》。

【叙录编号】 0734
【档案题名】
甘肃省政府、甘肃省建设厅关于甘肃省永靖县苗圃建设与植树造林事宜的指示及该县的呈文
【发文单位】 永靖县政府
【收文单位】 甘肃省政府；甘肃省建设厅
【档案编号】 027-001-0377-（0001-0012）
【成文时间】 1944-05-24——1947-08-02
【收藏单位】 甘肃省档案馆
【涉及地域】 永靖县
【关 键 词】 苗圃；经费
【内容提要】

永靖县苗圃植树经费、1946年遭受水灾、修建水车、筑路等情况。附0011为《研究现状发各种建设苗木统计表》《永靖县国民义务劳动筑路事项成绩报告表》《永靖县造林面积与株数报告表》《永靖县苗圃与苗木报告表》，0003为《甘肃省永靖县苗圃建修房屋预算书》。

【叙录编号】 0735
【档案题名】
会宁县政府关于无款挪支苗圃经费及如何办理苗圃员工食粮事宜致甘肃省政府的呈文
【发文单位】 会宁县政府
【收文单位】 甘肃省政府；甘肃省建设厅等
【档案编号】 027-001-0379-0011
【成文时间】 1942-05-25
【收藏单位】 甘肃省档案馆
【涉及地域】 会宁县
【关 键 词】 苗圃；经费；配购食粮
【内容提要】

如题。

【叙录编号】 0736
【档案题名】
甘肃省政府关于应暂行设法挪垫、苗圃员工应照县政府人员配购食粮事宜给会宁县政府的指令
【发文单位】 会宁县政府
【收文单位】 甘肃省政府；甘肃省建设厅
【档案编号】 027-001-0379-0012
【成文时间】 1942-07-14
【收藏单位】 甘肃省档案馆
【涉及地域】 会宁县

【关　键　词】　苗圃；经费；配购食粮
【内容提要】
　　如题。

【叙录编号】　0737
【档案题名】
　　甘肃省政府、甘肃省建设厅关于会宁县苗圃建设与造林护林事宜的指示及该县的呈文
【发文单位】　会宁县
【收文单位】　甘肃省政府；甘肃省建设厅等
【档案编号】
　　027-001-0379-（0014-0016）；
　　027-001-0381-（0001-0012）；
　　027-001-0428-（0011-0012）
【成文时间】　1943-05-08—1945-04-11
【收藏单位】　甘肃省档案馆
【涉及地域】　会宁县
【关　键　词】　苗圃；经费；植树造林
【内容提要】
　　会宁县苗圃经费开支、古木调查登记、荒山造林、树苗拨付、保苗圃工作、古木号码清册。0379-0016为《会宁县育苗造林护林五年计划》14页。0381-0002为会宁县政府报送《会宁县苗圃造贲三十二年度农林经费预算书》，甘肃省政府回令准予备查。0381-0010为会宁县苗圃主任《接收前任主任张绍祖移交树苗数目清册》文卷清册、地亩房屋器具清册，甘肃省政府回令准予备查。

【叙录编号】　0738
【档案题名】
　　甘肃省政府、甘肃省建设厅关于甘肃省定西县（今定西市）苗圃建设与造林护林的指示及该县政府的呈文
【发文单位】　定西县政府
【收文单位】　甘肃省政府；甘肃省建设厅
【档案编号】
　　027-001-0391-（0001-0007）；
　　027-001-0392-（0010-0020）；
　　027-001-0396-（0010-0021）
【成文时间】　1943-07-27—1947-12-04
【收藏单位】　甘肃省档案馆
【涉及地域】　定西县
【关　键　词】　苗圃；经费；植树造林
【内容提要】
　　定西县（今定西市）苗圃预算经费、人员待遇、造林护林、树种拨发、征用民田、工作报表。0391-0003为《甘肃省定西县育苗造林护林五年计划书》《定西县三十二年度育苗造林预算书》，甘肃省政府回令注意事项。0392-0001为《定西县苗圃三十二年度元月份至六月份工作报告表》各月份工作报告共6份。0392-0008为《定西县苗圃三十二年度七月份至九月份工作报告表》各月份工作报告共3份。0392-0009为《定西县三十二年度育苗造林经费预算书》。0392-0019为《定西县三十三年度育苗造林经费预算书》。0396为定西县请求增加树种、与农民洽商、苗圃侵占民田、增加苗圃工人，附有《定西县苗圃三十六年度春季发出苗木统计表》《定西县苗圃三十六年度秋季移出苗木数字统计表》。

【叙录编号】　0739
【档案题名】
　　甘肃省政府、甘肃省建设厅、甘肃省农业改进所关于整顿原有苗圃，将靖远等五中心苗圃移交各县政府的指示及各县中心苗圃的呈文
【发文单位】　定西县等
【收文单位】　甘肃省政府；甘肃省建设厅
【档案编号】
　　027-001-0413-（0001-0015）；
　　027-001-0414-（0001-0004）
【成文时间】　1942-05-22—1943-02-15
【收藏单位】　甘肃省档案馆

【涉及地域】　定西县等
【关　键　词】　中心苗圃；县苗圃；整顿
【内容提要】

　　甘肃省建设厅对原有苗圃进行整顿，令各县调查公用荒地、扩充建设，调整省县苗圃的行政机构、技术设施，将徽县、靖远、定西、武威、临洮五中心苗圃（即省属苗圃）移交各县政府管理。其中关于定西中心苗圃移交过程的档案较为详细，有财产、补助费、卷宗清册。0413-0007为《甘肃省农业改进所靖远中心苗圃三十一年度秋季造林实施办法》，0413的0013-0015附有《甘肃省农业改进所定西中心移交补助费清册》《甘肃省农业改进所定西中心苗圃移交财产清册》《甘肃省农业改进所定西中心苗圃移交各宗卷清册》。

【叙录编号】　0740
【档案题名】
　　甘肃省政府、甘肃省建设厅关于景泰县苗圃建设与造林护林事宜的指示及该县政府的呈文
【发文单位】　景泰县
【收文单位】　甘肃省政府；甘肃省建设厅
【档案编号】
　　027-001-0426-（0007-0017）；
　　027-001-0427-（0011-0017）；
　　027-001-0429-（0001-0006）
【成文时间】　1941-04-15—1943-01-27
【收藏单位】　甘肃省档案馆
【涉及地域】　景泰县
【关　键　词】　苗圃；经费；天然林区保护
【内容提要】

　　景泰县苗圃创设筹办、经费预算、古木登记、工作报告、迁移选址。该县天然林面积广大，甘肃省政府特别要求甘肃省农业改进所按照《天然林区保护办法》于该县试办天然林保护区。景泰县报送该县古木调查表和苗圃经费情况及请款书。0427-0012为《景泰县苗圃筹备单》《景泰县苗圃三十年度每月经费分配预算表》，甘肃省政府870次会议通知甘肃省农业改进所依照天然林区保护办法，及甘肃省政府秘书处公函甘肃省建设厅报送景泰县工作报告。0429-0002为《景泰县育苗造林护林五年计划纲要》。0429-0003为《金塔县三十二年度育苗造林护林岁出预算书》《景泰县三十三年度育苗造林预算书》。0429-0005为《景泰县三十五年度春季各乡植树调查表》《景泰县三十五年度春季育苗调查表》《景泰县三十五年度春季出圃树苗调查表》《景泰县三十五年度报苗圃育苗调查表》。

【叙录编号】　0741
【档案题名】
　　会宁县政府关于报送本县筹设保苗圃情况致甘肃省政府的代电
【发文单位】　会宁县
【收文单位】　甘肃省政府；甘肃省建设厅
【档案编号】　027-001-0433-0002
【成文时间】　1943-09-09
【收藏单位】　甘肃省档案馆
【涉及地域】　会宁县
【关　键　词】　苗圃；经费；育苗造林
【内容提要】
　　如题。

【叙录编号】　0742
【档案题名】
　　景泰县政府关于报送本县苗圃林务调查表给甘肃省政府的呈文
【发文单位】　景泰县
【收文单位】　甘肃省政府；甘肃省建设厅
【档案编号】　027-001-0434-（0003-0004）
【成文时间】　1930-09-03—1943-09-20
【收藏单位】　甘肃省档案馆

【涉及地域】　景泰县
【关 键 词】　苗圃；经费；育苗造林
【内容提要】
　　主要为《景泰县各乡保苗圃林务调查表》，甘肃省政府回令注意事项。

【叙录编号】　0743
【档案题名】
　　甘肃省榆中县政府关于报送育苗造林经费预算表给甘肃省政府的呈文及甘肃省政府回令
【发文单位】　榆中县
【收文单位】　甘肃省政府；甘肃省建设厅
【档案编号】　027-001-0443-（0005-0009）
【成文时间】　1944-07-18—1944-08-01
【收藏单位】　甘肃省档案馆
【涉及地域】　榆中县
【关 键 词】　苗圃；经费；育苗造林
【内容提要】
　　主要为《榆中县苗圃三十三年度育苗造林经费预算表》，甘肃省政府回令准予备查。榆中县报送《榆中县苗圃三十六年度各种苗木出圃呈报清册》。

【叙录编号】　0744
【档案题名】
　　甘肃省政府、湟惠渠乡公所关于成立苗圃情况一事的呈文、代电、指令
【发文单位】　临泽县政府；高台县政府
【收文单位】　甘肃省政府；甘肃省建设厅
【档案编号】　027-001-0448-（0001-0007）
【成文时间】　1944-05-20—1945-04-26
【收藏单位】　甘肃省档案馆
【涉及地域】　临泽县；高台县等
【关 键 词】　苗圃；经费；育苗造林
【内容提要】
　　0001为甘肃省湟惠渠特种乡公所报送《甘肃省湟惠渠特种乡公所乡保苗圃状况表》

《甘肃省湟惠渠特种乡公所乡保株数报告表》，甘肃省政府回文准予备查。0004为《甘肃省湟惠渠特种乡苗圃组织规则》，乡公所请拨发民国三十四年（1945）苗圃经费，请甘肃省政府拨发各项法令，甘肃省政府同意。

【叙录编号】　0745
【档案题名】
　　靖远县、秦安县、永靖县、临夏县、隆德县、陇西县关于报送苗圃调查表一事的文件
【发文单位】　靖远县政府；永靖县政府等
【收文单位】　甘肃省政府；甘肃省建设厅
【档案编号】　027-001-0452-（0001-0018）
【成文时间】　1944-06-15—1944-08-30
【收藏单位】　甘肃省档案馆
【涉及地域】　靖远县；永靖县等
【关 键 词】　苗圃；经费；育苗造林
【内容提要】
　　靖远县、秦安县、永靖县、临夏县、隆德县、陇西县报送各县苗圃成立、苗圃完成、保苗圃的文件。靖远县、陇西县、海原县报送保苗圃调查表，0002为《靖远县成立保苗圃报告表》，0007为《永靖县各保苗圃报告表》《永靖县苗圃全图》，陇西县报送《陇西县造具各保苗圃报告表》，甘肃省政府回令迅速报送育苗情况。

【叙录编号】　0746
【档案题名】
　　甘肃省农业改进所关于报送皋兰推广所主任李联祥赴兰宁公路工地工作日记致甘肃省建设厅的呈
【发文单位】　皋兰县
【收文单位】　甘肃省政府；甘肃省建设厅
【档案编号】　027-001-0460-（0001-0003）
【成文时间】　1945-07-23
【收藏单位】　甘肃省档案馆

【涉及地域】 皋兰县
【关 键 词】 皋兰推广所；兰宁公路；保护水土
【内容提要】
　　日前皋兰推广所主任李联祥及该所助理技术员奎积才等人前往兰宁公路工地慰劳民工，宣传保护水土、防治小麦黑穗病等方法，现呈其工作日记，以备核查。

【叙录编号】 0747
【档案题名】
　　甘肃省政府关于皋兰推广所主任李联祥赴兰宁公路工地工作日记准予备案给甘肃省农业改进所的指令及关于督促成立各保苗圃并上报办理情形给皋兰县政府的训令
【发文单位】 皋兰县
【收文单位】 甘肃省政府；甘肃省建设厅
【档案编号】 027-001-0460-0002
【成文时间】 不详
【收藏单位】 甘肃省档案馆
【涉及地域】 皋兰县
【关 键 词】 皋兰推广所；兰宁公路；保苗圃
【内容提要】
　　如题。

【叙录编号】 0748
【档案题名】
　　甘肃省建设厅关于查复皋兰推广所主任李联祥赴兰宁公路工作情况给甘肃省农业改进所的训令
【发文单位】 皋兰县
【收文单位】 甘肃省政府；甘肃省建设厅
【档案编号】 027-001-0460-0003
【成文时间】 1945-06-13
【收藏单位】 甘肃省档案馆
【涉及地域】 皋兰县
【关 键 词】 皋兰推广所；兰宁公路；甘肃省农业改进所

【内容提要】
　　如题。

【叙录编号】 0749
【档案题名】
　　甘肃省政府，崇信县、渭源县、永昌县、永靖县政府关于报送各保苗圃督导一事的呈文、代电、指令
【发文单位】 永靖县政府等
【收文单位】 甘肃省政府
【档案编号】
　　027-001-0462-（0008-0017）；
　　027-001-0463-（0006-0013）
【成文时间】 1945-12-22—1946-01-09
【收藏单位】 甘肃省档案馆
【涉及地域】 永靖县等
【关 键 词】 育苗造林；月度工作报表
【内容提要】
　　0462-0008为《崇信县政府三十四年度督导各乡镇保苗圃报告》书一册，甘肃省政府回令未完成苗圃一律限期成立。0462-0010为《渭源县各苗圃督导育苗实况报告表》，甘肃省政府回令准予备查。0462-0014为永靖县致电甘肃省政府报送督导苗圃改进情况，甘肃省政府回令未成立苗圃限期成立。0462-0016为洮沙县报送《洮沙县保苗圃育活苗木报告表》。

　　0463-0007为秦安县报送《秦安县三十四年度栽植模范林树木表》《秦安县三十四年度办理保苗圃育苗数目表》，0463-0008为临洮、化平、卓尼报送督导苗圃实施情况。

【叙录编号】 0750
【档案题名】
　　甘肃省政府、兰州市农会关于徐家湾苗圃拨给河北镇区农会做示农田给甘肃省政府的呈文及甘肃省政府回令

【发文单位】 兰州市农会等
【收文单位】 甘肃省政府；甘肃省建设厅
【档案编号】 027-001-0463-（0001-0005）
【成文时间】 1945-06-06—1945-11-06
【收藏单位】 甘肃省档案馆
【涉及地域】 兰州市
【关 键 词】 育苗造林；月度工作报表
【内容提要】

  0002为甘肃省农会致函甘肃省政府请求将徐家湾苗圃拨给河北镇区农会做示农田，附有《兰州市河北镇区设置示范农田计划》；0001为甘肃省政府批示该地砂石悬多，不宜种田，不同意农会请求。董涵荣报送甘肃省建设厅商办徐家湾农田，徐兆荃请人参加联席会议商讨徐家湾苗圃改定农场原则签呈甘肃省建设厅。

【叙录编号】 0751
【档案题名】
  兰州市农会关于申请将徐家湾河滩苗圃改充示范农场的呈文及关于此事甘肃省政府、甘肃省建设厅给该农会、甘肃省农业改进所的指示
【发文单位】 隆德县
【收文单位】 各农业改进所
【档案编号】 027-001-0463-（0001-0005）
【成文时间】 1945-06-16—1946-11-21
【收藏单位】 甘肃省档案馆
【涉及地域】 兰州市
【关 键 词】 农会；苗圃；示范农场
【内容提要】

  分为两个阶段。先是兰州市农会申请将徐家湾河滩苗圃拨给河北镇区农会做示范农田，甘肃省政府不予批准。而后，该会理事长徐兆荃等人再次提议将徐家湾河滩苗圃改充示范农场，省政府指示该会与甘肃省农业改进所协商合办。

【叙录编号】 0752
【档案题名】
  甘肃省政府，定西县、西吉县、民乐县、天水县、泾川县、临夏县政府关于报送督导保苗圃一事的呈文、代电、训令
【发文单位】 各县局
【收文单位】 甘肃省政府；甘肃省建设厅
【档案编号】 027-001-0464-（0001-0016）
【成文时间】 1946-01-15—1946-01-29
【收藏单位】 甘肃省档案馆
【涉及地域】 各县局
【关 键 词】 育苗造林；月度工作报表
【内容提要】

  定西县、西吉县、民乐县、天水县、泾川县、临夏县、平凉县各县报送三十四年度保苗圃情况的文件。0001为《定西县政府三十四年度督导保苗圃改进工作报告》。0003为《西吉县三十四年度督导各保苗圃改进实况报告》，包含整理苗木、除草间苗、保护幼苗、采集树籽。0005为民乐县报送《民乐县三十四年度督导各保苗圃实施概况表》。0009为《平凉县三十四年度办理各保苗圃实况报告表》。其余各县局类似。

【叙录编号】 0753
【档案题名】
  庆阳县、金塔县、会川县、渭源县、景泰县、正宁县、海原县、皋兰县报送督导各保苗圃育苗状况表一事的文件
【发文单位】 各县局
【收文单位】 甘肃省政府；甘肃省建设厅
【档案编号】 027-001-0465-（0001-0021）
【成文时间】 1945-12-31—1946-02-05
【收藏单位】 甘肃省档案馆
【涉及地域】 甘肃省
【关 键 词】 育苗造林；月度工作报表

【内容提要】

庆阳县、金塔县、会川县、渭源县、景泰县、正宁县、海原县、皋兰县等县政府报送三十四年度保苗圃报告表、督导苗圃办理情况、保苗圃育苗表的呈文、指令与训令。0003为金塔县报送《金塔县三十四年县保苗圃育苗株数报告表》，0007为《庆阳县各保苗圃现况报告表》。

【叙录编号】 0754
【档案题名】
甘肃省政府、甘肃省建设厅关于甘肃省立第一苗圃扩建、造林、护林事宜的指示及皋兰县政府的呈文
【发文单位】 皋兰县
【收文单位】 甘肃省政府；甘肃省建设厅
【档案编号】
027-001-0474-（0001-0014）；
027-001-0475-（0001-0012）
【成文时间】 1935-07-24—1943-05-05
【收藏单位】 甘肃省档案馆
【涉及地域】 皋兰县
【关 键 词】 省立第一苗圃；植树造林；皋兰县
【内容提要】

主要是雁滩、中河滩荒废圃地划拨甘肃省立第一苗圃过程中产生的一系列文件，以及该苗圃造林护林事宜。皋兰县政府申请将皋兰县南端苗圃划归省苗圃育苗，甘肃省政府批准，皋兰县报送接收苗圃面积树株数目。甘肃省立第一苗圃致函甘肃省政府接收雁滩、中河滩荒地，甘肃省政府训令雁滩第十八至二十保保甲长严加保护中河滩森林，中山林附近保甲长负责保护树木、报送雁滩地址平面图文件。

【叙录编号】 0755
【档案题名】
甘肃省政府关于沿黄秋季造林事宜的指示及甘肃省沿黄造林办事处、皋兰县政府、靖远县政府的呈文
【发文单位】 皋兰县政府；靖远县政府
【收文单位】 甘肃省政府；甘肃省建设厅
【档案编号】 027-001-0479-（0001-0005）
【成文时间】 1938-09-22—1938-11-02
【收藏单位】 甘肃省档案馆
【涉及地域】 皋兰县；靖远县
【关 键 词】 沿黄造林；皋兰县；靖远县
【内容提要】

如题。甘肃省沿黄造林办事处报送本处东段分处实施造林及秋季所缺树苗由雁滩补充，甘肃省政府训令榆中县、皋兰县协助。0479-0002为《甘肃省沿黄造林二十七年度秋季造林实施办法》，皋兰县训令保甲长协助造林，靖远县报送办理沿黄秋季造林情况，甘肃省政府回文准予备查。

【叙录编号】 0756
【档案题名】
甘肃省政府、甘肃省建设厅关于会同调查永登河两岸空地是否适宜造林给甘肃省农业改进所、永登县政府的训令
【发文单位】 甘肃省政府
【收文单位】 甘肃省政府；甘肃省建设厅
【档案编号】 027-001-0480-0018
【成文时间】 1940-01-26
【收藏单位】 甘肃省档案馆
【涉及地域】 永登县
【关 键 词】 永登河；植树造林；甘肃省农业改进所
【内容提要】

如题。

【叙录编号】 0757
【档案题名】
　　会宁县政府关于报送分配栽种杨柳树情况致甘肃省政府的呈文
【发文单位】 会宁县
【收文单位】 甘肃省政府；甘肃省建设厅
【档案编号】 027-001-0482-0011
【成文时间】 1941-06-21
【收藏单位】 甘肃省档案馆
【涉及地域】 会宁县
【关 键 词】 杨树；植树造林
【内容提要】
　　如题。

【叙录编号】 0758
【档案题名】
　　甘肃省政府关于制止摊派栽种杨树、柳树行为给会宁县政府的指令
【发文单位】 甘肃省政府；甘肃省建设厅
【收文单位】 会宁县
【档案编号】 027-001-0482-0012
【成文时间】 1941-07-15
【收藏单位】 甘肃省档案馆
【涉及地域】 会宁县
【关 键 词】 杨树；植树造林
【内容提要】
　　如题。

【叙录编号】 0759
【档案题名】
　　甘肃省政府、甘肃省建设厅、甘肃省农业改进所关于靖远县、榆中县苗圃建设与造林护林事宜的指示及两县政府的呈文
【发文单位】 靖远县政府；榆中县政府
【收文单位】 甘肃省政府；甘肃省建设厅
【档案编号】
　　027-001-0489-（0008-0013）；
027-001-0490-（0001-0016）
【成文时间】 1941-06-06—1944-07-11
【收藏单位】 甘肃省档案馆
【涉及地域】 靖远县；榆中县
【关 键 词】 县苗圃；中心苗圃；林木保护
【内容提要】
　　涉及榆中、靖远两县责成民众共同保护树木，两苗圃补植枯死树木，靖远县苗圃田赋问题，经费预算，造林护林，靖远中心苗圃造林问题。0489-0012为《甘肃省农业改进所沿黄造林靖远苗圃三十年度秋季造林实施办法》，0490-0003为《甘肃省农业改进所靖远中心苗圃三十一年度春季造林实施办法》，0490-0013为《靖远县苗圃三十二年度经费支出预算书》，0490-0015为《靖远县苗圃三十三年度经费支出预算书》。

【叙录编号】 0760
【档案题名】
　　甘肃省政府、甘肃省建设厅关于陆军第四十二军请供给树苗一事的各类文件
【发文单位】 陆军第二十四军司令部
【收文单位】 甘肃省政府；甘肃省建设厅
【档案编号】 027-001-0495-（0015-0016）
【成文时间】 1940-01-31—1942-04-22
【收藏单位】 甘肃省档案馆
【涉及地域】 甘肃省
【关 键 词】 植树节；植树
【内容提要】
　　陆军第二十四军司令部致函甘肃省建设厅：二十四军因奉命植树节于兰州植树20万株，请甘肃省建设厅照期供给树苗。甘肃省建设厅训令甘肃省农业改进所接洽此项事宜，并复函二十四军。

【叙录编号】 0761
【档案题名】
　　甘肃省建设厅关于农业合作委员会为七里河皋兰请给树苗一千株以植树文件
【发文单位】 甘肃省农业合作委员会
【收文单位】 甘肃省政府；甘肃省建设厅
【档案编号】 027-001-0495-（0017-0018）
【成文时间】 1941-03-05—1941-03-14
【收藏单位】 甘肃省档案馆
【涉及地域】 兰州市
【关 键 词】 植树
【内容提要】
　　甘肃省农业合作委员会为皋兰七里河农民信用合作社植树，请甘肃省建设厅发树苗一千株，以便春耕时纪念总理植树大典种植。甘肃省建设厅准合作委员会请发树苗事宜并请甘肃省农业改进所给树苗。

【叙录编号】 0762
【档案题名】
　　甘肃省政府、甘肃省农业改进委员会关于相关需植树机关自行掘运树苗的各类文件
【发文单位】 甘肃省农业改进所
【收文单位】 甘肃省政府；甘肃省建设厅
【档案编号】 027-001-0495-（0019-0022）
【成文时间】 1941-04-03—1942-05-04
【收藏单位】 甘肃省档案馆
【涉及地域】 甘肃省
【关 键 词】 植树
【内容提要】
　　甘肃省农业改进委员会所长李茂，奉令准甘肃合作会资源委员会中央电工器材厂兰州电池支行等请给树苗，但因农业改进委员会所属雁滩苗圃已经标价出售并登报请相关单位照章备价并自行掘运，甘肃省政府发函甘肃合作会资源委员会中央电工器材厂兰州电池支行令其携款前往农业改进社并自行掘运。春季甘肃省建设厅供给兰州各机关树苗，但多有缺乏灌溉而枯萎，树苗培育不易，甘肃省农业改进所所长汪国舆呈甘肃省建设厅请甘肃省政府各机关对所种植树木多加浇灌爱护。甘肃省政府令领取树苗各单位名单并训令各单位灌溉多加爱护。

【叙录编号】 0763
【档案题名】
　　甘肃省政府、甘肃省农业改进所、西北公路管理处关于行道树保护、调拨、代育、栽种树苗相关事宜各类文件
【发文单位】 甘肃省政府；西北公路管理处等
【收文单位】 甘肃省政府；甘肃省建设厅
【档案编号】
　　027-001-0496-（0005-0012）；
　　027-001-0497-（0001-0021）
【成文时间】 1941-12-09—1942-01-31
【收藏单位】 甘肃省档案馆
【涉及地域】 甘肃省
【关 键 词】 行道树；植树
【内容提要】
　　此卷30件，全与军事委员会运输统制局西北公路管理栽种行道树相关。（0496）军事委员会运输统制局西北公路管理处发函甘肃省政府公路旁栽植行道树保护路基，甘新兰红段各县植树节择杨柳树苗按照工务所通知固定地点收植，附有行道树栽植办法。西北公路管理处并致函甘肃省建设厅，天水、徽县因行道树未栽植导致雨季山洪暴发冲毁道路，请两县分让高9尺、直径1寸树苗。甘肃省政府训令天水、徽县据实核签，并令两县苗圃遵办为荷。甘肃省农业改进所复函甘肃省建设厅天水、徽县苗圃尚无成年，仅有徽县可以供白榆、洋槐5000株，甘肃省农业改进所令该县照办并函西北公路管理处。西北公路管理处致函兰州工务所兰西线民国三十年应征行道树数量及分配

一览表，并请甘肃省政府饬各县从速办理，附带行道树应征数量表及分配表。甘肃省政府训令皋兰、榆中、定西、通渭、会宁、静宁、隆德县政府限期报送栽种数目，各县派员切实调查。西北公路管理处因种植行道树树苗缺乏，采运困难，请沿途各县代为培育杨树、榆树、漆树、油桐、核桃等树种致函甘肃省政府电文。甘肃省政府回令并令甘肃省农业改进所办理。0496-0007为《军事委员会运输统制局西北公路管理处三十一年度行道树栽植办法》《西北公路管理处植树挖坑须知》。

（0497）西北公路管理处请通知西兰、甘新沿线各县政府分饬各保甲协同本路各段道路班多加留意布告、晓谕，军、民、人等周知保护行道树。甘肃省政府通知公路沿线皋兰、静宁等22县政府加以留意保护。西北公路管理委员会请派员代育树苗致函甘肃省政府代电。甘肃省政府准派员恰接代育树苗，并令甘肃省农业改进所签呈计划附近公路需要多少树苗及采运公费由管理处负担，甘肃省农业改进所派员协助。甘肃省农业改进所汇报甘肃省政府包兰、兰新、甘新公路树苗采掘、包装以及公费负担。西北铁路管理局发电甘肃省政府通知沿线村长保长将树苗交送工务所。甘肃省政府发文训令公路沿线各县村镇保甲长将树苗交到指定地点并回复西北公路管理委员会。

榆中县政府请求甘肃省政府拨给苗圃搬运费用呈文，甘肃省政府就此致函西北公路管理委员会，并回复榆中县政府查照拨给运费以便运送。

【叙录编号】 0764
【档案题名】
　　甘肃省政府关于靖远县缩小苗圃面积一事的提案、训令与回令
【发文单位】 靖远县政府；靖远参议会
【收文单位】 甘肃省政府；甘肃省建设厅
【档案编号】 027-001-0496-（0013-0016）
【成文时间】 1947-11-21—1948-01-06
【收藏单位】 甘肃省档案馆
【涉及地域】 靖远县
【关 键 词】 苗圃
【内容提要】
　　靖远县政府保送本县参议院高得儒建议缩小苗圃面积一案并呈甘肃省政府，附带靖远县参议会高得儒提案案由。甘肃省政府将该县苗圃现在播种面积究竟有若干查验具报。靖远县政府查验本县有苗圃八十四亩，查种育苗者计有四十四亩，余四十亩可退还原地主。甘肃省政府同意将未育苗土地归还地主。

【叙录编号】 0765
【档案题名】
　　甘肃省政府、西北公路管理处关于严惩牲畜行人破坏行道树一事各类文件
【发文单位】 西北公路管理处
【收文单位】 甘肃省政府；甘肃省建设厅
【档案编号】 027-001-0497-（0012-0013）
【成文时间】 1942-05-14—1942-05-28
【收藏单位】 甘肃省档案馆
【涉及地域】 定西县
【关 键 词】 砍伐
【内容提要】
　　西北公路管理处请甘肃省政府对于严惩牲畜行人破坏行道树事宜的代电，甘肃省政府训令定西县政府严惩犯人并回函西北公路管理委员会。

【叙录编号】 0766
【档案题名】
　　甘肃省政府、西北公路管理处关于运送榆中县树苗运费一事各类文件
【发文单位】 西北公路管理处
【收文单位】 甘肃省政府；甘肃省建设厅

【档案编号】 027-001-0497-（0014-0015）
【成文时间】 1942-06-03—1942-06-18
【收藏单位】 甘肃省档案馆
【涉及地域】 榆中县
【关 键 词】 运送树苗
【内容提要】

西北公路管理处通知管理处兰州局发给榆中树苗运费并致函甘肃省政府，甘肃省政府转发树苗运费并训令给榆中县政府。

【叙录编号】 0767
【档案题名】
甘肃省政府、甘肃省农业改进所各县局关于采集林木种子的公函
【发文单位】 甘肃省农业改进所；皋兰县政府
【收文单位】 甘肃省政府；甘肃省建设厅
【档案编号】 027-001-0498-（0001-0006）
【成文时间】 1942-11-14—1943-01-22
【收藏单位】 甘肃省档案馆
【涉及地域】 皋兰县
【关 键 词】 林木种子
【内容提要】

甘肃省农业改进所呈甘肃省政府转令各县局尽量采集当地林木种子以备明年，甘肃省政府训令各县局照办并转令甘肃省农业改进所遵办。皋兰县政府回函划界之后皋兰无县址在市区办公，林木种子采用困难，请甘肃省农业改进所供给，甘肃省政府批令甘肃省农业改进所酌量供给。甘肃省政府指令皋兰县同意种子甘肃省农业改进所供给并照送甘肃省农业改进所办理。甘肃省政府训令甘肃省农业改进所提供皋兰县种子，甘肃省农业改进所回函已直接送该县除洋槐臭椿之外的种子。

【叙录编号】 0768
【档案题名】
兰州市政府等关于植树等事的各类文件

【发文单位】 甘肃省政府；行政院水利委员会
【收文单位】 甘肃省政府；甘肃省建设厅
【档案编号】 027-001-0501-（0001-0009）
【成文时间】 1944-12-06—1945-11-27
【收藏单位】 甘肃省档案馆
【涉及地域】 兰州市；甘肃省
【关 键 词】 植树
【内容提要】

兰州市政府呈报甘肃省政府，关于奉令督饬工友在皋兰山谷植树的情形，甘肃省政府回令准予备查。甘肃省建设厅呈报甘肃省政府关于栽种树木掘穴的统计表。甘肃省农业改进所呈报甘肃省建设厅，关于各机关工友在皋兰山谷植树的情况。甘肃省政府将各机关工友在皋兰山谷植树的情况抄送给省教育厅、省卫生处、皋兰县政府，并将此情况致函省保安司令部。甘肃省建设厅指令甘肃省农业改进所，将改善中正山播种草籽意见抄送给该所。行政院水利委员会致函甘肃省政府，请将办理中正山造林及水土保持工作编成报告，甘肃省政府令甘肃省农业改进所完成此事。甘肃省农业改进所将本所荒山造林试验及栽植牧草简报呈报甘肃省政府，甘肃省政府将此简报转函给行政院水利委员会。

【叙录编号】 0769
【档案题名】
甘肃省农业改进所荒山造林试验简报
【发文单位】 甘肃省农业改进所
【收文单位】 甘肃省政府；甘肃省建设厅
【档案编号】 027-001-0501-0010
【成文时间】 1945-11
【收藏单位】 甘肃省档案馆
【涉及地域】 兰州市；甘肃省
【关 键 词】 荒山植树
【内容提要】

甘肃省农业改进所为研究黄土荒山造林技

术问题，在兰州南北二山举行荒山造林试验，包含试验地之选择方位及海拔、气象、原生植物。三项目及试验结果包含春秋季植树区别、挖掘水平沟、试验雨量等内容，附有各地区域树种栽植成活表。

【叙录编号】 0770
【档案题名】
　　甘肃省农业改进所荒山栽植牧草试验简报
【发文单位】 甘肃省农业改进所
【收文单位】 甘肃省政府；甘肃省建设厅
【档案编号】 027-001-0501-0011
【成文时间】 1945
【收藏单位】 甘肃省档案馆
【涉及地域】 兰州市；甘肃省
【关 键 词】 牧草种植
【内容提要】
　　本省举办荒山植草地势多山、农田多为斜坡，本省为天然牧区，内容主要包括牧草试验经过及办法、各种牧草生长情况表格、中正牧草生长观察（春秋二季播种试验）。

【叙录编号】 0771
【档案题名】
　　甘肃省政府、甘肃省农业改进所、甘肃省建设厅关于士兵植树、树苗栽植一事的呈文、训令、通知
【发文单位】 兰州社会服务处；兰州陆军通讯处
【收文单位】 甘肃省建设厅
【档案编号】
　　027-001-0502-（0007-0016）；
　　027-001-0503-（0005-0012）
【成文时间】 1946-11-05—1947-02-05
【收藏单位】 甘肃省档案馆
【涉及地域】 兰州市
【关 键 词】 树苗；植树

【内容提要】
　　甘肃省建设厅厅长张心一请派士兵栽植树木，兰州社会服务处请甘肃省农业改进所赠给树苗，兰州陆军通讯处请赠给梳毛，甘肃省农业改进所呈文甘肃省建设厅价购所需树苗，周选德报送在体育场附近植树。天水铁路工程局、中央卫生实验院西北分院等机构请求惠赠树苗。

【叙录编号】 0772
【档案题名】
　　甘肃省政府、甘肃省农业改进所关于本年春季造林实施计划的会议记录呈文、代电
【发文单位】 甘肃省农业改进所
【收文单位】 甘肃省政府；甘肃省建设厅
【档案编号】
　　027-001-0503-（0001-0004）；
　　027-001-0503-（0013-0016）
【成文时间】 1947-03-15—1947-03-20
【收藏单位】 甘肃省档案馆
【涉及地域】 兰州市
【关 键 词】 春季造林；计划
【内容提要】
　　甘肃省建设厅签呈甘肃省政府报送春季植树造林会议记录，附有会议记录一份。甘肃省政府准发对春季植树造林一事的处理意见，甘肃省农业改进所报送春季植树造林实施计划。0503-0013为《春季造林运动推行办法》，0503-0015为《兰州市三十六年度春季植树造林实施办法》。

【叙录编号】 0773
【档案题名】
　　甘肃省政府、西北行辕、甘肃省造林委员会关于领取苗木、造林统计一事的文件
【发文单位】 西北行辕；甘肃省农业改进所
【收文单位】 甘肃省政府；甘肃省建设厅

【档案编号】 027-001-0504-（0001-0018）
【成文时间】 1947-03-26—1947-05-24
【收藏单位】 甘肃省档案馆
【涉及地域】 兰州市
【关 键 词】 春季造林；苗木
【内容提要】

国民政府主席西北行辕总处请甘肃省建设厅发杨槐、白榆树苗，甘肃省建设厅训令甘肃省农业改进所拨发，甘肃省政府秘书处送甘肃省建设厅各单位所需花木树苗清单。0005为甘肃省造林委员会报送春季造林情况，甘肃省农业改进所同意拨发西北行辕2000株，甘肃省政府训令报告书办理西北行辕树苗浇水播种情况，甘肃省农业改进所报送《三十六年度春季拨给西北行辕森林苗木统计表》，0015为《兰州市三十六年度春季各机关造林株数表》。

【叙录编号】 0774
【档案题名】

甘肃省政府、甘肃省农业改进所关于秋季造林一事的呈文、指令
【发文单位】 甘肃省造林委员会；甘肃省政府
【收文单位】 甘肃省政府；甘肃省建设厅
【档案编号】
  027-001-0505-（0001-0015）；
  027-001-0506-（0001-0015）；
  027-001-0507-（0001-0002）
【成文时间】 1947-08-26—1947-12-13
【收藏单位】 甘肃省档案馆
【涉及地域】 甘肃省
【关 键 词】 造林；秋季苗木
【内容提要】

甘肃省农业改进所报送《甘肃省农业改进所三十六年度秋季苗木价格表》，甘肃省政府回文准予备查。0505-0003为《甘肃省造林委员会三十六年度秋季造林机关地点株数及日期分配表》，甘肃省造林委员会通知各单位必须按照植树须知妥善栽植树木。西北师范请甘肃省政府拨发树苗，甘肃省农业改进所报送各种果苗价目表，甘肃省造林委员会呈文甘肃省建设厅按照每人10棵植树。0506为抽派人员参与植树，甘肃省农业改进所报送果苗生长株数，甘肃省造林委员会报送民国三十六年（1947）各机关秋季造林统计表，甘肃省农业改进所派人巡查公教人员今求所植树木。

【叙录编号】 0775
【档案题名】

甘肃省政府、永靖县关于拟订荒山造林办法并秋季造林试验一事的呈文、训令
【发文单位】 靖远县
【收文单位】 甘肃省政府；甘肃省建设厅
【档案编号】 027-001-0507-（0003-0006）
【成文时间】 1942-10-31—1942-06-14
【收藏单位】 甘肃省档案馆
【涉及地域】 靖远县
【关 键 词】 荒山造林办法
【内容提要】

0003为《靖远县荒山造林办法》四条，甘肃省政府同意，靖远县报送秋季造林办理情形，甘肃省政府回令准予备查。

【叙录编号】 0776
【档案题名】

甘肃省建设厅关于送马衔山天然林区管理规则致甘肃省政府的签呈
【发文单位】 甘肃省建设厅
【收文单位】 甘肃省政府
【档案编号】 027-001-0508-（0009-0011）
【成文时间】 1942-06—1942-07
【收藏单位】 甘肃省档案馆
【涉及地域】 榆中县
【关 键 词】 马衔山；林区规则

【内容提要】

文内有《马衔山天然林区管理规则》报送文件，无改规则，甘肃水利林牧公司报送马衔山一带天然林区保护意见。

【叙录编号】 0777
【档案题名】
兰州市警察局等关于沿黄造林一事的各类文件
【发文单位】 兰州市
【收文单位】 甘肃省政府；甘肃省建设厅
【档案编号】 027-001-0519
【成文时间】 1943-04-19—1943-04-22
【收藏单位】 甘肃省档案馆
【涉及地域】 兰州市
【关 键 词】 沿黄造林
【内容提要】

兰州市警察局给甘肃省政府呈报三十二年度（1943）春季沿黄造林区域及栽植数目表，甘肃省政府指令兰州市警察局，要求切实养护沿黄造林的树木。

【叙录编号】 0778
【档案题名】
甘肃省宁定、皋兰、华亭等县关于设立林牧处、处理枯树、风吹倒树木、组织造林的呈文及甘肃省政府指令
【发文单位】 会宁县；皋兰县等
【收文单位】 甘肃省政府
【档案编号】 027-001-0526-（0001-0023）
【成文时间】 1945-07-05—1946-09-20
【收藏单位】 甘肃省档案馆
【涉及地域】 宁定县；皋兰县等
【关 键 词】 树木；造林
【内容提要】

宁定县请求将枯死树木给祁家集学校用于烧砖，甘肃省政府同意给200棵。沕丰渠管理处处理暴风吹毁沿着渠道树木情况，甘肃省政府训令秋季加倍植树。皋兰县中正乡各保长已布告严禁砍伐树木。0007为华亭县报送《华亭县林牧管理处组织规程》《华亭县林牧管理处办事细则》，甘肃省政府回令不予照准。会川县报送该县道路旁被毁树木，静宁县参议会提议分区造林。0014为康乐县县长陈茂柏勘定公荒大山作为乡镇天然模范林。0016为岷县陈万荣等23人请查明偷伐五台山森林。0018为渭源县政府请求砍伐五竹寺松树添置课桌，甘肃省政府回令严禁砍伐，另行筹措。

【叙录编号】 0779
【档案题名】
甘肃省政府，宁定、山丹、皋兰等县政府关于保护行道旁树木、查处康县纵火烧山、取缔牲畜破坏林木、拟送保护林木办法的训令、呈文
【发文单位】 农林部；皋兰县等
【收文单位】 甘肃省政府
【档案编号】 027-001-0527-（0001-0018）
【成文时间】 1946-05-07—1946-12-09
【收藏单位】 甘肃省档案馆
【涉及地域】 皋兰县；康乐县等
【关 键 词】 砍伐树木；造林
【内容提要】

0001-0002为甘肃省政府令康县查报靖安乡居民故意纵火烧山一事属实准予申诉。0003-0004为宁定县请将行道树划归当地地主保护。山丹县拟定《山丹县取缔牲畜损坏林木罚则》，甘肃省政府不同意，山丹县修改后又呈报。0011为皋兰县请求甘肃省政府布告制止滥伐森林，农林部训令甘肃省政府查办山丹县政府呈报蓝有武等14人控告祝荣先违法砍伐山林妨碍水源情况。0015为康乐县报送各乡勘定天然林区办理情况。0017为九区公署报送办理保持水土情况并请制发护林布告。

【叙录编号】 0780

【档案题名】

靖远县、两当县、西吉县关于林木种子采贮报告表给甘肃省政府的呈文及甘肃省政府指令

【发文单位】 会宁县等

【收文单位】 甘肃省政府

【档案编号】

027-001-0530-（0001-0017）；

027-001-0531-（0001-0015）

【成文时间】 1943-12-09—1944-06-12

【收藏单位】 甘肃省档案馆

【涉及地域】 会宁县等

【关 键 词】 林木种子；报表

【内容提要】

甘肃省农业改进所呈文甘肃省政府要求各县苗圃填报林木种子采贮报告表，甘肃省政府训令各县局，卓尼设治局请暂时免填，甘肃省政府回令从速填报。山丹、靖远、西吉、玉门、礼县、正宁、崇信、化平报送《林木种子采贮报告表》。0531为漳县、陇西、成县、金塔、夏河、庄浪、临泽、会宁、徽县、张掖、鼎新、镇原等各县填报，甘肃省政府训令抄发林木种子采贮报告7份。《林木种子采贮报告表》有树种（刺槐、白椿、胡颓子、白榆、中槐）、种子来源、如何支配等内容。

【叙录编号】 0781

【档案题名】

甘肃省政府关于西和县政府电送往年植树造林表与兰州市警察局在黄河南岸种植柳树一事的呈文、代电

【发文单位】 兰州市

【收文单位】 甘肃省政府；甘肃省建设厅

【档案编号】 027-001-0543-（0001-0003）

【成文时间】 1945-04-28—1945-05-16

【收藏单位】 甘肃省档案馆

【涉及地域】 西和县；兰州市

【关 键 词】 植树；柳树

【内容提要】

如题。

【叙录编号】 0782

【档案题名】

华亭、敦煌、静宁等县政府关于报送1945年度春季植树调查表册一事的各类文件

【发文单位】 湟惠渠特种乡公所等

【收文单位】 甘肃省政府；甘肃省建设厅

【档案编号】 027-001-0546

【成文时间】 1945-06-21—1945-07-16

【收藏单位】 甘肃省档案馆

【涉及地域】 湟惠渠特种乡公所等

【关 键 词】 春季植树造林

【内容提要】

此案卷包含12份文件，均与植树造林有关。华亭县、敦煌县、静宁县、湟惠渠特种乡公所、甘谷县、泾川县分别向甘肃省政府汇报1945年春季植树造林的情况。其中，静宁县汇报因天旱，所植苗木大多枯死，甘肃省政府令静宁县政府速速浇灌。甘谷县的报告中关于育苗造林经费一项，未列县模范造林，甘肃省政府令其补上。其余县的报告，甘肃省政府均回复准予备查。

【叙录编号】 0783

【档案题名】

玉门县、徽县、镇原县、永昌县、兰州市、会宁县、平凉县等政府关于报送1945年度春季植树调查表册一事的各类文件

【发文单位】 兰州市；会宁县等

【收文单位】 甘肃省政府；甘肃省建设厅

【档案编号】 027-001-0547

【成文时间】 1945-06-27—1945-07-25

【收藏单位】 甘肃省档案馆

【涉及地域】 兰州市；会宁县等
【关 键 词】 春季植树造林
【内容提要】
　　此案卷包含14份文件，均与植树造林有关。玉门县、徽县、镇原县、永昌县、兰州市、会宁县、平凉县分别向甘肃省政府汇报1945年春季植树造林的情况。其中，会宁县、永昌县准予备查，甘肃省政府另要求其他县、市补充相关的信息后再上报（玉门县、平凉县补充模范林区；徽县补充植树株数、种类、灌溉情况，镇原县、兰州市同）。

【叙录编号】 0784
【档案题名】
　　酒泉、平凉、灵台等县政府关于报送1945年度植树报告表的呈文及甘肃省政府的回令
【发文单位】 皋兰县等
【收文单位】 甘肃省政府；甘肃省建设厅
【档案编号】 027-001-0548-（0001-0019）
【成文时间】 1945-08-10—1945-09-07
【收藏单位】 甘肃省档案馆
【涉及地域】 皋兰县；临夏县等
【关 键 词】 植树造林；报告表
【内容提要】
　　甘肃省政府训令皋兰、玉门等30县报送育苗造林详情。0001为玉门县报送该县模范造林区情况，0002为酒泉县报送《酒泉县三十四年度春季造林报告表》，0004为《灵台县三十四年度植树造林统计表》，0007为平凉县报送《平凉县模范林三十四年度苗木数量表》，0008为临夏县报送《临夏县各机关学校春季造林统计表》《临夏县三十四年度各乡镇春季造林统计表》《临夏县苗圃三十四年度春季移苗育苗报告表》《临夏县各乡镇设置苗圃调查表》。

【叙录编号】 0785
【档案题名】
　　定西县、永靖县、化平县、庆阳县、西吉县、成县、武山县政府等关于报送1945年度春季植树调查表册一事的各类文件
【发文单位】 定西县；永靖县等
【收文单位】 甘肃省政府；甘肃省建设厅
【档案编号】 027-001-0549-（0001-0013）
【成文时间】 1945-09-17—1945-10-18
【收藏单位】 甘肃省档案馆
【涉及地域】 定西县；永靖县等
【关 键 词】 植树造林
【内容提要】
　　此案卷包含13份文件，均与植树造林有关。定西县、永靖县、化平县、庆阳县、西吉县、成县、武山县分别向甘肃省政府汇报1945年春季（或本年度）植树造林（包含模范造林）的情况。其中，甘肃省政府令永靖县补报1945年各苗圃育苗的情况，令化平县填报模范造林情况，令庆阳县补报各苗圃育苗种类、株数情况，令西吉县补报各苗圃育苗株数，令武山县补报植树造林株数种类、地点、灌溉及管理人员姓名。

【叙录编号】 0786
【档案题名】
　　永登县、西固县、正宁县、西和县政府等关于报送1945年度植树调查表册一事的各类文件
【发文单位】 西固县等
【收文单位】 甘肃省政府；甘肃省建设厅
【档案编号】 027-001-0551
【成文时间】 1945-10-23—1945-11-06
【收藏单位】 甘肃省档案馆
【涉及地域】 兰州市等
【关 键 词】 造林

【内容提要】

此案卷包含19份文件，均与植树造林有关。永登县向甘肃省政府呈报1935年春季育苗株数、种类表，甘肃省政府回令准予备查，并需补报育苗成活株数。化平县向甘肃省政府报送办理秋季模范造林的情况，甘肃省政府回令准予备查。正宁县政府致电甘肃省政府，请求免办1945年秋季造林工程，甘肃省政府回令准予缓办。西固县（今宕昌县）向甘肃省政府呈报1945年度育苗造林的报告表，甘肃省政府回令准予备查。秦安县政府向甘肃省政府呈报1945年植树成活情况及苗圃树苗出圃的数目表，甘肃省政府令该县补报模范造林情况及各苗圃育苗株数、种类、浇灌及培护情况。肃北设治局致电甘肃省政府，本局因鼠患，无法填报植树报告表。西和县向甘肃省政府报送，甘肃省政府回令准予备查。省造林委员会上呈甘肃省政府，拟具本年（1945）秋季植树办法，甘肃省政府回令，已令各机关遵照此办法执行植树任务。省造林委员会又向甘肃省政府报送兰州市南北两山1944年秋、1945年春季造林成绩统计表，甘肃省政府回令准予备查。省造林委员会上呈甘肃省政府，本会之前存在商业银行的30万元经费已自1945年7月25日起转存魁泰兴钱庄，甘肃省政府回令此项存款应于本年8月25日期满后提购粮食、保存价值、备付工资。

【叙录编号】 0787
【档案题名】

甘肃省政府、甘肃省建设厅、甘肃省农业改进所关于购买马匹、将修窖款更改未购骡款、苗圃垦荒、拨发水费的训令、代电
【发文单位】 湟惠渠特种乡；甘肃省造林委员会等
【收文单位】 甘肃省政府；甘肃省建设厅
【档案编号】 027-001-0553-（0001-0017）
【成文时间】 1945-01-23—1947-09-09
【收藏单位】 甘肃省档案馆
【涉及地域】 湟惠渠特种乡
【关 键 词】 苗圃；造林；水费
【内容提要】

甘肃省湟惠渠特种乡公所报送征购省苗圃地价表及包筑石坝领据呈文甘肃省政府，甘肃省农业改进所报送将建设水窖费用改为骡费。0008为湟惠渠特种乡公所报送苗圃垦荒情况及育苗费票据，张家寺农场代办下寺滩苗圃短工工资收据，甘肃省农业改进所致函甘肃省建设厅请拨付湟惠渠水费。甘肃省造林委员会请提前拨付三十五年（1946）、三十六年（1947）经费，兰州市田赋粮食管理处关于报送甘肃省造林委员会占用王茂春地亩情况，附有《中正乡占用土地花名册》。

【叙录编号】 0788
【档案题名】

王茂春等关于速发地价一事的各类文件
【发文单位】 兰州市盐场堡；甘肃省造林委员会
【收文单位】 甘肃省政府；甘肃省建设厅
【档案编号】 027-001-0554
【成文时间】 1945-01-23—1945-03-14
【收藏单位】 甘肃省档案馆
【涉及地域】 兰州市
【关 键 词】 中正林；地价
【内容提要】

兰州市盐场堡农民王茂春上呈甘肃省建设厅，请速核发中正林占用其地15亩之地价。兰州市农会也就此事上呈甘肃省建设厅。兰州市田赋粮食管理处向甘肃省政府报送省造林委员会占用王茂春地亩情况，附中正山占用土地花名清册1份。甘肃省政府批示，令省造林委员会迅速办理此事，所占用的土地应依照土地赋税减免规程办理。

【叙录编号】 0789
【档案题名】
　　甘肃省政府、甘肃省建设厅、甘肃省造林委员会关于推广苗木数量统计表、售树苗款挖掘水平沟、发树种与布袋的训令、呈文
【发文单位】 甘肃省造林委员会；皋兰县政府
【收文单位】 甘肃省政府；甘肃省建设厅
【档案编号】 027-001-0556-（0001-0026）
【成文时间】 1945-05-29—1947-07-01
【收藏单位】 甘肃省档案馆
【涉及地域】 张掖县；皋兰县等
【关 键 词】 春季造林；种子
【内容提要】
　　甘肃省造林委员会报送《甘肃省造林委员会三十六年度春季推广苗木数量统计表》，甘肃省政府回令准予备查。皋兰县政府申请所购树苗费从造林费下拨付，0005为《甘肃省造林委员会三十六年度春季价让苗木数量及价款统计表》，造林委员会申请利用监狱囚犯开挖水平沟，甘肃省政府同意。张掖、民勤县政府报送拨发榆树种子情况，清水县报送各保苗圃榆籽发芽率及生长情况。

【叙录编号】 0790
【档案题名】
　　山丹县、漳县、徽县等县政府关于报送育苗造林成绩表的呈文及省政府的指令
【发文单位】 漳县；兰州市政府
【收文单位】 甘肃省政府
【档案编号】 027-001-0559-（0001-0017）
【成文时间】 1945-04-07—1945-05-30
【收藏单位】 甘肃省档案馆
【涉及地域】 山丹县；兰州市等
【关 键 词】 榆树种子；报表
【内容提要】
　　0002为甘肃省政府训令各县局报送历年育苗造林成绩表，0005为山丹县政府报送《山丹县历年育苗造林成绩调查表》，甘肃省政府回令按原表样式填报。漳县政府曾造林成绩上年已经填报，甘肃省政府回令仍需填报，0010为《临洮县历年育苗造林成绩调查表》，0012为《兰州市政府历年育苗造林成绩调查表》，0014为《甘肃省武威县林业机关历年育苗造林成绩调查表》，0016为《甘肃省固原县林业机关历年育苗造林成绩调查表》。

【叙录编号】 0791
【档案题名】
　　庆阳县政府等关于报送历年育苗造林成绩调查表等事的各类文件
【发文单位】 靖远县；永靖县等
【收文单位】 甘肃省政府；甘肃省建设厅
【档案编号】 027-001-0560
【成文时间】 1945-05-30—1945-06-26
【收藏单位】 甘肃省档案馆
【涉及地域】 靖远县；永靖县等
【关 键 词】 育苗造林
【内容提要】
　　此案卷包含17份文件，均与育苗造林有关。庆阳县、庄浪县、靖远县、永靖县、省第六区行政专员公署、永登县、漳县、临洮县、山丹县向甘肃省政府汇报历年育苗造林（及更正后）的情况。甘肃省政府令庄浪县补填造林面积、推广苗木数量及造林后保护工作的情况；令靖远县补填各保苗圃面积亩数、造林原株数及成活株数；对第六区所属的民勤县、永昌县的造林情况也有意见；令永登县按规定表式详填育苗造林成绩调查表。其余各县，甘肃省政府均回复准予备查。

【叙录编号】 0792
【档案题名】
　　永昌县、会川县、酒泉县等县政府关于召开植树节、植树情况的呈文及甘肃省政府指令

【发文单位】 榆中县等
【收文单位】 甘肃省政府；甘肃省建设厅
【档案编号】 027-001-0576-（0001-0018）
【成文时间】 1947-07-17—1947-08-22
【收藏单位】 甘肃省档案馆
【涉及地域】 榆中县等
【关 键 词】 春季造林；报表
【内容提要】

0003 为《会川县三十六年度春季植树报告表》、0005 为《酒泉县政府三十六年度春季集体造林统计表》、0007 为《西吉县三十六年度春季造林报告表》、0009 为《灵台县三十六年度春季植树造林统计报告表》，甘肃省政府回令数目相差过半，勒令补种。0013 为《临洮县三十六年度春季植树造林报告表》、0015 为《甘肃省第九区榆中三十六年度春季植树造林报告表》。

【叙录编号】 0793
【档案题名】

西吉县、金塔县、庆阳县等县政府关于召开植树节、植树情况的呈文及甘肃省政府指令

【发文单位】 永靖县等
【收文单位】 甘肃省政府；甘肃省建设厅
【档案编号】 027-001-0577-（0001-0020）
【成文时间】 1947-10-28—1947-12-31
【收藏单位】 甘肃省档案馆
【涉及地域】 永靖县等
【关 键 词】 春季造林；报表
【内容提要】

0001 为《西吉县三十六年度春季育苗造林详情报告表》，0007 为《甘肃省庆阳县三十六年度春季植树造林情形报告表》，0009 为《海原县三十六年度春季植树造林调查表》，0011 为《靖远县三十六年度春季造林情形报告表》，0015 为《会宁县三十六年度春季植树成活株数报告表》，0017 为《永靖县三十六年度春季造林报告表》，0019 为《华亭县政府三十六年度春季植树造林调查清册》。

【叙录编号】 0794
【档案题名】

两当县、泾川县、高台县等县政府关于汇交树种款、采集费的呈文及甘肃省政府指令

【发文单位】 定西县；西固县等
【收文单位】 甘肃省政府；甘肃省建设厅
【档案编号】 027-001-0584-（0001-0024）
【成文时间】 1946-05-21—1946-07-12
【收藏单位】 甘肃省档案馆
【涉及地域】 定西县；西固县等
【关 键 词】 洋槐；邮费
【内容提要】

此卷主要为两当县、高台县、民乐县、山丹县、泾川县、卓尼设治局、定西县、西固县报送汇交槐籽种、洋槐生长发育情况、汇交洋槐邮费的文件，以及采集洋槐树种子的工资、单据。

【叙录编号】 0795
【档案题名】

成县、两当县、西固县等县政府关于汇交树种款、采集费的呈文及甘肃省政府指令

【发文单位】 西固县等
【收文单位】 甘肃省政府；甘肃省建设厅
【档案编号】 027-001-0586-（0001-0025）
【成文时间】 1946-09-06—1946-08-19
【收藏单位】 甘肃省档案馆
【涉及地域】 西固县等
【关 键 词】 洋槐；工资
【内容提要】

此卷主要为成县、两当县、西固县、岷县、清水县、康县、玉门县报送汇交槐籽种、洋槐生长发育情况、汇交洋槐邮费的文件，以

及采集洋槐树种子的工资、单据，售卖苗圃数量。

【叙录编号】 0796
【档案题名】
　　甘肃省洮河流域国有林区管理处关于宁定县、临泽县政府报送工作简报表、汇交树种采集费的呈文及甘肃省政府指令
【发文单位】 西固县等
【收文单位】 甘肃省政府；甘肃省建设厅等
【档案编号】 027-001-0587-（0001-0018）
【成文时间】 1946-04-11—1946-06-12
【收藏单位】 甘肃省档案馆
【涉及地域】 西固县等
【关 键 词】 洋槐；工作简报
【内容提要】
　　0001-0006为农林部洮河流域国有林区管理处民国三十五年（1946）3、4、5月份工作报告。《农林部洮河流域国有林区管理处民国三十五年度三月份工作简报表》，包含行政部分（法规定立推行、人事变动）、业务部分（勘察天然林、清理森林业权、查验木材、森林保护、育苗造林、采伐利用、试验研究）。0007-0018为宁定县、华亭县、化平县、西固县、礼县采集洋槐树籽工资费汇交的文件。

【叙录编号】 0797
【档案题名】
　　甘肃省政府关于采集、领发树种的训令及海原、泾川、民乐等县汇交采集费的呈文
【发文单位】 西固县等
【收文单位】 甘肃省政府；甘肃省建设厅
【档案编号】 027-001-0588-（0001-0023）
【成文时间】 1946-03-20—1946-06-15
【收藏单位】 甘肃省档案馆
【涉及地域】 西固县等
【关 键 词】 苗圃；洋槐；工作简报

【内容提要】
　　0003为甘肃省政府抄发槐树种子注意事项及拨发各县洋槐籽种100斤给各县苗圃播种并训令各县局，附有《洋槐树籽工资及邮费分配表》。民乐、西固、海原、泾川、高台县汇交槐树采集籽种工资邮费。

【叙录编号】 0798
【档案题名】
　　文县、临洮县、成县政府关于报送植树造林情况、植树调查表的呈文及甘肃省政府的指令
【发文单位】 定西县等
【收文单位】 甘肃省政府；甘肃省建设厅
【档案编号】 027-001-0597-（0001-0022）
【成文时间】 1946-04-03—1946-05-25
【收藏单位】 甘肃省档案馆
【涉及地域】 定西县等
【关 键 词】 植树造林；报告表
【内容提要】
　　甘肃省第七区行政督察专员公署报送本署办理植树造林情况，文县、成县等县报送植树造林情况。0005为临洮县报送《临洮县各机关模范造林分配植树表》，0009为宁县报送《宁县三十五年度春季植树造林报告表》，0011为定西县电报本县植树情形，甘肃省政府回令将各乡保植树情况详细列报，0012为漳县政府报送《漳县三十五年度春季植树调查表》，0017为金塔县政府报送《三十五年度春季植树办法》，0021为临潭县电报三十五年度植树情况。

【叙录编号】 0799
【档案题名】
　　武山县、灵台县、定西县等县政府关于报送植树造林情况、植树调查表的呈文及甘肃省政府的指令

【发文单位】 定西县等
【收文单位】 甘肃省政府；甘肃省建设厅
【档案编号】 027-001-0600-（0001-0014）
【成文时间】 1946-06-24—1947-02-15
【收藏单位】 甘肃省档案馆
【涉及地域】 定西县等
【关 键 词】 造林；报表
【内容提要】

0001为武山县报送《甘肃省武山县三十五年度春季育苗植树造林概况表》，0003为《灵台县三十五年度春季植树造林统计表》，0005为《定西县三十五年度春季植树造林报告表》，0007为《镇原县三十五年度植树造林报告表》，0009为《天水县三十五年度育苗报告表》《天水县三十五年植树造林报告表》，0011为《甘肃省山丹县三十五年度植树育苗情形报告表》，0013为《武威县三十五年度县保苗圃报告清册》。

【叙录编号】 0800
【档案题名】
　　甘肃省第七区行政督察专员公署，安西县、榆中县、正宁县、永靖县、徽县、敦煌县等县政府关于报送植树造林情况、植树调查表的呈文及甘肃省政府的指令
【发文单位】 榆中县；永靖县等
【收文单位】 甘肃省政府；甘肃省建设厅
【档案编号】 027-001-0602
【成文时间】 1946-07-16—1945-09-03
【收藏单位】 甘肃省档案馆
【涉及地域】 榆中县；永靖县等
【关 键 词】 植树造林
【内容提要】

此案卷包含19份文件，均与植树造林有关。甘肃省第七区行政督察专员公署，安西县、榆中县、正宁县、永靖县、徽县、敦煌县政府分别向甘肃省政府报送1946年春季（或秋季、或全年）的植树造林及育苗情况，甘肃省政府均回令准予备查。永昌县、安西县与兰州市分别向甘肃省政府报送历年育苗造林成绩调查表，甘肃省政府给安西县回令准予备查。甘肃省政府向农林部报送本省历年育苗造林成绩调查表。

【叙录编号】 0801
【档案题名】
　　甘肃省湟惠渠特种乡，甘肃省第二区行政督察专员公署，高台县、漳县、礼县、皋兰县、武威县等县政府关于报送植树造林情况、植树调查表的呈文及甘肃省政府的指令
【发文单位】 湟惠渠特种乡；皋兰县等
【收文单位】 甘肃省政府
【档案编号】 027-001-0603
【成文时间】 1946-12-26—1947-01-24
【收藏单位】 甘肃省档案馆
【涉及地域】 湟惠渠特种乡；皋兰县等
【关 键 词】 造林
【内容提要】

此案卷包含15份文件，均与植树造林有关。甘肃省政府令各县、市、局、政府速报本年（1946）育苗造林的详情，湟惠渠特种乡、高台县、漳县、省第二区行政督察专员公署、礼县、皋兰县、武威县分别向甘肃省政府报送1946年全年（或春季）植树的情况，武威县还报送了本县历年植树造林统计表。甘肃省政府均回令，准予备查。

【叙录编号】 0802
【档案题名】
　　西固县（今宕昌县）、康县、洮沙县等县政府关于报送植树造林情况、植树调查表的呈文及甘肃省政府的指令
【发文单位】 西固县（今宕昌县）等
【收文单位】 甘肃省政府；甘肃省建设厅

【档案编号】 027-001-0604
【成文时间】 1947-01-31—1947-03-05
【收藏单位】 甘肃省档案馆
【涉及地域】 西固县（今宕昌县）等
【关 键 词】 造林
【内容提要】
　　此案件包含19份文件，均与植树造林有关。西固县（今宕昌县）、康县、洮沙县政府分别向甘肃省政府报送1946年的育苗造林、保苗圃育苗、植树成活的情况，甘肃省政府均回令准予备查。甘肃省农业改进所上呈甘肃省政府，将1943年起本所各附属机关改组的办法汇报，甘肃省政府回令准予备查。甘肃省农业改进所就商人杨勋宸占用天水推广所中城河滩育苗地亩一事致呈甘肃省建设厅，恳求甘肃省建设厅转呈甘肃省政府处理此事，甘肃省政府就此事令天水县政府迅速查明。甘肃省泗丰渠管理处致呈甘肃省建设厅，请该厅催促张掖、榆中与武山县政府速选寄稻米种子，甘肃省政府就此事令甘肃省农业改进所，张掖农林实验场，榆中县、武山县政府速办。甘肃省农业改进所呈报甘肃省政府，稻麦种子垫款已经中国农民银行兰州分行划交渝行转解，并经该所备查，甘肃省政府就此事致函农林部。甘肃省农业改进所呈报甘肃省建设厅，就1947年农业推广计划及预算书一事请鉴核，甘肃省政府回令，按此计划统筹办理。甘肃省建设厅致函福建省研究院水土保持试验区，将保护水土浅说送达，请其参考。善后救济总署农业业务委员会致函甘肃省建设厅，请寄送各农渔机构或团体的详细地址，甘肃省建设厅复函，将本省的农业机关表寄送。

【叙录编号】 0803
【档案题名】
　　甘肃省政府、甘肃省建设厅、甘肃省农业改进所关于办理贷款办法、调查减租情况、制止有人破坏苗圃、农场推销产品办法、拨发农具农药的训令、代电及呈文
【发文单位】 兰州市等
【收文单位】 甘肃省政府；甘肃省建设厅
【档案编号】 027-001-0607-（0001-0013）
【成文时间】 1947-05-08—1947-09-10
【收藏单位】 甘肃省档案馆
【涉及地域】 兰州市
【关 键 词】 水土保持；黑穗病；苗圃
【内容提要】
　　0001为国立中央图书馆办理出版品国际交换致函甘肃省政府请惠赐水土保持浅说等书，附有《国立中央图书馆办理出版品国际交换事项办法》，甘肃省政府寄送保持水土浅说、防治小麦黑穗病及民众种树浅说。0003为《中国农民银行兰州分行甘肃省农业改进所合作办理三十六年度收购改良麦种办法》。0005为甘肃省农业改进所请甘肃省建设厅转发《中央地质调查所西北分所硝矿地质简报》，甘肃省政府回令准予备案。0008为甘肃省农业改进所报送雁滩苗圃内游人聚赌踩踏苗圃，甘肃省政府转请西北行辕发布告严禁踩踏，西北行辕统一制发禁止游人聚赌损毁林木幼苗布告。

【叙录编号】 0804
【档案题名】
　　甘肃省政府、甘肃省农业改进所关于推广蓝麦、查处商人占据苗圃地、检送租地合同、自来水工程处砍伐树木、填报农业概况表的训令、呈文
【发文单位】 兰州市等
【收文单位】 甘肃省政府；甘肃省建设厅
【档案编号】 027-001-0608-（0001-0020）
【成文时间】 1947-04-17—1947-12-19
【收藏单位】 甘肃省档案馆
【涉及地域】 兰州市等
【关 键 词】 育苗；树木伐木

【内容提要】

甘肃省农业改进所致函甘肃省政府请解决杨勋震占用中城河滩育苗地亩一事，甘肃省政府训令天水县查明。甘肃省农业改进所报送在化平县种植蓝麦经过，甘肃省政府训令甘肃省农业改进所速报历年植树经过。甘肃省农业改进所报送本所租用滩尖子地亩合约，甘肃省政府训令应延长地亩期限。甘肃省农业改进所报送自来水工程处占用徐家湾林地及砍伐树木情况，甘肃省政府训令如因工程之需砍伐树木应事先通知或移植之后再动工。甘肃省农业改进所填报农林机关调查表，甘肃省农业改进所所长张桂海报王以靖督导洮沙县农林工作情况。

【叙录编号】 0805
【档案题名】
兰州市政府等关于采购树苗、植树造林等事的各类文件
【发文单位】 兰州市政府
【收文单位】 甘肃省政府；甘肃省建设厅
【档案编号】 027-001-0613
【成文时间】 1947-09-25—1947-11-05
【收藏单位】 甘肃省档案馆
【涉及地域】 兰州市
【关 键 词】 造林
【内容提要】

此案卷包含27份文件，均与植树造林有关。兰州市政府致呈甘肃省政府，拟请派员前往永靖、景泰两县采购树苗，甘肃省政府就此事令两县予以协助。榆中县政府上呈甘肃省政府，本县将发动秋季植树造林活动（1947），甘肃省政府指令此事应切实督促办理。民乐县政府致电甘肃省政府，本县各河流沿岸无积淤滩地，无法植树，甘肃省政府回令此事应遵照本府的指示办理。甘肃省第一区行政督察专员公署致电甘肃省政府，卓尼设治局境内不宜秋季植树造林，甘肃省政府指令该署，应通知设治局先做秋季造林试验，并切实注意越冬培护。金塔县政府就1947年秋季植树情况致电甘肃省政府，甘肃省政府回令准予备查。永登县政府向甘肃省政府报送1947年秋季造林实施办法，甘肃省政府回令准予备案。渭源县政府致电甘肃省政府，本县秋季植树不易成活，可否明春（1948）补种，甘肃省政府回令应在该县鞦甲铺杨坡磨石山河口一带栽植树苗以作试验，并注意越冬培护。固原县政府致电甘肃省政府，本县境内河流沿岸因水涨溢而积淤之新滩地造林一案，曾经拟具调查表，令各乡镇派员调查，甘肃省政府回令准予备查。康乐县政府致电甘肃省政府，报送本县秋季造林的情况（1947），秦安县政府也向甘肃省政府报送这一情况，甘肃省政府给秦安县政府回令准予备查。永靖县政府致电甘肃省政府，拟请暂缓秋季植树，待明春（1948）加倍补植，甘肃省政府不允，应按原规定办理秋季造林事宜。兰州市政府欲申请缓办秋季植树造林运动，甘肃省政府不允所请。康乐县政府向甘肃省政府呈报本县办理秋季（1947）植树造林的情况，甘肃省政府回令准予备查，康乐县又欲申请将积淤新滩地编为林区，甘肃省政府同意。

【叙录编号】 0806
【档案题名】
成县、皋兰县、会川县等县政府关于报送植树造林情况、造林成绩调查表的呈文及甘肃省政府指令
【发文单位】 皋兰县等
【收文单位】 甘肃省政府
【档案编号】 027-001-0615-（0001-0020）
【成文时间】 1947-11-30—1947-11-26
【收藏单位】 甘肃省档案馆
【涉及地域】 皋兰县等
【关 键 词】 秋季造林；报告表

【内容提要】

成县、皋兰县、会川县、两当县、西吉县、康县、岷县、景泰县、靖远县等县政府报送秋季植树造林办理情形报告表，附有《甘肃省会川县三十六年度秋季植树报告表》，其余类似。0011 为《康县三十六年度秋季植树数目表》《康县三十六年度秋季挖掘水平沟数目表》，0015 为《景泰县三十六年度春秋季植树及成活表》。

【叙录编号】 0807
【档案题名】
兰州市政府，民勤县、渭源县等县政府关于报送植树造林情况、造林成绩调查表的呈文及甘肃省政府指令
【发文单位】 兰州市政府等
【收文单位】 甘肃省政府；甘肃水利林牧公司
【档案编号】 027-001-0618-（0001-0026）
【成文时间】 1947-11-18—1948-02-25
【收藏单位】 甘肃省档案馆
【涉及地域】 兰州市等
【关 键 词】 秋季造林；报告表
【内容提要】

宁定县报送本县乐善乡乾庵林负责人姓名，甘肃省政府回文准予备查。甘肃省第一区行政督察专员公署转卓尼设治局秋季植树情况，民勤县报送三十六年度（1947）秋季植树造林报告表，兰州市政府呈文甘肃省政府报送《兰州市政府三十六年度秋季造林报告表》，渭源县政府报送本县秋季试验植树报告表，武威县报送《武威县三十六年度秋季植树数目统计报告表》，会川县致函甘肃省政府请将洮南林场划归本县管理，甘肃水利林牧公司请第八区行政督察专员公署与本公司价购木料，甘肃省建设厅报送莲花山承租林区及砍伐办法，甘肃省汪入泮、赵国栋等人请甘肃省政府派人保护莲花山树木。

【叙录编号】 0808
【档案题名】
康乐县、会宁县、隆德县等县政府关于报送植树、育苗株数、育苗数额、挖掘水平沟调查表的呈文及甘肃省政府的指令
【发文单位】 西固县等
【收文单位】 甘肃省政府；甘肃省建设厅
【档案编号】 027-001-0624-（0001-0014）
【成文时间】 1947-12-15—1949-01-03
【收藏单位】 甘肃省档案馆
【涉及地域】 西固县等
【关 键 词】 春季植树；水平沟；调查表
【内容提要】

甘肃省政府训令各县局报送春季育苗株数及挖掘水平沟详情、春秋两季植树育苗情形，康乐、会宁、隆德、渭源、西固、永登、秦安等县报送育苗株数及挖掘水平沟情形。0003 为《会宁县三十六年度秋季植树造林报告表》《会宁县三十六年度挖掘水平沟数量报告表》《会宁县三十六年度县保苗圃育苗情形报告表》，其余类似。

【叙录编号】 0809
【档案题名】
天水县、榆中县、永靖县等县政府关于报送植树、育苗株数、育苗数额、挖掘水平沟调查表的呈文及甘肃省政府的指令
【发文单位】 榆中县；永靖县等
【收文单位】 甘肃省政府；甘肃省建设厅
【档案编号】 027-001-0625-（0001-0018）
【成文时间】 1948-01-03—1948-01-19
【收藏单位】 甘肃省档案馆
【涉及地域】 榆中县；永靖县等
【关 键 词】 春季植树；水平沟；调查表
【内容提要】

甘肃省政府训令各县局报送春秋育苗造林株数及挖掘水平沟详情、春秋两季植树育苗情

形，天水、榆中、永靖、武山、庄浪、海原、固原、通渭、合水、湟惠渠管理局等县报送育苗株数及挖掘水平沟情形，0001为《甘肃省天水县三十六年度春秋两季植树造林报告表》《天水县三十六年度县保苗圃育苗株数报告表》，0011为《庄浪县三十六年度春季植树造林成活数报告表》《庄浪县三十六年度县保苗圃育苗情形报告表》。其余类似。

【叙录编号】 0810
【档案题名】
　　甘肃省卓尼设治局、肃北设治局，漳县、徽县、和政县、古浪县、宁定县、西吉县、靖远县、平凉县、静宁县、民乐县等县政府关于报送植树、育苗株数、育苗数额、挖掘水平沟调查表的呈文及甘肃省政府的指令
【发文单位】 靖远县等
【收文单位】 甘肃省政府；甘肃省建设厅
【档案编号】 027-001-0626
【成文时间】 1947-12-25—1948-01-20
【收藏单位】 甘肃省档案馆
【涉及地域】 靖远县等
【关 键 词】 育苗；造林
【内容提要】
　　卓尼设治局、肃北设治局，漳县、徽县、和政县、古浪县、宁定县、西吉县、靖远县、平凉县、静宁县、民乐县政府分别向甘肃省政府报送1947年春、秋季（或秋季）植树、育苗的情况。甘肃省政府认为卓尼挖掘水平沟数目与规定相差甚远，应继续挖掘；漳县的秋季植树数目与规定不符；古浪县应重新补办春、秋季植树及县保苗圃育苗的成绩表；宁定县的挖掘水平沟数目与规定相差甚远，应在农闲时补足；靖远县挖掘水平沟的情况应列表详报；静宁县与平凉县的秋季植树株数与规定不符，应于春季补植，并将挖掘水平沟情况详报；民乐县因旱灾未能挖掘水平沟一事已知悉。其余均回复准予备查。

【叙录编号】 0811
【档案题名】
　　平凉县、高台县、华亭县等县政府关于报送植树、育苗株数、育苗数额、挖掘水平沟调查表的呈文及甘肃省政府的指令
【发文单位】 定西县等
【收文单位】 甘肃省政府
【档案编号】 027-001-0627-（0001-0016）
【成文时间】 1948-01-15—1948-02-04
【收藏单位】 甘肃省档案馆
【涉及地域】 定西县等
【关 键 词】 春秋造林；水平沟；报表
【内容提要】
　　甘肃省政府训令各县局报送春秋育苗造林株数及挖掘水平沟详情、春秋两季植树育苗情形，平凉、高台、礼县、华亭、宁县、康乐、静宁、定西等县报送育苗株数及挖掘水平沟情形，0005为《礼县三十六年度挖掘水平沟数量调查表》《礼县三十六年度秋季植树造林报告表》《礼县三十六年度各保苗圃春季育苗种类株数调查表》，其余与之类似，甘肃省政府回文备查或数目不符请重新填报。

【叙录编号】 0812
【档案题名】
　　甘肃省政府，渭源县、两当县、天水县等县政府关于制定报送管制保护林木办法、增设农林人员的训令、呈文
【发文单位】 皋兰县等
【收文单位】 甘肃省政府
【档案编号】 027-001-0634-（0001-0013）
【成文时间】 1947-01-13—1948-01-21
【收藏单位】 甘肃省档案馆
【涉及地域】 皋兰县等
【关 键 词】 林木；办法

【内容提要】

农林部洮河流域国有林区管理处报送民国三十六年度（1947）11月份工作报告。甘肃省政府提案制定有效办法切实保护各县林木，甘肃省政府训令各县局制定有效办法保护林木。甘肃省政府转发全省行政会议秘书处移送建议通令河西各县保护林木及策励人民植树造林提案给武威县的代电。甘肃省政府提案增设各级农林人员。渭源县、两当县报送《甘肃省两当县管制保护林木办法》。0010为《天水县林木保护管理办法》15条，甘肃省政府回文准予备查。0012为皋兰县报送《皋兰县政府报送召开保护林木会议记录》《皋兰县公私有林木管制保护办法》。

【叙录编号】 0813
【档案题名】
华亭县、渭源县、鼎新县等县政府关于报送保护林木实施办法的呈文及甘肃省政府的训令
【发文单位】 景泰县等
【收文单位】 甘肃省政府
【档案编号】 027-001-0636-（0001-0014）
【成文时间】 1947-02-23—1947-05-13
【收藏单位】 甘肃省档案馆
【涉及地域】 景泰县等
【关 键 词】 林木；办法
【内容提要】

0001为华亭县报送《甘肃省华亭县天然林木保管委员会暂行组织章程》，甘肃省政府回令修正林木保管委员会办事细则。甘肃省政府准予第六区行政督察专员公署补发林木管理保护实施办法。0005为渭源县报送《渭源县各种林木保护办法》，甘肃省政府训令修订三、五、十条。0007为鼎新县报送《鼎新县管制保护林木暂行办法》，甘肃省政府训令修正二、六、七、八条。0009为玉门县提案制定有效保护林木办法并提倡民众植树。0011为景泰县报送《景泰县育苗造林护林实施办法》，甘肃省政府训令修正抄发办法。0013为临夏县政府报送《临夏县保护林木办法》，甘肃省政府回文准予备查。

【叙录编号】 0814
【档案题名】
西固县、正宁县、武都县等县政府关于报送保护林木实施办法的呈文及甘肃省政府的训令
【发文单位】 西固县等
【收文单位】 甘肃省政府
【档案编号】 027-001-0641-（0001-0008）
【成文时间】 1947-05-08—1947-06-19
【收藏单位】 甘肃省档案馆
【涉及地域】 西固县等
【关 键 词】 苗圃；造林
【内容提要】

正宁县报送本县建设类政绩交代表，本县普设苗圃管理员情况，甘肃省财政厅转送建设类植树造林、经营苗圃、兴修水利、交通、挖掘水平沟等内容，甘肃省政府训令临洮县详细报送苗圃地址、亩数、种类。武都县报送《武都县造具三十六年度县保苗圃口栽育苗木数目调查表》。

【叙录编号】 0815
【档案题名】
甘肃省政府等关于苗圃、合作农场等事的各类文件
【发文单位】 西固县等
【收文单位】 甘肃省政府；甘肃省建设厅
【档案编号】 027-001-0644
【成文时间】 1947-07-22—1948-04-14
【收藏单位】 甘肃省档案馆
【涉及地域】 西固县等

【关 键 词】 苗圃；合作农场
【内容提要】
　　此案卷包含16份文件，均与苗圃、农场有关。庆阳县、西固县、西吉县、庄浪县、成县、民乐县政府分别向甘肃省政府呈报本县1947年的苗圃情况，甘肃省政府令庆阳县政府速补报苗圃育苗成活株数；庄浪县政府给甘肃省政府上报本县所辖各保苗圃树木漏列的原因，甘肃省政府回令准予备查；成县县政府向甘肃省政府呈报府成乡第六保苗圃被淹没的情况，甘肃省政府回令准予备查；民乐县洪水镇、保苗乡等苗圃林区面积不足，甘肃省政府令补种，且该县补修河坝的情况，甘肃省水利局也准予备查。农林部致电甘肃省建设厅，将合作农场手册、核准登记农场调查表格式发给该厅，甘肃省政府将此表式发给兰州新农场、民生农场与博达农场。

【叙录编号】 0816
【档案题名】
　　甘肃省政府等关于1947年度春季育苗等事的各类文件
【发文单位】 湟惠渠管理局；定西县等
【收文单位】 甘肃省政府；甘肃省建设厅
【档案编号】 027-001-0646
【成文时间】 1947-10-30—1947-12-24
【收藏单位】 甘肃省档案馆
【涉及地域】 湟惠渠管理局；定西县等
【关 键 词】 育苗
【内容提要】
　　甘肃省政府催促榆中等18个县速报1947年度春季育苗的详情，渭源县、化平县、两当县、秦安县、张掖县、通渭县、静宁县、湟惠渠管理局、定西县纷纷上报。渭源县先后因各种问题，向甘肃省政府上报了三次；甘肃省政府令两当县详报该县各保苗圃设立地点、亩数、育苗株数；令定西县将各保苗圃面积迅速列报；其余均回复准予备查。

【叙录编号】 0817
【档案题名】
　　甘肃省政府等关于1948年春季植树等事的各类文件
【发文单位】 靖远县等
【收文单位】 甘肃省政府；甘肃省建设厅
【档案编号】 027-001-0648
【成文时间】 1948-11-06—1949-03-08
【收藏单位】 甘肃省档案馆
【涉及地域】 靖远县等
【关 键 词】 植树
【内容提要】
　　此案卷包含25份文件，均与植树一事相关。空军高射炮兵第五团第一营致函甘肃省建设厅，请拨赠树苗500棵，甘肃省政府令甘肃省农业改进所负责此事。武威县、靖远县、安西县、民乐县、泾川县、玉门县、固原县、西和县、酒泉县、通渭县政府纷纷向甘肃省政府报告1948年春季植树情况。甘肃省政府回复武威县，该县春季植树总株数与规定相差太多，应于秋季补种；令固原县政府查明实植树少于成活树的原因；西和县、固原县、酒泉县的植树株数与规定相差太多，应于秋季补种；其余均回复准予备查。另外，通渭县的报告，甘肃省政府回令，需要更改的内容为：每户每年种植150株树木；榆钱需晒干后种植在水平沟或马蹄穴的底部或边缘部，具体办法参见《民众种树浅选》。

【叙录编号】 0818
【档案题名】
　　泾川县、金塔县、正宁县等县政府关于报送植树、育苗统计表的呈文及甘肃省政府的指令
【发文单位】 景泰县等

【收文单位】　甘肃省政府；甘肃省建设厅
【档案编号】　027-001-0651-（0001-0020）
【成文时间】　1948-08-30—1949-04-02
【收藏单位】　甘肃省档案馆
【涉及地域】　景泰县等
【关 键 词】　植树；报表；榆树
【内容提要】
　　第七区行政督察专员公署、泾川县、金塔县、民乐县、景泰县、华亭县报送各乡镇保苗圃育苗、春季植树造林情况，附有《各县春季植树造林报告表》。0003为《泾川县各乡镇保苗圃育苗及播种榆钱情形报告表》。0009为通渭县报送《通渭县各界城郊植树办法》。

【叙录编号】　0819
【档案题名】
　　兰州市政府，洮沙县、山丹县等县政府关于报送植树造林待查表、免除秋季植树的呈文及甘肃省政府的指令
【发文单位】　兰州市政府；榆中县政府等
【收文单位】　甘肃省政府；甘肃省建设厅
【档案编号】　027-001-0665-（0001-0026）
【成文时间】　1948-11-13—1948-12-21
【收藏单位】　甘肃省档案馆
【涉及地域】　兰州市；榆中县等
【关 键 词】　秋季植树；报表
【内容提要】
　　0001为兰州市报送《兰州市政府三十七年度秋季扩大造林报告表》，其余为洮沙、山丹、榆中、环县、镇原、高台、会川、定西、临洮报送民国三十七年度（1948）秋季植树造林报告表。甘肃省政府回文准予备查或数目不足请补种。

【叙录编号】　0820
【档案题名】
　　夏河县、定西县、会川县等县政府关于报送植树造林办法计划的呈文及甘肃省政府的指令
【发文单位】　定西县等
【收文单位】　甘肃省政府；甘肃省建设厅
【档案编号】　027-001-0666-（0001-0012）
【成文时间】　1948-03-07—1948-03-24
【收藏单位】　甘肃省档案馆
【涉及地域】　定西县等
【关 键 词】　春季造林；报表
【内容提要】
　　0001为夏河县报送《夏河县三十七年度植树造林办法》，0003为《甘肃省第五区行政督察专员公署兼保安司令部三十七年度植树育苗各种建设会议记录》，0005为《定西县各乡镇及各级学校三十七年度春季植树造林护林办法》，定西县、渭源县、临夏县报送三十七年度（1948）春季植树造林情况，甘肃省政府回文准予备查。

【叙录编号】　0821
【档案题名】
　　武山县、庆阳县、天水县等县政府报送植树造林情况、育苗数、挖掘水平沟一览表的呈文及甘肃省政府指令
【发文单位】　榆中县政府等
【收文单位】　甘肃省政府；甘肃省建设厅
【档案编号】　027-001-0667-（0001-0020）
【成文时间】　1948-03-18—1948-06-17
【收藏单位】　甘肃省档案馆
【涉及地域】　榆中县等
【关 键 词】　植树；造林；报表
【内容提要】
　　0001为武山县报送三十七年度（1948）植树节造林情况，甘肃省政府回文准予备查。兰州私立中学呈文甘肃省建设厅请补植树木，甘肃省政府同意。合水县、庆阳县、第四区行政督察专员公署、徽县报送民国三十七年度各

县植树情况，甘肃省政府回文准予备查。0013为榆中县报送《榆中县三十七年度植树造林实施计划》，0015为《临潭县三十七年度植树造林实施办法及本年度预计植树数量表》，0017为《甘肃省第三区庆阳县植树调查表》。

【叙录编号】 0822
【档案题名】
民乐县、渭源县、镇原县等县政府关于报送植树造林办法、计划的呈文及甘肃省政府指令
【发文单位】 定西县等
【收文单位】 甘肃省政府；甘肃省建设厅
【档案编号】 027-001-0669-（0001-0024）
【成文时间】 1948-04-10—1948-06-28
【收藏单位】 甘肃省档案馆
【涉及地域】 定西县等
【关 键 词】 春季造林；报表
【内容提要】
定西县、武都县、化平县、肃北设治局、和政县、隆德县政府报送三十七年度（1948）春季植树造林报告表，甘肃省政府均回令该县株数与规定相差悬殊，应该于秋季补种。皋兰县报送修筑水平沟情形。0019为临潭县报送《临潭县保护林木办法》，甘肃省政府训令各乡镇自行制定护林公约。

【叙录编号】 0823
【档案题名】
和政县、武山县、宁县等县政府关于报送植树造林办法、计划的呈文及甘肃省政府指令
【发文单位】 永靖县；皋兰县等
【收文单位】 甘肃省政府；甘肃省建设厅
【档案编号】 027-001-0670-（0001-0028）
【成文时间】 1948-04-20—1948-06-29
【收藏单位】 甘肃省档案馆
【涉及地域】 永靖县；皋兰县等
【关 键 词】 春季造林；报表
【内容提要】
武都县、和政县、武山县、鼎新县、永靖县、会川县、皋兰县、高台县、洮沙县报送各县民国三十七年（1948）春季植树造林报告表，甘肃省政府回文准予备查或数目不符秋季补种。

【叙录编号】 0824
【档案题名】
甘肃省政府、甘肃省建设厅、甘肃省农业改进所关于采集、拨发出售洋槐树种的训令、代电与呈文
【发文单位】 兰州市政府等
【收文单位】 甘肃省政府；甘肃省建设厅
【档案编号】 027-001-0672-（0001-0024）
【成文时间】 1948-03-09—1948-04-28
【收藏单位】 甘肃省档案馆
【涉及地域】 兰州市等
【关 键 词】 洋槐；伐木；军人
【内容提要】
隆德县、兰州市、西吉县、安西县致函甘肃省建设厅请价售洋槐并按期寄送。0019后为皋兰县丰乐乡第一二三保请禁止西飞机场军人砍伐树木，皋兰县致函甘肃省政府请禁止砍伐，堤坝战区司令部致电甘肃省政府转告军人禁止砍伐抱龙山树木，甘肃省政府牌示驻军禁止砍伐树木。

【叙录编号】 0825
【档案题名】
武都县、宁定县、皋兰县等县政府关于报送造林面积植树数量、挖掘水平沟情况等的呈文及甘肃省政府指令
【发文单位】 皋兰县等
【收文单位】 甘肃省政府；甘肃省建设厅
【档案编号】 027-001-0679-（0001-0019）

【成文时间】 1948-05-18—1948-07-06
【收藏单位】 甘肃省档案馆
【涉及地域】 皋兰县等
【关 键 词】 造林面积；株数；报表
【内容提要】

武都县、宁定县、皋兰县报送民国三十七年度（1948）造林面积株数及挖掘水平沟的文件。0003 为宁定县报送《宁定县造林面积与株数报告表》，0009 为甘肃省农业改进所报送《甘肃省农业改进所三十七年度春季价让苗木详表》，0018 为《甘肃省造林委员会/王三多开挖树单穴合约》。

【叙录编号】 0826
【档案题名】

甘肃省政府、甘肃省建设厅、甘肃省造林委员会关于灌溉新植树木、报苗木数量与价格种类及义务劳动挖掘水平沟的训令、代电、呈文

【发文单位】 兰州市；皋兰县等
【收文单位】 甘肃省政府；甘肃省建设厅
【档案编号】 027-001-0680-（0001-0028）
【成文时间】 1948-04-30—1948-10-11
【收藏单位】 甘肃省档案馆
【涉及地域】 兰州市；皋兰县等
【关 键 词】 春季造林；苗木；报表
【内容提要】

主要为兰州市、甘肃省造林委员会、甘肃省农业改进所、皋兰县政府报送春季扩大造林报告表、植树木情况、推广树苗果苗、开挖水平沟的情况。0001 为《兰州市政府三十七年度春季扩大造林报告表》，0011 为《夏河县三十七年度春季植树数量及种类表》，0019 为《本厅（教育厅）灌溉本年所植树林人员分组及灌溉日期表》，0021 为《甘肃省农业改进所三十七年度秋季果树苗木价格表》，0027 为农林部寄送《编定林地与推广造林》20 册，甘肃省政府训令各县局。

【叙录编号】 0827
【档案题名】

华亭县、西吉县、安西县等县政府关于挖水平沟、秋季造林寄送树种、拨发树苗的呈文及甘肃省政府的指令

【发文单位】 兰州市等
【收文单位】 甘肃省政府；甘肃省建设厅
【档案编号】 027-001-0681-（0001-0026）
【成文时间】 1948-08-10—1948-10-16
【收藏单位】 甘肃省档案馆
【涉及地域】 兰州市等
【关 键 词】 秋季造林；水平沟
【内容提要】

兰州市、西吉县、临洮县、安西县报送挖掘水平沟、秋季造林、保护林木一事。华亭县请求甘肃省政府暂缓挖水平沟事，甘肃省政府训令于雨水冲刷之地挖水平沟。0003 为《甘肃省农业改进所三十七年度森林苗木价格表》，0005 为《西吉县三十七年度挖掘水平沟报告表》，0007 为《甘肃省农业改进所三十七年度秋季价让森林苗木数量及价格统计表》，0011 为临洮县报送《临洮县三十七年度各乡镇挖掘水平沟报告表》。安西县请甘肃省政府寄发各种树种，甘肃省政府训令甘肃省农业改进所寄送。空军第二四五供应中队请免费拨发树苗 500 株、中央警官学校第一分校请免费拨发树苗 40 株。泾川县致电甘肃省政府称第八补给区司令部禁止部队马匹损坏行道树与禾苗，联勤总司令部训令各营队。0025 为交通部、农林部致函甘肃省建设厅要求寄送各项森林调查报告与有关资料。

【叙录编号】 0828
【档案题名】

兰州市政府，皋兰县、临夏县等县政府关

于挖水平沟情况的呈文及甘肃省政府的指令
【发文单位】　皋兰县；兰州市等
【收文单位】　甘肃省政府；甘肃省建设厅
【档案编号】　027-001-0682-（0001-0036）
【成文时间】　1948-08-18—1948-09-24
【收藏单位】　甘肃省档案馆
【涉及地域】　皋兰县；兰州市等
【关　键　词】　秋季植树；水平沟；报表
【内容提要】

　　兰州市、皋兰县、临夏县报送秋季植树与挖掘水平沟情况。永昌县、夏河县、合水县、环县、高台县、临潭县、和政县、镇原县、金塔县、酒泉县、安西县请求甘肃省政府免于开挖水平沟，原因是地势平坦无需开挖，甘肃省政府同意或督导尽快开挖。农林部致电甘肃省政府检送《编定林地与推广造林》10册，甘肃省政府回令再寄送20册。

【叙录编号】　0829
【档案题名】

　　成县、古浪县、皋兰县等县政府关于挖水平沟情况配发树苗的呈文及甘肃省政府回令
【发文单位】　皋兰县等
【收文单位】　甘肃省政府；甘肃省建设厅
【档案编号】　027-001-0683-（0001-0029）
【成文时间】　1948-12-18—1949-04-15
【收藏单位】　甘肃省档案馆
【涉及地域】　成县；皋兰县
【关　键　词】　水平沟；植树
【内容提要】

　　成县、皋兰县报送三十七年度（1948）开挖水平沟事宜。0001为《甘肃省成县三十七年度挖掘水平沟数目表》，0003为《古浪县三十七年度挖掘水平沟工作报告表》，甘肃省农业改进所呈文甘肃省政府要求禁止乡民在中正山掘取沙土。0007为甘肃省农业改进所报送《甘肃省农业改进所苗木价格表》《甘肃省农业改进所三十八年森林苗木年龄表》。空军第二四五供应中队、中央警官学校第一分校请免费拨发树苗。中国工程师学会兰州分会函捐赠树苗，甘肃省政府同意捐赠。联合勤务总司令部第四〇二汽车厂请甘肃省农业改进所拨发树木500株。

【叙录编号】　0830
【档案题名】

　　甘肃省政府等关于兴隆山保管委员会等事的各类文件
【发文单位】　榆中县兴隆山保管委员会；榆中县政府
【收文单位】　甘肃省政府；甘肃省建设厅
【档案编号】　027-001-0684
【成文时间】　1934-12-20—1936-12-18
【收藏单位】　甘肃省档案馆
【涉及地域】　榆中县
【关　键　词】　兴隆山
【内容提要】

　　此案卷包含10份文件，均与兴隆山有关。甘肃省政府将榆中县兴隆山保管委员会简章抄发给甘肃省建设厅，甘肃省建设厅将其修正后呈报给甘肃省政府，又发一份给榆中县政府。甘肃省政府回令准予备查。榆中县政府向甘肃省政府呈报本县第三次县政会议（1935），主要内容为派员负责驻兴隆山整理庙宇庙产道人清规，协助山林保管委员会清查山林，并公举杨镇华为负责人，甘肃省政府回令准予备查，并要求将存款数目、筹措办法详为说明。榆中县政府向甘肃省政府呈报兴隆山森林保管会经费存款及支配情况，甘肃省政府回令收到。榆中县政府呈报甘肃省政府，本县拟将兴隆山保管委员会并归县政府第三科管理及将津贴150元拨归山林警察薪饷，甘肃省政府回令准予照办。甘肃省政府令榆中县政府，将兴隆山森林保护办法认真整理，并将较大树木编号列册上报。

【叙录编号】 0831
【档案题名】
　　甘肃省政府等关于保护兴隆山等事的各类文件
【发文单位】 榆中县兴隆山保管委员会；榆中县政府
【收文单位】 甘肃省政府；甘肃省建设厅
【档案编号】 027-001-0685
【成文时间】 1937-01-20—1937-08-20
【收藏单位】 甘肃省档案馆
【涉及地域】 榆中县
【关 键 词】 兴隆山
【内容提要】
　　此案卷包含11份文件，均与兴隆山有关。榆中县政府向甘肃省政府报送拟订兴隆山森林保护办法及办理情况，甘肃省政府认为此办法太过于空泛，不切实际，兹由本府拟简要办法11项，已由会议讨论通过。附甘肃省政府关于讨论榆中县森林保护办法的会议议案、榆中县森林保护办法。榆中县政府呈报甘肃省政府，请恢复兴隆山森林保管委员会并请颁发保护森林办法，甘肃省政府不同意所请，认为新的保护办法与原定办法颇多抵牾，碍难照准，并下发森林保护办法一份。榆中县政府向甘肃省政府呈报兴隆山委员会拟添设管理委员一人，甘肃省政府同意。榆中县民金满嬴等控告本县甲长刘积善等人勾结匪徒砍伐兴隆山林木，甘肃省政府令榆中县政府查明此事。甘肃省建设厅、甘肃省财政厅与甘肃省政府会计处向甘肃省政府呈报拟令榆中县政府雇佣工役2人专做采伐树木工作并将工役工资列入该县年度预算。甘肃省政府令榆中县政府详查夏承禹私伐森林一事。

【叙录编号】 0832
【档案题名】
　　甘肃省建设厅、皋兰县政府关于点收木材、报送木料移交清册、保释卢俊瀚的指令、呈文
【发文单位】 皋兰县政府等
【收文单位】 甘肃省政府；甘肃省建设厅
【档案编号】 027-001-0722-（0001-0020）
【成文时间】 1935-01-07—1935-02-16
【收藏单位】 甘肃省档案馆
【涉及地域】 皋兰县
【关 键 词】 木料；清册
【内容提要】
　　甘肃省谈钟毓、蒋生福请速派专员清点接收木料，甘肃省政府同意。临潭县县长龚瑾请拨发拉运莲花山木料运费，甘肃省政府训令报送清册。谈钟毓等人报送临洮运送木料情况经过，报送唐汪川各码木料大小口径长度表致甘肃省建设厅。

【叙录编号】 0833
【档案题名】
　　甘肃省建设厅、皋兰县政府关于拨发差旅费、运费、麻绳费，保释梁生俊的指令、代电、呈文
【发文单位】 皋兰县政府
【收文单位】 甘肃省政府；甘肃省建设厅
【档案编号】 027-001-0727-（0001-0015）
【成文时间】 1935-04-04—1935-05-27
【收藏单位】 甘肃省档案馆
【涉及地域】 皋兰县
【关 键 词】 木料；运费
【内容提要】
　　0001-0004为梁生俊保释，郭炳坤请发差旅费，临洮县县长请在汇款之中拨发250元给郭炳坤，郭炳堃请发300元水夫运费及麻绳费，郭炳坤请速发运费、麻绳等事宜。

【叙录编号】 0834
【档案题名】
　　甘肃省政府、甘肃省建设厅关于拨发皋兰

县木料、审查木料及运费表册、更正民工工资、运费、保释卢俊瀚的训令、代电、呈文
【发文单位】 皋兰县政府等
【收文单位】 甘肃省政府；甘肃省建设厅
【档案编号】 027-001-0732-（0001-0009）
【成文时间】 1935-08-09—1935-08-24
【收藏单位】 甘肃省档案馆
【涉及地域】 皋兰县
【关 键 词】 木料；运费
【内容提要】
　　0001为甘肃省建设厅报送拨给皋兰县修筑碉堡之莲花山木料数目表及收据，监运委员会谈钟毓报送杂费清折、粘件簿、发票，甘肃省建设厅回文不符重新填报。0006为郭炳坤报送拉运木料运费清册簿，甘肃省建设厅训令郭炳坤更正民工工资运费。以及卢俊瀚请求保释一事。

【叙录编号】 0835
【档案题名】
　　甘肃省政府、甘肃省建设厅、皋兰县政府关于保释卢俊瀚、押运木材、查处刘升裕偷盗木材、垫付工资的呈文、训令
【发文单位】 皋兰县政府
【收文单位】 甘肃省政府；甘肃省建设厅
【档案编号】 027-001-0735-（0001-0011）
【成文时间】 1935-05—1936-04
【收藏单位】 甘肃省档案馆
【涉及地域】 皋兰县
【关 键 词】 木料；运费
【内容提要】
　　0001-0004为保释卢俊瀚；0005为苟瑞林等10人控告临洮县县长不发工资致甘肃省建设厅的呈文；甘肃省建设厅报送押送莲花山木料致甘肃省政府，附有《木价统计表》；甘肃省政府报送刘升裕偷取刘家峡木料；临潭县政府垫付民工费用、伙食费。

【叙录编号】 0836
【档案题名】
　　甘肃省建设厅、皋兰县政府关于核发运费与津贴、更正报领数据、保释卢俊瀚外出的清理手续的训令、呈文
【发文单位】 皋兰县政府
【收文单位】 甘肃省政府；甘肃省建设厅
【档案编号】 027-001-0737-（0001-0011）
【成文时间】 1935-11-28—1935-12-23
【收藏单位】 甘肃省档案馆
【涉及地域】 皋兰县
【关 键 词】 木料；运费
【内容提要】
　　此卷主要关于郭炳坤请甘肃省建设厅发给伙食住宿费，甘肃省建设厅致函甘肃省制造局结清折算木料价款，卢俊瀚、梁生俊请支领差旅费，卢俊瀚办理外出手续，甘肃省建设厅同意发给梁生俊等人津贴训令。

【叙录编号】 0837
【档案题名】
　　甘肃省政府关于榆中县青城乡工人请砍伐树木一事的文件
【发文单位】 杨国桢；甘肃省政府
【收文单位】 甘肃省政府；榆中县
【档案编号】 027-002-0084-（0006-0010）
【成文时间】 1943-05-09—1943-03-27
【收藏单位】 甘肃省档案馆
【涉及地域】 榆中县
【关 键 词】 砍伐树木
【内容提要】
　　杨国桢致函甘肃省建设厅请严惩抢夺林木人员并责令赔偿，甘肃省政府致函榆中县政府请查办砍伐青城乡黄渠堤树的工人，榆中县政府致函甘肃省政府已经严查砍伐树木工人，甘肃省政府批示砍伐树木者责令补栽并赔偿。

【叙录编号】 0838
【档案题名】
　　甘肃省农业改进所请警察局保护中和滩树木以维林政的文件
【发文单位】 甘肃省农业改进所；甘肃省政府
【收文单位】 甘肃省政府；警察局
【档案编号】 027-002-0490-（0006-0007）
【成文时间】 1948-02-14—1948-02-18
【收藏单位】 甘肃省档案馆
【涉及地域】 兰州市
【关 键 词】 警察；树木
【内容提要】
　　甘肃省农业改进所三十六年（1947）以来植树成活很好，但入冬以来遭人摧毁，甘肃省农业改进所所长张桂海致函甘肃省政府请警察局加以保护。甘肃省政府训令兰州市政府、警察局严加保护。

【叙录编号】 0839
【档案题名】
　　甘肃省政府、兰州商会关于返还征用兰州木商木材款项事宜的文件
【发文单位】 兰州市政府；甘肃省政府等
【收文单位】 兰州市商会；甘肃省政府等
【档案编号】 027-002-0611-（0007-0011）
【成文时间】 1947-02-07—1947-02-26
【收藏单位】 甘肃省档案馆
【涉及地域】 兰州市
【关 键 词】 木材；款项
【内容提要】
　　西记木厂、德记木厂等木商要求原价返还前因国防而被征用木材，甘肃省政府批示交孙市长洽商核办，兰州市市长孙汝楠汇报发还木材原款经过，木商原呈一件，参议会请转国民政府西北行辕主席将木材按原价款返还，甘肃省政府临时参议会通过。

【叙录编号】 0840
【档案题名】
　　农林部兽疫西北防疫处向甘肃省政府报送1946年工作简报的电文与回令
【发文单位】 农林部兽疫西北防疫处
【收文单位】 甘肃省政府
【档案编号】
　　027-002-901-（0001-0002）；
　　027-002-902-（0001-0004）；
　　027-002-903-（0001-0002）；
　　027-002-904-（0001-0004）；
　　027-002-905-（0001-0010）
【成文时间】 1946-04-17
【收藏单位】 甘肃省档案馆
【涉及地域】 兰州市
【关 键 词】 畜牧；防疫
【内容提要】
　　农林部兽疫西北防疫处向甘肃省政府报送工作简报，报告包含1946年1月、2月、3月、4月、5月及上半年农林兽疫防疫处工作简报、报告表，还附有许多调查报告。901-0001有《祁连山东段家畜疾病之畜牧概况》，包括自然与畜牧概况等，甘肃省政府回令准予备查。902-0004内附《镇羌滩畜牧兽医概况》。903-0003为《祁连山东段之牧场草原》。904-0002为《宁夏黄牛对印度山羊化牛瘟病毒之易感染性试验报告》《陇东（平凉）黄牛对印度山羊化牛瘟病毒之易感染性试验报告》《甘肃永登镇羌滩绵羊寄生虫调查报告》，报告均附录于工作报告之中。

【叙录编号】 0841
【档案题名】
　　甘肃省政府关于兰州市苗圃筹设一事的文件
【发文单位】 甘肃省政府；兰州市政府
【收文单位】 甘肃省政府；兰州市政府

【档案编号】

027-003-0152-（0014-0018）；

027-003-0153-（0001-0024）

【成文时间】 1945-02-24—1948-01-07

【收藏单位】 甘肃省档案馆

【涉及地域】 兰州市

【关 键 词】 苗圃

【内容提要】

兰州市政府报送筹建苗圃情况以及修整苗圃工程预算书，包括扩大苗圃面积、修路挖水沟、植树苗挖土方以及修建员工宿舍需要42255元，附有预算书一份，甘肃省政府不同意修建员工宿舍。附有《兰州市工务局红山根苗圃平面图》《兰州市工务局红山根苗圃工程设计图》《甘肃省洮泰支线桥涵及过水工料表》《红山根苗圃员工宿舍设计图》《工程预算详细表》。兰州市政府重新报送员工宿舍图，甘肃省政府同意，并回令工程费不符合请更正。甘肃省政府不同意兰州另设苗圃，并要求上报历年苗圃工作成绩，兰州市回令无法上报，甘肃省政府要求速报上年造林株数种类与面积，兰州市上报。兰州市政府报本市植树所用水沟为造林委员会挖掘，甘肃省政府均回令准予备查。

【叙录编号】 0842

【档案题名】

甘肃省政府关于皋兰临洮砍伐运送木杆的文件

【发文单位】 甘肃省政府；皋兰县政府等

【收文单位】 甘肃省政府；皋兰县政府等

【档案编号】 027-003-0171-（0001-0015）

【成文时间】 1946-05-14—1936-06-16

【收藏单位】 甘肃省档案馆

【涉及地域】 临洮县；卓尼县；皋兰县

【关 键 词】 木杆

【内容提要】

甘肃省政府指令从速运输木杆，皋兰县政府因本县人民服役修建兰青公路请暂缓运输木杆，甘肃省政府回令知悉。甘肃省洮岷路保安司令请示甘肃省政府所需木杆电杆是从各县征用还是从何处砍伐，甘肃省政府回令卓尼一带公有林砍伐运输，卓尼回令本县境内还未砍伐，甘肃省政府通知洮岷路保安司令从速去卓尼砍伐。

【叙录编号】 0843

【档案题名】

甘肃省建设厅、中山林管理处关于中山林灌溉、财产估计一事的文件

【发文单位】 甘肃省政府；中山林管理处等

【收文单位】 甘肃省建设厅

【档案编号】

027-004-0217-（0001-0018）；

027-004-0218-（0001-0016）；

027-004-0219-（0001-0027）

【成文时间】 1939-09-19—1940-06-25

【收藏单位】 甘肃省档案馆

【涉及地域】 兰州市

【关 键 词】 中山林；灌溉

【内容提要】

甘肃省农业改进所报送中山林管理处现有财产状况与财产目录，包括中山林现状（林地面积、株数与树种、林地土质、林地气温、灌溉情形、经费），附有中山林管理处有用财产目录。甘肃省政府回令准予备查。中山林技术员权超民报送更正中山林灌溉渡槽涵洞工程预算书，报送收支对照表、支出计算书、支出计算附属单、单据粘贴件簿，甘肃省政府指令其更改。权超民请拨发修理涵洞的费用，甘肃省建设厅签呈甘肃省政府请拨发。甘肃省建设厅训令中山林西南山坡一带禁止人民挖掘草皮。甘肃省农业改进所报送陆军第四十八师步兵团

张玉堂等人砍伐树木，甘肃省政府训令第四十八师调查。权超民报送中山林划为森林公园，不允许公私侵占。

【叙录编号】 0844
【档案题名】
甘肃省政府等关于砍伐中山林树木、中山林水道工程、补修黄河堤岸等事的各类文件
【发文单位】 甘肃省政府；中山林管理处等
【收文单位】 甘肃省政府；中山林管理处等
【档案编号】 027-004-0220
【成文时间】 1941-03-05—1949-02-17
【收藏单位】 甘肃省档案馆
【涉及地域】 兰州市；甘肃省
【关 键 词】 中山林；黄河堤岸
【内容提要】

此案卷包含23份文件，均与中山林、黄河有关。陆军第四十八师司令部致函甘肃省政府，将砍伐中山林树木一案的实地调查情况及经过情形通报。甘肃省政府致函军委会军训部骑兵监，该监拟领用兰州市中山林地基一块作为监址，已令兰州市政府查实，同时指令兰州市政府查明该监领用的地基是否为空旷荒地。西北公路运输管理局致函甘肃省政府，请求拨付西部基地25亩作为本局的办公场地，甘肃省政府令兰州市政府查明此事，附西北公路运输管理局兰州市区办事处基地蓝图。甘肃省农业改进所呈报甘肃省建设厅，关于中山林水道工程先行报送第八战区司令长官部一事是否可行，甘肃省政府回令已转呈第八战区司令长官部，并呈报该部请通知警卫部队本府在中山林修复水道，该司令部将此文转告警卫部队，甘肃省政府将此回令转给甘肃省农业改进所。黄河水利委员会上游修防林垦工程处致电甘肃省建设厅，报送补修黄河堤岸施工图及预算，甘肃省建设厅将此文转给甘肃省政府，甘肃省政府又将此文转给兰州市政府。兰州市政府向甘肃省政府报送修建晏公庙前坍塌的河堤预算表，甘肃省政府回令已派甘肃省建设厅技士郑与贤、会计处专员王栋臣前往会同验收此河堤工程。黄河水利委员会上游修防林垦工程处致函甘肃省建设厅，请派员拟订整修河堤的详细计划，甘肃省政府回函，已派甘肃省建设厅马工程师前往。该工程处又向甘肃省政府报送黄河石护岸工程开标及监订合同的日期，甘肃省政府回令准予备查。该工程处与甘肃省建设厅分别向甘肃省政府报送黄河石护岸工程的开工日期，甘肃省政府回令准予备查。甘肃省建设厅致函甘肃省政府地政局，抄送发展农村副业及手工业部分的实施方案。

【叙录编号】 0845
【档案题名】
甘肃省政府等关于保护中山林树木一事的各类文件
【发文单位】 中山林管理处；兰州市政府等
【收文单位】 甘肃省政府；黄河水利委员会等
【档案编号】 027-004-0221
【成文时间】 1942-12-31—1946-11-13
【收藏单位】 甘肃省档案馆
【涉及地域】 兰州市
【关 键 词】 中山林
【内容提要】

此案卷包含24份文件，均与中山林树木有关。甘肃省农业改进所向甘肃省建设厅报送中山林榆树小蛀虫危害情况的调查报告，甘肃省政府回令准予备查。甘肃省政府致电省会造林委员会、兰州市政府，要求派员巡护中山林树木，以免摧残。兰州市政府呈报甘肃省政府，关于本市中山林树木遭居民、游人砍伐一事，已令警察局查获。农林部致函甘肃省政府，要求注意保护中山林树木，甘肃省政府就此事再一次给兰州市政府、省会造林委员会下令，要求负责巡护中山林树木。省会造林委员

会呈报甘肃省政府，请求制止第八战区特务营截用中山林渡槽渠水，并就此事呈报第八战区司令长官部。省会造林委员会呈报甘肃省政府，中山林现由兰州市政府管理。甘肃省建设厅呈报甘肃省政府，请派宪兵驻守协助维护忠烈祠及中山林林木，甘肃省政府就此事致函宪兵第二十二团，请派宪兵维护中山林林木。甘肃省建设厅呈报甘肃省政府，请第八战区司令长官部发保护中山林林木的布告，甘肃省政府就此事致电第八战区司令长官部，并令兰州市政府通知该地派出所每日派警员认真轮流巡逻，如有偷偷砍树木者依法逮捕，从重惩处。兰州市政府向甘肃省政府呈报中山林林木的保护办法，甘肃省政府回令准予备查，并令兰州市政府每日指派干警随时巡逻。第八战区回电甘肃省政府，同意发保护中山林林木的布告，甘肃省政府就此事通知兰州市政府，将发布告10张，并将张贴地点报查。甘肃省建设厅呈报甘肃省政府，请中山林当地派出所轮流保护榆树籽，甘肃省政府照办。兰州市警察局向甘肃省政府报送保护中山林树木的情况，甘肃省政府回令准予备查。兰州市政府向甘肃省政府呈报天兰铁路测量队自行砍伐中山林树木的情况，甘肃省政府回令准予备查。甘肃省建设厅请求甘肃省政府要求宪兵二十二团指派宪兵保护树木。

【叙录编号】 0846
【档案题名】
皋兰县政府关于办理苗圃转移登记手续情况给甘肃省政府的代电、呈文、指令
【发文单位】 甘肃省建设厅
【收文单位】 皋兰县等
【档案编号】 027-005-0002-（0013-0016）
【成文时间】 1947-03-04
【收藏单位】 甘肃省档案馆
【涉及地域】 皋兰县等
【关 键 词】 农村；副业
【内容提要】
皋兰县政府致电甘肃省政府报送苗圃转移登记情况，甘肃省政府训令速办。皋兰县田赋粮食管理处办理苗圃过户一事致电甘肃省政府，是否准予拨发该县土地使用权。

【叙录编号】 0847
【档案题名】
甘肃省政府关于农林部西北防沙林场甘肃景泰林场办公地点一事的文件
【发文单位】 景泰县
【收文单位】 甘肃省建设厅
【档案编号】 027-005-0049-（0009-0013）
【成文时间】 1948-03-30—1949-04-20
【收藏单位】 甘肃省档案馆
【涉及地域】 景泰县
【关 键 词】 景泰林场
【内容提要】
农林部西北防沙林场甘肃景泰林场办公地点请借房屋，甘肃省建设厅训令甘肃省农业改进所函借农林部西北防沙林场甘肃景泰林场办公地点房屋，甘肃省政府回令无法拨解。

【叙录编号】 0848
【档案题名】
甘肃省政府、兰州市政府关于报送保护行道树规则的呈文
【发文单位】 兰州市政府
【收文单位】 甘肃省建设厅
【档案编号】 027-005-0105-（0001-0004）
【成文时间】 1947-12-26—1948-02-18
【收藏单位】 甘肃省档案馆
【涉及地域】 兰州市
【关 键 词】 行道树
【内容提要】
兰州市政府孙汝楠报送《兰州市政府保护

行道树规则》(1947年12月),规则共8条,规定行道树由建设科主管、冬季修剪、夏季刹芽等内容,甘肃省政府训令修改第七条。

【叙录编号】 0849
【档案题名】
　　甘肃省建设厅关于兰州参议会建议恢复中山林旧日疆界及保护中山林树木办法的呈文、蓝图、训令
【发文单位】 兰州市参议会
【收文单位】 甘肃省建设厅
【档案编号】 027-005-0105-（0001-0005）
【成文时间】 1948-10-05—1948-03-08
【收藏单位】 甘肃省档案馆
【涉及地域】 甘肃省
【关 键 词】 行道树
【内容提要】
　　兰州市参议会建议恢复中山林旧日疆界,编订办法,附有《建议市府恢复中山林旧日疆界并尽力保护树木增饰园景　培植为本市唯一公园供市民游息玩赏案》《兰州市政府保护中山林树木办法》《保护中山林树木办法会议记录》《新拟中山林区域图》,兰州市政府抄送给警察局,报送开办费及经常费预算书并追加预算,警察局报送林警卫编情况。

【叙录编号】 0850
【档案题名】
　　甘肃省农业改进所、甘肃省建设厅第四科关于报送调查张家寺农场繁殖情况的呈文
【发文单位】 甘肃省农业改进所
【收文单位】 甘肃省建设厅
【档案编号】 027-005-0231-0008
【成文时间】 1947-11-28
【收藏单位】 甘肃省档案馆
【涉及地域】 兰州市
【关 键 词】 农场

【内容提要】
　　甘肃省农业改进所、甘肃省建设厅第四科报送张家寺农场本年种植甜菜45亩,甘肃省建设厅查勘发现新垦地碱性过量、播种较晚、阴雨过多、肥料不足等问题。

【叙录编号】 0851
【档案题名】
　　甘肃省农业改进所关于编报本所张家寺苗圃民国三十三年度（1944）经费概算表致甘肃省建设厅的呈文
【发文单位】 甘肃省农业改进所
【收文单位】 甘肃省建设厅
【档案编号】 027-005-0232-（0008-0009）
【成文时间】 1944-04-04—1944-04-13
【收藏单位】 甘肃省档案馆
【涉及地域】 兰州市
【关 键 词】 农场
【内容提要】
　　甘肃省建设厅厅长核准中央拨款十万元在兰州附近种植苗木,附有《张家寺苗圃三十三年度经费概算表》,甘肃省政府不同意增拨育苗款。

【叙录编号】 0852
【档案题名】
　　甘肃省农业改进所关于张家寺农场留种甜菜干枯及黑穗病一事的呈文、训令
【发文单位】 甘肃省农业改进所
【收文单位】 甘肃省建设厅
【档案编号】
　　027-005-0232-（0010-0019）;
　　027-005-0233-（0001-0013）
【成文时间】 1944-05-12—1945-04-10
【收藏单位】 甘肃省档案馆
【涉及地域】 兰州市
【关 键 词】 农场

【内容提要】

　　张家寺农场甜菜因放水过迟，缺水干枯十分之七，甘肃省政府回令准予备查。张家寺农场与湟惠渠特种乡合作推行防治小麦黑穗病。甘肃省农业改进所报张家寺农场甜菜因干旱，渠水泥沙过多无法灌溉枯死，甘肃省政府训令设法过滤渠水泥沙保护农场甜菜幼苗。甘肃省政府指令甘肃省农业改进所改用美国或加拿大优质种子，甘肃省农业改进所回浙江省农场秋麦被霜伤害情况，善后公署回令甜菜种子无法适宜西北种植。

【叙录编号】　0853
【档案题名】
　　甘肃省农业改进所关于报送本所农林实验总场张家寺农场开辟苗圃预算书致甘肃省建设厅的呈文
【发文单位】　甘肃省农业改进所
【收文单位】　甘肃省建设厅
【档案编号】　027-005-0233-（0014-0015）
【成文时间】　1946-06-10—1946-06-15
【收藏单位】　甘肃省档案馆
【涉及地域】　兰州市
【关 键 词】　农场
【内容提要】
　　甘肃省农业改进所关于报送本所农林实验总场张家寺农场开辟苗圃预算，张家寺地广农工不敷分配，需要添购。附有《甘肃省农业改进所农林实验总场张家寺农场开辟苗圃预算表》，甘肃省政府回令准予备案。

【叙录编号】　0854
【档案题名】
　　国民主席西北行辕关于派人参加新建营房座谈会给甘肃省建设厅的通知，附兰州新建营房采伐木料事项研讨表
【发文单位】　西北行辕
【收文单位】　甘肃省建设厅
【档案编号】　027-005-0279-（0010-0012）
【成文时间】　1948-07-07—1948-07-10
【收藏单位】　甘肃省档案馆
【涉及地域】　甘肃省
【关 键 词】　营房；伐木
【内容提要】
　　兰州市新建营房需要采伐木料，国民政府西北行辕在兰州召开座谈会，附有《兰州新建营房采伐木料事项研讨会》，甘肃省政府派员查勘治力林区情况。

【叙录编号】　0855
【档案题名】
　　兰州市政府、甘肃省政府关于兰州下西市小学砍伐八蜡庙树以便修补学生桌椅的往来文件
【发文单位】　兰州市政府；甘肃省政府
【收文单位】　兰州市政府；甘肃省政府
【档案编号】　027-006-0065-（0001-0002）
【成文时间】　1949-01-25—1949-02-07
【收藏单位】　甘肃省档案馆
【涉及地域】　兰州市
【关 键 词】　砍树；修补桌椅
【内容提要】
　　兰州市政府呈文甘肃省政府，请允许兰州下西市小学砍伐八蜡庙树以便修补学生桌椅，甘肃省政府回文批准。

【叙录编号】　0856
【档案题名】
　　甘肃省建修委员会会议记录（第一册）
【发文单位】　甘肃省建修委员会
【收文单位】　不详
【档案编号】　027-006-0377-0001
【成文时间】　1948-01-20
【收藏单位】　甘肃省档案馆

【涉及地域】　榆中县
【关　键　词】　伐运木料；征购木料
【内容提要】
　　其中包括：建设所用木料的数量、运输流程、运输工具；在莲花山伐运木料；借用甘肃水利林牧公司木料；修建中正堂赴榆中砍伐木料；大礼堂所需木料征购等事宜。

【叙录编号】　0857
【档案题名】
　　皋兰县政府关于已令柴沟乡所布告民众保护树木并提倡造林与甘肃省政府的往来文件
【发文单位】　皋兰县政府；甘肃省政府
【收文单位】　皋兰县政府；甘肃省政府
【档案编号】　027-006-0382-（0008-0009）
【成文时间】　1942-04-10—1942-04-24
【收藏单位】　甘肃省档案馆
【涉及地域】　皋兰县
【关　键　词】　保护树木；造林
【内容提要】
　　如题，甘肃省政府对其准予备查。

【叙录编号】　0858
【档案题名】
　　永靖县政府、甘肃省政府关于发修正护林条例的往来文件
【发文单位】　永靖县政府；甘肃省政府
【收文单位】　永靖县政府；甘肃省政府
【档案编号】　027-006-0382-（0013-0014）
【成文时间】　1943-06-25—1943-08-06
【收藏单位】　甘肃省档案馆
【涉及地域】　永靖县
【关　键　词】　护林；偷拔树木；道路保护
【内容提要】
　　如题，永靖县政府呈称护林条例中对损害及偷拔树木情况惩罚不分轻重，与实际情况不合，请按属地实际情况予以惩罚。甘肃省政府回文补发修正护林条例一份，其中包括沿线道路两旁树木保护规则、当地县政府和民众对偷拔树木惩罚程度进行确定等内容。

【叙录编号】　0859
【档案题名】
　　皋兰县政府关于处理大石沟天然林产权问题与甘肃省政府的往来文件
【发文单位】　皋兰县政府；甘肃省政府
【收文单位】　皋兰县政府；甘肃省政府
【档案编号】　027-006-0382-（0021-0022）
【成文时间】　1943-07-30—1943-10-27
【收藏单位】　甘肃省档案馆
【涉及地域】　皋兰县
【关　键　词】　天然林；产权；私伐树木
【内容提要】
　　皋兰县县长王致云呈文甘肃省政府，称大石沟天然林产权问题今未明晰，引发民众纠纷不断，砍伐现象频发。呈请甘肃省政府明晰产权，对私伐树木予以没收拍卖，作为安宁堡苗圃灌溉费用。请甘肃省政府核夺。甘肃省政府回文令其调查清楚纠纷情形与当下林地实际归属，再依照甘肃省林业保护计划及林业规定进行处理。

【叙录编号】　0860
【档案题名】
　　湟惠渠特种乡公所、甘肃省政府关于抄发林业法规的往来文件
【发文单位】　甘肃省政府；湟惠渠特种乡公所
【收文单位】　甘肃省政府；湟惠渠特种乡公所
【档案编号】　027-006-0384-（0021-0022）
【成文时间】　1944-01-07—1944-01-10
【收藏单位】　甘肃省档案馆
【涉及地域】　湟惠渠特种乡
【关　键　词】　林业法规；抄发

【内容提要】

　　湟惠渠特种乡公所呈文甘肃省政府，请其抄发林业法规一份，便于保护林木工作。甘肃省政府回文抄送。

【叙录编号】　0861
【档案题名】
　　永靖县政府报送补植损坏树木情况致甘肃省建设厅的呈文
【发文单位】　永靖县政府；甘肃省政府
【收文单位】　永靖县政府；甘肃省政府
【档案编号】　027-006-0385-（0003-0004）
【成文时间】　1944-04-27—1944-05-13
【收藏单位】　甘肃省档案馆
【涉及地域】　永靖县
【关 键 词】　损坏树木；补植
【内容提要】

　　如题，永靖县政府称已令沿线居民补植，待事竣再将具体数量呈报。

【叙录编号】　0862
【档案题名】
　　定西县政府、甘肃省政府关于动用损林罚款以便制作模范林木牌的往来文件
【发文单位】　定西县政府；甘肃省政府
【收文单位】　定西县政府；甘肃省政府
【档案编号】　027-006-0385-（0018-0019）
【成文时间】　1944-07-29—1944-08-12
【收藏单位】　甘肃省档案馆
【涉及地域】　定西县
【关 键 词】　林木建设；模范林木
【内容提要】

　　定西县政府呈文甘肃省政府，请将妨害隆山林木建设罚款用于模范林木牌建设，甘肃省政府回文批准。

【叙录编号】　0863
【档案题名】
　　兰州市政府报送本市农业推广所育苗推行计划书与甘肃省政府的往来文件
【发文单位】　甘肃省政府；兰州市政府
【收文单位】　甘肃省政府；兰州市政府
【档案编号】　027-006-0393-（0001-0002）
【成文时间】　1944-08-29—1944-09-14
【收藏单位】　甘肃省档案馆
【涉及地域】　兰州市
【关 键 词】　春季育苗；计划书
【内容提要】

　　如题，附《兰州市农业推广所三十三年度春季育苗推行计划表》2份。表中包括种植类别、名称、面积、株数、工数、工资、种植情况、备注等。甘肃省政府对其准予备查。

【叙录编号】　0864
【档案题名】
　　定西县关于报送采集树木种子、青苗情况与甘肃省政府的往来文件
【发文单位】　定西县政府；甘肃省政府
【收文单位】　定西县政府；甘肃省政府
【档案编号】　027-006-0393-（0022-0023）
【成文时间】　1944-11-15—1944-11-20
【收藏单位】　甘肃省档案馆
【涉及地域】　定西县
【关 键 词】　苗圃；树种
【内容提要】

　　定西县政府呈文甘肃省政府，报送秋季在各地苗圃采集树种以备播种、进行苗圃建设的情况，请甘肃省政府鉴核。后者对其准予备案。

【叙录编号】　0865
【档案题名】
　　甘肃水利林牧公司兰州牧场说明

【发文单位】 甘肃水利林牧公司
【收文单位】 不详
【档案编号】 027-007-0208-0004
【成文时间】 不详
【收藏单位】 甘肃省档案馆
【涉及地域】 兰州市
【关 键 词】 兰州牧场；畜牧
【内容提要】
　　本份文件包括兰州牧场内养殖品种、牧草选育、组织模式、动物饲养及繁育方法、设备选择等内容。

【叙录编号】 0866
【档案题名】
　　甘肃省农业改进所、甘肃省政府关于保护兰州市徐家湾林地树木的往来文件
【发文单位】 甘肃省政府；甘肃省农业改进所
【收文单位】 甘肃省政府；甘肃省农业改进所等
【档案编号】 027-007-0300-（0004-0005）
【成文时间】 1947-05-19—1947-05-22
【收藏单位】 甘肃省档案馆
【涉及地域】 兰州市
【关 键 词】 攀折；徐家湾林地
【内容提要】
　　甘肃省农业改进所呈文甘肃省政府因攀折情况频发，申请保护兰州徐家湾林地树木，甘肃省政府回文令兰州市政府遵办。

【叙录编号】 0867
【档案题名】
　　国立兰州大学、甘肃省政府、甘肃省民政厅等关于运送木料至兰州大学的文件
【发文单位】 甘肃省政府；国立兰州大学等
【收文单位】 甘肃省建设厅；国立兰州大学等
【档案编号】 027-007-0300-（0012-0016）
【成文时间】 1947-05-12—1947-06-03
【收藏单位】 甘肃省档案馆
【涉及地域】 兰州市；临潭县；卓尼县
【关 键 词】 运送木料；兰大
【内容提要】
　　国立兰州大学致函甘肃省政府，称本校建筑工程所需木料难以运达，需至临潭、卓尼等地督运，请甘肃省政府电嘱洮河流域专署县局及驻永靖小川子保安队予以协助。国民政府主席西北行辕亦代电甘肃省政府配合。甘肃省政府回函兰大已令甘肃省保安第四团协助。甘肃省民政厅致函甘肃省建设厅当前运输木料进度，甘肃省建设厅致函兰大当前木料运抵情况。

【叙录编号】 0868
【档案题名】
　　甘肃省建设厅关于尽快办理金常山返回揽运木料一事给皋兰县政府的训令
【发文单位】 甘肃省建设厅
【收文单位】 皋兰县政府
【档案编号】 027-007-0305-0009
【成文时间】 1934-07-03
【收藏单位】 甘肃省档案馆
【涉及地域】 临潭县；临洮县；康乐县；皋兰县；兰州市
【关 键 词】 木料；运输
【内容提要】
　　如题

【叙录编号】 0869
【档案题名】
　　甘肃省建设厅、监运木料委员卢俊瀚关于运输唐汪川木料的往来文件
【发文单位】 甘肃省建设厅；监运木料委员卢俊瀚
【收文单位】 甘肃省建设厅；监运木料委员卢俊瀚

【档案编号】
027-007-0306-（0001-0002、0011-0012）
【成文时间】 1934-06-07—1934-06-19
【收藏单位】 甘肃省档案馆
【涉及地域】 皋兰县；兰州市等
【关 键 词】 木料；运输
【内容提要】
　　监运木料委员卢俊瀚呈报运到封存唐汪川木料根数，请奖赏出力水夫及警兵。甘肃省建设厅回文运到数量和之前所报不符，令其查明具复。卢俊瀚呈报运到木料及损失数目情况，甘肃省建设厅查仍与实情不符，令其详报不得搪塞。

【叙录编号】 0870
【档案题名】
　　甘肃省民政厅关于检送靖远县临时参议会会议记录致甘肃省建设厅的函
【发文单位】 甘肃省民政厅
【收文单位】 甘肃省建设厅
【档案编号】 027-007-0475-0001
【成文时间】 1944-06-29
【收藏单位】 甘肃省档案馆
【涉及地域】 靖远县
【关 键 词】 水利建设；苗圃；造林
【内容提要】
　　甘肃省民政厅检送靖远县临时参议会第一次大会会议记录致函甘肃省建设厅，附会议记录1份。其中建设科长报告水利建设、苗圃、造林规划等内容，具体有今年预计植树25000余株、进行北湾城关苗圃建设、增加农产等内容。

【叙录编号】 0871
【档案题名】
　　民国三十三年（1944）兰州电厂向甘肃水利林牧公司洽购松木事函

【发文单位】 兰州电厂
【收文单位】 甘肃水利林牧公司
【档案编号】 039-001-0055-0030
【成文时间】 1944-05-16
【收藏单位】 甘肃省档案馆
【涉及地域】 甘肃省
【关 键 词】 林木；采购
【内容提要】
　　共2份文件，内容如题。

【叙录编号】 0872
【档案题名】
　　民国三十二年（1943）天成建筑股份有限公司、甘肃水利林牧公司与资源委员会运务处兰州材料厂就提取木条等物相关事宜之往来函
【发文单位】 天成建筑股份有限公司；甘肃水利林牧公司
【收文单位】 甘肃水利林牧公司；资源委员会运务处兰州材料厂
【档案编号】 039-001-0055-（0043-0044）
【成文时间】 1943-08-28—1943-09-02
【收藏单位】 甘肃省档案馆
【涉及地域】 甘肃省
【关 键 词】 木条；洋钉；建筑
【内容提要】
　　共2份文件。8月28日，天成建筑股份有限公司就木条、洋钉等物提取相关事宜致甘肃水利林牧公司函。9月2日，甘肃水利林牧公司就提取木条、洋钉等物致资源委员会运务处兰州材料厂函。

【叙录编号】 0873
【档案题名】
　　民国三十年（1941）甘肃水利林牧公司总部为派人赴兰验收牛乳机致函畜牧部及其复函
【发文单位】 甘肃水利林牧公司畜牧部
【收文单位】 甘肃水利林牧公司总部

【档案编号】 039-001-0056-（0018、0020）
【成文时间】 1941-12-20—1942-01-02
【收藏单位】 甘肃省档案馆
【涉及地域】 甘肃省
【关 键 词】 畜牧；机器采购
【内容提要】
　　共2份文件。12月20日，甘肃水利林牧公司新购牛乳机，函知畜牧部赴兰验收。畜牧部因工作繁忙，于次年1月2日，派黄异生验收新购牛乳机。

【叙录编号】 0874
【档案题名】
　　民国三十一年（1942）甘肃水利林牧公司为请西北公路运输局让价汽油致兰州制革厂函及其复函
【发文单位】 甘肃水利林牧公司；西北公路运输局等
【收文单位】 西北公路运输局；兰州制革厂等
【档案编号】 039-001-0056-（0021-0023）
【成文时间】 1942-01-08—1942-03-02
【收藏单位】 甘肃省档案馆
【涉及地域】 甘肃省
【关 键 词】 汽油；溶化生胶；制革
【内容提要】
　　共3份文件。1月8日，甘肃水利林牧公司兰州制革厂因溶化生胶之需，特请西北公路运输局价让优质汽油5加仑。1月15日，西北公路运输局应甘肃水利林牧公司要求，勉予照办。1月16日，甘肃水利林牧公司将此事函知兰州制革厂。

【叙录编号】 0875
【档案题名】
　　民国三十二年（1943）兰州材料厂、甘肃水利林牧公司与天成建筑股份有限公司就价让木条和旧洋钉之电、函往来
【发文单位】 资源委员会运务处兰州运务材料厂
【收文单位】 甘肃水利林牧公司
【档案编号】 039-001-0056-（0046-0047）
【成文时间】 1943-08-19—1943-08-23
【收藏单位】 甘肃省档案馆
【涉及地域】 甘肃省
【关 键 词】 木条；旧洋钉
【内容提要】
　　共2份文件。8月19日，兰州材料厂为请价让木条和旧洋钉致甘肃水利林牧公司电。8月23日，甘肃水利林牧公司为准兰州材料厂价让木条数目之请求函知天成建筑股份有限公司。

【叙录编号】 0876
【档案题名】
　　甘肃水利林牧公司因卡车停滞定西而派员押运汽油一事致兰州本站函
【发文单位】 甘肃水利林牧公司总经理
【收文单位】 甘肃水利林牧公司兰州本站
【档案编号】 039-001-0062-0013
【成文时间】 1942-02-10
【收藏单位】 甘肃省档案馆
【涉及地域】 甘肃省；兰州市；定西县
【关 键 词】 汽油
【内容提要】
　　共1份文件，内容如题。

【叙录编号】 0877
【档案题名】
　　甘肃水利林牧公司兰州牧场为取消津贴致甘肃水利林牧公司总管理处函
【发文单位】 甘肃水利林牧公司兰州牧场
【收文单位】 甘肃水利林牧公司总管理处
【档案编号】 039-001-0068-0017
【成文时间】 1944-05-29

【收藏单位】 甘肃省档案馆
【涉及地域】 甘肃省
【关 键 词】 津贴
【内容提要】
　　共1份文件，内容如题。

【叙录编号】 0878
【档案题名】
　　甘肃水利林牧公司总管理处为取消津贴主任公费致总管理处函
【发文单位】 甘肃水利林牧公司兰州牧场兼代主任江林逵
【收文单位】 甘肃水利林牧公司总管理处
【档案编号】 039-001-0068-0018
【成文时间】 1944-05-28
【收藏单位】 甘肃省档案馆
【涉及地域】 甘肃省
【关 键 词】 职员津贴
【内容提要】
　　共1份文件，内容如题。

【叙录编号】 0879
【档案题名】
　　兰州牧场为改定工役工资呈甘肃水利林牧公司总管理处笺
【发文单位】 甘肃水利林牧公司兰州牧场
【收文单位】 甘肃水利林牧公司总管理处
【档案编号】 039-001-0072-（0015-0016）
【成文时间】 1944-05-07
【收藏单位】 甘肃省档案馆
【涉及地域】 甘肃省
【关 键 词】 工资
【内容提要】
　　共1份文件，内容如题。内附改订前后工资对照表。

【叙录编号】 0880
【档案题名】
　　甘肃水利林牧公司为请森林部经理来兰一事的致电
【发文单位】 甘肃水利林牧公司
【收文单位】 森林部经理
【档案编号】 039-001-0080-0001
【成文时间】 1941-11-14
【收藏单位】 甘肃省档案馆
【涉及地域】 兰州市
【关 键 词】 森林部经理
【内容提要】
　　共1份文件，内容如题。

【叙录编号】 0881
【档案题名】
　　甘肃水利林牧公司为畜牧部经理离夏来兰日期一事致电后者
【发文单位】 甘肃水利林牧公司
【收文单位】 畜牧部经理黄异生
【档案编号】 039-001-0080-（0001-0002）
【成文时间】 1941-11-21
【收藏单位】 甘肃省档案馆
【涉及地域】 兰州市
【关 键 词】 畜牧部经理
【内容提要】
　　共1份文件，内容如题。

【叙录编号】 0882
【档案题名】
　　甘肃水利林牧公司兰州牧场为请发所得税率表一事致甘肃水利林牧公司总管理处的函
【发文单位】 甘肃水利林牧公司兰州牧场
【收文单位】 甘肃水利林牧公司总管理处
【档案编号】 039-001-0089-（0017-0018）
【成文时间】 1942-11-27
【收藏单位】 甘肃省档案馆

【涉及地域】 兰州市
【关 键 词】 所得税
【内容提要】
　　共1份文件，内容如题。

【叙录编号】 0883
【档案题名】
　　湟惠渠工程处、甘肃水利林牧公司关于扣缴所得税仍以薪金工食为限一事的往来公函
【发文单位】 湟惠渠工程处；甘肃水利林牧公司
【收文单位】 甘肃水利林牧公司；湟惠渠工程处
【档案编号】 039-001-0089-（0033-0035）
【成文时间】 1943-04-22—1943-04-26
【收藏单位】 甘肃省档案馆
【涉及地域】 湟惠渠管理局
【关 键 词】 湟惠渠；所得税
【内容提要】
　　共2份文件，内容如题。

【叙录编号】 0884
【档案题名】
　　甘肃水利林牧公司就制定并公布《甘肃水利林牧公司兰州牧场章程》事宜致甘肃水利林牧公司函
【发文单位】 甘肃水利林牧公司总管理处
【收文单位】 甘肃水利林牧公司兰州牧场
【档案编号】 039-001-0096-（0021、0025）
【成文时间】 1942-09-28—1942-12-28
【收藏单位】 甘肃省档案馆
【涉及地域】 甘肃省；兰州市
【关 键 词】 兰州牧场；章程
【内容提要】
　　共2份文件，内容如题，附《甘肃水利林牧公司兰州牧场章程》2份。

【叙录编号】 0885
【档案题名】
　　甘肃省农业改进所与甘肃水利林牧公司就兰州市荒山造林试验费补助发放的函
【发文单位】 甘肃省农业改进所；甘肃水利林牧公司
【收文单位】 甘肃水利林牧公司；甘肃省农业改进所
【档案编号】 039-001-0102-（0023-0029）
【成文时间】 1941-11-20—1944-03-01
【收藏单位】 甘肃省档案馆
【涉及地域】 兰州市
【关 键 词】 植树造林；荒山改造
【内容提要】
　　共7份文件，内容如题。

【叙录编号】 0886
【档案题名】
　　《甘肃水利林牧公司兰州牧场章程》
【发文单位】 不详
【收文单位】 不详
【档案编号】 039-001-0132-0015
【成文时间】 不详
【收藏单位】 甘肃省档案馆
【涉及地域】 兰州市
【关 键 词】 牧场；畜牧；行政管理
【内容提要】
　　共1份文件，内容如题。

【叙录编号】 0887
【档案题名】
　　甘肃水利林牧公司为函知纸张来源缺乏致甘肃水利林牧公司森林部函
【发文单位】 甘肃水利林牧公司
【收文单位】 甘肃水利林牧公司森林部
【档案编号】 039-001-0133-0004
【成文时间】 1942-02-04

【收藏单位】 甘肃省档案馆
【涉及地域】 兰州市
【关 键 词】 木材
【内容提要】
　　共1份文件，内容如题。

【叙录编号】 0888
【档案题名】
　　国立西北技艺专科学校、甘肃水利林牧公司关于美国畜牧教授等来兰讲学派员参加听讲一事的相关公函
【发文单位】 国立西北技艺专科学校；甘肃水利林牧公司总管理处
【收文单位】 甘肃水利林牧公司；甘肃水利林牧公司畜牧部
【档案编号】 039-001-0142-（0021-0022）
【成文时间】 1943-01-29—1943-02-01
【收藏单位】 甘肃省档案馆
【涉及地域】 兰州市
【关 键 词】 畜牧；讲学
【内容提要】
　　共2份文件，内容如题。

【叙录编号】 0889
【档案题名】
　　关于甘肃省农业改进所请甘肃水利林牧公司准备农产品参加第二届农民节的相关公函
【发文单位】 甘肃省农业改进所；甘肃水利林牧公司总管理处
【收文单位】 甘肃水利林牧公司；兰州牧场等
【档案编号】 039-001-0142-（0023-0025）
【成文时间】 1943-02-04
【收藏单位】 甘肃省档案馆
【涉及地域】 兰州市
【关 键 词】 第二届农民节；农产品；展览会
【内容提要】
　　共3份文件，内容如题。

【叙录编号】 0890
【档案题名】
　　甘肃水利林牧公司为准全部补助、周主任因工受伤医药费致兰州牧场的函
【发文单位】 甘肃水利林牧公司
【收文单位】 兰州牧场
【档案编号】 039-001-0159-0003
【成文时间】 1943-01-19
【收藏单位】 甘肃省档案馆
【涉及地域】 兰州市
【关 键 词】 兰州牧场；医药费
【内容提要】
　　共1份文件，内容如题。

【叙录编号】 0891
【档案题名】
　　甘肃水利林牧公司为请派员注射疫苗致兰州卫生事务所的函
【发文单位】 甘肃水利林牧公司
【收文单位】 兰州卫生事务所
【档案编号】 039-001-0159-0013
【成文时间】 1943-06-18
【收藏单位】 甘肃省档案馆
【涉及地域】 兰州市
【关 键 词】 卫生所；疫苗
【内容提要】
　　共1份文件，内容如题。

【叙录编号】 0892
【档案题名】
　　兰丰渠工程处与甘肃水利林牧公司总管理处关于补助助理员宿忠澄医药费一事的往来公函
【发文单位】 兰丰渠工程处；甘肃水利林牧公司
【收文单位】 甘肃水利林牧公司；兰丰渠工程处

【档案编号】 039-001-0159-（0019-0023、0027）
【成文时间】 1943-12-07—1943-12-23
【收藏单位】 甘肃省档案馆
【涉及地域】 兰州市
【关 键 词】 宿忠澄；医药费
【内容提要】
共1份文件，附住院医药费收据（0021）、黄院长原函（0022）、宿忠澄诊断证明（0027）。

【叙录编号】 0893
【档案题名】
靖丰渠请发服务证书名单
【发文单位】 靖丰渠工程处
【收文单位】 甘肃水利林牧公司总管理处
【档案编号】 039-001-0168-（0034-0035）
【成文时间】 1946-12-17
【收藏单位】 甘肃省档案馆
【涉及地域】 靖远县
【关 键 词】 靖丰渠；职工
【内容提要】
共2份文件。附靖丰渠职员名单（0035）。

【叙录编号】 0894
【档案题名】
甘肃水利林牧公司会计处为送《兰州制革厂原料物价检查报告》致甘肃水利林牧公司总管理处的函
【发文单位】 兰州制革厂
【收文单位】 甘肃水利林牧公司
【档案编号】 039-001-0237-（0024-0025）
【成文时间】 1944-05-25
【收藏单位】 甘肃省档案馆
【涉及地域】 兰州市
【关 键 词】 颜料；油脂；燃料

【内容提要】
共2份文件。附《兰州制革厂原料物料监察报告》（0025）。

【叙录编号】 0895
【档案题名】
甘肃水利林牧公司总管理处、兰州牧场关于兰州牧场报告各部分收支情形的往来函
【发文单位】 兰州牧场；甘肃水利林牧公司总管理处
【收文单位】 甘肃水利林牧公司总管理处；兰州牧场
【档案编号】 039-001-0241-（0005-0007）
【成文时间】 1942-08-15—1942-08-19
【收藏单位】 甘肃省档案馆
【涉及地域】 兰州市
【关 键 词】 兰州牧场；收支情形
【内容提要】
共2份文件，包括：牧场投资部分；牧场营业部分；牧场制蜜部分；代办农场部分。附《兰州牧场收支对照表》《兰州牧场财产简表》。

【叙录编号】 0896
【档案题名】
周承澍、陈送兰州牧场筹备工作报告一事致甘肃水利林牧公司的函
【发文单位】 周承澍
【收文单位】 甘肃水利林牧公司总管理处
【档案编号】 039-001-0241-（0007-0010）
【成文时间】 1942-11-19
【收藏单位】 甘肃省档案馆
【涉及地域】 兰州市
【关 键 词】 兰州牧场；筹备
【内容提要】
共1份文件，附《财产简明目录》、《筹备费用收支对照表》、《兰州牧场筹备工作报告》（0008）、《兰州牧场经营计划》（0009）、《修正

兰州牧场经营计划》（0010）。

【叙录编号】 0897
【档案题名】
　　兰州牧场为送增资业务实施计划书致甘肃水利林牧公司总管理处的函
【发文单位】 兰州牧场
【收文单位】 甘肃水利林牧公司总管理处
【档案编号】 039-001-0241-0012
【成文时间】 1948-04-14
【收藏单位】 甘肃省档案馆
【涉及地域】 兰州市
【关 键 词】 兰州牧场；计划书
【内容提要】
　　共1份文件，附《兰州牧场三十七年4月增资伍亿业务实施计划书》，包括：业务计划；实施步骤；实施办法；经费概算。

【叙录编号】 0898
【档案题名】
　　甘肃水利林牧公司、兰州牧场关于兰州牧场增投资额、借款延期偿还等事的往来公函
【发文单位】 兰州牧场；甘肃水利林牧公司总管理处
【收文单位】 甘肃水利林牧公司总管理处；兰州牧场
【档案编号】 039-001-0242-（0001-0006）
【成文时间】 1942-04-16—1943-03-17
【收藏单位】 甘肃省档案馆
【涉及地域】 兰州市
【关 键 词】 兰州牧场；投资；借款
【内容提要】
　　共6份文件，附《兰州牧场经费收支备览》（0001），《兰州牧场现金收支对照表》《借款用途支配表》（0002）。

【叙录编号】 0899
【档案题名】
　　甘肃水利林牧公司、兰州牧场关于兰州牧场处理夏河分场财务动态表经核不符一事的往来函
【发文单位】 王本正；甘肃水利林牧公司总管理处等
【收文单位】 甘肃水利林牧公司总管理处；兰州牧场
【档案编号】
　　039-001-0242-（0008-0009、0011、0014）
【成文时间】 1947-12-12
【收藏单位】 甘肃省档案馆
【涉及地域】 兰州市
【关 键 词】 兰州牧场；夏河分场；财务
【内容提要】
　　共4份文件，附《甘肃水利林牧公司兰州牧场夏河分场财产标价收付对照表》《银币折合率之计算》《甘肃水利林牧公司兰州牧场夏河分场物品变价盈亏表》《甘肃水利林牧公司兰州牧场夏河分场留夏财产清册》《甘肃水利林牧公司兰州牧场夏河分场滞留兰场财产交接清册》《甘肃水利林牧公司兰州牧场夏河分场财产报损清册》《甘肃水利林牧公司兰州牧场夏河分场财产变价清册》（0014）。

【叙录编号】 0900
【档案题名】
　　兰州牧场、甘肃水利林牧公司总管理处关于兰州牧场月度会计报告及月度年度预算的往来函、电
【发文单位】 兰州牧场；甘肃水利林牧公司会计室等
【收文单位】 甘肃水利林牧公司总管理处；兰州牧场
【档案编号】
　　039-001-0242-（0010、0012-0013、0015-

0018）
【成文时间】 1942-11-30—1947-12-07
【收藏单位】 甘肃省档案馆
【涉及地域】 兰州市
【关 键 词】 兰州牧场；会计报告；预算
【内容提要】
共8份文件，附《兰州牧场三十二年增资计划及预算书》（0016）。

【叙录编号】 0901
【档案题名】
甘肃水利林牧公司总管理处、兰州牧场关于兰州牧场借流动资金等事的往来函
【发文单位】 甘肃水利林牧公司总管理处；兰州牧场
【收文单位】 兰州牧场；甘肃水利林牧公司总管理处
【档案编号】 039-001-0243-（0001-0016）
【成文时间】 1942-10-01—1943-10-29
【收藏单位】 甘肃省档案馆
【涉及地域】 兰州市
【关 键 词】 兰州牧场；借款；资金
【内容提要】
共16份文件，附《兰州牧场资产负债对照表》（0010）、《兰州牧场应付各款预计表》（0011）。

【叙录编号】 0902
【档案题名】
甘肃水利林牧公司为短期借款利息一事致兰州制革厂、兰州牧场、陇南畜牧场的函
【发文单位】 甘肃水利林牧公司总管理处
【收文单位】 兰州制革厂等
【档案编号】 039-001-0243-0017
【成文时间】 1943-12-31
【收藏单位】 甘肃省档案馆
【涉及地域】 兰州市；陇南区

【关 键 词】 兰州牧场；陇南畜牧场；借款；利息
【内容提要】
共1份文件，内容如题。

【叙录编号】 0903
【档案题名】
甘肃水利林牧公司关于缴送活期垫款利息一事致兰州牧场的函
【发文单位】 甘肃水利林牧公司
【收文单位】 兰州牧场
【档案编号】 039-001-0243-0018
【成文时间】 1944-01-13
【收藏单位】 甘肃省档案馆
【涉及地域】 兰州市
【关 键 词】 兰州牧场；活期垫款；利息
【内容提要】
共1份文件，内容如题。

【叙录编号】 0904
【档案题名】
民国三十五年（1946）兰州牧场就请拨借垦荒费、送开垦土门墩荒地种植苜蓿计划等事宜致甘肃水利林牧公司的函
【发文单位】 兰州牧场
【收文单位】 甘肃水利林牧公司
【档案编号】 039-001-0243-（0024-0025）
【成文时间】 1946-04-29—1946-05-13
【收藏单位】 甘肃省档案馆
【涉及地域】 兰州市
【关 键 词】 垦荒；苜蓿
【内容提要】
共2份文件，附《兰州牧场开垦土门墩机器厂荒地种植苜蓿计划书》，主要内容涉及兰州牧场为开垦土门墩机器厂空间荒地种植苜蓿以增进奶牛饲料营养，请甘肃水利林牧公司拨借垦荒费，并送上开垦土门墩荒地种

植苜蓿的计划。

【叙录编号】 0905
【档案题名】
民国三十一年（1942）至民国三十二年（1943）兰州牧场、兰州市政府、甘肃水利林牧公司、皋兰县政府及兰州市田赋粮食管理处就洽办兰州牧场购地过户手续一事的往来公文
【发文单位】 兰州牧场；甘肃水利林牧公司等
【收文单位】 甘肃水利林牧公司；皋兰县政府等
【档案编号】
　　039-001-0244-（0001-0004、0014、0017、0020）
【成文时间】
　　1942-04-13—1942-05-02；
　　1942-12-19；1943-01-26；
　　1943-03-04
【收藏单位】 甘肃省档案馆
【涉及地域】 兰州市；皋兰县
【关 键 词】 牧场；购置土地
【内容提要】
　　共7份文件，涉及甘肃水利林牧公司、皋兰县政府、兰州市政府及兰州市田赋粮食管理处为洽办兰州牧场购置土地过户手续的相关事宜。

【叙录编号】 0906
【档案题名】
民国三十二年（1943）王三槐、甘肃水利林牧公司、兰州牧场就让卖、购置地产的启事
【发文单位】 西北民国报
【收文单位】 不详
【档案编号】 039-001-0244-0018
【成文时间】 1943-01-04
【收藏单位】 甘肃省档案馆
【涉及地域】 兰州市
【关 键 词】 牧场；购置土地
【内容提要】
　　共1份文件，附《总管理处购备兰州农场用地平面图》1份，其他内容如题。

【叙录编号】 0907
【档案题名】
民国三十三年（1944）甘肃水利林牧公司、兰州市田赋粮食管理处就兰州牧场所购置周（西）屏镇土地面积与契照所载情况不符一事的往来公文
【发文单位】 甘肃水利林牧公司
【收文单位】 兰州市田赋粮食管理处
【档案编号】
　　039-001-（0244-0023、00025-0027）
【成文时间】 1944-06-30—1944-10-04
【收藏单位】 甘肃省档案馆
【涉及地域】 兰州市
【关 键 词】 牧场；购置土地
【内容提要】
　　共4份文件，主要内容为兰州牧场当时所购买契共计面积为十七亩八分七厘，而三十三年（1944）1月所给土地营业执照仅记有十亩四分，后又改为十二亩五分，但仍严重不符。6月30日甘肃水利林牧公司发函请兰州市田赋粮食管理处解决此事，8月11日兰州市田赋粮食管理处函复已派员前往重新勘验，最终勘验计得十一亩三分，10月4日甘肃水利林牧公司指出请尽快更正契照上田亩数。

【叙录编号】 0908
【档案题名】
《兰州牧场地基平面图》
【发文单位】 兰州牧场
【收文单位】 不详
【档案编号】 039-001-0244-0024
【成文时间】 1944-06-29

【收藏单位】 甘肃省档案馆
【涉及地域】 兰州市
【关 键 词】 牧场
【内容提要】
　　共1份文件，内容如题。

【叙录编号】 0909
【档案题名】
　　民国三十一年（1942）甘肃水利林牧公司、甘肃省政府、兰州牧场及甘宁青新直接税局就兰州牧场购买乳牛需要护照以及免税等相关事宜的往来公文
【发文单位】 甘肃水利林牧公司；兰州牧场等
【收文单位】 甘肃省政府；甘肃水利林牧公司等
【档案编号】
　　039-001-0245-（0004、0006-0009）
【成文时间】 1942-05-21—1942-07-31
【收藏单位】 甘肃省档案馆
【涉及地域】 兰州市
【关 键 词】 牧场；畜牧税
【内容提要】
　　共5份文件，主要内容为兰州牧场技术员需前往民和临夏一带购运乳牛，甘肃水利林牧公司于5月31日呈请甘肃省政府赐给护照，7月8日兰州牧场函请甘肃水利林牧公司转函甘宁青新直接税局援旧例应减免百分之八的牲畜税，7月11日甘肃水利林牧公司准转兰州牧场的减税函给甘宁青新直接税局，7月29日甘宁青新直接税局准予免征，7月31日甘肃水利林牧公司函复兰州牧场已批准。

【叙录编号】 0910
【档案题名】
　　民国三十六年（1947）甘肃省财政厅、甘肃省政府、甘肃水利林牧公司、兰州牧场、董涵荣、赵宗晋等单位（个人）就赴汴、赴豫接乳牛各项事项的相关公文
【发文单位】 甘肃省财政厅出纳股；甘肃省政府等
【收文单位】 甘肃水利林牧公司；兰州牧场
【档案编号】
　　039-001-0245-（0014-0018、0021-0022、0024-0034、0037）
【成文时间】 1947-05-29—1947-10-25
【收藏单位】 甘肃省档案馆
【涉及地域】 甘肃省；兰州市
【关 键 词】 乳牛
【内容提要】
　　共19份文件，附《接运行总拨甘乳牛费用收支对照表（原版）》《接运行总拨甘乳牛费用支出计算表》《接运行总拨甘乳牛费用收支对照表（草稿）》《接运行总拨甘乳牛费用收支对照表（修正版）》各1份，其他内容涉及从汴、豫外地接运八头乳牛各项事宜，比如运旅费、接运人员的派遣、兽医及饲料等等。

【叙录编号】 0911
【档案题名】
　　民国三十六年（1947）中央畜牧实验所、甘肃水利林牧公司及兰州牧场就填报乳牛事业状况表调查表一事的往来公文
【发文单位】 中央畜牧实验所；兰州牧场
【收文单位】 甘肃水利林牧公司；中央畜牧实验所
【档案编号】 039-001-0245-（0019-0020）
【成文时间】 1947-09-04—1947-09-08
【收藏单位】 甘肃省档案馆
【涉及地域】 兰州市
【关 键 词】 乳牛
【内容提要】
　　共2份文件，附《乳牛事业状况调查表》三种格式各1份，《兰州市现有乳牛事业状况调查表》1份，涉及调查兰州乳牛事业状况一事。

【叙录编号】 0912
【档案题名】
　　民国三十六年（1947）兰州牧场、甘肃省政府及甘肃水利林牧公司就荷兰纯种公牛患病及后续治疗事宜之间的往来公文
【发文单位】 兰州牧场；甘肃省政府等
【收文单位】 甘肃水利林牧公司
【档案编号】
　　039-001-0245-（0041、0044-0045）
【成文时间】 1947-11-26—1947-12-12
【收藏单位】 甘肃省档案馆
【涉及地域】 兰州市
【关 键 词】 荷兰纯种公牛；患病
【内容提要】
　　共3份文件，涉及兰州牧场所养的荷兰纯种公牛在运达天水时就已患右前膝肿大发热的疾病，治疗费用奇贵，牧场难以承担，故11月26日牧场向总管理处、甘肃省政府发函备查情况与祈请拨款治疗。12月10日甘肃省政府函复甘肃水利林牧公司，准派西北兽疫疠治所高级技术人员前往治疗，12月12日甘肃水利林牧公司转函告知牧场。

【叙录编号】 0913
【档案题名】
　　民国三十六年（1947）兰州牧场、甘肃水利林牧公司就送兰州牧场调查表致甘肃水利林牧公司、甘肃省建设厅的函
【发文单位】 兰州牧场；甘肃水利林牧公司
【收文单位】 甘肃水利林牧公司；甘肃省建设厅
【档案编号】 039-001-0245-（0046-0047）
【成文时间】 1947-12-17—1947-12-25
【收藏单位】 甘肃省档案馆
【涉及地域】 兰州市
【关 键 词】 兰州牧场；调查表
【内容提要】
　　共2份文件，附12月17日填报的《甘肃省兰州市甘肃水利林牧公司兰州牧场调查表》，其他内容如题。

【叙录编号】 0914
【档案题名】
　　民国三十六年（1947）甘肃水利林牧公司就行总拟赠甘肃省政府荷兰种牛到达兰州等情致甘肃省建设厅的函
【发文单位】 甘肃水利林牧公司
【收文单位】 甘肃省建设厅
【档案编号】 039-001-0245-0051
【成文时间】 不详
【收藏单位】 甘肃省档案馆
【涉及地域】 兰州市
【关 键 词】 荷兰种牛
【内容提要】
　　共1份文件，内容如题。

【叙录编号】 0915
【档案题名】
　　民国三十六年（1947）甘肃水利林牧公司就兰州牧场代管行总美国种牛饲养等情致甘肃省建设厅的签呈
【发文单位】 甘肃水利林牧公司
【收文单位】 甘肃省建设厅
【档案编号】 039-001-0245-0052
【成文时间】 1947-12-05
【收藏单位】 甘肃省档案馆
【涉及地域】 兰州市
【关 键 词】 美国种牛
【内容提要】
　　共1份文件，内容如题。

【叙录编号】 0916
【档案题名】
民国三十七年（1948）兰州牧场、甘肃水利林牧公司及甘肃省建设厅就缴清接运乳牛费一事的往来公文
【发文单位】 兰州牧场；甘肃水利林牧公司等
【收文单位】 甘肃水利林牧公司；兰州牧场
【档案编号】 039-001-0245-（0055-0057）
【成文时间】 1948-01-13—1948-01-20
【收藏单位】 甘肃省档案馆
【涉及地域】 兰州市
【关 键 词】 乳牛；运费
【内容提要】
共3份文件，涉及兰州牧场接运行总乳牛八头运费一事，后该钱由甘肃省政府负担。

【叙录编号】 0917
【档案题名】
民国三十七年（1948）兰州牧场、甘肃水利林牧公司就纯种小公牛患病、酱色小公牛倒毙等事宜的往来公文
【发文单位】 甘肃水利林牧公司；兰州牧场
【收文单位】 兰州牧场；甘肃水利林牧公司
【档案编号】 039-001-0245-（0058-0060）
【成文时间】 1948-03-24—1948-03-30
【收藏单位】 甘肃省档案馆
【涉及地域】 兰州市
【关 键 词】 小公牛；倒毙；患病
【内容提要】
共3份文件，涉及3月24日甘肃水利林牧公司函复兰州牧场小公牛患病应加以防治并诊治，3月30日兰州牧场向甘肃水利林牧公司函报纯种小公牛患病情形，以及同一天酱色小公牛倒毙。

【叙录编号】 0918
【档案题名】
甘肃水利林牧公司、兰州材料厂、宝天铁路局就西北枕木厂木材运送事的函
【发文单位】 甘肃水利林牧公司；兰州材料厂等
【收文单位】 宝天铁路局；西北枕木厂等
【档案编号】 039-001-0271-（0024-0028）
【成文时间】 1944-01-07—1944-02-04
【收藏单位】 甘肃省档案馆
【涉及地域】 兰州市
【关 键 词】 木料；商业
【内容提要】
共5份文件。西北枕木厂与兰州材料厂签订的木料合同（0025）。

【叙录编号】 0919
【档案题名】
兰州无线电台及其朱经理向甘肃水利林牧公司、兰州牧场订购牛奶的往来函
【发文单位】 无线电台兰州分台；甘肃水利林牧公司
【收文单位】 甘肃水利林牧公司总管理处；兰州牧场
【档案编号】
039-001-0296-（0004、0010-0012）
【成文时间】 1943-01-28—1943-06-24
【收藏单位】 甘肃省档案馆
【涉及地域】 兰州市
【关 键 词】 牛奶；兰州牧场
【内容提要】
共4份文件，内容如题。

【叙录编号】 0920
【档案题名】
甘肃水利林牧公司与甘肃油矿局就订购蜂蜜一事的往返函
【发文单位】 资源委员会甘肃油矿局运输处兰

州区办事处；甘肃水利林牧公司
【收文单位】 甘肃水利林牧公司；资源委员会甘肃油矿局运输处兰州区办事处
【档案编号】 039-001-0296-（0005-0006）
【成文时间】 1943-04-28
【收藏单位】 甘肃省档案馆
【涉及地域】 兰州市
【关 键 词】 蜂蜜；兰州牧场
【内容提要】
　　共2份文件。甘肃油矿局蜂蜜存货无几，函复甘肃水利林牧公司向兰州牧场洽购蜂蜜（0006）。

【叙录编号】 0921
【档案题名】
　　兰州无线电台、中国酱园、兰州滑翔站、甘宁青监所等机构为订购牛奶致甘肃水利林牧公司的函
【发文单位】 无线电台兰州分台；中国酱园等
【收文单位】 甘肃水利林牧公司
【档案编号】
　　039-001-0296-（0017-0021、0027-0029）
【成文时间】 1943-11-15—1943-11-29
【收藏单位】 甘肃省档案馆
【涉及地域】 兰州市
【关 键 词】 牛奶
【内容提要】
　　共5份文件，内容如题。

【叙录编号】 0922
【档案题名】
　　甘肃水利林牧公司驻渝代表张丹如与甘肃水利林牧公司总管理处就购售酥油一事的往来公文
【发文单位】 甘肃水利林牧公司；甘肃水利林牧公司驻渝代表张丹如
【收文单位】 兰州牧场；甘肃水利林牧公司等

【档案编号】 039-001-0296-（0031-0043）
【成文时间】 1943-01-11—1943-05-19
【收藏单位】 甘肃省档案馆
【涉及地域】 兰州市
【关 键 词】 酥油；兰州牧场
【内容提要】
　　共13份文件。甘肃水利林牧公司出品酥油由冠生园经售（0033）；甘肃水利林牧公司函知驻渝代表张丹如酥油推销办法（0038）。

【叙录编号】 0923
【档案题名】
　　甘肃水利林牧公司、兰州牧场与航空委员会就收购、验收酪素一事的往来函
【发文单位】 甘肃水利林牧公司；兰州牧场
【收文单位】 兰州牧场；航空委员会董主任
【档案编号】 039-001-0296-（0048-0049）
【成文时间】 1945-08-02—1946-05-04
【收藏单位】 甘肃省档案馆
【涉及地域】 甘肃省
【关 键 词】 酪素
【内容提要】
　　共2份文件，内容如题。

【叙录编号】 0924
【档案题名】
　　甘肃水利林牧公司为就第一林区管理处木材投兰请求协助一事致洮惠渠和溥济渠
【发文单位】 甘肃水利林牧公司
【收文单位】 洮惠渠；溥济渠
【档案编号】 039-001-0309-0008
【成文时间】 1943-03-31
【收藏单位】 甘肃省档案馆
【涉及地域】 兰州市
【关 键 词】 木材
【内容提要】
　　共1份文件，内容如题。

【叙录编号】 0925
【档案题名】
　　甘肃水利林牧公司总管理处与西北公路运务组就种牛运送一事的往来函
【发文单位】 甘肃水利林牧公司总管理处；西北公路运输局运务组
【收文单位】 西北公路运输局运务组；甘肃水利林牧公司总管理处
【档案编号】 039-001-0350-（0014、0019）
【成文时间】 1944-03-08
【收藏单位】 甘肃省档案馆
【涉及地域】 兰州市
【关 键 词】 种牛
【内容提要】
　　共2份文件，内容如题。

【叙录编号】 0926
【档案题名】
　　甘肃省建设厅、甘肃水利林牧公司总管理处就请建设厅协助购运种牛一事的往来公文
【发文单位】 甘肃省建设厅
【收文单位】 甘肃水利林牧公司总管理处
【档案编号】
　　039-001-0350-（0007、0009、0028）
【成文时间】 1944-01-13—1944-04-15
【收藏单位】 甘肃省档案馆
【涉及地域】 兰州市
【关 键 词】 种牛
【内容提要】
　　共3份文件，内容如题。

【叙录编号】 0927
【档案题名】
　　甘肃省建设厅、甘肃水利林牧公司总管理处、兰州牧场就兰州牧场洽购宝鸡乳牛一事的往来公文
【发文单位】 甘肃省建设厅；兰州牧场等

【收文单位】 甘肃水利林牧公司总管理处；甘肃省建设厅厅长张心一
【档案编号】
　　039-001-0350-（0024-0025、0029）
【成文时间】 1944-03-22—1944-03-28
【收藏单位】 甘肃省档案馆
【涉及地域】 兰州市
【关 键 词】 宝鸡乳牛
【内容提要】
　　共3份文件，内容如题。

【叙录编号】 0928
【档案题名】
　　甘肃水利林牧公司兰州牧场三十五年（1946）月度工作报告及年度工作报告
【发文单位】 兰州牧场
【收文单位】 甘肃水利林牧公司总管理处
【档案编号】
　　039-001-0351-（0002-0008、0011-0013、0015-0017、0019、0021-0022）
【成文时间】 1946-01-31—1946-05-04
【收藏单位】 甘肃省档案馆
【涉及地域】 兰州市
【关 键 词】 黄牛；牛种
【内容提要】
　　共16份文件。主要为兰州牧场畜牧业发展状况，涉及牛种畜养、牛奶产出等。0002为1月工作报告；0003为3月作报告；0005为4月工作报告；0008为5月工作报告；0021为三十五年度（1946）工作报告。

【叙录编号】 0929
【档案题名】
　　《甘肃水利林牧公司兰州牧场五年来业务报告》
【发文单位】 不详
【收文单位】 不详

【档案编号】 039-001-0351-0027
【成文时间】 1943-02-04
【收藏单位】 甘肃省档案馆
【涉及地域】 兰州市
【关 键 词】 酥油塔；奶牛
【内容提要】
　　共1份文件，涉及兰州牧场购售酥油、牛奶等方面的业务情况。

【叙录编号】 0930
【档案题名】
　　甘肃水利林牧公司兰州牧场三十六年度（1947）业务计划纲要及收支经费概算
【发文单位】 不详
【收文单位】 不详
【档案编号】 039-001-0351-0028
【成文时间】 1947
【收藏单位】 甘肃省档案馆
【涉及地域】 兰州市
【关 键 词】 饲料；奶牛
【内容提要】
　　共1份文件，主要涉及牛种饲养情况、产奶量、牧场经费收支等。

【叙录编号】 0931
【档案题名】
　　兰州牧场就将本场牛只迁至永登放牧并成立永登分场一事致甘肃水利林牧公司总管理处的函
【发文单位】 兰州牧场
【收文单位】 甘肃水利林牧公司总管理处
【档案编号】 039-001-0351-0014
【成文时间】 1946-10-11
【收藏单位】 甘肃省档案馆
【涉及地域】 兰州市；永登县
【关 键 词】 牧场；奶牛
【内容提要】
　　共1份文件。兰州牧场为降低成本，提高收益，欲在永登县设置分场。

【叙录编号】 0932
【档案题名】
　　甘肃水利林牧公司三十六年（1947）月度工作报告
【发文单位】 甘肃水利林牧公司兰州牧场
【收文单位】 甘肃水利林牧公司总管理处
【档案编号】
　　039-001-0352-（0001-0007、0013-0014）
【成文时间】 1947-07-04—1948-01-12
【收藏单位】 甘肃省档案馆
【涉及地域】 兰州市
【关 键 词】 乳牛；鲜奶
【内容提要】
　　共9份文件，涉及兰州牧场每月鲜奶产销、牧牛畜养等情况。0002为7月工作报告；0005为8月工作报告；0007为9月工作报告；0014为12月工作报告。

【叙录编号】 0933
【档案题名】
　　《甘肃水利林牧公司兰州牧场三十六年度工作业务报告》
【发文单位】 不详
【收文单位】 不详
【档案编号】 039-001-0352-0015
【成文时间】 1947
【收藏单位】 甘肃省档案馆
【涉及地域】 兰州市
【关 键 词】 牧牛；牛奶
【内容提要】
　　共1份文件。兰州牧场为扩大鲜奶产量，新增纯种乳牛。后附《甘肃水利林牧公司兰州牧场省政府委托饲育牛只表》。

【叙录编号】 0934
【档案题名】
　　甘肃水利林牧公司三十七年度（1948）1、2月工作报告
【发文单位】 不详
【收文单位】 不详
【档案编号】 039-001-0352-（0017、0020）
【成文时间】 1948-03-04
【收藏单位】 甘肃省档案馆
【涉及地域】 兰州市；永登县
【关　键　词】 鲜奶；乳牛
【内容提要】
　　共2份文件，涉及兰州牧场乳品产销、乳牛育种的情况，以及新建永登牧场的经营情况。

【叙录编号】 0935
【档案题名】
　　兰州牧场与甘肃水利林牧公司为储存牧场所需冬季饲料一事的往来公文
【发文单位】 兰州牧场
【收文单位】 甘肃水利林牧公司总管理处
【档案编号】 039-001-0352-（0021-0023）
【成文时间】 1948-01-20
【收藏单位】 甘肃省档案馆
【涉及地域】 兰州市
【关　键　词】 牧场；饲料
【内容提要】
　　共3份文件。0022为《兰州牧场三十七年1至6月份需用饲料估计款》；0023为《甘肃水利林牧公司陇南牧场总处拨到款项后收支表》。

【叙录编号】 0936
【档案题名】
　　兰州牧场工作业务进度周报
【发文单位】 不详
【收文单位】 不详
【档案编号】 039-001-0394-（0001-0002）
【成文时间】 1948-10-16—1948-10-20
【收藏单位】 甘肃省档案馆
【涉及地域】 兰州市
【关　键　词】 林场；水利工程
【内容提要】
　　共2份文件，第二份涉及兰州牧场在水利、森林方面的工作情况。

【叙录编号】 0937
【档案题名】
　　兰州牧场工作业务进度周报
【发文单位】 不详
【收文单位】 不详
【档案编号】 039-001-0394-（0015-0016）
【成文时间】 1943-12-24—1943-12-30
【收藏单位】 甘肃省档案馆
【涉及地域】 兰州市
【关　键　词】 乳牛；乳制品；牧场；畜牧业
【内容提要】
　　共2份文件，涉及牧场乳牛的饲养、分娩及乳制品产销等情况。

【叙录编号】 0938
【档案题名】
　　甘肃水利林牧公司就借用、验收木料一事致兰州市核心工事材料采购委员会的函及兰州市核心工事征借木商木料分配清册
【发文单位】 甘肃水利林牧公司；兰州市核心工事材料采购委员会
【收文单位】 甘肃水利林牧公司；兰州市核心工事材料采购委员会
【档案编号】 039-001-0399-（0001-0002）
【成文时间】 1947-12-02—1947-12-09
【收藏单位】 甘肃省档案馆
【涉及地域】 兰州市
【关　键　词】 木材；征借；验收

【内容提要】

共2份文件。0002为兰州市核心工事征借木商木材分配清册。

【叙录编号】 0939
【档案题名】
甘肃水利林牧公司来兰州市木商业同业会三十六年度（1947）征借木料价款的通知
【发文单位】 兰州市木商业同业会
【收文单位】 不详
【档案编号】 039-001-0399-0003
【成文时间】 1948-06-12
【收藏单位】 甘肃省档案馆
【涉及地域】 兰州市
【关 键 词】 木料；款价
【内容提要】

共1份文件，内容如题。

【叙录编号】 0940
【档案题名】
甘肃水利林牧公司总经理为兰州市核心工事材料采购委员会直接交采莲花山木料一事致主席的呈
【发文单位】 甘肃水利林牧公司代理总经理
【收文单位】 甘肃水利林牧公司主席兼董事长
【档案编号】 039-001-0399-（0004-0005）
【成文时间】 1947-12-02—1947-12-08
【收藏单位】 甘肃省档案馆
【涉及地域】 兰州市
【关 键 词】 木料；运输；莲花山
【内容提要】

共2份文件。因协助军事设施建设，兰州市核心工事材料采购委员会欲从莲花山内借木料（0004）；甘肃水利林牧公司在莲花山伐运木料的工作进程（0005）。

【叙录编号】 0941
【档案题名】
甘肃水利林牧公司与兰州市核心工事材料采购委员会就派员核验木料一事的函及通报
【发文单位】 甘肃水利林牧公司；兰州市核心工事材料采购委员会
【收文单位】 兰州市核心工事材料采购委员会；甘肃水利林牧公司
【档案编号】 039-001-0399-（0006-0007）
【成文时间】 1947-12-10—1947-12-15
【收藏单位】 甘肃省档案馆
【涉及地域】 兰州市
【关 键 词】 木料
【内容提要】

共2份文件，内容如题。

【叙录编号】 0942
【档案题名】
兰州市联合滑冰场管理委员会与甘肃水利林牧公司为筹建冰场拨借木料一事的笺和呈
【发文单位】 兰州市联合滑冰场管理委员会
【收文单位】 甘肃水利林牧公司
【档案编号】 039-001-0399-（0008-0009）
【成文时间】 1947-12-18—1948-01-21
【收藏单位】 甘肃省档案馆
【涉及地域】 兰州市
【关 键 词】 木料
【内容提要】

共2份文件。滑冰场所需木料由莲场木料借出（0009）。

【叙录编号】 0943
【档案题名】
兰州市政府为送赉木料数量分配表致甘肃水利林牧公司的函
【发文单位】 兰州市政府
【收文单位】 甘肃水利林牧公司

【档案编号】 039-001-0399-0012
【成文时间】 1948-03-31
【收藏单位】 甘肃省档案馆
【涉及地域】 兰州市
【关 键 词】 木料
【内容提要】
　　共1份文件，内容如题。

【叙录编号】 0944
【档案题名】
　　甘肃省政府为请拨借兰州核心工事木料一事致甘肃水利林牧公司的代电
【发文单位】 甘肃省政府
【收文单位】 甘肃水利林牧公司
【档案编号】 039-001-0399-0040
【成文时间】 1949-01-24
【收藏单位】 甘肃省档案馆
【涉及地域】 兰州市
【关 键 词】 木料
【内容提要】
　　共1份文件，内容如题。

【叙录编号】 0945
【档案题名】
　　甘肃省建设厅召开关于筹借兰州市核心工事木料座谈会记录
【发文单位】 甘肃省建设厅
【收文单位】 不详
【档案编号】 039-001-0399-0041
【成文时间】 不详
【收藏单位】 甘肃省档案馆
【涉及地域】 兰州市
【关 键 词】 木料
【内容提要】
　　共1份文件。所需木料由临洮林场拨发，开春沿河运送。

【叙录编号】 0946
【档案题名】
　　甘肃省卫生厅、甘肃水利林牧公司就请拨兴建妇婴保健院所需木料一事的函和笺
【发文单位】 甘肃省卫生厅
【收文单位】 甘肃水利林牧公司
【档案编号】 039-001-0399-（0046-0047）
【成文时间】 1948-10-22
【收藏单位】 甘肃省档案馆
【涉及地域】 兰州市
【关 键 词】 木料；妇婴保健院；建筑
【内容提要】
　　共2份文件。甘肃省卫生厅为请捐助妇婴保健院所需木材致甘肃水利林牧公司的函（0046）；甘肃省卫生厅为派职员查验木料致甘肃水利林牧公司（0047）。

【叙录编号】 0947
【档案题名】
　　甘肃水利林牧公司与兰州日报社价让报社所需木材一事的函
【发文单位】 甘肃水利林牧公司；兰州日报社
【收文单位】 兰州日报社；甘肃水利林牧公司
【档案编号】 039-001-0399-（0049-0050）
【成文时间】 1949-03-09—1949-04-08
【收藏单位】 甘肃省档案馆
【涉及地域】 兰州市
【关 键 词】 木材；兰州日报社；价让
【内容提要】
　　共2份文件。兰州日报社函请甘肃水利林牧公司捐助报社建房所需木材（0050），甘肃水利林牧公司表示可按成本价出售报社所需木材（0049）。

【叙录编号】 0948
【档案题名】
　　解放兰州烈士纪念塔建筑工程处为请捐赠

纪念塔模型所需木材致甘肃水利林牧公司的函
【发文单位】 解放兰州烈士纪念塔建筑工程处
【收文单位】 甘肃水利林牧公司
【档案编号】 039-001-0399-0054
【成文时间】 11-25
【收藏单位】 甘肃省档案馆
【涉及地域】 兰州市
【关 键 词】 木材；烈士纪念塔
【内容提要】
共1份文件，内容如题。

【叙录编号】 0949
【档案题名】
兰州市木商同业协会就征借核心工事木料致甘肃水利林牧公司的通知
【发文单位】 兰州市木商同业协会
【收文单位】 甘肃水利林牧公司
【档案编号】 039-001-0400-0027
【成文时间】 1947-11-20
【收藏单位】 甘肃省档案馆
【涉及地域】 兰州市
【关 键 词】 木料征借
【内容提要】
共2份文件，内容如题。

【叙录编号】 0950
【档案题名】
兰州电厂与甘肃水利林牧公司就木料交易的往来公文
【发文单位】 兰州电厂；甘肃水利林牧公司
【收文单位】 甘肃水利林牧公司；兰州电厂
【档案编号】 039-001-0401-（0001-0004）
【成文时间】 1947-06-26—1947-06-28
【收藏单位】 甘肃省档案馆
【涉及地域】 兰州市
【关 键 词】 木料交易

【内容提要】
共4份文件，内容如题。

【叙录编号】 0951
【档案题名】
甘肃水利林牧公司为让售现存木料致兰州大学的函
【发文单位】 甘肃水利林牧公司
【收文单位】 兰州大学
【档案编号】 039-001-0401-0021
【成文时间】 1947-08-16
【收藏单位】 甘肃省档案馆
【涉及地域】 兰州市
【关 键 词】 木料让售
【内容提要】
共1份文件，内容如题。

【叙录编号】 0952
【档案题名】
甘肃水利林牧公司与兰州制革厂就木料交易的往来公文
【发文单位】 甘肃水利林牧公司；兰州制革厂
【收文单位】 兰州制革厂；甘肃水利林牧公司
【档案编号】 039-001-0401-（0024-0025）
【成文时间】 1947-11-22—1947-11-27
【收藏单位】 甘肃省档案馆
【涉及地域】 兰州市
【关 键 词】 木料下拨
【内容提要】
共2份文件，兰州制革厂请甘肃水利林牧公司下拨木料建设新房屋，甘肃水利林牧公司以所存木料不多回绝。

【叙录编号】 0953
【档案题名】
甘肃水利林牧公司与天水铁路工程局兰州办事处就木料交易的往来公文

【发文单位】 甘肃水利林牧公司；天水铁路工程局兰州办事处
【收文单位】 天水铁路工程局兰州办事处；甘肃水利林牧公司
【档案编号】 039-001-0401-（0027-0028）
【成文时间】 1948-03-20—1948-03-27
【收藏单位】 甘肃省档案馆
【涉及地域】 兰州市
【关 键 词】 木料交易
【内容提要】
共2份文件，甘肃水利林牧公司咨询天水铁路工程局兰州办事处价购松木事宜，天水铁路工程局兰州办事处以不需电杆木为由回复。

【叙录编号】 0954
【档案题名】
甘肃水利林牧公司为兰州市各机关廉价供应大小松料的函
【发文单位】 甘肃水利林牧公司
【收文单位】 兰州市各机关
【档案编号】 039-001-0404-0008
【成文时间】 1948-09-23
【收藏单位】 甘肃省档案馆
【涉及地域】 兰州市
【关 键 词】 松料供应
【内容提要】
共1份文件，内容如题。

【叙录编号】 0955
【档案题名】
甘肃水利林牧公司就兰州牧场所需款项致甘肃省政府的呈文
【发文单位】 甘肃水利林牧公司
【收文单位】 甘肃省政府
【档案编号】 039-001-0424-0004
【成文时间】 不详
【收藏单位】 甘肃省档案馆
【涉及地域】 兰州市
【关 键 词】 兰州牧场；款项
【内容提要】
共1份文件，内容如题。

【叙录编号】 0956
【档案题名】
农林部会计处就景泰林场会计员王彦俊委派的函
【发文单位】 农林部会计处
【收文单位】 农林部西北防沙林甘肃景泰林场
【档案编号】 039-001-0428-0014
【成文时间】 1949-01-17
【收藏单位】 甘肃省档案馆
【涉及地域】 景泰县
【关 键 词】 会计
【内容提要】
共1份文件，内容如题。

【叙录编号】 0957
【档案题名】
农林部西北防沙林甘肃景泰林场与农林部就请发开办经费的往来公文
【发文单位】 农林部西北防沙林甘肃景泰林场；农林部
【收文单位】 农林部；农林部西北防沙林甘肃景泰林场
【档案编号】
039-001-0432；
039-001-0433-（0001-0008、0010、0014、0016-0027、0025、0031）
【成文时间】
1947-12-15—1948-09-23；
1948-03-25；1948-11-17；1948-12-27
【收藏单位】 甘肃省档案馆
【涉及地域】 景泰县
【关 键 词】 经费预算

【内容提要】

共24份文件，主要包括农林部西北防沙林甘肃景泰林场为请发开办经费及日常开支经费致呈农林部，并附上事业费分配预算书，后多次上呈请发经费（0001-0004、0007-0008、0014、0017）。后景泰林场收到相应月份经费（0005、0010、0019、0023-0025）。此外农林部还让其自行以未动经费充开办费（0006、0016）。

【叙录编号】 0958
【档案题名】
农林部下发各机关生活补助结余提充员工福利金会计处理办法的训令
【发文单位】 农林部
【收文单位】 农林部西北防沙林甘肃景泰林场
【档案编号】 039-001-0434-0008
【成文时间】 1948-10-21
【收藏单位】 甘肃省档案馆
【涉及地域】 景泰县
【关 键 词】 福利
【内容提要】
共1份文件，内容如题。

【叙录编号】 0959
【档案题名】
农林部西北防沙林甘肃景泰林场与农林部就请拨开办经费的电
【发文单位】 农林部西北防沙林甘肃景泰林场
【收文单位】 农林部
【档案编号】 039-001-0435-0003
【成文时间】 1948-03-09
【收藏单位】 甘肃省档案馆
【涉及地域】 景泰县
【关 键 词】 开办费
【内容提要】
共1份文件，内容如题。

【叙录编号】 0960
【档案题名】
农林部西北防沙林甘肃景泰林场与农林部就员工生活补助、提高员工待遇等事务的往来公文
【发文单位】 农林部西北防沙林甘肃景泰林场；农林部
【收文单位】 农林部；农林部西北防沙林甘肃景泰林场
【档案编号】
039-001-0435（全案卷）；
039-001-0436（全案卷）
【成文时间】
1948-03-07—1948-08-09；
1948-08-18—1948-12-20
【收藏单位】 甘肃省档案馆
【涉及地域】 景泰县
【关 键 词】 生活补助；员工待遇
【内容提要】

共59份文件，主要包括农林部西北防沙林甘肃景泰林场请求农林部下拨员工各类生活补助的相关公文往来（0001-0002、0004-0011、0013-0016、0020-0023、0026-0028、0030、0032-0033、0036；0003-0006、0008-0009、0012、0015、0017、0019-0021、0024、0027、0029）、景泰林场要求提高员工待遇及相关事务与农林部的公文往来（0017-0019、0024-0025、0029、0031、0034-0035）。

【叙录编号】 0961
【档案题名】
农林部西北防沙林甘肃景泰林场与农林部就为景泰林场员工配食米代金的往来公文
【发文单位】 农林部西北防沙林甘肃景泰林场；农林部
【收文单位】 农林部；农林部西北防沙林甘肃景泰林场

【档案编号】 039-001-0437-（0001-0011）
【成文时间】 1948-03-26—1948-11-12
【收藏单位】 甘肃省档案馆
【涉及地域】 景泰县
【关 键 词】 食米代金
【内容提要】
　　共11份文件，主要包括农林部西北防沙林甘肃景泰林场就物价上涨请求农林部为其员工实行食米实物配给及后续实行方法。

【叙录编号】 0962
【档案题名】
　　农林部就据电请汇发工账防沙造林经费等事务致农林部西北防沙林甘肃景泰林场的电
【发文单位】 农林部西北防沙林甘肃景泰林场；农林部
【收文单位】 农林部；农林部西北防沙林甘肃景泰林场
【档案编号】 039-001-0439-0006
【成文时间】 1948-08-02—1948-08-04
【收藏单位】 甘肃省档案馆
【涉及地域】 景泰县
【关 键 词】 防沙造林
【内容提要】
　　共2份文件，内容如题。

【叙录编号】 0963
【档案题名】
　　农林部西北防沙林甘肃景泰林场与农林部就兰州办事处及五佛寺苗圃办公费预算书的往来公文
【发文单位】 农林部西北防沙林甘肃景泰林场；农林部
【收文单位】 农林部；农林部西北防沙林甘肃景泰林场
【档案编号】 039-001-0439-（0008、0013）
【成文时间】 1948-08-28—1948-09-22

【收藏单位】 甘肃省档案馆
【涉及地域】 景泰县
【关 键 词】 经费预算
【内容提要】
　　共2份文件，内容如题。

【叙录编号】 0964
【档案题名】
　　甘肃省农业改进所、西北防沙林场等为景泰林场价购苗木种子的往来公文
【发文单位】 景泰林场；甘肃省建设厅等
【收文单位】 甘肃省农业改进所；第八补给区司令部等
【档案编号】 039-001-0469-（0001-0014）
【成文时间】 1948-04-30—1948-11-16
【收藏单位】 甘肃省档案馆
【涉及地域】 景泰县
【关 键 词】 木材；防沙带
【内容提要】
　　共14份文件。自4月起，景泰林场先后向甘肃省农业改进所价购洋槐种子（0001、0014）、育苗种子（0002）、苜蓿种子（0005-0007）、树苗和草木种子（0003-0004、0008、0011-0013）。4月17日，甘肃省建设厅令饬沿公路各县政府将县苗圃树苗拨让景泰林场，以便营造防沙带（0010）。

【叙录编号】 0965
【档案题名】
　　景泰林场为请拨发林场森林和燃料生产费一事致甘肃水利林牧公司森林部的呈
【发文单位】 景泰林场
【收文单位】 甘肃水利林牧公司森林部
【档案编号】 039-001-0469-0016
【成文时间】 1948-07-05
【收藏单位】 甘肃省档案馆
【涉及地域】 景泰县

【关 键 词】 森林；燃料
【内容提要】
　　共1份文件，内容如题。

【叙录编号】 0966
【档案题名】
　　景泰县政府为请拨苗圃及荒地致景泰林场的函
【发文单位】 景泰县政府
【收文单位】 景泰林场
【档案编号】 039-001-0469-0019
【成文时间】 1948-06-10
【收藏单位】 甘肃省档案馆
【涉及地域】 景泰县
【关 键 词】 苗圃
【内容提要】
　　共1份文件。景泰县政府请拨荒地，作办公和育苗之用。

【叙录编号】 0967
【档案题名】
　　景泰林场为报查勘林圃地经过情形及下年度营造西北防沙林计划致甘肃水利林牧公司农林部的指令
【发文单位】 景泰林场
【收文单位】 甘肃水利林牧公司农林部
【档案编号】 039-001-0469-0022
【成文时间】 1948-06
【收藏单位】 甘肃省档案馆
【涉及地域】 景泰县
【关 键 词】 苗圃
【内容提要】
　　共1份文件，内容如题。

【叙录编号】 0968
【档案题名】
　　西北防沙林场为请营造防沙林经费援助一事致美方代表米哲理的函
【发文单位】 西北防沙林场
【收文单位】 米哲理
【档案编号】 039-001-0469-0022
【成文时间】 1948-08-06
【收藏单位】 甘肃省档案馆
【涉及地域】 景泰县
【关 键 词】 防沙林
【内容提要】
　　共1份文件，内容如题。

【叙录编号】 0969
【档案题名】
　　景泰林场为请甘肃省政府令饬各乡镇采集树木籽送至林场一事致甘肃省政府的函
【发文单位】 景泰林场
【收文单位】 甘肃省政府
【档案编号】 039-001-0469-0023
【成文时间】 1948-11-03
【收藏单位】 甘肃省档案馆
【涉及地域】 景泰县
【关 键 词】 树木籽
【内容提要】
　　共1份文件，内容如题。

【叙录编号】 0970
【档案题名】
　　景泰林场为请派林警保护景泰县南营盘台新植林木一事致景泰县政府的函
【发文单位】 景泰林场
【收文单位】 景泰县政府
【档案编号】 039-001-0469-0024
【成文时间】 1948-07-29
【收藏单位】 甘肃省档案馆
【涉及地域】 景泰县
【关 键 词】 林木；林警

【内容提要】

共1份文件，内容如题。

【叙录编号】 0971
【档案题名】
景泰林场为请派民工八百人协助林场造林一事致景泰县政府的函
【发文单位】 景泰林场
【收文单位】 景泰县政府
【档案编号】 039-001-0469-0025
【成文时间】 1948-04-02
【收藏单位】 甘肃省档案馆
【涉及地域】 景泰县
【关 键 词】 造林；林木
【内容提要】

共1份文件，内容如题。

【叙录编号】 0972
【档案题名】
甘肃水利林牧公司总管理处为召开西北家畜及饲料改进协会事项致甘肃水利林牧公司兰州牧场的函
【发文单位】 甘肃水利林牧公司总管理处
【收文单位】 甘肃水利林牧公司兰州牧场
【档案编号】 039-001-0470-0001
【成文时间】 1943-09-22
【收藏单位】 甘肃省档案馆
【涉及地域】 兰州市
【关 键 词】 西北家畜；饲料；改进协会
【内容提要】

共1份文件，内容如题。

【叙录编号】 0973
【档案题名】
甘肃水利林牧公司兰州牧场与甘肃水利林牧公司总管理处的往来公文与工作报告
【发文单位】 甘肃水利林牧公司兰州牧场；甘肃水利林牧公司总管理处
【收文单位】 甘肃水利林牧公司总管理处；甘肃水利林牧公司兰州牧场
【档案编号】 039-001-0476-（0001-0025）
【成文时间】 1948-05-07—1948-12-29
【收藏单位】 甘肃省档案馆
【涉及地域】 兰州市；陇南区
【关 键 词】 会计月报表；工作报告；疫症
【内容提要】

甘肃水利林牧公司兰州牧场为报本场年度工作简报及三十八年度（1949）计划给甘肃水利林牧公司总管理处函（0001）；甘肃水利林牧公司兰州牧场为请派员分年度焚毁废奶卷给甘肃水利林牧公司总管理处函（0002）；甘肃水利林牧公司兰州牧场为报本场焚毁废奶卷情形给总管理处函（0003）；甘肃水利林牧公司兰州牧场为报送本场6月份工作报告的函（0004）；甘肃水利林牧公司兰州牧场的业务报告（0005）；甘肃水利林牧公司兰州牧场为送本场8月份工作报告的函（0006）；甘肃水利林牧公司总管理处为按照规定格式项目填报给兰州牧场函（0007）；甘肃水利林牧公司兰州牧场为陈本场近日业务情况给总管理处函（0008）；甘肃水利林牧公司兰州牧场为报本场扩展奶产品业务计划及实施办法的函（0009）；甘肃水利林牧公司兰州牧场为报本场10月份工作报告的函（0010）；甘肃水利林牧公司总管理处为复该场乳牛疫病应注意治疗给兰州牧场的函（0011）；甘肃水利林牧公司为报本场牛只疫症等事项给总管理处函（0012）；甘肃水利林牧公司总管理处为白塔油制成器足敷供应时可停制给兰州牧场函（0013）；甘肃水利林牧公司兰州牧场的旬报表（0014）；甘肃水利林牧公司陇南畜牧场为订购明夏所需冰块的函（0015）；甘肃水利林牧公司兰州牧场为报11月份工作及会计月报给总管理处函（0016）；甘肃水利林牧公司兰州牧场为陈乳牛

感染口蹄疫已痊愈给总管理处函（0017）；甘肃水利林牧公司兰州牧场为报1月份工作月报表给总管理处函（0018）；甘肃水利林牧公司兰州牧场为报2月份工作报告的函（0019）；甘肃水利林牧公司兰州牧场为报3月份工作报表的函（0020）；甘肃水利林牧公司为报鲜奶婉谢接受优待函件给总管理处函（0021）；甘肃水利林牧公司兰州牧场为送3月份会计月报表给总管理处函（0022）；甘肃水利林牧公司兰州牧场为送4月份工作月报表给总管理处函（0023）；甘肃水利林牧公司总管理处为兰州农业职业技术学校派学生前往该场实习给兰州牧场函（0024）；甘肃水利林牧公司为报本场年度工作简报及三十八年度计划给总管理处函（0025）。

【叙录编号】 0974
【档案题名】
　　甘肃水利林牧公司兰州牧场与甘肃水利林牧公司总管理处就生产与牲畜问题的往来公文与工作报告
【发文单位】 甘肃水利林牧公司兰州牧场；甘肃水利林牧公司总管理处等
【收文单位】 甘肃水利林牧公司兰州牧场；甘肃水利林牧公司总管理处
【档案编号】 039-001-0477-（0001-0008）
【成文时间】 1949-06-08—1949-09-14
【收藏单位】 甘肃省档案馆
【涉及地域】 兰州市
【关 键 词】 会计月报表；工作报告；死牛
【内容提要】
　　甘肃水利林牧公司兰州牧场三十七年度（1948）工作简报（0001）；甘肃水利林牧公司兰州牧场三十七年度工作业务报告（0002）；甘肃水利林牧公司兰州牧场为报5月份工作月报、会计月报表给总管理处函（0003）；甘肃水利林牧公司兰州牧场为报本场6月份工作及会计月报表给总管理处函（0004）；甘肃水利林牧公司总管理处为据报酱色牛倒毙准予备查给兰州牧场的函（0005）；甘肃水利林牧公司兰州牧场为报酱色牛倒毙给总管理处函（0006）；国立兽医学院乳牛实体检验证明（0007）；甘肃水利林牧公司兰州牧场乳牛繁殖计划纲要（0008）。

【叙录编号】 0975
【档案题名】
　　甘肃水利林牧公司兰州牧场与甘肃水利林牧公司总管理处就销售商品、调整价格等事项的往来公文
【发文单位】 甘肃水利林牧公司兰州牧场；甘肃水利林牧公司总管理处
【收文单位】 甘肃水利林牧公司总管理处；甘肃水利林牧公司兰州牧场
【档案编号】
　　039-001-0478-（0001-0027、0029-0030）
【成文时间】 1948-05-11—1948-08-18
【收藏单位】 甘肃省档案馆
【涉及地域】 兰州市
【关 键 词】 产品；价格；白塔油
【内容提要】
　　甘肃水利林牧公司兰州牧场为报调整价格给甘肃水利林牧公司总管理处函（0001）；甘肃水利林牧公司兰州牧场为报调整产品价格给总管理处函（0002）；甘肃水利林牧公司兰州牧场为报调整价格给总管理处函（0003）；甘肃水利林牧公司为报调整产品价格给总管理处函（0004）；甘肃水利林牧公司兰州牧场为报调整产品价格给总管理处函（0005）；甘肃水利林牧公司兰州牧场为报鲜奶调整价格的函（0006）；甘肃水利林牧公司兰州牧场为报鲜奶调整价格的函（0007）；甘肃水利林牧公司兰州牧场为报调整产品价格的函（0008）；甘肃水利林牧公司兰州牧场为报本场产品价格的函

(0009)；甘肃水利林牧公司兰州牧场为报调整产品价格的函（0010）；甘肃水利林牧公司兰州牧场为报本场永登制造白塔油情形的函（0011）；甘肃水利林牧公司兰州牧场为报即日起依报载调整产品价格给总管理处函（0012）；甘肃水利林牧公司兰州牧场为送本公司牧场牛奶价目表等项给市政府社会科的函（0013）；甘肃水利林牧公司兰州牧场为报调整白塔油售价的函（0014）；甘肃水利林牧公司兰州牧场扩展奶产品业务计划（0015）；甘肃水利林牧公司兰州牧场发售脱脂奶实施办法（0016）；甘肃水利林牧公司兰州牧场为报产品鲜奶增订价格的函（0017）；甘肃省政府为据呈请调整奶价给甘肃水利林牧公司兰州牧场代电（0018）；甘肃水利林牧公司兰州牧场为报调整鲜奶售价给总管理处函（0019）；甘肃水利林牧公司兰州牧场奶价成本概算表（0020）；甘肃水利林牧公司兰州牧场为报本场产品调整售价的函（0021）；甘肃水利林牧公司兰州牧场为报产品白塔油调整售价的函（0022）；甘肃水利林牧公司兰州牧场为报本场产品调整价格的函（0023）；甘肃水利林牧公司兰州牧场为报调鲜奶价格的函（0024）；甘肃水利林牧公司兰州牧场为报调整产品售价的函（0025）；甘肃水利林牧公司兰州牧场为报发售鲜奶及成立城中办事处的函（0026）；甘肃水利林牧公司兰州牧场为请准予协助推销白塔油的函（0027）；甘肃水利林牧公司总管理处为该场改订产品价格过高应减低给兰州牧场的函（0029）；甘肃水利林牧公司兰州牧场为报改订产品价格给总管理处的函（0030）。

【叙录编号】　0976
【档案题名】
　　甘肃水利林牧公司兰州牧场与甘肃水利林牧公司总管理处就处理废奶卷问题的往来公文
【发文单位】　甘肃水利林牧公司总管理处
【收文单位】　甘肃水利林牧公司兰州牧场
【档案编号】　039-001-0478-（0028、0030）
【成文时间】　1949-09-08—1949-09-15
【收藏单位】　甘肃省档案馆
【涉及地域】　兰州市
【关　键　词】　焚毁；废奶卷
【内容提要】
　　甘肃水利林牧公司兰州牧场为报本场作废奶卷焚毁事项的函（0028）；甘肃水利林牧公司兰州牧场为请派员监毁废奶卷给总管理处的函（0031）。

【叙录编号】　0977
【档案题名】
　　甘肃水利林牧公司总管理处与甘肃水利林牧公司兰州牧场就财政问题的往来公文与工作报告
【发文单位】　甘肃水利林牧公司总管理处；甘肃水利林牧公司兰州牧场
【收文单位】　甘肃水利林牧公司兰州牧场；甘肃水利林牧公司总管理处
【档案编号】　039-001-0479-（0001-0036）
【成文时间】　1948-07-02—1949-09-14
【收藏单位】　甘肃省档案馆
【涉及地域】　兰州市
【关　键　词】　决算报告；会计月报；银币
【内容提要】
　　甘肃水利林牧公司总管理处为车排价款依照指示列入往来给甘肃水利林牧公司兰州牧场的函（0001）；甘肃水利林牧公司兰州牧场为报代购车排价款等项给总管理处函（0002）；甘肃水利林牧公司为改用金元等项给兰州牧场的代电（0003）；甘肃水利林牧公司总管理处为知复到期决算及6月份会计月报等项给兰州牧场的函（0004）；甘肃水利林牧公司兰州牧场为送上期决算报告及6月份会计月报给总管理处的函（0005）；甘肃水利林牧公司总管

理处为复贲到8月份会计月报内多支公费等情给兰州牧场的函（0006）；甘肃水利林牧公司兰州牧场为送8月份会计月报给总管理处函（0007）；甘肃水利林牧公司兰州牧场为报上期决算纯益数字给总管理处代电（0008）；甘肃水利林牧公司兰州牧场为请永登制黄油借款及利息等项的函（0009）；甘肃水利林牧公司兰州牧场为复本场决算及6月份会计月报应办给总管理处的函（0010）；甘肃水利林牧公司总管理处为将8、9月份薪津公费多支数补收具报给兰州牧场的函（0011）；甘肃水利林牧公司兰州牧场为报9月份工作报告及会计月报的函（0012）；甘肃水利林牧公司兰州牧场为复本场8、9月份增加经费等项的函（0013）；甘肃水利林牧公司总管理处为复所溢缴管理费准冲10月份给兰州牧场的函（0014）；甘肃水利林牧公司兰州牧场为请将本场多缴总处管理费作为10月份应缴之数给总管理处函（0015）；甘肃水利林牧公司兰州牧场为报三十八年度（1949）开支预算的函（0016）；甘肃水利林牧公司兰州牧场为报12月份会计月报及下期决算工作总报告给总管理处函（0017）；甘肃水利林牧公司总管理处为复该场存款事项给兰州牧场函（0018）；甘肃水利林牧公司兰州牧场为本场银币商定代给兰州协力工厂等项给业务处函（0019）；甘肃水利林牧公司兰州牧场为送2月份会计月报给总管理处函（0020）；甘肃水利林牧公司总管理处为示周末现金报告表等项给兰州牧场函（0021）；甘肃水利林牧公司兰州牧场为请准予核销夏河分场房屋契约临时收据的函（0022）；甘肃水利林牧公司兰州牧场为报本场改银币为记账单位等情的函（0023）；甘肃水利林牧公司兰州牧场为报本场4月份会计月报表的函（0024）；甘肃水利林牧公司总管理处为据〔兰牧字029号〕函报各件复给兰州牧场的函（0025）；甘肃水利林牧公司总管理处审核兰州牧场5月份会计报告结果（0026）；甘肃水利林牧公司总管理处为复第030号函请示各节给甘肃水利林牧公司函（0027）；甘肃水利林牧公司兰州牧场为复〔总字0259号〕函示各点给总管理处的函（0028）；甘肃水利林牧公司总管理处为该场增资准备款项给总管理处函（0030）；甘肃水利林牧公司总管理处为该场开赴总处往来账目核符给兰州牧场函（0031）；甘肃水利林牧公司兰州牧场为请示与本场有关账目并送上银币的函（0032）；甘肃水利林牧公司兰州牧场为报本年上期决算数字给总管理处函（00333）；甘肃水利林牧公司兰州牧场为报本场上期会计决算报告的函（0034）；甘肃水利林牧公司兰州牧场为报7月份工作月报及会计月报的函（0035）；甘肃水利林牧公司兰州牧场为报8月份工作月报及会计月报给总管理处函（0036）。

【叙录编号】 0978
【档案题名】
　　甘肃水利林牧公司兰州牧场资产升值等事项的相关公文
【发文单位】 甘肃水利林牧公司总管理处；张文傅
【收文单位】 甘肃水利林牧公司兰州牧场；元溥
【档案编号】 039-001-0480-（0001-0002）
【成文时间】 1948-06-23—1948-06-26
【收藏单位】 甘肃省档案馆
【涉及地域】 兰州市
【关 键 词】 资产；财产；升值
【内容提要】
　　甘肃水利林牧公司总管理处为复该场资产升值办理情形给甘肃水利林牧公司兰州牧场函（0001）；张文傅为甘肃水利林牧公司兰州牧场增值事项给元溥的函（0002）。

【叙录编号】 0979
【档案题名】
　　甘肃水利林牧公司总管理处与甘肃水利林牧公司兰州牧场就工资问题的往来公文
【发文单位】 甘肃水利林牧公司总管理处；甘肃水利林牧公司兰州牧场
【收文单位】 甘肃水利林牧公司兰州牧场；甘肃水利林牧公司总管理处
【档案编号】 039-001-0480-（0003-0004）
【成文时间】 1948-07-27—1948-08-09
【收藏单位】 甘肃省档案馆
【涉及地域】 兰州市
【关 键 词】 工资；津贴
【内容提要】
　　甘肃水利林牧公司总管理处为助理员以上职员准发小麦数给兰州牧场函（0003）；甘肃水利林牧公司兰州牧场为转呈发给面粉津贴给总管理处函（0004）。

【叙录编号】 0980
【档案题名】
　　农林部与农林部西北防沙林甘肃景泰林场就工作概况报告书与工作简报问题的往来公文
【发文单位】 农林部西北防沙林甘肃景泰林场；农林部；甘肃省政府
【收文单位】 农林部；农林部西北防沙林甘肃景泰林场；甘肃省政府
【档案编号】
　　039-001-0481-（0003-0007、0010-0023、0027）
【成文时间】 1948-08-18—1949-01-06
【收藏单位】 甘肃省档案馆
【涉及地域】 景泰县
【关 键 词】 工作简报表；工作概况
【内容提要】
　　农林部为据呈送上半年度工作概况报告书（0003）；农林部西北防沙林甘肃景泰林场1948年上半年度工作概况报告书（0004）；农林部西北防沙林甘肃景泰林场为送本场上半年工作进度检讨报告表的呈（0005）；农林部为据呈送农林部西北防沙林甘肃景泰林场上半年工作进度检讨报告表的指令（0006）；农林部西北防沙林甘肃景泰林场为请颁发工作简报表给农林部的代电（0010）；农林部为检查发工作表报告办法的代电（0011）；农林部西北防沙林甘肃景泰林场为送本场8月份工作简报的呈（0012）；农林部西北防沙林甘肃景泰林场7月份工作简报表（0013）；农林部为据农林部西北防沙林甘肃景泰林场呈送7、8月份简报表的指令（0014）；甘肃省政府为请按月填送工作月报给农林部西北防沙林甘肃景泰林场代电（0015）；农林部西北防沙林甘肃景泰林场为报7、8月份工作简报表给甘肃省政府代电（0016）；甘肃省政府为准函送7、8月份工作简报表的代电（0017）；农林部西北防沙林甘肃景泰林场为呈送本场9、10月份工作简报表的代电（0019）；农林部西北防沙林甘肃景泰林场为准电送9、10月份工作简报表的代电（0020）；农林部西北防沙林甘肃景泰林场为送本场11月份工作简报表给甘肃省政府的代电（0021）；农林部西北防沙林甘肃景泰林场为送本场11月份工作简报表的代电（0022）；甘肃省政府为准电送11月份工作简报表的代电（0023）；农林部为具报本年上半年业务情况给农林部西北防沙林甘肃景泰林场的代电（0027）。

【叙录编号】 0981
【档案题名】
　　农林部西北防沙林甘肃景泰林场与农林部关于呈送苗圃图的往来公文
【发文单位】 农林部西北防沙林甘肃景泰林场；农林部
【收文单位】 农林部；农林部西北防沙林甘肃

景泰林场
【档案编号】 039-001-0481-(0008-0009)
【成文时间】 1948-11-01—1949-01-12
【收藏单位】 甘肃省档案馆
【涉及地域】 景泰县
【关 键 词】 苗圃图
【内容提要】

  农林部西北防沙林甘肃景泰林场为呈赍送本场苗圃备图的呈（0008）；农林部为据呈赍农林部西北防沙林甘肃景泰林场苗圃图的指令（0009）。

【叙录编号】 0982
【档案题名】

  农林部、农林部西北防沙林甘肃景泰林场与甘肃省政府关于政绩比较表的往来公文

【发文单位】 农林部；甘肃省政府；农林部西北防沙林甘肃景泰林场
【收文单位】 农林部；农林部西北防沙林甘肃景泰林场
【档案编号】 039-001-0481-(0024-0026)
【成文时间】 1949-01-03—1949-01-26
【收藏单位】 甘肃省档案馆
【涉及地域】 景泰县
【关 键 词】 政绩比较表
【内容提要】

  农林部为限令呈报年度政绩表的训令（0024）；农林部西北防沙林甘肃景泰林场为送本场三十七年度（1948）政绩比较表的代电（0025）；甘肃省政府为准电送三十七年度政绩比较表的代电（0026）。

【叙录编号】 0983
【档案题名】

  农林部西北防沙林甘肃景泰林场五佛寺苗圃、农林部西北防沙林甘肃景泰林场与甘肃省政府就工作概况及开支情况的往来公文

【发文单位】 农林部西北防沙林甘肃景泰林场五佛寺苗圃；农林部西北防沙林甘肃景泰林场等
【收文单位】 农林部西北防沙林甘肃景泰林场五佛寺苗圃；农林部西北防沙林甘肃景泰林场等
【档案编号】
  039-001-0482-(0001-0003、0005、0007-0009、0011-0016、0019、0022、0024-0029、0031)
【成文时间】 1948-08-05—1949-10-11
【收藏单位】 甘肃省档案馆
【涉及地域】 景泰县
【关 键 词】 工作状况；开支状况；员工清册
【内容提要】

  农林部西北防沙林甘肃景泰林场五佛寺苗圃关于7月份各项开支及工作概况的签呈（0001）；农林部西北防沙林甘肃景泰林场五佛寺苗圃为赍8月份长短工印领清册及办公等费单据的呈；为赍9月份长短工名册的呈（0003）；陈景哲为送10月份员工姓名册的呈（0004）；陈景哲为送10月份月工印领册及办公费单据的呈（0008）；陈景哲为报11月份事业费开支情形工作状况的呈（0009）；农林部西北防沙林甘肃景泰林场县7月份县成苗圃工作报告表（0011）；农林部西北防沙林甘肃景泰林场8月份县城苗圃工作报告表（0012）；农林部西北防沙林甘肃景泰林场9月份县城苗圃工作报告表（0013）；农林部西北防沙林甘肃景泰林场10月份县城苗圃工作报告表（0014）；农林部西北防沙林甘肃景泰林场五佛寺苗圃工作报告表（0015）；农林部西北防沙林甘肃景泰林场技术组业务部11月份工作简报表（0016）；农林部西北防沙林甘肃景泰林场五佛寺苗圃为报三十八年度（1949）3、4两月事业费开支情形及工作状况报告表（0019）；温恭人为报农林部西北防沙林甘肃景泰林场五佛寺苗圃8月上旬工作状况及事业费

开支情形的呈（0022）；温恭人为报8月中旬工作状况及事业费开支情形的呈（0024）；温恭人为报8月下旬工作状况及事业费开支情形的呈（0025）；温恭人为报9月份上旬工作状况及事业费开支情形的呈（0026）；温恭人为报9月中旬工作状况及事业费开支情形的呈（0027）；温恭人为报9月下旬工作状况及事业费开支情形的呈（0028）；温恭人为报9月份工作状况及事业费开支情形的呈（0029）；温恭人为报农林部西北防沙林甘肃景泰林场五佛寺苗圃10月份上半旬工作状况及事业费开支情形的呈（0031）。

【叙录编号】 0984
【档案题名】
　　农林部西北防沙林甘肃景泰林场五佛寺苗圃为拟订农林部西北防沙林甘肃景泰林场五佛寺苗圃设筑防木工事计划书的呈
【发文单位】 农林部西北防沙林甘肃景泰林场五佛寺苗圃
【收文单位】 甘肃省政府
【档案编号】 039-001-0482-0004
【成文时间】 1949-09-25
【收藏单位】 甘肃省档案馆
【涉及地域】 景泰县
【关 键 词】 计划书
【内容提要】
　　共1份文件，内容如题。

【叙录编号】 0985
【档案题名】
　　陈景哲为请速拨整理苗工具呈
【发文单位】 陈景哲
【收文单位】 农林部西北防沙林甘肃景泰林场
【档案编号】 039-001-0482-0006
【成文时间】 1948-10-13
【收藏单位】 甘肃省档案馆

【涉及地域】 景泰县
【关 键 词】 工具
【内容提要】
　　共1份文件，内容如题。

【叙录编号】 0986
【档案题名】
　　陈景哲为报停工日期的呈
【发文单位】 陈景哲
【收文单位】 农林部西北防沙林甘肃景泰林场
【档案编号】 039-001-0482-0010
【成文时间】 1948-11-30
【收藏单位】 甘肃省档案馆
【涉及地域】 景泰县
【关 键 词】 停工
【内容提要】
　　共1份文件，内容如题。

【叙录编号】 0987
【档案题名】
　　温恭人为报告到差日期呈
【发文单位】 温恭人
【收文单位】 农林部西北防沙林甘肃景泰林场五佛寺苗圃
【档案编号】 039-001-0482-0020
【成文时间】 1949-08-04
【收藏单位】 甘肃省档案馆
【涉及地域】 景泰县
【关 键 词】 到差；日期
【内容提要】
　　共1份文件，内容如题。

【叙录编号】 0988
【档案题名】
　　温恭人为调技工缑悦孝暂不能返场的报告
【发文单位】 温恭人
【收文单位】 农林部西北防沙林甘肃景泰林场

五佛寺苗圃
【档案编号】 039-001-0482-0021
【成文时间】 1949-08-04
【收藏单位】 甘肃省档案馆
【涉及地域】 景泰县
【关 键 词】 返场；报告
【内容提要】
共1份文件，内容如题。

【叙录编号】 0989
【档案题名】
温恭人为报农林部西北防沙林甘肃景泰林场五佛寺苗圃建筑费计划单的签呈
【发文单位】 温恭人
【收文单位】 农林部西北防沙林甘肃景泰林场五佛寺苗圃
【档案编号】 039-001-0482-0023
【成文时间】 1949-08-20
【收藏单位】 甘肃省档案馆
【涉及地域】 景泰县
【关 键 词】 建筑费；计划单
【内容提要】
共1份文件，内容如题。

【叙录编号】 0990
【档案题名】
温恭人为报农林部西北防沙林甘肃景泰林场五佛现有圃地等情形的签呈
【发文单位】 温恭人
【收文单位】 农林部西北防沙林甘肃景泰林场
【档案编号】 039-001-0482-0030
【成文时间】 1949-10-10
【收藏单位】 甘肃省档案馆
【涉及地域】 景泰县
【关 键 词】 圃地
【内容提要】
共1份文件，内容如题。

【叙录编号】 0991
【档案题名】
温恭人就农林部西北防沙林甘肃景泰林场五佛寺苗圃垦地租谷一事给农林部西北防沙林甘肃景泰林场的公文
【发文单位】 温恭人
【收文单位】 农林部西北防沙林甘肃景泰林场
【档案编号】 039-001-0482-（0032-0033）
【成文时间】 1949-10-12—1949-10-18
【收藏单位】 甘肃省档案馆
【涉及地域】 景泰县
【关 键 词】 垦地；租谷
【内容提要】
温恭人收到农林部西北防沙林甘肃景泰林场五佛寺苗圃租谷的据（0032）；温恭人关于本圃开垦平地租谷等事项的呈（0033）。

【叙录编号】 0992
【档案题名】
关于防止小麦黑穗病问题的训令
【发文单位】 靖远县政府
【收文单位】 城关镇公所
【档案编号】 08-A1-284-021
【成文时间】 1944-07-02
【收藏单位】 白银市档案馆
【涉及地域】 靖远县
【关 键 词】 黑穗病
【内容提要】
靖远县政府于民国三十三年（1944）7月向城关镇公所发送的有关防治小麦黑穗病的训令。

【叙录编号】 0993
【档案题名】
关于对为保苗圃育苗选林问题的训令
【发文单位】 靖远县政府
【收文单位】 城关镇公所

【档案编号】 08-A1-284-027
【成文时间】 1944-06
【收藏单位】 白银市档案馆
【涉及地域】 靖远县
【关 键 词】 育苗选林
【内容提要】
　　靖远县政府于民国三十三年（1944）6月向城关镇公所发送的有关育苗选林栽种的训令。

【叙录编号】 0994
【档案题名】
　　白榆育苗法浅说
【发文单位】 甘肃省建设厅
【收文单位】 不详
【档案编号】 08-A1-284-028
【成文时间】 1944-06
【收藏单位】 白银市档案馆
【涉及地域】 甘肃省
【关 键 词】 育苗
【内容提要】
　　甘肃省建设厅于民国三十三年（1944）发布的有关白榆育苗的方法的布告。

【叙录编号】 0995
【档案题名】
　　甘肃省政府、靖远县政府关于到职视事平堡乡灌溉利用合作社□表章程、认□股票、畜役调查、展续贷款、治安军纪的指令、报告、代电、呈文
【发文单位】 下蒋滩合作社；靖远县政府等
【收文单位】 甘肃省政府；下蒋滩合作社等
【档案编号】 07-A1-373-（0025、0026）
【成文时间】 1945-09
【收藏单位】 白银市档案馆
【涉及地域】 靖远县
【关 键 词】 畜牧防疫

【内容提要】
　　民国三十四年（1945）9月，农林部西北羊毛改进处陇东推广站请求靖远县政府派员处理畜牧业疫情。

【叙录编号】 0996
【档案题名】
　　靖远县政府、城关镇公所、军运代办所关于郭主席告各界原电、减轻负担、自卫建设□□调□、道路整修、车运派员、水灾募款、盗锯树株的公函、代电、训、指令
【发文单位】 杨绍周
【收文单位】 靖远县城关镇
【档案编号】 08-A2-317
【成文时间】 1949
【收藏单位】 白银市档案馆
【涉及地域】 靖远县
【关 键 词】 盗锯树株
【内容提要】
　　公民杨绍周上呈靖远县城关镇镇长，因家中白杨树被盗锯请求严加查缉盗锯之人。

【叙录编号】 0997
【档案题名】
　　靖远县东明乡车辆、毛驴运送军粮情况
【发文单位】 东明乡公所
【收文单位】 靖远县补给分会
【档案编号】 08-A4-045
【成文时间】 1946
【收藏单位】 白银市档案馆
【涉及地域】 靖远县
【关 键 词】 毛驴；军粮
【内容提要】
　　该县关于东明乡车辆、毛驴代雇情况事务。

【叙录编号】 0998
【档案题名】
　　靖远县补给分会发放粮款、当地招待驻军耗费费用
【发文单位】 靖远县县长
【收文单位】 各补给站长
【档案编号】 08-A4-047
【成文时间】 1936—1944
【收藏单位】 白银市档案馆
【涉及地域】 靖远县
【关 键 词】 发放粮款；驻军费用
【内容提要】
　　该县关于靖远县补给分会各补给站经手收支草料情形、为招待驻军各种耗费付列事务。

【叙录编号】 0999
【档案题名】
　　参议会文件关于限制军政人员代雇牲畜的提案
【发文单位】 靖远县临时参议会
【收文单位】 靖远县政府
【档案编号】 08-A4-156
【成文时间】 1934—1944
【收藏单位】 白银市档案馆
【涉及地域】 靖远县
【关 键 词】 车辆；毛驴
【内容提要】
　　关于限制军政人员代雇车辆、毛驴的提案。

【叙录编号】 1000
【档案题名】
　　植棉及其增产通知等
【发文单位】 甘肃省合作事业管理处
【收文单位】 靖远县政府
【档案编号】 08-A4-220
【成文时间】 1943—1948
【收藏单位】 白银市档案馆
【涉及地域】 靖远县
【关 键 词】 植棉
【内容提要】
　　如题。

【叙录编号】 1001
【档案题名】
　　靖远县大庙乡国民学校学生花名册，独石头、永安堡绅民窦万福、张兽连、詹学适等民呈拟议设主地方宪校及状告刘念祖偷伐树木等
【发文单位】 窦万福
【收文单位】 靖远县政府
【档案编号】 08-A4-277
【成文时间】 1937-04—1937-06
【收藏单位】 白银市档案馆
【涉及地域】 靖远县
【关 键 词】 偷伐林木
【内容提要】
　　如题。

【叙录编号】 1002
【档案题名】
　　北湾河工局夏禾租股花名册及河堤防汛办法
【发文单位】 靖远县北湾河工局；靖远县北湾永兴渠管理处等
【收文单位】 靖远县政府
【档案编号】 08-A4-（315、316）
【成文时间】 1942-07—1942-11
【收藏单位】 白银市档案馆
【涉及地域】 靖远县
【关 键 词】 夏禾；河堤防汛；秋禾
【内容提要】
　　有关北湾河工局夏禾租股花名册、河堤防汛办法以及秋禾租股花名册的档案。

【叙录编号】 1003
【档案题名】
　　中央工业试验所化学试验规则及对瓜果种植杀虫施肥几种试验办法
【发文单位】 甘肃省建设厅；甘肃省政府
【收文单位】 靖远县政府
【档案编号】 08-A4-331
【成文时间】 1932-05—1932-07
【收藏单位】 白银市档案馆
【涉及地域】 靖远县
【关 键 词】 瓜果种植
【内容提要】
　　有关瓜果种植方法、杀虫施肥方法的档案。

【叙录编号】 1004
【档案题名】
　　令饬各县局本年度预算未列之造林组费，拨助由实物变价款中筹拨
【发文单位】 甘肃省政府
【收文单位】 靖远县政府
【档案编号】 08-A4-332
【成文时间】 1943-03—1943-06
【收藏单位】 白银市档案馆
【涉及地域】 靖远县
【关 键 词】 造林
【内容提要】
　　有关植树造林的档案。

【叙录编号】 1005
【档案题名】
　　农业科学种植试验办法及县苗圃各种文书器物交代清册
【发文单位】 靖远县农业推广所
【收文单位】 靖远县政府
【档案编号】 08-A4-333
【成文时间】 1941-12—1945-07
【收藏单位】 白银市档案馆
【涉及地域】 靖远县
【关 键 词】 农业科学
【内容提要】
　　如题。

【叙录编号】 1006
【档案题名】
　　甘肃省农林部有关发展农业训令及农林业改进调查表
【发文单位】 甘肃省政府；甘肃省农业改进所等
【收文单位】 靖远县政府
【档案编号】 08-A4-334
【成文时间】 1941-07—1943-05
【收藏单位】 白银市档案馆
【涉及地域】 靖远县
【关 键 词】 农林业改进
【内容提要】
　　有关农林业改进的档案。

【叙录编号】 1007
【档案题名】
　　靖远县苗圃财产账务移交四柱清册及呈报书
【发文单位】 甘肃省政府；甘肃省农业推广所等
【收文单位】 靖远县政府
【档案编号】 08-A4-（335-338）
【成文时间】 1940-10—1944-03
【收藏单位】 白银市档案馆
【涉及地域】 靖远县
【关 键 词】 苗圃；植树
【内容提要】
　　有关靖远县苗圃财产账务移交四柱清册、农业推广所苗圃有关植苗试验、单位财产账务移交清册、植树造林训令及多种科学植树试验

办法及乡公所植树情况报告等档案。

【叙录编号】 1008
【档案题名】
　　虫麦损耗
【发文单位】 第八战区购粮委员会
【收文单位】 靖远仓储保管委员
【档案编号】 08-A4-362
【成文时间】 1940—1949
【收藏单位】 白银市档案馆
【涉及地域】 靖远县
【关 键 词】 虫麦损耗
【内容提要】
　　有关虫麦损耗情况的档案。

【叙录编号】 1009
【档案题名】
　　甘肃省政府令发购买枪支弹药管理办法、民用枪支登记、国防建设保密制度、军械损失赔偿价格表
【发文单位】 陆军第五十七军司令部
【收文单位】 靖远县政府
【档案编号】 08-A4-（388、389）
【成文时间】 1932-08—1942-07
【收藏单位】 白银市档案馆
【涉及地域】 靖远县
【关 键 词】 骡马驼等统计
【内容提要】
　　甘肃省现有电报线路运输工具农产品调查表中的运输工具涉及马、骡、毛驴、骆驼的内容。

【叙录编号】 1010
【档案题名】
　　甘肃省政府、靖远县政府关于驼捐牌照、县政府办公费、金县驼数、救灾附加费征收办法等
【发文单位】 甘肃省财政厅；甘肃省政府临时维持委员会等
【收文单位】 靖远县政府
【档案编号】 08-A4-405
【成文时间】 1931—1942
【收藏单位】 白银市档案馆
【涉及地域】 靖远县
【关 键 词】 骆驼数量；骆驼牌照
【内容提要】
　　该县关于续发十八届驼捐牌照、十八届驼损次下拨经费、续征第十七届驼捐公费、救灾附加费税征收条例等事务。

【叙录编号】 1011
【档案题名】
　　甘肃省政府、甘肃省教育厅关于教育方面的训令以及选送树苗、处罚偷盗树木等
【发文单位】 甘肃省民政厅
【收文单位】 靖远县政府
【档案编号】 08-A4-492
【成文时间】 1933—1935
【收藏单位】 白银市档案馆
【涉及地域】 靖远县
【关 键 词】 选送树苗；偷盗树木
【内容提要】
　　该县关于选送树苗的报告、处罚偷盗树木的报告等事务。

【叙录编号】 1012
【档案题名】
　　甘肃省政府、车驼局、第八战区运输处、靖远县政府等就车驼局成立、章程、填发驼户执照等事项的密令、指令、呈文等
【发文单位】 甘肃省政府；靖远县政府等
【收文单位】 靖远县政府；靖远县县长等
【档案编号】 08-A6-（218-221）
【成文时间】 1939—1940

【收藏单位】 白银市档案馆
【涉及地域】 靖远县
【关 键 词】 骆驼
【内容提要】
　　此四卷涉及甘肃省政府、靖远县政府等关于成立车驼局的相关档案，其中有：关于车驼局工作相关章程的密令，附靖远县驼户花名册及驼只数目调查；甘肃省车驼局、靖远县政府就催征骆驼，督催骆驼主到兰州报道等事项的代电、公函、传票等；甘肃省车驼局、靖远县政府等就免征孕驼、清查健驼、催征骆驼等事项的训令、代电、呈等。

【叙录编号】 1013
【档案题名】
　　关于借款牧养牲畜的呈
【发文单位】 靖远县糜滩乡第七保
【收文单位】 靖远县县长
【档案编号】 08-A6-222-009
【成文时间】 1944-08-09
【收藏单位】 白银市档案馆
【涉及地域】 靖远县
【关 键 词】 灾害；借款；水利
【内容提要】
　　本档案为靖远县糜滩乡第七保保长给靖远县县长的呈文，由于当年该地大旱，7月又陡降冰雹导致农收下降，且牲畜大量死亡。因此上报县长请求派人指导组织，准予借款开垦水泉渠路，增加农产。

【叙录编号】 1014
【档案题名】
　　为清明节举行植树典礼及将树苗送交靖远县政府的公函
【发文单位】 靖远县政府
【收文单位】 不详
【档案编号】 08-A6-254-002
【成文时间】 1938-03-29
【收藏单位】 白银市档案馆
【涉及地域】 靖远县
【关 键 词】 植树典礼
【内容提要】
　　如题。

【叙录编号】 1015
【档案题名】
　　为转饬种马所经各地务须切实协助保护的训令
【发文单位】 甘肃省政府
【收文单位】 靖远县政府
【档案编号】 08-A6-313-002
【成文时间】 1948-02-21
【收藏单位】 白银市档案馆
【涉及地域】 甘肃省
【关 键 词】 种马
【内容提要】
　　甘肃省政府要求省内各县协助保护种马，该种马由美国购入，转运永登、山丹、岷县、贵德等地牧场繁殖。

【叙录编号】 1016
【档案题名】
　　甘肃省政府、靖远县大芦等乡就造林修路、建筑池塘、取缔公路两旁建筑物、推倒铁轨等训令、呈
【发文单位】 大芦乡乡长；永安乡乡长等
【收文单位】 靖远县政府
【档案编号】 08-A6-362-（0001-0010）
【成文时间】 1943-06
【收藏单位】 白银市档案馆
【涉及地域】 靖远县
【关 键 词】 造林建塘
【内容提要】
　　内附靖远县大芦乡和永安乡造林修路建池

表两份，包含两乡造林应植数和已植数、应修地段和已修地段，及池塘分布和现在用途等。

【叙录编号】 1017
【档案题名】
　　甘肃省政府、甘肃省建设厅、靖远县政府关于调查粮食产销编及《建厅通讯》工作月报等事项的代电、呈
【发文单位】 甘肃省建设厅秘书室；靖远县政府建设科等
【收文单位】 甘肃省建设厅秘书室；靖远县政府建设科等
【档案编号】 08-A6-（328、330）
【成文时间】 1945—1946
【收藏单位】 白银市档案馆
【涉及地域】 靖远县
【关　键　词】 造树；农业
【内容提要】
　　此案卷主要为靖远县政府建设科向上级汇报本月工作情况的呈，以及甘肃省建设厅秘书室每月的《建厅通讯》。本卷多讨论造树及牧养牲畜等农业问题。另本卷附有多份各县建设人员人事调动表。

【叙录编号】 1018
【档案题名】
　　甘肃省建设厅、农业部、中央农业实验所、靖远县政府关于6月份《建厅通讯》《植棉浅说》、农情报告，靖远县7月份工作情形，铺筑兰州公路工程等报告、公函
【发文单位】 甘肃省建设厅秘书室；靖远县政府建设科等
【收文单位】 靖远县政府建设科；甘肃省建设厅秘书室
【档案编号】 08-A6-329
【成文时间】 1945-07
【收藏单位】 白银市档案馆
【涉及地域】 靖远县
【关　键　词】 植棉；农情
【内容提要】
　　此案卷包含农情和植棉方面的档案，其中，《建厅通讯》包含农业生产方面，改进农业，选择优良品种，以及针对渭源居义乡发生虫害一案就杀虫办法给出了指导意见；《植棉浅说》从气候、土壤、耕种及施肥等多个方面详细记述了种植棉花的各类技术要求等；中央农业实验所为调查全国农业生产情况等招募报告员的公函等。

【叙录编号】 1019
【档案题名】
　　甘肃省政府、第八战区靖黑线工区指挥就建筑工程质量、禁拆城垣、营建计划、实施纲要、修筑干道、改进环卫等事项的训令、代电
【发文单位】 第八战区靖黑线工区指挥
【收文单位】 靖远县县长
【档案编号】 08-A6-377-（0006-0008）
【成文时间】 1942-07
【收藏单位】 白银市档案馆
【涉及地域】 靖远县
【关　键　词】 看护木材
【内容提要】
　　第八战区靖黑线工区指挥请求在靖远县海广滩存放木料，并由该地保长看管，内附木材清单一份，包含木材尺寸、根数。

【叙录编号】 1020
【档案题名】
　　甘肃省政府、靖远县政府等关于骡骡发还失主的训令、呈、函文
【发文单位】 周杰显；靖远县政府等
【收文单位】 榆中县政府等
【档案编号】 08-A6-383-（0023-0029）
【成文时间】 1941-04-09

【收藏单位】 白银市档案馆
【涉及地域】 靖远县
【关 键 词】 牲畜走失
【内容提要】
　　三滩乡代乡长和靖远县县长先后发函至榆中县政府称，三滩乡第六保农民家中黑母骡走失，几日后在榆中县市场上发现，请求榆中县政府发还骡子给失主，避免耽误农时。

【叙录编号】 1021
【档案题名】
　　甘肃省政府就北湾造林、划拨荒地公地建青年林场的令、代电
【发文单位】 甘肃省政府；三民主义青年团甘肃支团靖远分团干事会等
【收文单位】 靖远县政府
【档案编号】 08-A6-406
【成文时间】 1947-12—1949-01
【收藏单位】 白银市档案馆
【涉及地域】 靖远县
【关 键 词】 造林
【内容提要】
　　如题。

【叙录编号】 1022
【档案题名】
　　甘肃省政府、靖远县政府关于靖远县保护森林、选派干警查拿伐林的训令、呈文
【发文单位】 甘肃省建设厅；靖远县政府等
【收文单位】 靖远县政府；靖远县建设局等
【档案编号】 08-A6-460
【成文时间】 1929-07—1930-05
【收藏单位】 白银市档案馆
【涉及地域】 靖远县
【关 键 词】 保护森林
【内容提要】
　　如题。另附民国十八年（1929）靖远县春季植树统计表1份。

【叙录编号】 1023
【档案题名】
　　甘肃省政府、甘肃省财政厅、甘肃省建设厅、靖远县政府为督办植树造林、严禁破坏林木的训令、布告、呈
【发文单位】 靖远县政府；甘肃省建设厅等
【收文单位】 靖远县政府；靖远县县长等
【档案编号】
　　08-A6-（462、464）；
　　08-A6-467-（0001-0014）
【成文时间】 1932—1936
【收藏单位】 白银市档案馆
【涉及地域】 靖远县
【关 键 词】 植树；保护树木
【内容提要】
　　如题，另有甘肃省政府于民国二十一年（1932）6月颁布的《关于公布奖励人民造林暂行办法的法令》及暂行办法，以及甘肃省建设厅于民国二十二年（1933）1月发布的《关于提倡用自产林木建筑房屋制造家具以抵制外货的训令》。

【叙录编号】 1024
【档案题名】
　　甘肃省政府、甘肃省建设厅、靖远县政府关于总理逝世、造林运动、宣传植树事宜、植树年度统计的训令、呈文
【发文单位】 甘肃省建设厅；靖远县第四区等
【收文单位】 靖远县政府等
【档案编号】 08-A6-468
【成文时间】 1934-03—1936-03
【收藏单位】 白银市档案馆
【涉及地域】 靖远县
【关 键 词】 植树

【内容提要】

如题。另附民国二十一年（1932）和民国二十二年（1933）年度春季靖远县植树统计表。

【叙录编号】 1025
【档案题名】
甘肃省政府、靖远县政府关于禁止宰杀孕母羊、耕牛，保护民间马产，禁止苛索罚款的训令、代电
【发文单位】 靖远县政府；甘肃省政府等
【收文单位】 靖远县政府
【档案编号】 08-A6-472
【成文时间】 1936-12-29—1942-11-27
【收藏单位】 白银市档案馆
【涉及地域】 靖远县
【关 键 词】 保护有用牲畜
【内容提要】

民国二十五年（1936）至民国三十一年（1942）甘肃省政府发布的一系列禁止宰杀怀孕母羊、耕牛以及保护民间马匹并且禁止地方官征收苛捐杂税的训令和代电。

【叙录编号】 1026
【档案题名】
甘肃省政府、靖远县政府就关于非常时期简易农仓暂行办法、严禁食粮酿糖酒及粮食增产节约等事项的训令
【发文单位】 靖远县田赋粮食管理处；甘肃省政府等
【收文单位】 靖远县政府
【档案编号】 08-A6-475
【成文时间】 1938-10-05—1946-01-03
【收藏单位】 白银市档案馆
【涉及地域】 靖远县
【关 键 词】 节粮；增产

【内容提要】

如题。

【叙录编号】 1027
【档案题名】
甘肃省政府、甘肃省第一区行政督察专员公署关于培养国民经济种植五谷的令
【发文单位】 甘肃省政府；甘肃省第一区行政督察专员公署等
【收文单位】 靖远县政府
【档案编号】 08-A6-474
【成文时间】 1937-11-10—1937-12-27
【收藏单位】 白银市档案馆
【涉及地域】 靖远县
【关 键 词】 种植五谷
【内容提要】

如题，为增加国内食粮生产，以备与日本作战急需粮草，且特别鼓励种植五谷。

【叙录编号】 1028
【档案题名】
甘肃省政府、农林部陕西省推广繁殖站、靖远县大庙各乡就贷款种子、战时田赋征收实物暂行通则及征收洋芋品种、督促农民除稗苗等事项的训令、呈
【发文单位】 农林部陕西省推广繁殖站
【收文单位】 靖远县县长
【档案编号】 08-A6-487-（0009-0011）
【成文时间】 1942-11
【收藏单位】 白银市档案馆
【涉及地域】 靖远县
【关 键 词】 征集马铃薯品种
【内容提要】

农林部陕西省推广繁殖站发函给靖远县县长称因马铃薯作为备荒产品及酒精原料，需征集西北各地马铃薯以供实验，希望靖远县邮寄二两以上红、白、黄、紫皮马铃薯各四个，如

两数不足则需增加个数。

【叙录编号】 1029
【档案题名】
　　甘肃省政府、靖远县政府、靖远县大庙等乡租户租种山旱田地苛租过重，劝导各地农民多种稻麦、棉花，严制犁种烟叶，颁发购贮麦种贷款办法，各乡农会遵照协同办理的训令、呈
【发文单位】 甘肃省政府；大庙乡公所等
【收文单位】 靖远县县长
【档案编号】
　　08-A6-489-（0005-0006、0011-0012）
【成文时间】 1944-08
【收藏单位】 白银市档案馆
【涉及地域】 靖远县
【关 键 词】 限种烟草
【内容提要】
　　甘肃省政府发布训令称，因战时物品管制严格，烟草价格上涨，农民多有弃粮改种烟草的情形。靖远县政府应当严格控制并改烟草田为粮食田以资抗战。随后大庙乡公所调查该地称，因该地砂土土壤贫瘠，本身并无种植烟草的田地。

【叙录编号】 1030
【档案题名】
　　甘肃省政府、靖远县政府、靖远县城关镇等为修正造产工业管理办法，补签造贷款，推引造产要点，警察集训，报送乡、保甲长、县参议员及乡镇民代表候选人名册，各乡保民图业绘制的训令、指令、呈文
【发文单位】 靖远县县长；河畔乡乡长等
【收文单位】 靖远县县长
【档案编号】
　　08-A6-491-（0021-0022、0031-0033）
【成文时间】 1943-09
【收藏单位】 白银市档案馆
【涉及地域】 靖远县
【关 键 词】 铺沙种树
【内容提要】
　　为促进生产，靖远县政府要求各乡统计并鼓励铺沙种树。河畔乡乡长上报该乡造产概况调查表，包含该乡下属各保名下造产种类、亩数、位置、资金来源和预计完成时间。

【叙录编号】 1031
【档案题名】
　　甘肃省政府、甘肃省合作工业处、靖远县政府关于改良土地、增加生产、各合作社年终决算、申请成立靖丰合作农场、银行对各地建设优先贷款的训令、通令、呈文
【发文单位】 靖远县县长
【收文单位】 甘肃省政府
【档案编号】 08-A6-492-023
【成文时间】 1948-07
【收藏单位】 白银市档案馆
【涉及地域】 靖远县
【关 键 词】 成立农场
【内容提要】
　　靖远县县长上报甘肃省政府称，请求成立靖丰渠第一合作农场。

【叙录编号】 1032
【档案题名】
　　甘肃省政府、靖远县党部关于保护森林、筹拨林地、递领荒造林调查表的公函、训令、指令
【发文单位】 甘肃省政府；靖远县政府等
【收文单位】 靖远县政府；甘肃省政府等
【档案编号】
　　08-A6-496-（0001-0028）；
　　08-A6-497-（0001-0035）；
　　08-A6-498-（0001-0055）

【成文时间】 1940—1946
【收藏单位】 白银市档案馆
【涉及地域】 靖远县
【关 键 词】 保护森林
【内容提要】
    甘肃省政府发布公函强调保护森林，严禁乱砍滥伐。靖远县政府随即对林地进行划分，并着手调查确定造林地。此外靖远县政府还领取甘肃省政府颁发的荒林调查表，对其境内荒林进行调查，并确立了对于植树和毁林的奖惩规则。1943年后靖远县政府对水利地区种植森林，并发函至当地驻军，要求其保护森林，以防干旱。此外，靖远县政府准备了榆树种子，在春天统一进行播种。

【叙录编号】 1033
【档案题名】
    甘肃省政府、宁夏省政府、甘肃军工处、甘肃兵站总监部、靖远县政府等关于推拉大车、骆驼供应粮秣、筹办兵站、报告巡缉时迁匪抢掠情况的训令、函、电报
【发文单位】 靖远县政府；甘肃兵站总监部等
【收文单位】 靖远县政府
【档案编号】 08-A6-501-（0012-0014）
【成文时间】 不详
【收藏单位】 白银市档案馆
【涉及地域】 靖远县
【关 键 词】 征发牲畜
【内容提要】
    甘肃省兵站总监发函称此次征用驴骡、骆驼等从兵站支出按时给养，此外暂不发价。

【叙录编号】 1034
【档案题名】
    关于加强植树造林的公函
【发文单位】 靖远县政府
【收文单位】 不详

【档案编号】
    08-A7-182-035；08-A8-067-009
【成文时间】 1941-03-31
【收藏单位】 白银市档案馆
【涉及地域】 靖远县
【关 键 词】 植树造林
【内容提要】
    除靖远县政府发布该公函外，同日靖远县政府还向大庙中心学校发布了《关于提倡造林的训令》。

【叙录编号】 1035
【档案题名】
    为转发各级政工人员就地发动协助农民春耕垦荒植树等项运动办法及注意事项的训令
【发文单位】 甘肃军管区政治部
【收文单位】 靖远国民兵团政治指导员室
【档案编号】 08-A7-203-022
【成文时间】 1941-03-26
【收藏单位】 白银市档案馆
【涉及地域】 靖远县
【关 键 词】 协助耕植
【内容提要】
    如题。

【叙录编号】 1036
【档案题名】
    甘肃省政府、靖远县政府、靖远县参议会、陆军独立骑五团等就筹措草料马秣欠款查核骡马草料折耗等事项的训令、指令、代电
【发文单位】 靖远县政府；甘肃省政府等
【收文单位】 靖远县政府；靖远县河畔乡公所等
【档案编号】 08-A8-（157-260）
【成文时间】 1947—1949
【收藏单位】 白银市档案馆

【涉及地域】 靖远县
【关 键 词】 草料；骡马
【内容提要】
　　如题，另有民国三十六年（1947）5月甘肃省政府要求限期采购副秣的代电，民国三十六年（1947）至三十八年（1949）靖远县政府、河畔乡公所等就红叶堡挺抗公家草料不交等的命令、训令以及拘票，以及民国三十七年（1948）至三十八年（1949）靖远县政府关于代雇大车和毛驴运输煤炭等燃料和小麦的训令、指令和呈文。

【叙录编号】 1037
【档案题名】
　　甘肃省政府、靖远县政府及各乡镇公所关于查报本年度收获估计成熟夏秋粮食的训令、呈、代电及报表
【发文单位】 甘肃省政府；北湾乡公所等
【收文单位】 靖远县政府；永安乡公所等
【档案编号】 08-A8-173
【成文时间】 1941-12-07—1942-10-30
【收藏单位】 白银市档案馆
【涉及地域】 靖远县
【关 键 词】 估计收获粮食
【内容提要】
　　如题，军堡乡公所、永安乡公所、北湾乡公所、糜滩乡公所、大庙乡公所、城关镇公所相继上呈民国三十年（1941）夏秋粮食收获估计量，并附表格。

【叙录编号】 1038
【档案题名】
　　第八战区司令部运输处、靖远县政府就仓储小麦潮变军粮数目切实负责不得松懈等事项的训令、代电、呈等
【发文单位】 靖远县政府
【收文单位】 不详

【档案编号】
　　08-A8-242-（008-011、017-023）
【成文时间】 1939-12-16—1940-01-15
【收藏单位】 白银市档案馆
【涉及地域】 靖远县
【关 键 词】 小麦潮变
【内容提要】
　　民国二十八年（1939）12月，靖远县政府转呈第八战区司令部运输处就小麦潮湿发热等事项的呈文，并请求派人进行核实。

【叙录编号】 1039
【档案题名】
　　东明乡苦水堡王家庙王世雄等人打死耕牛、王树身等被诉捣乱保政串抗差谣、王公权为烟鬼献技图谋乡长及代传丁三济旧业的有关材料
【发文单位】 徐学敬、王世雄等人
【收文单位】 靖远县政府
【档案编号】 08-A10-081
【成文时间】 1941-01
【收藏单位】 白银市档案馆
【涉及地域】 靖远县
【关 键 词】 耕牛；纠纷
【内容提要】
　　本档为徐学敬诉王世雄打死其耕牛一事，后经调解双方达成和解。

【叙录编号】 1040
【档案题名】
　　西北盐务局、一条山盐场关于领运官盐、搭运办法、商盐票照、存盐报告等的公文、电
【发文单位】 财政部西北盐务管理局
【收文单位】 财政部西北区一条山盐场公署
【档案编号】 10-A1-301
【成文时间】 1948-12-01
【收藏单位】 白银市档案馆

【涉及地域】 景泰县
【关　键　词】 驼只；官盐搭运
【内容提要】
　　其中包括关于灌仓驼只官二商一搭运办法的公文；关于该署池仓段搭运商盐应限放本销的公文。两则公文均记载搭运官盐的方式为驼只，但驼只运输不得越过一条山。

【叙录编号】 1041
【档案题名】
　　西北盐务局、一条山盐场关于商盐搭放、驼只运盐、办理盐票、商盐管理等的报告、函
【发文单位】 财政部西北盐务管理局
【收文单位】 财政部西北区一条山盐场公署
【档案编号】 10-A1-304
【成文时间】 1948-10—1948-11
【收藏单位】 白银市档案馆
【涉及地域】 景泰县
【关　键　词】 驼只；官盐搭运
【内容提要】
　　关于商盐搭放实行日期的公文；关于实行驼只搭放官盐日期的公文；关于条兰段商盐应按半数搭官并严限官商同时起运的公文；关于灌仓驼只不得越过一条山的函；关于驼只运商以免走放的报告；关于运商盐等有关情形的报告。

【叙录编号】 1042
【档案题名】
　　西北盐务局、一条山盐场就驼只赶运、派员赴蒙督运等事宜的令、呈
【发文单位】 财政部西北盐务管理局
【收文单位】 财政部西北区一条山盐场公署
【档案编号】 10-A1-318
【成文时间】 1948-12—1949-03
【收藏单位】 白银市档案馆
【涉及地域】 景泰县

【关　键　词】 驼只；官盐搭运
【内容提要】
　　就运户王天明驼峰是否返条灌仓请报返回日期的指令；关于大量发动驼只的呈；关于大量发动驼只赶运的呈；就蒙驼协定书业经签订的通知；为派聂金铨前往揸池捡雇驼只的函；为暂缓派员赴揸池等地发动驼只的呈；就准暂缓赴揸池等地发动驼只的指令；就务须完成灌仓任务的指令。

【叙录编号】 1043
【档案题名】
　　西北盐务局、一条山盐场就报运官盐、调整运价、督运情况、增派运驼、修正机关运盐、招商代运官盐合约等的指令、呈、函
【发文单位】 财政部西北盐务管理局
【收文单位】 财政部西北区一条山盐场公署
【档案编号】 10-A1-342
【成文时间】 1949-03—1949-04
【收藏单位】 白银市档案馆
【涉及地域】 景泰县
【关　键　词】 驼只；官盐搭运
【内容提要】
　　就报送之事情电阿拉善政府令蒙驼大量发动的电呈；为准请蒙驼正电请旗府大量发动的复函；请再电蒙政府饬驼迅予报运的呈；为本局正电请旗府增派蒙驼的复函；就因统征驼捐硬币、蒙局征收草头税灌仓已停顿请指令的呈。

【叙录编号】 1044
【档案题名】
　　景泰县政府，联勤总部第五驼运大队，永泰、芦阳乡公所等关于征兵、征驴、教育、经费、工程等事宜的训令、代电、函、呈
【发文单位】 联勤总部第五驼运大队第一、二、五中队
【收文单位】 条山保

【档案编号】 10-A1-375
【成文时间】 1933-08-05—1949-07-01
【收藏单位】 白银市档案馆
【涉及地域】 景泰县
【关 键 词】 毛驴；运煤
【内容提要】
　　内中有联勤总部第五驼运大队第一中队请条山保速派毛驴13头以购煤炭的函；饬第九保代雇毛驴15头的命令；联勤总部第五驼运大队第二中队请代为指定本队所需拉水毛驴的公函；请条山保代催毛驴的代电；联勤总部第五驼运大队请条山保派毛驴2头并携口袋2条的公函。

【叙录编号】 1045
【档案题名】
　　景泰县政府、景泰县选举事务所、东屏保办公处就填报乡务事绩调查表、修正乡镇组织条例、选举国大代表、保护森林、警察队编制的训令、代电、报告
【发文单位】 景泰县千佛乡第五保办公处
【收文单位】 景泰县政府
【档案编号】 10-A1-379
【成文时间】 1947-08-26—1947-09-23
【收藏单位】 白银市档案馆
【涉及地域】 景泰县
【关 键 词】 砍伐树木；木料
【内容提要】
　　其中包括第五保办公处关于为传呈砍伐树株恳请究办的报告；东屏保办公处关于呈报破坏旧苗情形的报告；景泰县政府关于本年义务劳动征工数目代电，该电另强调饬派大车二辆来县运输卫生院建院木料。

【叙录编号】 1046
【档案题名】
　　景泰县政府，中泉、芦阳乡公所为奖励乐捐、修建学校、雇用车辆、供应饲料、兵役分配、代购绵羊、骆驼队供给等的训令、代电、函
【发文单位】 芦阳乡公所
【收文单位】 第九保保长杨生润
【档案编号】 10-A1-382
【成文时间】 1947-03-21—1949-03-18
【收藏单位】 白银市档案馆
【涉及地域】 景泰县
【关 键 词】 骆驼队；料草；麸皮
【内容提要】
　　内中有芦阳乡公所为呈请减轻以马代丁事的训令；为骆驼队马匹、料草、麸皮暂由该保代购的函；为骆驼队各中队代借炊具以备应用的训令。

【叙录编号】 1047
【档案题名】
　　芦阳乡公所就自卫队装备、购买马干、官马饲料、发放生活补助及接收新兵等专项的代电
【发文单位】 芦阳乡公所
【收文单位】 第二保保长
【档案编号】 10-A1-（390、391）
【成文时间】 1948-08—1949-06
【收藏单位】 白银市档案馆
【涉及地域】 芦阳乡
【关 键 词】 马干；草料
【内容提要】
　　390号档案中包括芦阳乡公所关于代购马干的代电；关于代购县政府官马食料的训令；关于代购搜索连3月份马干的代电；关于代购县政府官马及没收驴骡所需麸料的代电；关于按月可供应马干的代电。391号档案中包括芦阳乡公所为查前次各保代购驼运大队驼干照前令；为代购官马豆料的训令；为供应驼运二大队五中队驼干的训令；为令饬暂行停交二中队

及第四旅马干的训令；为本乡征马五匹规定不得延误的代电；为速购丁马听候交验的代电；为征借马匹的代电；为应纳差粮田典去承担北墩涝池水的训令；为该保民传善成配购丁马的指令；为代驼运大队部马干草的函；为查上年应配该保代丁马两匹前指定由该保民张喜成购交的代电；为陆军第二四六旅搜索连丁马草料的训令；为查该保购马价的函。

【叙录编号】 1048
【档案题名】
　　永泰乡公所关于分配粮食、兵额情况、修复车道、职员下乡不准发供牲畜、严禁吸毒等的训令、布告等
【发文单位】 永泰乡公所
【收文单位】 第七保保长
【档案编号】 10-A1-393
【成文时间】 1942-09—1949-07
【收藏单位】 白银市档案馆
【涉及地域】 永泰乡
【关 键 词】 车驼运输；草料
【内容提要】
　　其中包括永泰乡公所关于第三四六师搜索连需用草料价款等的训令；关于代购驼队马暂停代购的训令；关于将民间所有车驼运输一律向条山集中的训令。

【叙录编号】 1049
【档案题名】
　　景泰县政府、永泰乡公所就供应马草料、配征兵额、自卫队装备、筹集粮食及禁烟毒等事项的训令、代电
【发文单位】 永泰乡公所
【收文单位】 第七保保长
【档案编号】 10-A1-（397、398）
【成文时间】 1948-01—1949-03
【收藏单位】 白银市档案馆
【涉及地域】 永泰乡
【关 键 词】 马匹；草料；植树造林
【内容提要】
　　397号档案中包括永泰乡公所关于补交马干草料等情的训令；关于搜索需用马干等情的训令；关于要求积极植树造林的训令；关于催征马匹的训令；关于分配本乡乘马的训令；关于马匹粮草配额的训令；关于验收抵丁马匹的训令；关于筹集驻军草料等情的训令。398号档案中包括永泰乡公所关于本县驻军马匹放场时间的公文；关于给过境部队准备马料等情形的代电；关于马所需草料数目等情形的代电；关于本年度配发春耕籽种贷款的训令；关于所需草干8月15日起停止交纳等情形的训令；关于上交马匹等有关情形的训令；关于分配本乡代购驼马草料的训令；关于查本县夏草等有关情形的训令。

【叙录编号】 1050
【档案题名】
　　景泰县永泰乡公草收据账
【发文单位】 永泰乡公所
【收文单位】 景泰县政府
【档案编号】 10-A1-401
【成文时间】 1949—1950
【收藏单位】 白银市档案馆
【涉及地域】 永泰乡
【关 键 词】 公草
【内容提要】
　　该档案记录了永泰乡公草的收据账册，共41页。

【叙录编号】 1051
【档案题名】
　　景泰县大安乡公所关于考察农耕，地方治安，征购军粮、油、麦草、豆料，以马代丁等事项的训令

【发文单位】 大安乡公所
【收文单位】 第九保保长
【档案编号】 10-A1-404
【成文时间】 1941-04—1944-06
【收藏单位】 白银市档案馆
【涉及地域】 大安乡
【关 键 词】 马匹；草料；土地
【内容提要】
　　其中有景泰县大安乡公所关于征用军用钱、粮草等物资的账表；以马代丁统筹办理此案的训令；遵照修正各县土地队报复查办法的训令；遵照办理军需豆料的训令；遵照办理军需菜籽油的训令；分配各保采购菜油的代电；平均分配代购草料的指令；关于遵照应采购麦草豆料的训令；按照市价代购麦草的训令；关于遵照配定马匹、草料的训令。

【叙录编号】 1052
【档案题名】
　　景泰县政府、大安乡公所等就给保长记大过处分、植树造林、筹借籽种、购交燃料与马骡、调整保长待遇及诉状、关远上师的皈依证书等的训令、代电
【发文单位】 大安乡公所
【收文单位】 第九保保长
【档案编号】 10-A1-408
【成文时间】 1942-11-24—1949-02-05
【收藏单位】 白银市档案馆
【涉及地域】 大安乡
【关 键 词】 植树造林；马骡；木料
【内容提要】
　　其中有就依照五年计划各地实施植树造林的代电；就各乡代购马骡火速购交以重军事的训令；就催派车辆人夫前经寿鹿山拉运木料的代电；就于光显诉魏三嘲践踏水渠的诉状。

【叙录编号】 1053
【档案题名】
　　景泰县政府、红水县第一中心学校、大安乡中学就蒙回师范班招生、订阅报刊、征收学费、春季旅行、植树的训令代电及学生记分表、点名簿、报到册
【发文单位】 景泰县政府
【收文单位】 大安乡中学
【档案编号】 10-A1-411
【成文时间】 1938-04-30
【收藏单位】 白银市档案馆
【涉及地域】 大安乡
【关 键 词】 植树造林
【内容提要】
　　内中有为春季依照省政府规定植树的训令。

六、生态环境相关的政区调整类档案

【叙录编号】 1054
【档案题名】
　　甘肃省政府等关于红水（景泰）、靖远两县划拨地界、迁移县治、更改县名的各类文件
【发文单位】 景泰县政府；靖远县政府等
【收文单位】 甘肃省民政厅；甘肃省财政厅等

【档案编号】 015-005-0025-（0001-0031）
【成文时间】 1933-06-18—1934-02-05
【收藏单位】 甘肃省档案馆
【涉及地域】 景泰县；靖远县
【关 键 词】 地界划拨；县治
【内容提要】

此案卷包含31份文件，记录了甘肃省政府训令民政厅将原属靖远县的一条山大小芦塘五佛寺锁罕堡老龙湾等地改拨给红水县，两地以黄河为界，同时迁县治于一条山，改县名为景泰之事。同时令民政厅绘两县区域图说，以便备查（1933年6月18日）。甘肃省民政厅、财政厅委任景泰县区域委员王肇南监划两县应拨土地，王肇南考察后呈理由书建议应设景泰县治于大芦塘，附《景泰县界域图说》1份。甘肃省民政厅将该理由书提交省会公决，甘肃省政府转呈内政部，得允准消息，回文民政厅。景泰县政府已在民政厅应允下芦塘设临时办公处，遂速迁县治。同时民政厅依甘肃省政府训令令靖远县速将划走区域丁粮户口造册咨送景泰县及上报，并绘县图说呈上。靖远县移交并上报财政厅、民政厅。景泰县政府呈文民政厅已查收国民政府镌刻新印，上缴旧红水县印（1933年8月5日）。景泰县民众张文富等人呈请甘肃省政府限期移治县政府，甘肃省政府令民政厅督景泰县政府速办，景泰县政府于12月完成县政府工作及人员迁移（1933年12月31日），民政厅回文知悉。次年1月财政厅咨文民政厅是否另造详确靖远县地亩清册以便核办，民政厅令靖远县即刻更造六册上报，方便再行核验。

【叙录编号】 1055
【档案题名】
　　甘肃省政府关于景泰县改治设大芦塘一事的各类文件
【发文单位】 甘肃省政府；甘肃省民政厅
【收文单位】 甘肃省民政厅；景泰县政府
【档案编号】 015-005-0026-（0006-0009）
【成文时间】 1934-04-21—1934-05-15
【收藏单位】 甘肃省档案馆
【涉及地域】 景泰县
【关 键 词】 县治迁移
【内容提要】

甘肃省政府咨内政部景泰县治改设大芦塘一事已呈准照办，甘肃省政府令民政厅知照景泰县政府。另因县治调整及会宁靖远保持原有界线的要求，甘肃省政府令民政厅速理各县插花地报部核办，绘具图说报部核定。民政厅回文已令景泰县政府知照。

【叙录编号】 1056
【档案题名】
　　关于青海飞地划归甘肃省永靖县管辖的各类文件
【发文单位】 甘肃省政府；青海省政府等
【收文单位】 甘肃省政府；青海省政府等
【档案编号】 015-005-（0201-0202）
【成文时间】 1934-12-14—1941-09-02
【收藏单位】 甘肃省档案馆
【涉及地域】 青海省；永靖县
【关 键 词】 土地勘划；飞地
【内容提要】

此二卷内容均为永靖县政府代电申请将本县飞地孔家寺、郝家塬、海家寺、韩家山、何家堡依山川形势划拨甘肃境的各类文件。其中甘肃省民政厅逐级呈文甘肃省政府至内务部对所涉领土进行勘划，甘肃省政府会青海省政府及各级行政机关对所涉地区归属、飞地地名及行政规划进行核查，命青海循化县将所涉地区各类清册移交永靖县。其中有《循化县韩家山略图》《民和县所属孔家寺海家寺郝家塬等地略图》《循化县划归甘肃永靖县管辖之韩家山庄户口姓名清册》《永靖县造赍接收青海循化县划归永靖管辖之韩家山额征仓粮花名册》《永靖县接收青海省民和循化两县划拨飞地都图》《循化县划归永靖县管辖之韩家山庄略图》。

【叙录编号】 1057
【档案题名】
　　甘肃省民政厅关于调查榆中临洮定西三县插花畸形地情形的各类文件
【发文单位】 榆中县政府；甘肃省民政厅等
【收文单位】 榆中县政府；甘肃省政府等
【档案编号】
　　015-008-0293-（0001-0011）；
　　015-008-0294-（0001-0011）
【成文时间】 1940-11-22—1943-11-07
【收藏单位】 甘肃省档案馆
【涉及地域】 榆中县；定西县；临洮县
【关 键 词】 插花地；土地划拨；边界
【内容提要】
　　榆中县呈请派员会勘榆中、临洮、定西三县插花地情况，附《榆中县毗连临洮定西两县畸形插花及飞地调查报告表》1份、《榆中县第二区榆临定三县畸形插花区域略图》1张（0003）。民政厅呈甘肃省政府请委员勘察，甘肃省政府提请甘肃省政府委员会通过办理，根据表及意见二项委视察员王式军复查赍表图，呈府核夺。王式军代电各地当划归情况，认为飞地插花地错杂，整理实为必要，绘具图说汇报请鉴核，附《榆中临洮畸形插花地略图》1张（0007）。甘肃省政府回文知悉，令临洮、榆中两县速将插花地会勘呈报，拟订县界。民政厅呈甘肃省政府会勘意见，将边界地进行划拨，甘肃省政府回文按各县插花地整理办法分别办理造册绘图呈报，以资备核。临洮呈请派员下县监察划界以免纠纷，甘肃省政府回文委甘肃省整理各县畸形区域勘测队队长张联渊实地调查，依凭参考当否。榆中县政府呈请将县属小韦家等村仍归本县管辖以便民意，绘图请鉴核示遵。甘肃省政府回文仍划归定西办理。榆中县政府又呈悬帽顶地民生阻挠请归本县管辖，定西县政府呈文甘肃省政府请严饬榆中县遵照划拨，附《定西县称钩乡详图》1张。甘肃省政府回文暂缓拨划，榆中县政府呈文悬帽顶地图一份并具说明书请甘肃省政府鉴核，附《定榆两县未勘定悬帽顶附近略图》1张以及《会勘悬帽顶地形说明书》1张（0008）。定西县又代电悬帽顶地区仍有本县征收田赋地段，请甘肃省政府复勘。甘肃省政府回文令两县约定时间会勘呈复。

【叙录编号】 1058
【档案题名】
　　甘肃省民政厅关于定西县、会宁县划界的各类文件
【发文单位】 定西县政府；会宁县政府等
【收文单位】 定西县政府；甘肃省政府等
【档案编号】 015-008-0293-（0012-0015）
【成文时间】 1941-07-11—1942-07-10
【收藏单位】 甘肃省档案馆
【涉及地域】 会宁县；定西县
【关 键 词】 飞地；南湾里；地界划拨
【内容提要】
　　会宁县政府呈甘肃省政府辖境内陇江乡定西飞地南湾里情况，请甘肃省政府饬定西县政府转移管辖，附《南湾里住户名单》及《会宁县陇江乡定西飞地地形势图》各1份（0012）。甘肃省政府回文俟定西县政府查明再行核夺。定西县政府呈文南湾里地方已编入本县花园乡第一保第八甲，甘肃省政府回文呈文与当地乡长口径不一，令其绘具详图呈核。

【叙录编号】 1059
【档案题名】
　　甘肃省民政厅关于临洮县、定西县勘拨插

花地的各类文件
【发文单位】 甘肃省政府；定西县政府等
【收文单位】 临洮县政府；定西县政府等
【档案编号】 015-008-0293-（0020-0024）
【成文时间】 1941-09—1941-12
【收藏单位】 甘肃省档案馆
【涉及地域】 临洮县；定西县
【关 键 词】 插花地；土地划拨；边界
【内容提要】

临洮县政府呈文甘肃省政府报会勘临洮定西县区插花地情形并请饬令榆中、定西两县将大窑湾庙儿沟两地拨归临洮管辖。甘肃省政府回文庙儿沟已经查明划拨临洮，令临洮、定西两县会勘五条沟菜子湾飞地再行交拨。定西、临洮县政府会勘后呈报甘肃省政府庙儿沟当归定西管辖，五条沟菜子湾当归临洮管辖，另请将临洮县属东家湾武家庄等处归定西管辖，并将会勘谈话记录呈报鉴核。甘肃省政府回文呈悉，令除东家湾武家庄一事其余皆准，东家湾武家庄因前未呈报，未呈明两处距离县境远近，令两县查明呈复后再行核夺。

【叙录编号】 1060
【档案题名】
　　甘肃省民政厅关于1941年度调整临洮、临潭、榆中、定西、皋兰五县插花飞地的各类文件
【发文单位】 榆中县政府；甘肃省政府等
【收文单位】 皋兰县政府；甘肃省政府等
【档案编号】 015-008-0296-（0001-0009）
【成文时间】 1941
【收藏单位】 甘肃省档案馆
【涉及地域】 榆中县；皋兰县等
【关 键 词】 插花地；土地划拨；县界
【内容提要】

本案卷19份文件均为甘肃省民政厅关于1941年度调整临洮、临潭、榆中、定西、皋兰五县插花飞地的各类文件。临洮县政府呈甘肃省政府县畸形地调查表请鉴核备查，甘肃省政府回文令其协调临潭、榆中、定西、皋兰县对其中插花地进行会勘核复。皋兰县政府呈文周家窑等地已划拨榆中县管辖，甘肃省政府回文知悉。临潭县政府呈文甘肃省政府报移交临洮插花地户口清册请鉴核备查，甘肃省政府回文知照。

【叙录编号】 1061
【档案题名】
　　榆中县关于报送马衔山军牧场场区内地界勘界问题的公函代电呈文
【发文单位】 平凉县政府；工程处
【收文单位】 甘肃省建设厅
【档案编号】
　　027-005-0236-（0001-0019）；
　　027-005-0240-（0012-0014）
【成文时间】 1947-05-08—1947-08-28
【收藏单位】 甘肃省档案馆
【涉及地域】 榆中县
【关 键 词】 军牧场
【内容提要】

联合勤务总司令部西北马政局转报甘肃省政府会同榆中县查勘棉线沟一带牧场经过，附有《联合勤务总司令部马衔山界军牧分场区略图》《查勘长街第一次座谈会记录》。军政部回问马衔山勘界备案，榆中县报送马衔山军牧场场区内地界划入民田学田情况，附有《马衔山牧场略图》一张，此文件通知兰州西北马政局，其所提的建议已收到，已严令榆中县政府严禁砍伐马衔山、兴隆山一带森林。另又发文给甘肃省参议会，其所提出的严禁砍伐兴隆山、马衔山一带森林的提议已收到，且正在落实。榆中县参议会请撤销军牧场、缩小牧场范围，牛登甲议员提议缩小马衔山牧场迁移，并严禁砍伐兴隆山森林。

【叙录编号】　1062
【档案题名】
　　靖远县关于调整乡镇区划办法、绘图制表说明及有关事宜之训令
【发文单位】　甘肃省政府
【收文单位】　靖远县政府
【档案编号】　08-A4-（1044、1045）
【成文时间】　1941
【收藏单位】　白银市档案馆
【涉及地域】　靖远县
【关 键 词】　乡镇区划
【内容提要】
　　该县有关各乡乡图及各乡各保保图，靖远、会宁两县有关地界问题争论上呈书、商洽函等事务。

【叙录编号】　1063
【档案题名】
　　靖远县北湾陡水乡所居地理行政区划示意图
【发文单位】　陡水乡公所；东湾乡公所等
【收文单位】　靖远县政府
【档案编号】　08-A4-（1120、1121、1122）
【成文时间】　1943
【收藏单位】　白银市档案馆
【涉及地域】　靖远县
【关 键 词】　地理行政区划示意图
【内容提要】
　　该县关于陡水乡地理行政区划示意图，东湾乡所居行政区划示意图及县区各保地理区示意图，永安、东明、平堡乡各保地理区划示意图等。

【叙录编号】　1064
【档案题名】
　　甘肃省政府、靖远县政府等就陡水与苦水划为一乡有关经费、人口、土地、善款等事项的训令、呈
【发文单位】　靖远县政府；甘肃省政府等
【收文单位】　靖远县政府；陡水乡公所等
【档案编号】　08-A6-191
【成文时间】　1941-08—1942-06
【收藏单位】　白银市档案馆
【涉及地域】　靖远县
【关 键 词】　划界
【内容提要】
　　如题，另有增设陡水乡并编制该乡地图的呈文。

七、水土保持类档案

【叙录编号】　1065
【档案题名】
　　农林部水土保持实验区关于派技术员张绍纺筹设兰山区工作站给甘肃省政府的公函
【发文单位】　农林部水土保持实验区；甘肃省政府
【收文单位】　农林部水土保持实验区；甘肃省政府
【档案编号】　027-002-0016-（0001-0002）
【成文时间】　1943-07-25—1944-08-03

【收藏单位】 甘肃省档案馆
【涉及地域】 平凉县
【关 键 词】 水土保持；兰山
【内容提要】
　　平凉设置工作站经营人才困难派技术员张绍纺筹设兰山区工作站，甘肃省政府训令兰州市政府、皋兰县政府协助水土保持实验区在兰山设立工作站。

【叙录编号】 1066
【档案题名】
　　甘肃省政府、榆中县汇报民国三十四年（1945）办理水土完竣工程成效表文件
【发文单位】 榆中县
【收文单位】 甘肃省政府
【档案编号】 027-002-0041-（0009-0010）
【成文时间】 1945-09-28—1945-10-15
【收藏单位】 甘肃省档案馆
【涉及地域】 榆中县
【关 键 词】 榆中县；水土保持
【内容提要】
　　榆中县汇报民国三十四年（1945）办理水土完竣工程成效表致函甘肃省政府，附榆中县三十四年度水土保持完竣工程成效表，包括金川、兴隆、楼云三镇水平沟长度、蓄水坑数、蓄水面积，甘肃省政府回令准予备查。

【叙录编号】 1067
【档案题名】
　　甘肃省政府、兰州市政府关于在兰州开展水土保持的文件
【发文单位】 甘肃省政府；军政部第十一军械库
【收文单位】 军政部第十一军械库
【档案编号】 027-002-0066-（0001-0003）
【成文时间】 1944-07-06—1944-08-18
【收藏单位】 甘肃省档案馆
【涉及地域】 兰州市
【关 键 词】 水土保持
【内容提要】
　　甘肃省政府训令兰州市政府通知皋兰山董家塬一带举办水土保持事宜，兰州市政府致电军政部第十一军械库本市在西郊举行水土保持事宜，军政部回电自应照办。

肆　资源环境纠纷与诉讼类档案

一、矿产纠纷与诉讼类档案

【叙录编号】 1068
【档案题名】
　　会宁县李启贤关于报送卢国清石松泉洞窟纠纷情形致甘肃省建设厅的签呈
【发文单位】 会宁县
【收文单位】 甘肃省建设厅
【档案编号】 027-005-0597-（0001-0018）
【成文时间】 1943-09-15—1945-03-16
【收藏单位】 甘肃省档案馆
【涉及地域】 会宁县
【关 键 词】 矿区纠纷
【内容提要】
　　《卢国清石松泉洞窟纠纷关系图》，内含《地面测量表》《石松泉坑道测量表》《卢国清坑道测量表》，甘肃省政府派员查勘，解决矿区纠纷并派员绘制矿区图。

【叙录编号】 1069
【档案题名】
　　皋兰县阿干镇梁国大关于集资在皋兰县南沙子沟开采煤矿一事的文件
【发文单位】 梁国大
【收文单位】 甘肃省建设厅
【档案编号】 027-005-0599-（0001-0016）
【成文时间】 1936-07—1947-12
【收藏单位】 甘肃省档案馆
【涉及地域】 皋兰县
【关 键 词】 煤矿
【内容提要】
　　梁国大呈请在皋兰县南沙乡开采煤矿，附有呈请书、合办契约一式3份，推定代表人呈请书一式2份，《开采煤矿矿区图》一式2份。梁国大申请扩大开采面积，处理矿区纠纷。

【叙录编号】 1070
【档案题名】
　　甘肃省岳栖梧、单海峰、魏著方等4人申请在皋兰县定远镇水岔沟一带开采煤矿致甘肃省建设厅的呈文，附矿区图3张
【发文单位】 皋兰县
【收文单位】 甘肃省建设厅
【档案编号】
　　027-005-0605-（0001-0018）；
　　027-005-0606-（0001-0021）
【成文时间】 1942-09-27—1944-03-03
【收藏单位】 甘肃省档案馆
【涉及地域】 皋兰县
【关 键 词】 矿区纠纷
【内容提要】
　　甘肃省岳栖梧、单海峰、魏著方等4人申请在皋兰县定远镇水岔沟一带开采煤矿，附有《开采煤矿略图》一式3份，前两份为紫色笔迹，后一份为黑色笔迹，《领采矿略图》，《开采煤矿矿区图》[民国三十一年（1942）11月] 内有《矿区测量面积计算表》，并将炸开洞口人员列为矿权联署人，附有《水岔沟矿床说明书》、采煤执照。

【叙录编号】 1071
【档案题名】
　　甘肃省建设厅关于民人孙立业禀控李俊茂侵占矿洞妨碍矿业一事的各类文件
【发文单位】 孙立业；矿区稽查员魏元佐等
【收文单位】 孙立业；甘肃省建设厅等
【档案编号】 027-008-0110
【成文时间】 1936-10-20—1936-11-18
【收藏单位】 甘肃省档案馆
【涉及地域】 皋兰县
【关 键 词】 侵占炭洞
【内容提要】
　　孙立业呈文甘肃省建设厅李俊茂逞横侵略炭洞妨害矿业请秉公办理。甘肃省建设厅令矿区稽查员魏元佐查明呈复，魏元佐呈甘肃省政府具体情况并申请发放矿区图查验，甘肃省政府回文准予发放。

【叙录编号】 1072
【档案题名】
　　甘肃省建设厅关于丁希礼、南中华申请传讯何黑旦母子阻挠开采煤窑一案的各类文件
【发文单位】 丁希礼；甘肃省政府等
【收文单位】 南中华；甘肃省建设厅等
【档案编号】 027-008-（0110、0111）
【成文时间】 1936-05-20—1937-01-29
【收藏单位】 甘肃省档案馆
【涉及地域】 皋兰县
【关 键 词】 煤洞；开采煤矿；采煤纠纷
【内容提要】
　　丁希礼、南中华呈文甘肃省建设厅申请传讯何黑旦母子阻挠开采煤窑，甘肃省建设厅回文令魏元佐详查具复，再行核夺。魏元佐调查后呈甘肃省政府及甘肃省建设厅，两造均无合同，请将煤洞收回另行招商。甘肃省政府回文详查丁希礼矿区位置是否在山寨碳矿区，再行核办。魏元佐呈难以查明，甘肃省政府回文并附杨生华矿图一同查明具复。何李氏等呈文甘肃省政府请继续开采煤矿，甘肃省政府回文待查明情况后继续开矿。魏元佐呈文甘肃省政府报送查明存量丁希礼矿区，称在其所争榆树拐子矿地起至山寨矿区杨家场洞相距四十五丈远，是否在山寨矿区内外仍有请依旧矿区图进行确认。甘肃省政府令其先查封丁希礼矿洞口并加倍补缴矿租，魏元佐回文已查封并报送应缴纳数额。甘肃省政府令魏元佐尽快催收租金。

【叙录编号】 1073
【档案题名】
　　甘肃省建设厅关于张成福申请派员查办杜炳忠偷采煤矿的各类文件
【发文单位】 皋兰县张成福；皋兰县政府等
【收文单位】 皋兰县张成福；甘肃省建设厅等
【档案编号】 027-008-0112
【成文时间】 1935-07-19—1935-09-17
【收藏单位】 甘肃省档案馆
【涉及地域】 皋兰县
【关 键 词】 偷采煤矿；炭洞
【内容提要】
　　皋兰县张成福呈文甘肃省政府、甘肃省建设厅控告杜炳忠偷将炭洞封闭采矿妨害营业请派员查办。甘肃省政府、甘肃省建设厅回文令皋兰县政府详查报送，皋兰县政府呈复，附甘结书4份（0004），甘肃省建设厅转呈甘肃省政府请移送法院办理，甘肃省政府回文准予办理。皋兰县政府呈文甘肃省建设厅已移交法院办理。

【叙录编号】 1074
【档案题名】
　　甘肃省建设厅关于魏文熙、张德清承租矿地的各类文件
【发文单位】 皋兰县民人魏文熙；甘肃省建设

厅等

【收文单位】 皋兰县民人魏文熙；南乡犁哗嘴民人张德清等
【档案编号】 027-008-（0112-0113）
【成文时间】 1934-04-17—1935-12-31
【收藏单位】 甘肃省档案馆
【涉及地域】 皋兰县
【关 键 词】 承租煤矿；退租
【内容提要】

　　皋兰县民人魏文熙呈文甘肃省建设厅请承租花道路子煤矿，南乡犁哗嘴民人张德清呈文甘肃省建设厅请承租犁哗嘴处煤矿，甘肃省建设厅令魏元佐详细查报，待呈复后再行核办。魏元佐呈复两地矿产并无所有权纠葛，甘肃省建设厅公告准予二人承租。1935年底魏文熙呈文甘肃省建设厅请准予退租并取消租约，甘肃省建设厅令魏元佐查复，魏元佐呈请询问可否退魏文熙租金，甘肃省建设厅令其尽快上缴6—12月租金。

【叙录编号】 1075
【档案题名】
　　皋兰县阿干镇商民阎伯时请发矿照以维产权的往来文件
【发文单位】 皋兰县阿干镇商民阎伯时；甘肃省政府
【收文单位】 甘肃省建设厅；皋兰县政府等
【档案编号】 027-008-0205
【成文时间】 1944-11-17—1944-11-23
【收藏单位】 甘肃省档案馆
【涉及地域】 皋兰县
【关 键 词】 矿照；占地
【内容提要】

　　皋兰县阿干镇商民阎伯时呈文甘肃省建设厅请发矿照以维产权，甘肃省建设厅转呈甘肃省政府，甘肃省政府令皋兰县政府查勘具报。

二、土地纠纷与诉讼类档案

【叙录编号】 1076
【档案题名】
　　甘肃省民政厅关于调查公民火灿呈请制止马子杰强占金城兰山地的各类文件
【发文单位】 甘肃省政府；甘肃省建设厅等
【收文单位】 甘肃省民政厅；甘肃省政府等
【档案编号】 015-008-0151-（0028-0033）
【成文时间】 1940-09-23—1940-10-30
【收藏单位】 甘肃省档案馆
【涉及地域】 兰州市
【关 键 词】 强占山地；兰山
【内容提要】

　　甘肃省建设厅致函民政厅，请将公民火灿呈请制止马子杰强占金城兰山地一案转饬土地登记处依法确定产权、平息纠纷，附送抄呈甘肃省政府原案一件（0029）。甘肃省政府就民政厅呈请回文准予，令其查明办理。民政厅令兰州市区土地登记处调查呈复。后者呈甘肃省政府火灿契约与各户旧契不同，请派员清丈山岭界限然后调验契约再行绘图登记确定产权。甘肃省政府回文关键在契约，不在清丈，令其依照甘肃省土地调解委员会组织章程调解具报。

【叙录编号】 1077
【档案题名】
　　甘肃火燦、马子杰关于山地产权纠纷的各类文件
【发文单位】 甘肃省建设厅；火燦等
【收文单位】 甘肃省警察局；甘肃省民政厅等
【档案编号】 027-007-0143-（0022-0025）
【成文时间】 1940-09-19—1940-10-07
【收藏单位】 甘肃省档案馆
【涉及地域】 皋兰县
【关 键 词】 产权纠纷；山地
【内容提要】
　　甘肃火燦呈文甘肃省政府、甘肃省建设厅，称在金城关所购山地及其上房屋在地界划分明晰后仍被马子杰非法占有，请求还回产权。甘肃省政府、甘肃省建设厅致函甘肃省警察局、甘肃省民政厅令其派员制止。甘肃省民政厅就此事令土地登记处查办函复，抄送甘肃省建设厅。甘肃省建设厅就进度牌示火燦。

【叙录编号】 1078
【档案题名】
　　甘肃火燦、马子杰关于山地产权纠纷的各类文件
【发文单位】 甘肃省政府；皋兰县政府等
【收文单位】 甘肃省建设厅；张有年等
【档案编号】 027-007-0143-（0001-0012）
【成文时间】 1936-02-12—1939-08-10
【收藏单位】 甘肃省档案馆
【涉及地域】 皋兰县
【关 键 词】 产权纠纷；山地
【内容提要】
　　此12份文件为上一卷纠纷后续内容。其中包括：马子杰等15人呈文甘肃省建设厅修建兰青公路拆毁沿途坟墓，请求拨发金山寺后荒山以便迁移安葬祖先坟骨。甘肃省建设厅就此事呈文请示甘肃省政府，令皋兰县政府在甘肃省政府批示后再行通知，后同意拨给。甘肃佘永盛呈文甘肃省建设厅称皋兰县政府划分不当，把山地同时贩给马子杰、火燦二方，导致争端。甘肃省建设厅派秘书张永年详查回报，后者签呈甘肃省建设厅报送山地争控情况，称县勘地界与马子杰等请据地界确有不符，将详勘图返回。甘肃省建设厅就此事呈文甘肃省政府，请重新划拨坟地地界。

【叙录编号】 1079
【档案题名】
　　范振绪、苏耀洲房产纠纷，各省之别称等
【发文单位】 靖远县县长郝遇林
【收文单位】 甘肃省政府
【档案编号】 08-A4-175
【成文时间】 1942
【收藏单位】 白银市档案馆
【涉及地域】 靖远县
【关 键 词】 房产纠纷
【内容提要】
　　苏耀洲率同多人无故闯入范振绪家宅搜索骚扰。

【叙录编号】 1080
【档案题名】
　　范、苏两家地址纠纷
【发文单位】 苏耀洲；苏曦
【收文单位】 靖远县城市土地登记处
【档案编号】 08-A4-177
【成文时间】 1943-08
【收藏单位】 白银市档案馆
【涉及地域】 靖远县
【关 键 词】 地址纠纷
【内容提要】
　　苏耀洲、苏曦上呈靖远县城市土地登记处

赵主任关于自家房院一处先被范志伪造买契登记，后经审查结果自认失败，再被范志以弟范懋之之名请求产权状，诉以不能发放的文件。

【叙录编号】　1081
【档案题名】
　　靖远县政府关于大芦、大庙、东明乡民及诉讼审理案件
【发文单位】　靖远县政府；东明乡公所等
【收文单位】　大芦乡公所；靖远县政府等
【档案编号】　08-A4-725
【成文时间】　1947—1948
【收藏单位】　白银市档案馆
【涉及地域】　靖远县
【关 键 词】　侵占土地；诉讼案卷
【内容提要】
　　该县关于城关、西关、东明、东湾等乡民事诉讼审理案卷，薛兆麟诉高老四等侵占土地案件等事务。

【叙录编号】　1082
【档案题名】
　　靖远县政府关于大庙、城外西关、虎豹坪等有关土地纠纷案卷处理批复
【发文单位】　靖远县政府；三民主义青年团甘肃支团靖远分团部等
【收文单位】　靖远县政府等
【档案编号】　08-A4-744
【成文时间】　1942
【收藏单位】　白银市档案馆
【涉及地域】　靖远县
【关 键 词】　土地纠纷
【内容提要】
　　该县有关大庙乡复查更正结果报告、查报虎豹坪地实际情形等事务。

【叙录编号】　1083
【档案题名】
　　靖远县政府关于甘肃省政府指令：有关李生林兄弟盗卖土地、大芦乡土地纠纷、三滩乡民众呈请核减科别一案审查处理，及甘监池、河畔等地营业证审查
【发文单位】　甘肃省政府
【收文单位】　靖远县政府
【档案编号】　08-A4-（745、746）
【成文时间】　1937—1942
【收藏单位】　白银市档案馆
【涉及地域】　靖远县
【关 键 词】　土地纠纷；盗卖土地
【内容提要】
　　该县关于盗卖土地，大芦乡土地纠纷，大庙乡、糜滩乡及有关人员买卖土地税收名册报告、审批等事务。

【叙录编号】　1084
【档案题名】
　　靖远县北湾、平堡等乡保、租民因受旱涝灾害肯祈援纳、减免学田粮事呈报书
【发文单位】　四龙保保民
【收文单位】　靖远县县长
【档案编号】　08-A5-041-（0005-0006）
【成文时间】　1937-07
【收藏单位】　白银市档案馆
【涉及地域】　靖远县
【关 键 词】　侵吞土地
【内容提要】
　　靖远县平堡乡四龙保绅民上报县长称，王万洲在丁家台台子的18亩耕地曾在红军驻扎时被政府征用修筑堡垒，原有种植棉花被尽数拔除，前任保长强万国承诺补款百余元。而现任保长强得国与豪强强文瑛捏造指印将土地非法买卖给该保页山庙国民学校，并变卖棉花200余斤中饱私囊，因而上报县长，请求彻查。

【叙录编号】 1085
【档案题名】
  靖远县大庙、东湾乡保、租民、小学校长党国范呈学田被灾恳祈减免学租报告书及县长核准查办批示等
【发文单位】 大庙乡第六保住户罗鸿荣
【收文单位】 靖远县政府
【档案编号】 08-A5-046-003
【成文时间】 1947-09-23
【收藏单位】 白银市档案馆
【涉及地域】 靖远县
【关 键 词】 地产纠纷
【内容提要】
  靖远县大庙乡第六保住户罗鸿荣于1946年逃荒在外，被告王昇将罗鸿荣名下三垞土地收归己有，因而罗鸿荣上诉政府。

【叙录编号】 1086
【档案题名】
  靖远县政府关于大芦乡与会宁县所属小水乡之间为越界滩排拦路截套一案的呈状、批复、处理过程
【发文单位】 大芦乡乡长李再清；原告王尚福等
【收文单位】 靖远县县长；靖远县政府
【档案编号】
  08-A5-160-（0001-0018）；
  08-A5-161-（0001-0011）；
  08-A5-162-（0001-0013）
【成文时间】 1945—1946
【收藏单位】 白银市档案馆
【涉及地域】 靖远县
【关 键 词】 地产越界；拦路劫财
【内容提要】
  靖远县大芦乡和会宁县小水乡毗邻，双方田地交错插花种植。1945年12月，大芦乡王尚忠、王耀选在路上遭到小水乡副乡长之弟宋建章和第六保保长陈喜福为首的四人拦路打劫，以缴纳会宁县租赋为由抢走骡驴及粮食，并打伤王氏腿脚，王氏兄弟遂上告。

【叙录编号】 1087
【档案题名】
  靖远县政府关于顾有堃诉张元等人侵占地址等案的有关材料
【发文单位】 顾有堃；靖远县县长等
【收文单位】 靖远县县长；顾有堃等
【档案编号】 08-A5-185-（0009-0014）
【成文时间】 1945
【收藏单位】 白银市档案馆
【涉及地域】 靖远县
【关 键 词】 侵占土地
【内容提要】
  皋兰县水川乡人士顾有堃上诉称其于1941年购置的靖远县平堡乡砂土田被当地张元、张亭兄弟强占修筑房屋，且经乡绅多次调解后仍无效果，且其修筑之地有破坏水源之虞。县长表示会查明情况秉公办理。

【叙录编号】 1088
【档案题名】
  甘肃省高院对冯时胜与张膺洲土地纠葛案判决、李宗昆诉李朝辅以怨报德、刘帮泰借端串害捏词妄控、张长有骗约累证、王席珍霸卖祖业等各案处理的情况
【发文单位】 刘长信；张时胜等
【收文单位】 靖远县政府
【档案编号】
  08-A9-（071、073、074、076、077）
【成文时间】 1917—1919
【收藏单位】 白银市档案馆
【涉及地域】 靖远县
【关 键 词】 土地纠纷
【内容提要】
  该县关于冯时胜与张膺洲土地纠葛案判

决、李朝辅以怨报德捏词妄控状、为诉刘帮泰籍端串害捏词妄控诉状、为诉王席珍霸卖祖业恃强凌弱状、姜维荣霸占天地、吴丕源率众聚殴、王守信强配废子、李平顺偷拆木料、胡有兴抗债不偿、张行善图财害命、吴承善侵霸产业的有关材料，乩肚子上庄困无力负担摊派项给靖远县政府的呈，丰籍大庙堡民张凝被诉赖产谋夺命业、大庙堡民刘公被诉串造假约抗租夺业及私造收据争赖业产的民事诉状，甘肃省财政厅巡按史、高等审判厅、靖远县政府等为造送省内官产事宜、查办武都麻柳滩民聚众滋事与欺弱捏情串卖、查明张膺洲与冯时胜土地纠葛等案的饬呈、训令等。

【叙录编号】 1089
【档案题名】
靖远县政府受理魏贤杰、王子俊、刘耀荣等土地纠纷、串外通谋、偷买公业等案的有关材料
【发文单位】 李杨氏；卢得瑜等
【收文单位】 靖远县政府
【档案编号】 08-A9-（084、087、091）
【成文时间】 1918—1930
【收藏单位】 白银市档案馆
【涉及地域】 靖远县
【关 键 词】 土地纠纷
【内容提要】
该县关于为诉李德五子等持刀行凶、拆毁财物、损坏匾额、叫骂祖先状，为诉李炳辰等依势欺孤、典约毁房状，为即刻查明房屋地基备价抽赎，为诉卢大秀匿藏兑约、强霸换地，受理魏贤杰诉土地纠纷案的材料；王子俊、刘耀荣等土地纠纷、串外通谋、偷买公业等案的材料。

【叙录编号】 1090
【档案题名】
靖远县行政公署关于义聚隆号店主孙居正与刘作让等人民事纠纷，陈有芝等被诉恃强凌弱、串谋地产等案的刑事诉状
【发文单位】 马生贵；张花等
【收文单位】 靖远县政府
【档案编号】 08-A9-093
【成文时间】 1922-03—1922-06
【收藏单位】 白银市档案馆
【涉及地域】 靖远县
【关 键 词】 土地纠纷
【内容提要】
该县关于陕西人义聚隆号店主孙居正与本城人士刘作坊、马刘氏、刘作让等人民事纠纷一案的材料，关于本籍五方寺圈城张作宾状诉陈有芝、陈仲贤、陈仲安恃强凌弱、串谋地产一案的材料等事务。

【叙录编号】 1091
【档案题名】
靖远县行政公署就两区高崖子、李尊正等与李东忠等为谋家产、灭门霸业案诉讼，李进中诉武炳等串奸毒杀一案部分材料
【发文单位】 朱家慧；马福等
【收文单位】 靖远县政府
【档案编号】 08-A9-100
【成文时间】 1924-03—1926-03
【收藏单位】 白银市档案馆
【涉及地域】 靖远县
【关 键 词】 土地纠纷
【内容提要】
该县关于因谋土地家产而杀害他人案等事务。

【叙录编号】 1092
【档案题名】
张有才等侵占遗弃盗赃、王宝仁兄弟控王

克慎之子恃强毒殴、张行善父子被诉侵占土地殴打老母各案的审理材料
【发文单位】 王宝仁兄弟；李金氏等
【收文单位】 靖远县政府
【档案编号】 08-A9-112
【成文时间】 1923-10—1934-12
【收藏单位】 白银市档案馆
【涉及地域】 靖远县
【关 键 词】 土地纠纷
【内容提要】
　　张有才、龚王氏、马永昌、马王氏等人侵占遗弃盗赃，王宝仁兄弟控王克慎之子恃强毒殴，李金氏、李育贵状诉张行善、张守印父子侵占土地殴打老母。

【叙录编号】 1093
【档案题名】
　　砂梁堡民任宗孔状告七旅三团补充二营营长王得彬串通陷害逼立约据一案的材料
【发文单位】 任宗孔
【收文单位】 靖远县政府
【档案编号】 08-A9-181
【成文时间】 1930-10—1931-01
【收藏单位】 白银市档案馆
【涉及地域】 靖远县
【关 键 词】 土地
【内容提要】
　　砂梁堡民任宗孔状告七旅三团补充二营营长王得彬串通陷害，吊打鞭敲，逼立卖契，将骡子、土地划归己有。

【叙录编号】 1094
【档案题名】
　　靖远县政府关于审理贾世兴、刘作善、李世英恃富殃民、以公抵私、侵权违法、霸地抗价、霸业灭门等案的有关材料
【发文单位】 贾雷氏；罗振声等

【收文单位】 靖远县政府
【档案编号】 08-A9-218
【成文时间】 1931-06—1940-09
【收藏单位】 白银市档案馆
【涉及地域】 靖远县
【关 键 词】 霸地抗价
【内容提要】
　　贾雷氏状告贾世兴恃富殃民、罗振声状告刘作善霸地抗价、黄砂湾民李荫汉状告李世英霸业灭门。

【叙录编号】 1095
【档案题名】
　　靖远县政府关于田发惠、魏玉珺、冯占禄、郭永清等卖骗愚民、偷卖强伐、不尽职务、侵占民地等案的有关材料
【发文单位】 李作忠；刘党氏等
【收文单位】 靖远县政府
【档案编号】 08-A9-220
【成文时间】 1931-01—1937-08
【收藏单位】 白银市档案馆
【涉及地域】 靖远县
【关 键 词】 侵占民地
【内容提要】
　　李作忠状告田发惠等卖骗愚民、刘党氏等状告魏玉珺等偷卖强伐、刘汉源状告苏际福等不尽职务、王树珍状告杨培望砍伐树木、王复容状告冯占禄侵占民地等。

【叙录编号】 1096
【档案题名】
　　靖远县政府就王道仁诉王元和等诬赖田地、宋继英诉范镇纪霸占田地案的材料
【发文单位】 王道仁；王文和等
【收文单位】 靖远县政府
【档案编号】 08-A9-232
【成文时间】 1931-05—1937-03

【收藏单位】 白银市档案馆
【涉及地域】 靖远县
【关 键 词】 诬赖田地
【内容提要】
　　该县关于王道仁诉王元和等诬赖田地、打人案等事务。

【叙录编号】 1097
【档案题名】
　　靖远县政府关于杨培旺、张霖、吴占俊、徐万年等欺孤凌寡、掠夺烟土、反抗禁政及持刀行凶夺女等案的有关材料
【发文单位】 李辛丑儿
【收文单位】 靖远县政府
【档案编号】 08-A9-436
【成文时间】 1937-08
【收藏单位】 白银市档案馆
【涉及地域】 靖远县
【关 键 词】 霸占田产
【内容提要】
　　李辛丑儿诉李旺春等霸占砂土田地十余亩。

【叙录编号】 1098
【档案题名】
　　靖远县政府关于杨得财、王秀山伪造文约、开枪恫吓案的有关材料
【发文单位】 张述孔；张述颜
【收文单位】 靖远县政府
【档案编号】 08-A9-437
【成文时间】 1937-07
【收藏单位】 白银市档案馆
【涉及地域】 靖远县
【关 键 词】 侵占田土
【内容提要】
　　张述孔、张述颜诉杨得财伪造文约、侵占田土案。

【叙录编号】 1099
【档案题名】
　　皋兰县聂家窑农民王作吴诉靖远县天字壕农民张友衡强霸田亩的有关材料
【发文单位】 王作吴；雒其元等
【收文单位】 靖远县县长
【档案编号】
　　08-A10-100-002；
　　08-A10-104-002；
　　08-A10-108；
　　08-A10-150-002；
　　08-A10-147
【成文时间】 1940—1941
【收藏单位】 白银市档案馆
【涉及地域】 靖远县
【关 键 词】 强霸田亩
【内容提要】
　　相关档案都为乡民霸占田地、强种抢种的有关材料。

【叙录编号】 1100
【档案题名】
　　关于第二区第二联保第二保九甲赵文治状告欧永修、张全荣等人率众抢收一案的材料
【发文单位】 赵文治
【收文单位】 靖远县县长
【档案编号】 08-A10-102-1
【成文时间】 1940-04
【收藏单位】 白银市档案馆
【涉及地域】 靖远县
【关 键 词】 抢种
【内容提要】
　　乡民赵文治诉欧永修等人仗势抢种，赵文治承售田亩，赵文治与其理论反遭殴打，上诉县长要求依法侦查。

【叙录编号】 1101
【档案题名】
　　就李映清状诉万夫纲等侵占土地案
【发文单位】 靖远县政府
【收文单位】 不详
【档案编号】 08-A10-159-（0007-0010）
【成文时间】 1946-07-27
【收藏单位】 白银市档案馆
【涉及地域】 靖远县
【关 键 词】 侵占土地
【内容提要】
　　民国三十五年（1946），就万夫纲等人侵占李映清土地一案，靖远县政府进行诉状和批示的记录。

【叙录编号】 1102
【档案题名】
　　靖远县西关城楼失火、池鱼遭殃，马团长函任定克诉张巨俭偷买田地等案的材料
【发文单位】 马奠邦团长；靖远县县长等
【收文单位】 靖远县县长；马奠邦团长等
【档案编号】 08-A10-208-（0041-0045）
【成文时间】 1942-12
【收藏单位】 白银市档案馆
【涉及地域】 靖远县
【关 键 词】 偷卖田地
【内容提要】
　　马奠邦团长发函称其下属上尉书记任希勇因常年在外参军，家中未分清的在红萝卜沟的一顷土地被其弟弟任克强（已亡故）于1934—1935年年间偷卖给张巨俭，因此发函派自己堂弟任克定讨回土地。靖远县县长回信表示田地理应归还，会秉公办理。

【叙录编号】 1103
【档案题名】
　　靖远县田赋粮食管理处函请追办东明乡太和保滕保林强耕地亩及陡水乡刘文举等被诉短发修路工人工资等各案的材料
【发文单位】 靖远县政府；警士等
【收文单位】 靖远县县长
【档案编号】 08-A10-263-（0001-0015）
【成文时间】 1946
【收藏单位】 白银市档案馆
【涉及地域】 靖远县
【关 键 词】 强占耕地
【内容提要】
　　东明乡太和保民众马成德称其在秦家坝的土地为滕保林凭空强占，请求归还土地。滕保林称该土地并非马成德土地，后警察传唤，原告马成德借故抗不到案。

【叙录编号】 1104
【档案题名】
　　靖远县政府受理的包兴俊行凶、石兴璞拐骗、万泰才侵占地亩、李过春欺哄、王三春横行殴打案件材料
【发文单位】 刘福华；王得选等
【收文单位】 靖远县政府
【档案编号】 08-A10-（310、312）
【成文时间】 1946-02—1946-12
【收藏单位】 白银市档案馆
【涉及地域】 靖远县
【关 键 词】 侵占地亩；地产纠纷
【内容提要】
　　该县关于王得选诉万泰才等越界侵占地亩案，王永魁诉王三春等强种田地、横行殴打案，刘仲民、王万成、王正兴地产纠纷的呈诉材料等事务。

【叙录编号】 1105
【档案题名】
　　靖远县三滩乡吕大章诉李得楷劫夺棉花、大庙乡吴占彬诉王宏等人结伙抢劫案的有关

材料
【发文单位】 吕大章；东湾乡乡长等
【收文单位】 靖远县县长
【档案编号】 08-A10-（326、330）
【成文时间】 1946-05-24—1946-06-11
【收藏单位】 白银市档案馆
【涉及地域】 靖远县
【关 键 词】 棉花
【内容提要】
　　该县关于吕大章状诉李得楷劫夺棉花一案的材料等事务。

【叙录编号】 1106
【档案题名】
　　关于河畔乡东屯保刘家寨子小岔儿村刘富邦诉乡公所刘干事主唆使、逗凶一案的相关材料
【发文单位】 刘富邦；靖远县县长
【收文单位】 靖远县县长
【档案编号】 08-A10-343-001
【成文时间】 1946
【收藏单位】 白银市档案馆
【涉及地域】 靖远县
【关 键 词】 土地纠纷
【内容提要】
　　因刘富邦等人购买乡民田地七十余亩，势豪樊得成等人欲遏买不成，后乡公所刘干事携众殴打刘富邦。

三、水利纠纷与诉讼类档案

【叙录编号】 1107
【档案题名】
　　甘肃省政府等关于永靖县祈宗元控告孔庆杰等人组织开渠一事的各类文件
【发文单位】 祈宗元等人；甘肃省政府
【收文单位】 甘肃省政府；祈宗元等人
【档案编号】 004-004-0071-（0030-0031）
【成文时间】 1939-09-20—1939-09-25
【收藏单位】 甘肃省档案馆
【涉及地域】 永靖县
【关 键 词】 开渠
【内容提要】
　　永靖县第三区太极乡大川村民祈宗元等人呈报甘肃省政府，他们欲凿洞开渠，已经过永靖县政府、甘肃省政府、甘肃省建设厅的批准，但是小川村村民孔庆杰等人阻止峡口凿洞，不容开渠，又将祁宗元等人毒打。故祈宗元等人恳请甘肃省政府做主。甘肃省政府回文令祁宗元等人补正呈核手续。

【叙录编号】 1108
【档案题名】
　　民国三十六年（1947）甘肃省政府、皋兰县政府就解决皋兰县新城乡陈大才舞弊私领水利公款一事的往来公文
【发文单位】 皋兰县新城乡若干公民；甘肃省政府等
【收文单位】 甘肃省政府；皋兰县政府

【档案编号】 038-001-0069-（0001-0004）
【成文时间】 1948-05-20—1948-09-04
【收藏单位】 甘肃省档案馆
【涉及地域】 皋兰县
【关 键 词】 私领水利公款；水利纠纷
【内容提要】
　　该部分共四份文件，涉及皋兰县新城乡人民举报以及省政府、县政府查办陈大才舞弊私领水利公款等事，令陈大才退还3月间公款一亿五千万元。

【叙录编号】 1109
【档案题名】
　　民国三十七年（1948）甘肃省政府、皋兰县政府、中农行兰行及民众就皋兰县水川乡水车贷款被多人假公营私挪用一事的往来公文
【发文单位】 甘肃省政府；皋兰县政府等
【收文单位】 甘肃省政府；皋兰县政府等
【档案编号】 038-001-0069-（0005-0022）
【成文时间】 1948-05-08—1948-10-15
【收藏单位】 甘肃省档案馆
【涉及地域】 皋兰县
【关 键 词】 挪用水车贷款；水利纠纷
【内容提要】
　　该部分共18份文件，涉及皋兰县水川乡水车贷款被多人挪用与政府彻查等事。其中前4份文件（0005-0008）为中农行兰行、甘肃省政府及皋兰县政府就揭露、彻查与解决皋兰县政府科长顾有德窃领滥用水车贷款一事的往来公文；中间8份文件（0009-0016）为甘肃省政府、皋兰县政府等就揭露、彻查与解决张志永诳公肥私、水车贷款舞弊一事的往来公文；后6份文件（0017-0022）为甘肃省政府、皋兰县政府及贫民代表刘银等人就李保彦假公营私破坏水利一事的揭露与彻查，经政府调查李保彦并未假公营私破坏水利。

【叙录编号】 1110
【档案题名】
　　民国三十七年（1948）甘肃省政府、皋兰县中山乡地区乡民就朱耀祖侵吞公款一事的往来公文
【发文单位】 甘肃省政府；中山乡乡民
【收文单位】 甘肃省政府；皋兰县政府
【档案编号】 038-001-0069-（0023-0024）
【成文时间】 1948-06-29—1948-07-09
【收藏单位】 甘肃省档案馆
【涉及地域】 皋兰县
【关 键 词】 侵吞水利公款
【内容提要】
　　该部分共2份文件，涉及揭露及彻查皋兰县中山乡朱耀祖侵吞水利公款一案。

【叙录编号】 1111
【档案题名】
　　民国三十六年（1947）甘肃省政府、兰州市民众就刘翰章侵占修复水车贷款又伪造一事的往来公文
【发文单位】 甘肃省政府；兰州市市民
【收文单位】 甘肃省政府；兰州市政府
【档案编号】 038-001-0069-（0025-0026）
【成文时间】 1947-04
【收藏单位】 甘肃省档案馆
【涉及地域】 兰州市
【关 键 词】 侵占水车贷款
【内容提要】
　　该部分共2份文件，涉及兰州市刘翰章侵占修复水车贷款又伪造复借一案。

【叙录编号】 1112
【档案题名】
　　民国三十六年（1947）甘肃省政府、甘肃省水利局及兰州市政府就禄英魁等人贪污水利贷款一事的往来公文

【发文单位】 甘肃省政府；兰州市政府等
【收文单位】 甘肃省政府；兰州市政府
【档案编号】 038-001-0069-（0027-0032）
【成文时间】 1947-06-05—1947-10-21
【收藏单位】 甘肃省档案馆
【涉及地域】 兰州市
【关 键 词】 贪污水利贷款
【内容提要】

该部分共6份文件，涉及甘肃省政府、甘肃省水利局及兰州市政府就揭露、彻查与起诉兰州市雁滩后河滩禄英魁等人贪污水利贷款、妨害生产一事，附起诉书1份。

【叙录编号】 1113
【档案题名】

民国三十六年（1947）甘肃省政府、甘肃省水利局及皋兰县政府就新城乡与碱水川水利纠纷一事的往来公文
【发文单位】 甘肃省政府；甘肃省水利局等
【收文单位】 甘肃省政府；甘肃省水利局等
【档案编号】 038-001-0069-（0033-0037）
【成文时间】 1947-05-22—1947-06-23
【收藏单位】 甘肃省档案馆
【涉及地域】 皋兰县
【关 键 词】 水利纠纷
【内容提要】

该部分共5份文件，涉及甘肃省政府、甘肃省水利局及皋兰县政府等就勘察与调节新城乡与碱水川水利纠纷一事，其中纠纷由碱水川张成德等人不遵渠规、任意捣乱引起。

【叙录编号】 1114
【档案题名】

民国三十八年（1949）甘肃省政府、定远镇民众就陈鸿穆限制平民饮水一事的往来公文
【发文单位】 甘肃省政府；定远镇民众
【收文单位】 甘肃省政府；皋兰县政府等
【档案编号】 038-001-0069-（0038-0039）
【成文时间】 1949-04-08—1949-05-14
【收藏单位】 甘肃省档案馆
【涉及地域】 皋兰县
【关 键 词】 水利纠纷
【内容提要】

该部分共2份文件，涉及皋兰县定远镇陈鸿穆压制平民、限制饮水一事。

【叙录编号】 1115
【档案题名】

民国三十五年（1946）至三十七年（1948）甘肃省政府、甘肃省建设厅、甘肃省水利局、皋兰县政府及两堡民众就皋兰县费家营太和堡与营川堡之间水利纠纷的往来公文
【发文单位】 甘肃省政府；皋兰县政府等
【收文单位】 甘肃省政府；皋兰县政府等
【档案编号】
038-001-0070-（0001-0025）；
038-001-0071-（0001-0031）
【成文时间】 1946-01-22—1948-05-20
【收藏单位】 甘肃省档案馆
【涉及地域】 皋兰县
【关 键 词】 水利纠纷
【内容提要】

该部分共56份文件，涉及皋兰县费家营太和堡刘子福等人与营川堡吴正堂等人因吴正堂指使他人损坏太和堡水车五辆用于建筑水坝与修造水车一事，而产生的用水与水利纠纷，附两堡两年前（1946）所立下的水利合同（038-001-0070-0007），纠纷和解后所立的甘结、会议记录各1份。

【叙录编号】 1116
【档案题名】

关于永登县拨款补助重修蓄水涝坝及东山

乡水利纠纷

【发文单位】 永登县古山乡民杨彦英等；甘肃省政府等
【收文单位】 甘肃省政府；甘肃国际救济会等
【档案编号】 038-001-0084-（0015-0034）
【成文时间】 1947-04—1947-08
【收藏单位】 甘肃省档案馆
【涉及地域】 永登县
【关 键 词】 重修蓄水涝坝；水利纠纷
【内容提要】

该部分共20份文件，涉及永登县古山乡民杨彦英等、甘肃省政府、甘肃国际救济会之间关于拨款补助重修蓄水涝坝的公文往来；永登县东山乡民王式祖、高景福、朱万章、马国忠、陈明唐等分别不断向甘肃省水利委员会、甘肃省参议会、甘肃省建设厅、甘肃省水利局呈诉何登龙违法建筑磨坊妨害水利，永登县东山乡民何登阁、李文彬、王之贤等向甘肃省参议会呈诉王式祖等纠众持械损坏水利请侦查法办，甘肃省政府、永登县政府、甘肃省参议会之间关于查办王式祖呈诉何修筑磨坊妨害水利，何修诉王式祖纠众破坏水利的公文往来。

【叙录编号】 1117
【档案题名】

民国三十六年（1947）至民国三十七年（1948）甘肃省政府、甘肃省水利局、靖远县政府及靖远复兴新渠合作社等单位就处理白善著等人与苏景三之间水利纠纷的往来公文
【发文单位】 甘肃省政府；甘肃省水利局等
【收文单位】 甘肃省政府；甘肃省水利局等
【档案编号】
　　038-001-0088；
　　038-001-0091；
　　038-001-0092
【成文时间】 1947-04-28—1948-09-08
【收藏单位】 甘肃省档案馆
【涉及地域】 靖远县
【关 键 词】 劫占复兴新渠；水利纠纷
【内容提要】

该部分共45份文件，涉及靖远县平堡乡复兴渠合作社下白善著、白含华及冉希圣等人与靖远复兴渠合作社、苏景三的水利纠纷一事。首先，靖远复兴新渠合作社与苏景三一起呈诉白善著、白含华及冉希圣等人劫占渠道阻塞排洪南尾一事，后由水利局局长黄万里主持签订关于解决复兴渠水利纠纷一事的合约。如若在复兴新渠道中使用宣家水车，需将进水口一段加宽一公尺、加深三公寸，但白善著等人仍用宣家水车劫占渠道，拒不履行合同，并反过来呈诉受到苏景三的陷害。而后甘肃省参议会、粮食部、靖远县政府、靖远县复兴新渠合作社等多个单位垦祈严惩白含华等人，甘肃省政府回复令其严查惩办。

【叙录编号】 1118
【档案题名】

民国三十六年（1947）甘肃省政府、靖远县政府就处理永安乡王石两家水利纠纷的往来公文
【发文单位】 甘肃省政府；靖远县政府等
【收文单位】 甘肃省政府；靖远县政府等
【档案编号】 038-001-0093-（0001-0008）
【成文时间】 1947-06-28—1947-08-26
【收藏单位】 甘肃省档案馆
【涉及地域】 靖远县
【关 键 词】 新辟泉源
【内容提要】

该部分共8份文件，涉及靖远县永安乡哈思保王世沛王家滩与石鼎石家滩两家因石家新辟泉源，却被王家填塞一事而引起的水利纠纷。经甘肃省政府、靖远县政府调查，令石家暂时停工，经地方绅士与乡长调查后再立合

同，再议开辟泉源一事。

【叙录编号】 1119
【档案题名】
　　关于东明乡打拉池农民与会宁小水乡农民发生水源、土地纠纷各申述书
【发文单位】 东明乡打拉池；会宁小水乡
【收文单位】 靖远县政府
【档案编号】 08-A4-（556、557）
【成文时间】 1944-05—1945-07
【收藏单位】 白银市档案馆
【涉及地域】 靖远县
【关 键 词】 水源争执；土地纠纷
【内容提要】
　　打拉池与小水乡农民间有关涉及农田灌溉水源、土地所产生的纠纷。

【叙录编号】 1120
【档案题名】
　　大庙乡公民武于一等呈朱永清等妨害水利请予彻查之材料
【发文单位】 靖远县政府
【收文单位】 不详
【档案编号】 08-A10-195-（0017-0026）
【成文时间】 1942-07
【收藏单位】 白银市档案馆
【涉及地域】 靖远县
【关 键 词】 水利
【内容提要】
　　如题，另附朱登科、朱永海等20人因妨碍水利而导致的所乱水亩亩数的统计表。

【叙录编号】 1121
【档案题名】
　　大庙乡民何长有诉刘汉璋等人明抢暗盗、宋玉善被诉公报私断水绝命案的有关材料
【发文单位】 辛全鼎

【收文单位】 靖远县县长
【档案编号】 08-A10-228-（0025-0037）
【成文时间】 1943
【收藏单位】 白银市档案馆
【涉及地域】 靖远县
【关 键 词】 破坏水渠；公报私仇
【内容提要】
　　永安乡农民辛全鼎称其和甲长宋玉善素有积怨，辛氏父亲手指曾被宋玉善砍伤，且遭到诉讼。1943年农历六月宋氏奉命加重赋税遭到辛全鼎抵触，因此于后续在辛氏灌水时派遣其甲长队和儿子女婿拆毁其山水渠，并将其打伤。后又将其父亲打伤，掠取毛驴。后被乡绅刘老太爷调和，交出法币三百元换回父亲，因而上诉县政府。县政府查清后认为双方只存在口角争端，未有殴打情况，故令双方和解。

【叙录编号】 1122
【档案题名】
　　靖远县西关全盛魁经理人李文俊呈深夜被盗、白团长函送寄押张连仲、派警解送杨存德及尚恩被诉妨害水利的有关材料
【发文单位】 原告张宝卿；甘肃省政府等
【收文单位】 靖远县县长；指导员胡祖煦等
【档案编号】 08-A10-236-（0020-0027）
【成文时间】 1943
【收藏单位】 白银市档案馆
【涉及地域】 靖远县
【关 键 词】 妨害水利
【内容提要】
　　石门川民众张宝卿上诉称，自己曾因事关押，期间乡民尚恩将其田地支渠堵塞，不许灌溉，导致田地减产，影响巨大，请求主持公道，并让尚恩提前开渠。

【叙录编号】 1123
【档案题名】
靖远县各乡镇商人伤害行凶、偷埋祖坟、欠债不还等纠纷的诉状、呈文及县政府批示
【发文单位】 李虎臣；李学元等
【收文单位】 靖远县县长
【档案编号】 08-A9-（063、066、068）
【成文时间】 1913—1949
【收藏单位】 白银市档案馆
【涉及地域】 靖远县
【关 键 词】 坟地纠纷；挖渠偷水；霸占田地
【内容提要】
该县关于诉赵尚义、赵尚志霸占田地，对张和清与张绵福坟地纠纷，诉高润源挖渠偷水，朱世祯被诉诬赖良民，张永顺被诉藉界越霸，韩福成被诉拐人妻等民事辩诉和解状的有关材料；种生元与张振玉土地买卖纠纷，张兆麟、李澍英买卖土地的契，李安秀呈报滕履珊与其子李海科因田地卷入纠纷，魏贤才与范氏田地纠纷案的呈诉材料等事务。

【叙录编号】 1124
【档案题名】
靖远县甘蓝地民李彦福被诉霸奸民妇，李经元、吴润年、舒云锦、丁登瀛等私造典约、捏情妄控、行凶殴毙人命、诓财悔婚、误支委任状等案的有关材料
【发文单位】 靖远县知事
【收文单位】 靖远县政府
【档案编号】 08-A9-094
【成文时间】 1923-10—1923-12
【收藏单位】 白银市档案馆
【涉及地域】 靖远县
【关 键 词】 因用水伤人
【内容提要】
该县关于为陈诉李彦福霸奸民妇久留不归刑事状、为陈诉李经元倚势横行私造典约状、为陈诉吴润年借赖故尸谋抵重伤捏情妄控刑事公诉状、为陈舒云锦等率众逞凶殴毙人命刑事状、为仰役协同乡保预备应用各物听候并如法相验尸体等事项、为陈诉丁登瀛昧心拆婚希图重卖刑事状、为诉丁登瀛诓财昧心悔婚状、为赍误发金塔县知事委任状等件呈、为请可否先令管狱员即行接任等事项。

【叙录编号】 1125
【档案题名】
靖远县政府就宋永清状诉宋殿选等阻滞水利谋杀父命案、陈永祐被诉受贿卖法案件
【发文单位】 宋永清；宋之久等
【收文单位】 靖远县政府
【档案编号】 08-A9-190
【成文时间】 1930-12—1936-05
【收藏单位】 白银市档案馆
【涉及地域】 靖远县
【关 键 词】 水利
【内容提要】
宋永清状诉宋殿选等阻滞水利谋杀父命、宋之久状诉陈永祐受贿卖法。

【叙录编号】 1126
【档案题名】
靖远县政府审理的白应玙、梁绳武等抗款不交、侵占水道、被诬为匪案材料
【发文单位】 张钟；贾文昭等
【收文单位】 靖远县政府
【档案编号】 08-A9-193
【成文时间】 1930-09—1940-02
【收藏单位】 白银市档案馆
【涉及地域】 靖远县
【关 键 词】 侵占水道
【内容提要】
第一区黄沙湾张钟状诉白应玙抗款不交，贾文昭状诉路魏娃、张振钜侵占水道，田治

平、田思海与梁绳武账目纠葛，榆中兆区条城东滩马坪堡民李福寿被诬为匪。

【叙录编号】 1127
【档案题名】
　　靖远县政府就吴明璨诉武珍抗款、张守智欠兵、王之玠妨害保甲、张永太诉张守瑛严重伤害案的材料
【发文单位】 靖远县政府
【收文单位】 第四区区长
【档案编号】 08-A9-（402、405）
【成文时间】 1936-01—1940-12
【收藏单位】 白银市档案馆
【涉及地域】 靖远县
【关 键 词】 用水纠纷；破坏河堤
【内容提要】
　　该县关于张守瑛因用水与张永太起纠纷，并严重伤害张永太的诉状；张占鳌等诉雒英南等破坏圩工一案的材料。

【叙录编号】 1128
【档案题名】
　　武旺等被诉独霸水道、打妇落胎，张煦被诉不偿垫款，王老板等被诉开枪伤人等案件材料
【发文单位】 武永泰
【收文单位】 靖远县政府
【档案编号】 08-A9-411
【成文时间】 1936-03—1937-04
【收藏单位】 白银市档案馆
【涉及地域】 靖远县
【关 键 词】 霸占水道
【内容提要】
　　武永泰状诉武旺等独霸水道。

【叙录编号】 1129
【档案题名】
　　靖远县东湾乡段生旺诉张景俊等强占水案及李苏氏诉吕生糜盗伐树木案的有关材料
【发文单位】 李苏氏；李光臣等
【收文单位】 靖远县政府
【档案编号】 08-A10-333
【成文时间】 1946-06-11—1946-07-29
【收藏单位】 白银市档案馆
【涉及地域】 靖远县
【关 键 词】 强占水案；盗伐树木
【内容提要】
　　该县关于东湾乡段生旺、李云亭、张景沂诉张景俊、陶俊彦强占水案的材料，东湾乡乡民李苏氏状告吕生糜盗伐树木的材料等事务。

四、林草纠纷与诉讼类档案

【叙录编号】 1130
【档案题名】
　　甘肃省周恒德关于控诉张发文等偷卖林木致甘肃省建设厅呈
【发文单位】 周恒德
【收文单位】 甘肃省政府；甘肃省建设厅

【档案编号】 027-001-0418-0008
【成文时间】 1938-05-23
【收藏单位】 甘肃省档案馆
【涉及地域】 榆中县
【关 键 词】 周恒德；张发文；破坏树木
【内容提要】
　　如题。榆中县周恒德控诉张发文等人，在榆中县银湾沟天然林区内4次砍伐渔利，请甘肃省政府彻查严惩。

【叙录编号】 1131
【档案题名】
　　甘肃陈国藩关于控诉黄生福毁坏树株依势欺凌致甘肃省建设厅的呈
【发文单位】 皋兰县
【收文单位】 甘肃省政府；甘肃省建设厅
【档案编号】 027-001-0418-（0009-0010）
【成文时间】 1938-05-12—1938-05-14
【收藏单位】 甘肃省档案馆
【涉及地域】 皋兰县
【关 键 词】 陈国藩；黄生福；破坏林木
【内容提要】
　　如题。陈国藩控诉黄生福毁坏树株依势欺凌，砍伐水渠旁树木，请甘肃省建设厅严惩。

【叙录编号】 1132
【档案题名】
　　甘肃省政府关于经济部采金局探采队砍伐黄石坪学校校林一事的指示及榆中县政府、张登荣的呈文，经济部的咨文
【发文单位】 榆中县
【收文单位】 甘肃省政府；甘肃省建设厅
【档案编号】
　　027-001-0485-（0018-0019）；
　　027-001-0487-（0009-0012）
【成文时间】 1941-05-12—1941-12-13
【收藏单位】 甘肃省档案馆
【涉及地域】 榆中县
【关 键 词】 采金局；黄石坪学校；林木保护
【内容提要】
　　甘肃省榆中县新营镇黄石坪国民学校校长张登荣控诉经济部所属采金局探采队破坏植被、砍伐该校校林，甘肃省政府令榆中县政府彻查，并咨文经济部，要求妥善处理。

【叙录编号】 1133
【档案题名】
　　张福田等人关于兰丰渠天成公司工人砍伐树木一事的各类文件
【发文单位】 皋兰县政府
【收文单位】 甘肃省政府；甘肃省建设厅
【档案编号】 027-001-0519
【成文时间】 1943-07-29—1943-10-26
【收藏单位】 甘肃省档案馆
【涉及地域】 皋兰县
【关 键 词】 砍伐树木
【内容提要】
　　皋兰县新城乡第七保民众张福田等人上呈甘肃省建设厅，请求制止兰丰渠天成公司工人任意砍伐树木、摧残庄稼，甘肃省政府就此事致电甘肃水利林牧公司，要求严加约束工人，不准任意砍伐树木。甘肃水利林牧公司致函甘肃省建设厅，已通知代办工程的天成公司驻兰丰渠负责人严加约束工人，禁止摧残农作物、损坏树木。甘肃省政府将此事的处置结果通知张福田等人。

【叙录编号】 1134
【档案题名】
　　甘肃永丰渠工程处等关于永丰渠护渠树木被盗一事的各类文件
【发文单位】 甘肃永丰渠工程处主任郭铿若
【收文单位】 甘肃省政府；甘肃省建设厅
【档案编号】 027-001-0519

【成文时间】 1943-09-21—1943-10-04
【收藏单位】 甘肃省档案馆
【涉及地域】 永靖县
【关 键 词】 护渠树木
【内容提要】
　　甘肃永丰渠工程处主任郭铿若给甘肃省政府报送永丰渠护渠树木被盗伐的情况，甘肃省政府令永靖县政府切实保护护渠树木。

【叙录编号】 1135
【档案题名】
　　甘肃省政府、甘肃省建设厅、兰州商会关于查处世裕木材厂木料数量与来源、私伐木料充公的训令、呈文
【发文单位】 兰州商会等
【收文单位】 甘肃省政府；甘肃省建设厅
【档案编号】 027-001-0712-（0001-0010）
【成文时间】 1934-01-26—1934-02-23
【收藏单位】 甘肃省档案馆
【涉及地域】 临洮县；临夏县等
【关 键 词】 木料；伐木
【内容提要】
　　0001 为卢俊瀚报送查封世裕木材厂在唐汪川木料情况，甘肃省建设厅指令卢俊瀚查封李和义私伐木料充公，世裕木材厂请甘肃省建设厅复查木厂木料，附有呈请书，兰州商会请甘肃省建设厅复查世裕木材厂查封木材，并报送世裕木材厂被扣押木料数目表及来历。临洮县县长姜洽认为查封忠和木材厂不符合史记情况。

【叙录编号】 1136
【档案题名】
　　甘肃省政府、甘肃省建设厅、兰州世裕木材厂关于查封李和义砍伐木料、历年账簿、将私伐林木充公、拨付运费的训令、呈文
【发文单位】 兰州世裕木材厂

【收文单位】 甘肃省政府；甘肃省建设厅
【档案编号】 027-001-0713-（0001-0010）
【成文时间】 1944-02-19—1934-07-26
【收藏单位】 甘肃省档案馆
【涉及地域】 临洮县；临夏县等
【关 键 词】 木料；运费
【内容提要】
　　甘肃省政府训令甘肃省建设厅将查封李和义、世裕木材厂木料一并充公，世裕木材厂致函甘肃省建设厅请赎回查封木料，甘肃省建设厅报送与金常山签订承运李和义私伐木料合约，附有合约1份。世裕木材厂呈文甘肃省建设厅派人将本厂账簿与忠和账簿进行对证并无串通运送木料，甘肃省建设厅不同意派人彻查忠和木厂账簿。甘肃省建设厅请财政厅拨解运送莲花山查封木料运费，康乐设治局局长童树新电报拉运莲花山木料均抵达临洮，甘肃省政府训令康乐设治局查运抵临洮木料，训令押运员郭炳垫。

【叙录编号】 1137
【档案题名】
　　甘肃省政府，皋兰县、临洮县、临夏县政府关于拉运木料、借款、拨付建筑材料、验收木料、汇兑余款的训令、呈文
【发文单位】 皋兰县政府等
【收文单位】 甘肃省政府；甘肃省建设厅
【档案编号】 027-001-0741-（0001-0015）
【成文时间】 1936-04-29—1936-06-04
【收藏单位】 甘肃省档案馆
【涉及地域】 皋兰县；临夏县等
【关 键 词】 木料；运费
【内容提要】
　　皋兰县请发看守木料工人马大汉工资，甘肃省政府训令皋兰县拨发；临洮县政府报送郭炳垫由本县借用树木；临夏县政府同意提前拨付卢俊瀚工资；临洮县县长张恒懋报送起运木

料大小尺寸；临洮县报送甘肃省政府与康乐设治局一起拉运莲花山木料，甘肃省政府通知康乐并训令临洮、临潭报送木料大小、根数、起运日期。甘肃省陈福昌等13人呈文甘肃省政府请派人查勘木料是否被盗致甘肃省建设厅，附有原呈文1件，甘肃省政府训令临潭县查办。

【叙录编号】　1138
【档案题名】
　　甘肃省政府，永靖县、临夏县政府关于查处刘升裕偷盗木材、退还卢俊瀚保状、拉运树梢的训令、呈文
【发文单位】　永靖县政府等
【收文单位】　甘肃省政府；甘肃省建设厅
【档案编号】　027-001-0742-（0001-0013）
【成文时间】　1936-05-29—1936-06-11
【收藏单位】　甘肃省档案馆
【涉及地域】　永靖县；临夏县
【关 键 词】　木料；运费
【内容提要】
　　前监运委员卢俊瀚呈文甘肃省政府请退还保状，郭炳堃等报送从临洮县政府借款100元购置了物品，甘肃省政府同意。永靖县请另派员来本县调查刘升云偷盗官木一案。临夏县政府交送卢俊瀚欠薪，卢俊瀚请甘肃省政府安排工作，甘肃省政府言等有合适工作再安排。康乐设治局报送汪从顺等人请调查莲花山盗伐树木砍树梢数量。

【叙录编号】　1139
【档案题名】
　　皋兰县定远镇孙家坡保国民学校关于周恒德砍伐校园树木一事的纠纷
【发文单位】　甘肃省政府；皋兰县定远镇孙家坡保国民学校等
【收文单位】　甘肃省政府；皋兰县定远镇孙家坡保国民学校等
【档案编号】　027-006-0067-（0011-0012、0015-0016、0023-0024）
【成文时间】　1948-03-17—1948-07-05
【收藏单位】　甘肃省档案馆
【涉及地域】　皋兰县
【关 键 词】　砍伐林木；纠纷
【内容提要】
　　皋兰县定远镇孙家坡保国民学校呈文甘肃省建设厅，称周恒德砍伐本校树林，请予处罚。甘肃省政府令皋兰县政府查明真相具报。皋兰县政府回文周恒德拒不承认砍伐树木之事，甘肃省政府令其详细查明。

【叙录编号】　1140
【档案题名】
　　靖远县政府关于李生浩呈诉周元亨砍伐古树及李万苍诉任成福殴打等二案的情由与材料
【发文单位】　原告李生浩；被告周元亨等
【收文单位】　靖远县县长
【档案编号】　08-A5-160-（0001-0014）
【成文时间】　1942—1943
【收藏单位】　白银市档案馆
【涉及地域】　靖远县
【关 键 词】　盗伐古树；乡绅和解
【内容提要】
　　1942年11月，大庙乡乡民李生浩控告农民周元亨、辛成礼和李辛氏盗伐古树，吸食贩卖鸦片。后周氏上报说明称1931年李家李生湧曾请其妻子李辛氏之弟辛成礼作保向其借款百余元。后李生湧亡故，周元亨未再逼账。后李生浩向周元亨承诺以古槐树为由抵债，周元亨砍伐后将几人状告，以求霸占李家土地。陡水乡保长等士绅念及周元亨忠厚，李辛氏孤苦孀居，认为李生浩所告并非事实，作保使双方于1943年2月和解。

【叙录编号】 1141
【档案题名】
关于本城党家川、刘文林诉郭应驷被盗骆驼一案的材料
【发文单位】 党家川；刘文林
【收文单位】 靖远县政府
【档案编号】 08-A9-173
【成文时间】 1929-12—1930-04
【收藏单位】 白银市档案馆
【涉及地域】 靖远县
【关 键 词】 骆驼
【内容提要】
如题。

【叙录编号】 1142
【档案题名】
关于刘文林等诉郭应驷查明骆驼被盗一案的材料
【发文单位】 刘文林
【收文单位】 靖远县政府
【档案编号】 08-A9-184
【成文时间】 1930-05-12—1931-05-22
【收藏单位】 白银市档案馆
【涉及地域】 靖远县
【关 键 词】 骆驼
【内容提要】
如题。

【叙录编号】 1143
【档案题名】
靖远县论古村民杨入林等与本村孟希颜为贿串劣绅，强殴弟命，挟恨报复，抱去驴、羊，抗价不偿，喝令朋殴等一案的互诉材料
【发文单位】 杨入林；孟希颜等
【收文单位】 靖远县政府
【档案编号】 08-A9-188
【成文时间】 1930-09-22—1931-07-11
【收藏单位】 白银市档案馆
【涉及地域】 靖远县
【关 键 词】 驴；羊
【内容提要】
如题。

【叙录编号】 1144
【档案题名】
靖远县中区野麻滩、西区下蒋滩村民诉高万玉等强业霸产、侵公害民、强拉牲畜等各案材料
【发文单位】 刘元冶；张永兴等
【收文单位】 靖远县政府
【档案编号】 08-A9-（235、237）
【成文时间】 1931-02—1932-11
【收藏单位】 白银市档案馆
【涉及地域】 靖远县
【关 键 词】 牲畜；耕骡
【内容提要】
如题。

【叙录编号】 1145
【档案题名】
靖远县政府审理伤害、妨害主权、结伙掠羊案的材料
【发文单位】 王刘氏
【收文单位】 靖远县政府
【档案编号】 08-A9-463
【成文时间】 1935-10—1943-12
【收藏单位】 白银市档案馆
【涉及地域】 靖远县
【关 键 词】 结伙掠羊
【内容提要】
王刘氏状诉刘永堂等结伙掠羊。

【叙录编号】 1146
【档案题名】
　　受理王克俊呈诉王德胜强锯树株案的诉状、询问笔录
【发文单位】 靖远县政府
【收文单位】 不详
【档案编号】 08-A10-024-（0001-0043）
【成文时间】 1941-02-26
【收藏单位】 白银市档案馆
【涉及地域】 靖远县
【关 键 词】 树木纠纷
【内容提要】
　　如题。

【叙录编号】 1147
【档案题名】
　　贾玉璞、赵殿玺等诉包世儒侵占籽种案
【发文单位】 靖远县政府
【收文单位】 不详
【档案编号】 08-A10-043-（0028-0087）
【成文时间】 1946-04
【收藏单位】 白银市档案馆
【涉及地域】 靖远县
【关 键 词】 侵占籽种
【内容提要】
　　如题。

【叙录编号】 1148
【档案题名】
　　靖远县政府关于杨文元抢掠羊群、胡有禄诓骗恤金、廉文恺殴打孕妇、刘跟哇盗驴等案的有关材料
【发文单位】 靖远县政府
【收文单位】 不详
【档案编号】
　　08-A10-048-（0001-0033、0080-0089）
【成文时间】 1939-11
【收藏单位】 白银市档案馆
【涉及地域】 靖远县
【关 键 词】 抢掠羊群；盗驴
【内容提要】
　　民国二十八年（1939）11月，靖远县政府记录关于鸿兴德诉杨文元、樊有清、杨文顺、刘振江抢掠其羊群一案的材料，同月靖远县政府记录关于魏兴元诉刘跟哇和路甲长盗驴案的材料。

【叙录编号】 1149
【档案题名】
　　一区六联四保王杜氏诉王福汉将当地内树梢砍去致使不结果子一案的训令等
【发文单位】 靖远县政府
【收文单位】 一区六联四保保长；靖远县县长等
【档案编号】
　　08-A10-106-003；08-A10-341-001
【成文时间】 1940—1946
【收藏单位】 白银市档案馆
【涉及地域】 靖远县
【关 键 词】 砍树梢
【内容提要】
　　此案卷为关于毁坏树木相关的纠纷材料。

【叙录编号】 1150
【档案题名】
　　靖远县三区三联三保七甲居民白善禄诉雒万瑞因损坏森林殴伤老父涉讼案的有关材料
【发文单位】 靖远县政府；白善禄等
【收文单位】 第三区区长；靖远县县长
【档案编号】 08-A10-110
【成文时间】 1940
【收藏单位】 白银市档案馆
【涉及地域】 靖远县
【关 键 词】 破坏森林

【内容提要】

如题，本档案附下蒋家滩地图1份。

【叙录编号】 1151
【档案题名】
靖远县政府等关于审理走私犯、劫卖羊只、抢夺耕畜等案的训令、指令、诉状、侦查笔录、和解等
【发文单位】 靖远县政府；乡民高瑾等
【收文单位】 靖远县政府；靖远县县长等
【档案编号】 08-A10-127；08-A10-148-2
【成文时间】 1940—1941
【收藏单位】 白银市档案馆
【涉及地域】 靖远县
【关 键 词】 抢夺耕畜；借牛不偿
【内容提要】

此案卷涉及乡民间抢夺羊只、耕畜的纠纷诉讼材料，包括：因放牧时羊只混杂，一方趁天黑劫走羊10只并变卖且拒不承认，在丢羊者上呈县政府后经调查以赔偿120元达成和解；乡民高瑾因无力负担流差，耕驴被王振民强行拉走以每日工资抵债，但以约定好的价格已还债完毕尚有盈余时王振明拒不交还耕驴，经上诉后和解等。

【叙录编号】 1152
【档案题名】
关于冯贾氏诉贾述祖伐放树株案的呈
【发文单位】 靖远县政府
【收文单位】 不详
【档案编号】 08-A10-155-（0094-0116）
【成文时间】 1941-05-18
【收藏单位】 白银市档案馆
【涉及地域】 靖远县
【关 键 词】 砍伐树木
【内容提要】

如题。

【叙录编号】 1153
【档案题名】
靖远县永安乡全体职员密报本乡民石河清偷伐学校树林及刘福祥等人被诉伤害案有关材料
【发文单位】 永安乡全体职员；靖远县县长等
【收文单位】 靖远县县长；指导员胡□动等
【档案编号】 08-A10-228-（0001-0004）
【成文时间】 1943-03
【收藏单位】 白银市档案馆
【涉及地域】 靖远县
【关 键 词】 偷伐树木
【内容提要】

永安乡乡民上报县长称其乡村民石河清偷伐学校树木，盖成房屋14间，因情节严重，故密报举报。靖远县县长知悉后，派出指导员做进一步调查。

【叙录编号】 1154
【档案题名】
靖远县政府审理伤害、抢收庄稼、殴伤车主、砍伐山林等案的材料
【发文单位】 胡指导员；甘肃省政府等
【收文单位】 靖远县县长；甘肃省政府等
【档案编号】 08-A10-233-（0045-0061）
【成文时间】 1942
【收藏单位】 白银市档案馆
【涉及地域】 靖远县
【关 键 词】 盗伐林木
【内容提要】

永安乡乡民举报当地护林人士高增、乡长石与珍和小学校长王彬三人以公谋私，公然盗伐哈思山林木，偷卖木料。后经查明，三人所运为学校建筑木料，并非盗伐。而后甘肃省政府下令认真查办，经过多番调查后发现原告张守贞曾盗伐林木被高增发现赔款万余元。高增因一人护林难以完全巡查哈思山林木，但今后

如有发现，必将第一时间上报。

【叙录编号】 1155
【档案题名】
　　边振邦诉萧五丰等偷押黄烟、展之林诉展之维等破坏砂地青苗两案的有关材料
【发文单位】 展之林等人
【收文单位】 靖远县司法处等
【档案编号】 08-A10-（283-288、291）
【成文时间】 1946-11—1948-07
【收藏单位】 白银市档案馆
【涉及地域】 靖远县
【关 键 词】 砂地；青苗；草料
【内容提要】
　　此部分档案涉及多卷诉讼案卷，其中有：展之林诉展之维等破坏砂地青苗、吴朝贤呈报段守廉抵抗差役私收草料、东湾乡民冯秉章呈诉东湾乡补给站站长王集中等借垫草料纯属捏造、万培才诉张兴谦翻犁青苗、郑廷宽被诉抢劫骡子、石兴雨被诉放火烧房、青年兵控诉本保保长景耀强强征草料等案卷。

【叙录编号】 1156
【档案题名】
　　靖远县平堡乡公所对李俭等公民就羊款不付、唆母滋闹、喝令朋殴、借粮拐骗、诬告人命、灭门霸产、产权债务、毁坟引凶、抗□不交、偷卖耕驴、田地纠纷案材料
【发文单位】 李桂枝；靖远县平堡乡
【收文单位】 靖远县政府
【档案编号】 08-A10-304
【成文时间】 1946-03-07—1946-05-15
【收藏单位】 白银市档案馆
【涉及地域】 靖远县
【关 键 词】 耕驴；田地纠纷
【内容提要】
　　关于糜滩乡乡民李桂枝诉东明乡磁窑人张梁冒充物主偷卖耕驴、平堡乡乡民吴经与白善禄田地纠纷。

【叙录编号】 1157
【档案题名】
　　甘肃高等法院、靖远县政府关于张海岑等滥砍果树、浮派苛收、追赎房院等各案的有关材料
【发文单位】 张海岑
【收文单位】 靖远县政府
【档案编号】 08-A10-307
【成文时间】 1946-01
【收藏单位】 白银市档案馆
【涉及地域】 靖远县
【关 键 词】 滥砍果树
【内容提要】
　　张海岑诉张嘉谋之子张甲子盗砍果树当场捕获的呈文及相关材料。

【叙录编号】 1158
【档案题名】
　　靖远县政府，大庙、河畔、三滩各乡镇保有关掠吞巨款、抗债不偿、瞒主盗牛、赤身引凶、侮辱尊长等案材料
【发文单位】 宋永智
【收文单位】 靖远县政府
【档案编号】 08-A9-308
【成文时间】 1946-06-22
【收藏单位】 白银市档案馆
【涉及地域】 靖远县
【关 键 词】 牛
【内容提要】
　　大庙乡松柏保民宋永智诉告陈老汉等为瞒主盗牛不肯赔偿一案的有关材料。

【叙录编号】　1159
【档案题名】
　　靖远县陡水乡水泉保张岳氏诉状何龄霞等抢夺耕牛、河畔乡第八保民众呈诉该保长高映兰等有违法活动两案审理材料
【发文单位】　张岳氏
【收文单位】　靖远县县长
【档案编号】　08-A10-313
【成文时间】　1946-01—1946-08
【收藏单位】　白银市档案馆
【涉及地域】　靖远县
【关 键 词】　抢夺耕牛
【内容提要】
　　该县关于陡水乡水泉保张岳氏状诉何龄霞、杨俊三抢夺耕牛一案的材料等事务。

【叙录编号】　1160
【档案题名】
　　靖远县关于杜维峰等被诉抢劫财物、王更喜行凶抢夺抢种纠纷、常太华抗不交粮、展其福侵占土地偷埋坟、陈鸿彦擅卖孀妇、苏信祥图谋霸占家产等各案的材料
【发文单位】　杜维峰等人
【收文单位】　靖远县司法处等
【档案编号】　08-A10-（359、361、362）
【成文时间】　1947-02-15—1948-10-03
【收藏单位】　白银市档案馆
【涉及地域】　靖远县
【关 键 词】　小麦；侵占土地；草料
【内容提要】
　　此部分档案涉及多卷诉讼案卷，其中有：展其福侵占土地偷埋坟、王时抢夺小麦、赵世安等状诉梁安俊顶卖草料等事宜的案卷。

【叙录编号】　1161
【档案题名】
　　永安乡石门川当租户石兴省状诉保长高禄等人私吞租股代卖山林渔利一案的材料
【发文单位】　靖远县政府；永安乡哈思山保林委员高增等
【收文单位】　靖远县政府
【档案编号】　08-A10-373
【成文时间】　1948-12-17—1949-02-18
【收藏单位】　白银市档案馆
【涉及地域】　靖远县
【关 键 词】　代卖山林渔利
【内容提要】
　　本档案为民国三十七年（1948）永安乡石门川当租户石兴省诉告该乡哈思山保林委员高增、高禄及高增之子高步锐等代卖山林渔利一案的有关材料。